职业教育“十三五”规划教材

信息化数字资源配套教材

AutoCAD 机械制图

孙 莹　祁晨宇　主编　邓俊梅　副主编

化学工业出版社

·北京·

内 容 提 要

《AutoCAD机械制图》从AutoCAD的下载安装与启动开始，讲解了绘图环境设置、简单二维图形的绘制、复杂机械图的绘制、零件图和装配图的绘制、图形打印输出和三维实体创建。书中有大量的来自生产实际的案例，在讲解了相关命令后以任务形式呈现，边学边练。为便于初学者快速入门，书中截取了AutoCAD的真实命令按钮和对话框，更加直观，并且在书后附有制图的国家标准名称和AutoCAD快捷键。通过本书的学习，读者能够熟练操作AutoCAD进行机械制图，绘制出符合国家标准的完整的零件图及装配图。

本书中每个实战训练项目都配以操作视频讲解，通过扫描书中的二维码就可轻松观看学习，工程师“手把手”带领您完成实战训练。为方便教学，配套电子课件。

本书可作为高职高专院校、中等职业学校工程类专业的教材，也可供相关技术人员使用，同时也可作为AutoCAD机械制图培训用书。

图书在版编目（CIP）数据

AutoCAD机械制图/孙莹，祁晨宇主编. —北京：化学工业出版社，2020.7（2024.9重印）

职业教育“十三五”规划教材　信息化数字资源配套教材

ISBN 978-7-122-36852-2

Ⅰ.①A…　Ⅱ.①孙…　②祁…　Ⅲ.①机械制图-AutoCAD软件-高等职业教育-教材　Ⅳ.①TH126

中国版本图书馆CIP数据核字（2020）第080297号

责任编辑：韩庆利　　装帧设计：张　辉

责任校对：宋　夏

出版发行：化学工业出版社（北京市东城区青年湖南街13号　邮政编码100011）

印　　装：北京七彩京通数码快印有限公司

787mm×1092mm　1/16　印张15½　字数398千字　2024年9月北京第1版第3次印刷

购书咨询：010-64518888　　售后服务：010-64518899

网　　址：http://www.cip.com.cn

凡购买本书，如有缺损质量问题，本社销售中心负责调换。

定　　价：48.00元

前言

AutoCAD是Autodesk公司开发的自动计算机辅助设计软件，用于二维绘图和基本三维设计，现已经成为国际上广为流行的绘图工具，被广泛应用于机械、建筑、电子、航天、土木工程、冶金、纺织等众多领域中。在国内，AutoCAD已成为工程设计领域应用最广泛的计算机辅助设计软件之一，也成为许多院校工程类专业必修的课程和工程技术人员必备的技术。

本书坚持立德树人，弘扬爱国主义精神、工匠精神，注重素质培养。书中根据工学结合的教学指导思想，按工作岗位所需的职业能力设置内容，全书分为15章，内容包括AutoCAD 2018计算机绘图基础、基本图形绘制、绘图环境设置、简单二维图形绘制、状态栏、复杂机械图形绘制、图形修改、图案填充和文字、尺寸标注、样板文件制作、创建与使用图块、零件图绘制、装配图绘制、模型的打印和简单零件的三维实体创建。

本书以“基础”和“应用”为内容主线，以生产实际中绘制工程图所需知识和技能为依据，在基础命令讲解的同时介绍了各类零件图、装配图、标准件与常用件及各种图形符号制作图块的过程，将知识点融入具体实例中，使读者能够即学即用。在编写过程中力求展现以下特色：

➤ 零点起步　轻松入门

本书从AutoCAD 2018的下载安装与启动开篇，以能够绘制符合国家标准的完整的零件图及装配图为结尾，内容讲解循序渐进，通俗易懂，且在介绍操作过程时，截取AutoCAD的真实命令按钮和对话框，使初学者能够更加直观、准确操作软件，提高学习效率。

➤ 实战训练　逐步提高

编者结合自身教学和生产经验，在书中插入了大量来自生产实际的案例，在讲解了相关命令后，以任务训练的方式呈现，强化了相关命令的灵活运用。

➤ 操作视频　精讲精炼

本书中每个实战训练项目都配以操作视频讲解，通过扫描书中的二维码就可轻松观看学习，工程师“手把手”带领您完成实战训练，使得学习高效、轻松愉悦。

本书由孙莹、祁晨宇主编，邓俊梅副主编，李哲欢（北方重工集团有限公司）、冀赟参编。

由于编者水平有限，书中难免有疏漏和不妥之处，恳请广大读者予以指正，并将意见和建议反馈给我们。您的意见请发往286131958@qq. com。

编　者

目录

第9章 尺寸标注 / 91

第 10 章 样板文件制作 / 123

第 11 章 创建与使用图块 / 131

第 12 章 零件图绘制 / 141

第 13 章 装配图绘制 / 187

第 14 章 模型的打印 / 203

第1章 AutoCAD2018计算机绘图基础

随着计算机的迅猛发展，计算机辅助绘图已成为现代工业设计的重要组成部分。AutoCAD 作为计算机辅助绘图软件，以其方便快捷、功能强大而得到广大用户的认可，为工业设计行业甩掉图板提供了可能。其普及速度有目共睹。

中文版 AutoCAD2018 是适应当今科学技术的快速发展和用户需要，在 AutoCAD2017 基础上而开发的 CAD 软件包。该版本在运行速度、图形处理以及网络功能等方面都达到了崭新的水平，更加体现了灵活、快捷、高效和以人为本等特点。

1.1 AutoCAD2018 工作界面

软件工作界面学习方法：

软件界面的学习主要要了解软件界面中各区域的功能，以及各区域划分的依据，同时要学会软件界面的基本操作方法，尤其要注意工具条、功能按钮、菜单项的隐藏与显示的操作方法。对于 AutoCAD2018 软件来说，软件界面还有不同类型绘图环境的区分，包括草图与注释、三维基础和三维建模，不同的绘图环境所包括的绘图命令会有较大的区别。在学习过程中要勤加练习，软件界面是软件使用和学习的基础，因此有关软件界面的知识一定要熟练掌握。

1.1.1 AutoCAD2018 下载安装与启动

训练要求

完成 AutoCAD2018 的下载安装与激活，学会 AutoCAD2018 的多种启动方法。

① 完成 AutoCAD2018 的下载。

② 完成 AutoCAD2018 的安装和激活。

③ 学会 AutoCAD2018 的各种启动方法。

实施步骤

（1）下载 AutoCAD2018 软件安装包并进行安装

打开 AutoCAD2018 官方网站主页 https：//www.autodesk.com.cn/，在主页中单击**免费试用版**按钮，然后在弹出的页面中单击【CAD 软件免费试用版】中的【AutoCAD】，如图 1-1 所示，页面显示如图 1-2 所示，默认的免费版本免费试用期为 30 天。

选择 AutoCAD2018 的版本类型，网站提供了两种类型：一种用于 Windows 系统安装；

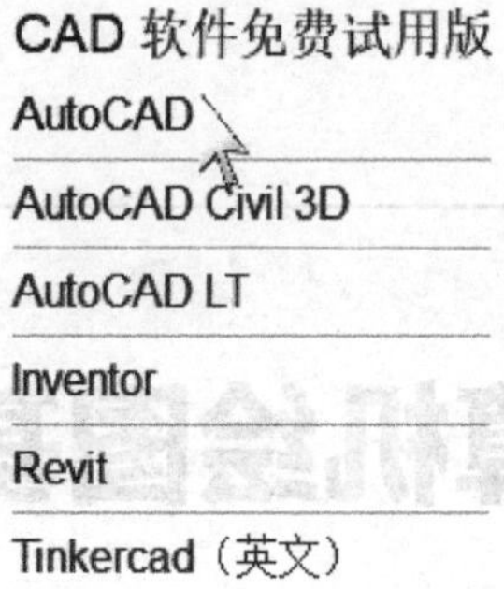

CAD 软件免费试用版
AutoCAD
AutoCAD Civil 3D
AutoCAD LT
Inventor
Revit
Tinkercad（英文）

图 1-1　AutoCAD 免费下载

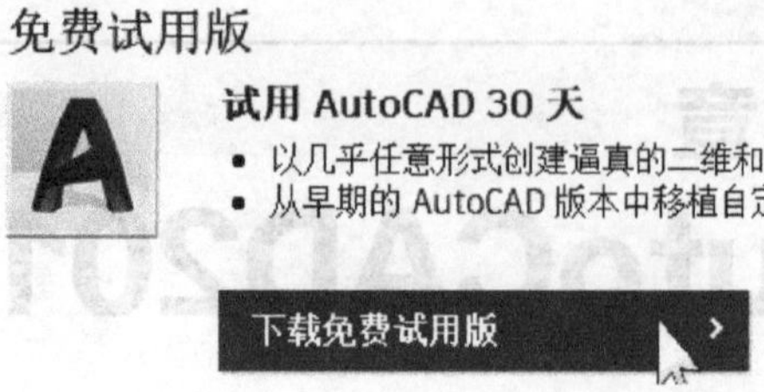

免费试用版
试用 AutoCAD 30 天
• 以几乎任意形式创建逼真的二维和三维设计
• 从早期的 AutoCAD 版本中移植自定义设置
下载免费试用版

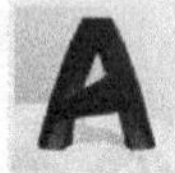

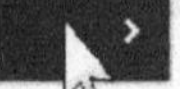

图 1-2　AutoCAD2018 免费试用版

另一种用于 Mac 系统安装，如图 1-3 所示。作为 CAD 的初学者 30 天的免费试用期往往不能满足广大学员的需求，所以在官方网站上还提供了学生可以获取的 3 年免费版本，如图 1-4 所示，单击图中文件即可进入到 3 年免费版本申请页面。

在官网上申请普通免费版或是学生 3 年免费版都要在官网上注册账号，账号注册界面如图 1-5 和图 1-6 所示。有了账号后要想申请 3 年免费的 AutoCAD2018 版本，还需要把自己所在的教育机构添加到官方网站的数据库中，在填写教育机构名称的时候，如果网站数据库中没有您所在的教育机构，系统会提示【找不到自己的学校?】，如图 1-7 所示，单击该文字即可进入教育机构添加界面中，如图 1-8 所示。

AutoCAD free trial
选择您的试用版
您想试用哪款产品？
AutoCAD
AutoCAD for Mac

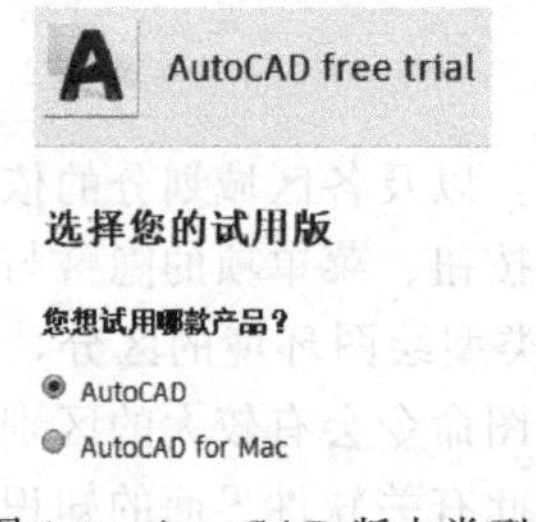

图 1-3　AutoCAD 版本类型

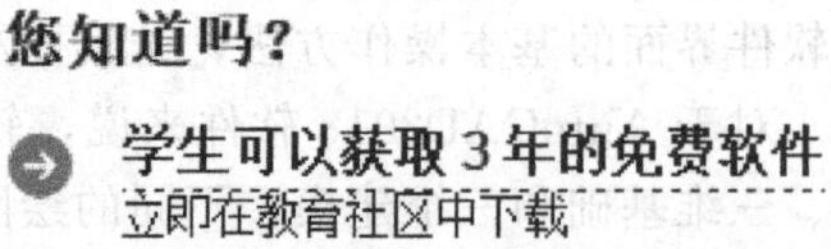

您知道吗？
学生可以获取 3 年的免费软件
立即在教育社区中下载

图 1-4　AutoCAD2018 免费 3 年试用版

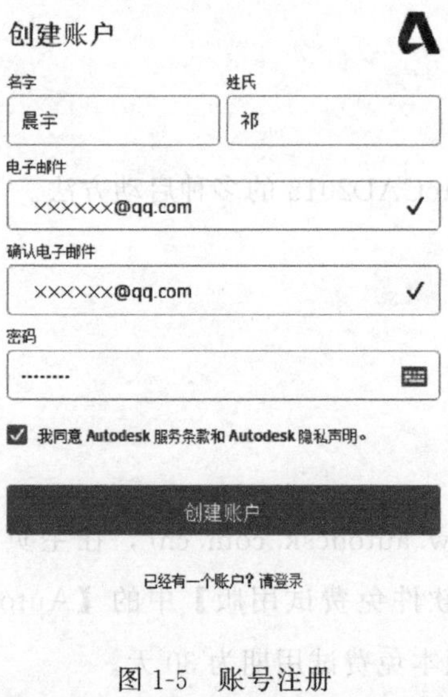

创建账户
名字
晨宇
姓氏
祁
电子邮件
××××××@qq.com
确认电子邮件
××××××@qq.com
密码
我同意 Autodesk 服务条款和 Autodesk 隐私声明。
创建账户
已经有一个账户？请登录

图 1-5　账号注册

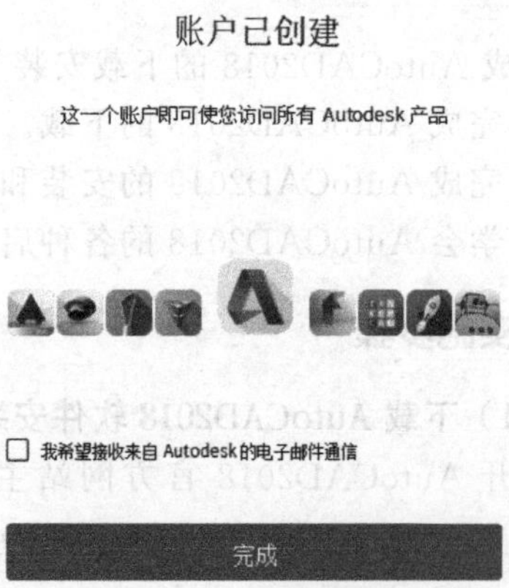

账户已创建
这一个账户即可使您访问所有 Autodesk 产品
我希望接收来自 Autodesk 的电子邮件通信
完成

图 1-6　完成账号注册

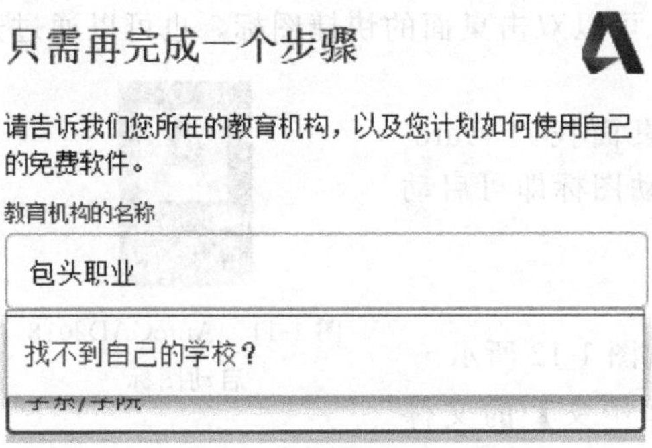

图 1-7　填写教育机构

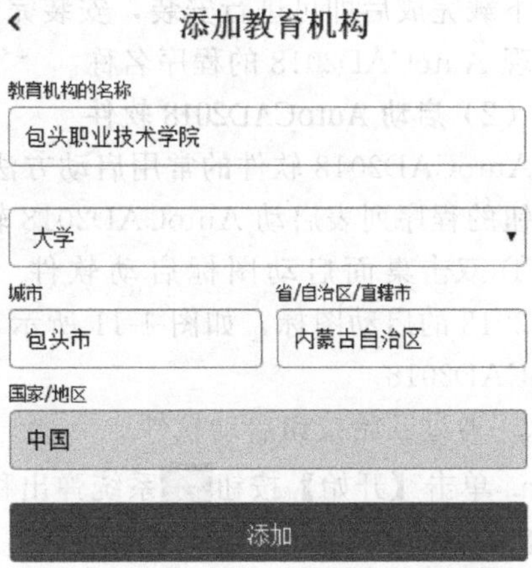

图 1-8　添加教育机构

添加完教育机构后就可以进行 3 年免费版本的申请了，申请界面如图 1-9 所示。在申请过程中需要填写申请者的联系方式等信息，完成基本信息的填写后，系统进入了软件下载界面（图 1-10），在软件下载界面中需要我们填写的信息有【软件应用范围】——选择【私人或个人使用】，【AutoCAD 版本】——选择【AutoCAD2018】，【系统类型】——选择【Windows64 位】，【语言类型】——选择【简体中文】。完成设置后可以看到将要下载的软件的基本信息：序列号：901-027301641、产品密钥：001J1、文件大小：5.2GB、授权用途：最多在两台个人设备上安装。了解了产品的相关信息后，在界面的最下面有【立即安装】按钮，单击【立即安装】按钮系统开始下载，【软件下载组件】AutoCAD_2018_Simplified_Chinese_Win_32_64bit_wi_zh-CN_Setup_webinstall 用于引导软件的下载和安装。

图 1-9　申请免费版

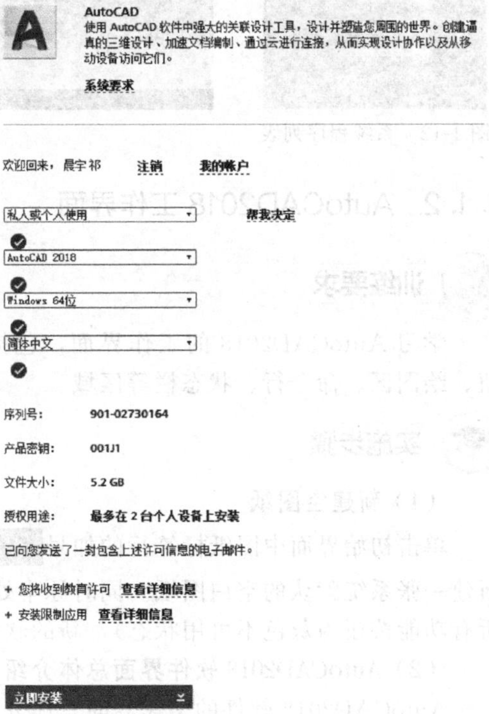

图 1-10　下载软件

下载完成后即可进行安装，安装完成后在桌面上会出现软件的快捷图标，在程序列表中会出现 AutoCAD2018 的程序名称。

（2）启动 AutoCAD2018 软件

AutoCAD2018 软件的常用启动方法有两种，可以双击桌面的快捷图标，也可以通过开始按钮的程序列表启动 AutoCAD2018 软件。

① 双击桌面启动图标启动软件　在电脑桌面找到 AutoCAD2018 的启动图标，如图 1-11 所示，双击启动图标即可启动 AutoCAD2018。

图 1-11　AutoCAD2018 启动图标

② 通过开始按钮启动软件

a. 单击【开始】按钮系统弹出程序列表如图 1-12 所示。

b. 在程序列表中找到【AutoCAD2018-简体中文】的文件夹，单击该文件夹系统将显示文件中包含的程序列表，找到【AutoCAD2018-简体中文】启动图标 AutoCAD 2018 - 简体中文 (Si 单击该图标即可启动软件。

完成启动后系统将运行 AutoCAD2018 并打开软件的初始界面，如图 1-13 所示。

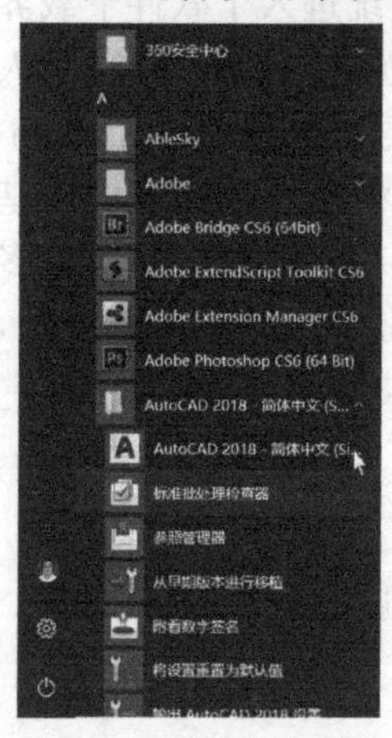

图 1-12　系统程序列表

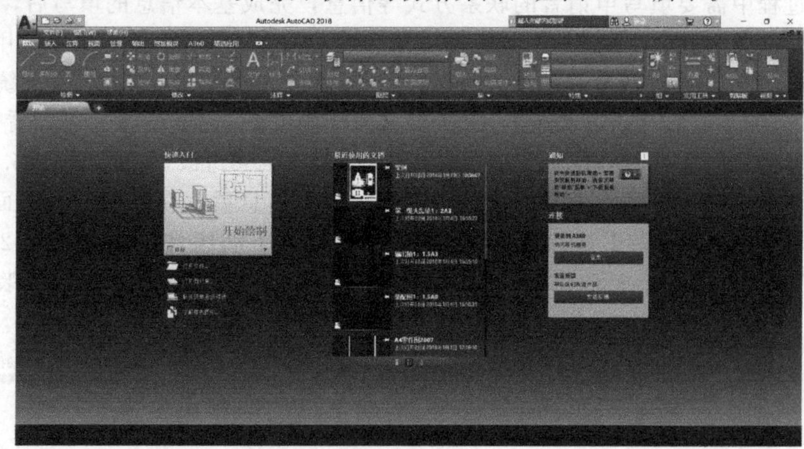

图 1-13　AutoCAD2018 初始界面

1.1.2　AutoCAD2018 工作界面

训练要求

学习 AutoCAD2018 的工作界面，包括程序按钮、标题栏、菜单栏、标签栏、功能按钮、绘图区、命令行、状态栏等区域。

实施步骤

（1）新建空图纸

单击初始界面中图纸标签行的加号，如图 1-14 所示。单击后 AutoCAD2018 软件将新建一张系统默认的空白图纸。同时原本处于不可用状态的按钮全部被激活（在初始界面中所有功能按钮为灰色不可用状态），新的软件工作界面如图 1-15 所示。

（2）AutoCAD2018 软件界面总体介绍

AutoCAD2018 软件的工作界面总体分为上、中、下三部分，上部为功能按钮区，中部为绘图区域，下部为命令行和状态栏，工作界面中各部分的名称如图 1-16 所示。

图 1-14　新建空图纸

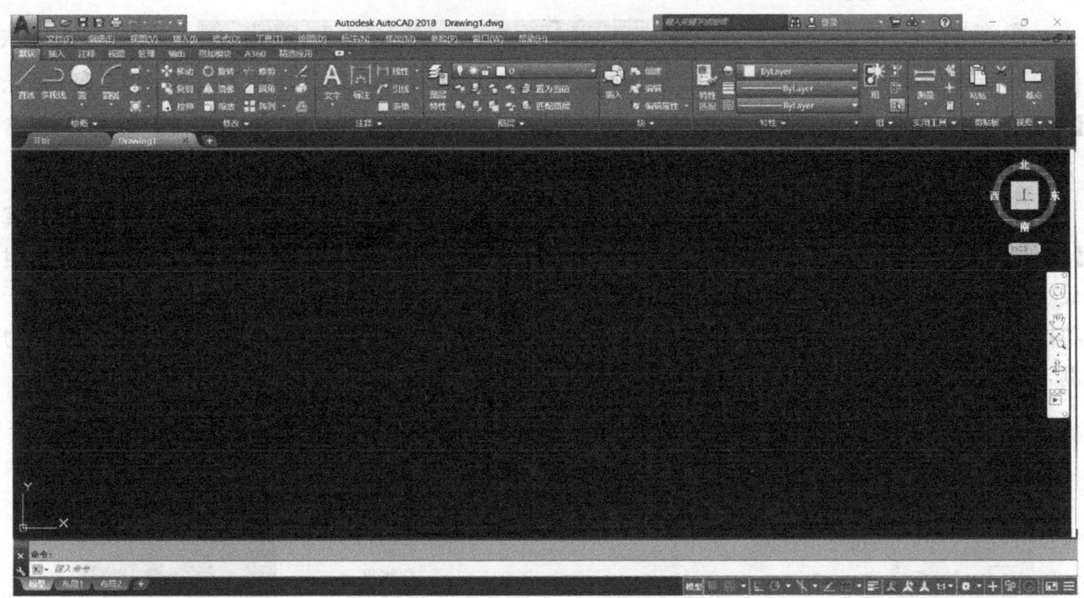

图 1-15　软件工作界面

图 1-16　软件工作界面介绍

① 软件文件功能按钮　在软件工作界面的最左上角有一个用来进行文件相关操作的按钮，单击该按钮系统弹出文件操作隐藏菜单，如图 1-17 所示。该菜单中的按钮用来对图形文件进行【新建】、【打开】、【保存】、【另存为】等操作，其中还包括了软件

的选项按钮。

② 快速访问工具栏 包括了软件使用过程中最常用的功能按钮，有【新建】、【打开】、【保存】、【另存为】、【打印】、【撤销】、【重做】，用来进行最常用功能的调用。

③ 功能标签栏 默认 插入 注释 视图 管理 输出 附加模块 A360 精选应用 功能标签把软件中的所有功能按不同的标签进行了归类，有【默认】、【插入】、【注释】、【视图】、【管理】、【输出】等，系统将同一类型的功能按钮归类到一个标签当中。例如在【默认】标签中包含了绘图过程中最常用的功能按钮。软件启动后默认界面就停留在【默认】标签上。

④ 菜单栏 文件(F) 编辑(E) 视图(V) 插入(I) 格式(O) 工具(T) 绘图(D) 标注(N) 修改(M) 参数(P) 窗口(W) 帮助(H) 菜单栏包含【文件】、【编辑】、【视图】等菜单，每个菜单中又包含了若干级子菜单，所有的菜单命令组成了 AutoCAD2018 的全部功能，在功能标签区没有列入的功能都可以在菜单中找到。由于功能标签区域包含了常用的大部分命令，所以菜单栏可以隐藏也可以显示。以绘图菜单为例，绘图菜单的各级子菜单如图 1-18 所示。

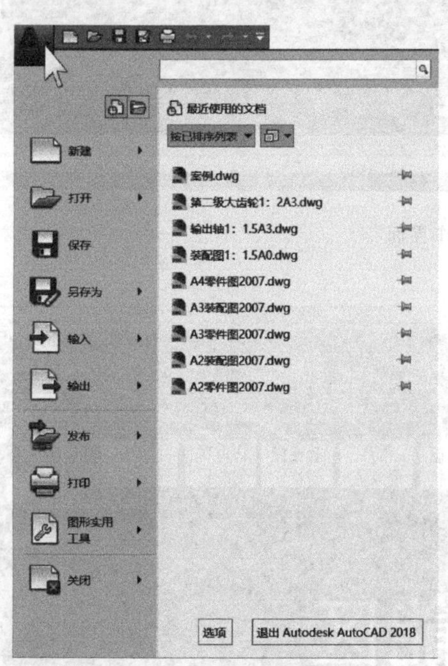

图 1-17 AutoCAD2018 启动图标

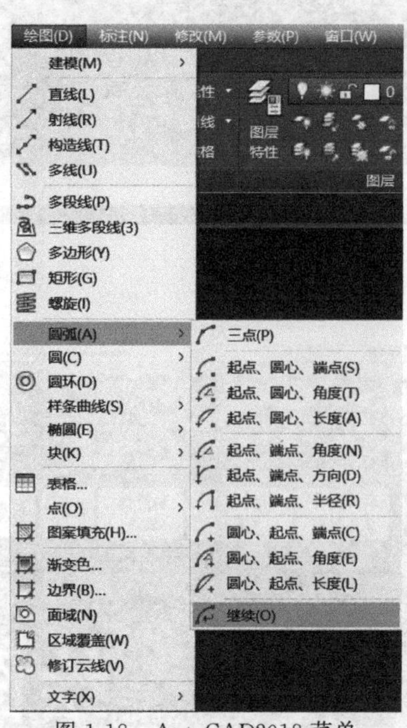

图 1-18 AutoCAD2018 菜单

⑤ 标题栏 用于显示当前所使用软件的版本以及当前处于打开状态的图纸的名称，根据标题栏显示的内容 **Autodesk AutoCAD 2018 Drawing1.dwg** 可以知道，当前软件版本为 AutoCAD2018 版，当前打开的图纸为 Drawing1。

⑥ 功能分类栏 绘图 ▾ 修改 ▾ 注释 ▾ 图层 ▾ 块 ▾ 在同一个标签下，软件根据功能按钮的不同特点对功能按钮进行了二次分类，以便于更合理地组织功能按钮的摆放位置，可以使用户在最短的时间内找到想用的功能按钮。例如在【默认】标签下，软件把功能按钮细分为【绘图】、【修改】、【注释】、【图层】、【块】等。

⑦ 功能按钮 在功能区域当中所占面积最大就是功能按钮区域，该区域包含了使用软件过程中常用的功能按钮，按钮通过标签进行分类组织，同一标签下的按钮又通过功能分类

栏进行分类。【默认】标签下的功能按钮如图 1-19 所示。

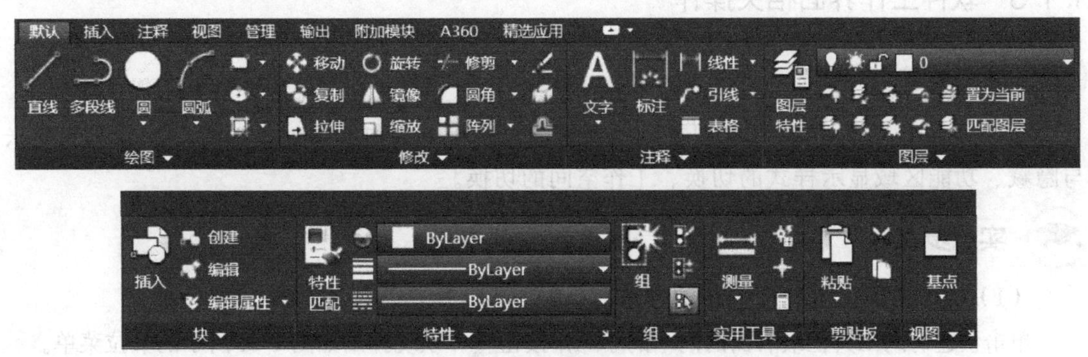

图 1-19 功能按钮

⑧ 用户登录区 用户登录区可以让用户登录到 Autodesk 公司的官方网站上获取相应的软件使用资源，同时该区域还可以用于打开软件的帮助信息。

⑨ 软件控制按钮 软件控制按钮可用来使软件【最小化】、【恢复窗口大小】和【关闭软件】。

⑩ 图纸控制按钮 图纸控制按钮可用来使已经打开的图纸【最小化】、【恢复窗口大小】和【关闭图纸】。

⑪ 视图控制区域 视图控制区域可以对所绘制图形进行【平移】、【缩放】等操作，对于三维对象还可以进行【旋转】以及不同观察角度之间的切换。

⑫ 坐标系指示 坐标系指示区域用来指示当前坐标系的 X 轴和 Y 轴的方向，如图 1-20（a）所示，如果坐标原点位于可视区域内的话同时可以指示坐标原点的位置、X 轴的位置、Y 轴的位置，同时系统用红色细线表示 X 坐标，绿色细线表示 Y 坐标，如图 1-20（b）所示。

⑬ 命令行 命令行用来输入绘图过程中相应的命令，在 AutoCAD 软件使用过程中命令有 3 种启动方式：单击命令按钮；单击菜单栏对应的菜单项；命令行输入命令。对于初学者来说一般使用单击命令按钮的方式较多，单击菜单栏对应的菜单项的情况主要用于功能区域按钮没有所需命令的时候，但是 3 种方式中命令行输入命令是最快捷的方式，所以作为初学者也要认真记忆绘图命令的快捷键，逐渐养成在命令行输入命令的方式来启动命令，这样可以大大提升绘图速度。

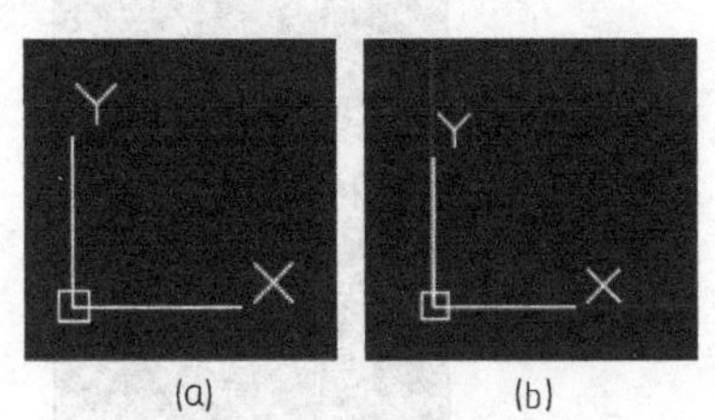

图 1-20 系统坐标系指示

⑭ 模型与布局 该区域主要用来切换模型空间和布局空间，模型空间主要用来绘制图形，布局空间主要用来打印图纸，合理应用布局空间可以大大提升图纸打印效率。

⑮ 状态栏 工作界面的最下面是状态栏，状态栏显示通信中心按钮和一些辅助绘图工具按钮的开关状态，如：【捕捉模式】、【显示栅格】、【正交】、【极轴追踪】、【对象捕捉】、【对象追踪】、【线宽】和【模型】等。单击这些开关按钮，可以进行开关状态切换。如果按钮显示为亮蓝色，则该功能为打开状态；如果按钮显示为灰色，则该功能为关闭状态。

1.1.3 软件工作界面相关操作

训练要求

学习 AutoCAD2018 的工作界面中快速访问工具栏上按钮的增加与删除、菜单栏的显示与隐藏、功能区域显示样式的切换、工作空间的切换。

实施步骤

（1）快速访问工具栏上按钮的增减

单击快速访问工具栏最后面的向下的小三角按钮，系统弹出如图 1-21 所示的下拉菜单。

该菜单中的各菜单项可以通过单击切换其在快速访问工具栏上的隐藏或显示，处于隐藏状态的前面没有对号，处于显示状态的前面有白色对号。在菜单分隔线下有【更多命令】选项，用来在快速访问工具栏上添加其他需要添加的命令，单击后弹出如图 1-22 所示对话框，用来选择要增加的按钮。添加方法：将命令列表中的命令拖到快速访问工具栏、标签功能按钮区或其他工具选项板中即可。

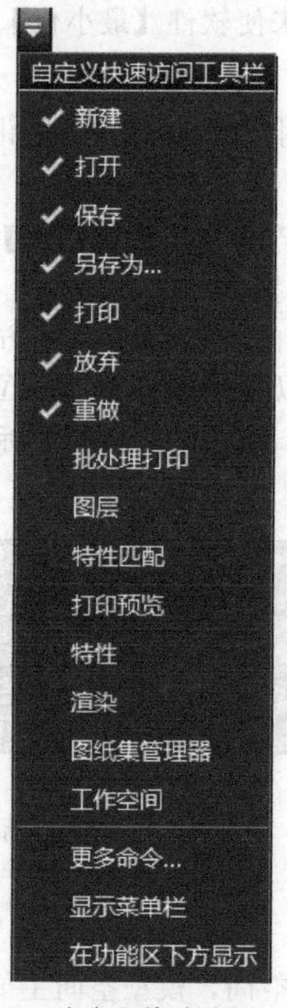

图 1-21 自定义快速访问工具栏

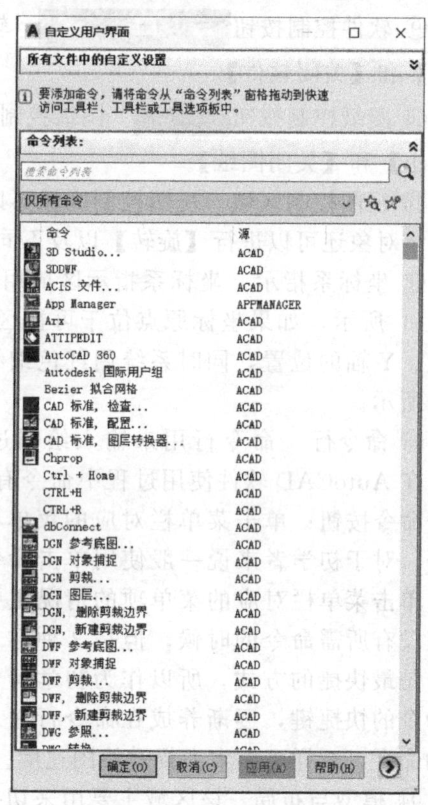

图 1-22 自定义用户界面

（2）菜单栏的显示与隐藏

在默认状态下系统不显示菜单栏，如图 1-23 所示，调用命令时需通过功能标签区中的功能按钮来实现，当需要显示菜单栏时操作步骤如下：单击快速访问工具栏最后面向下的小三角按钮，系统弹出如图 1-21 所示的下拉菜单，再单击菜单分隔线下的【显示菜单栏】即可显示菜单栏，如图 1-24 所示。

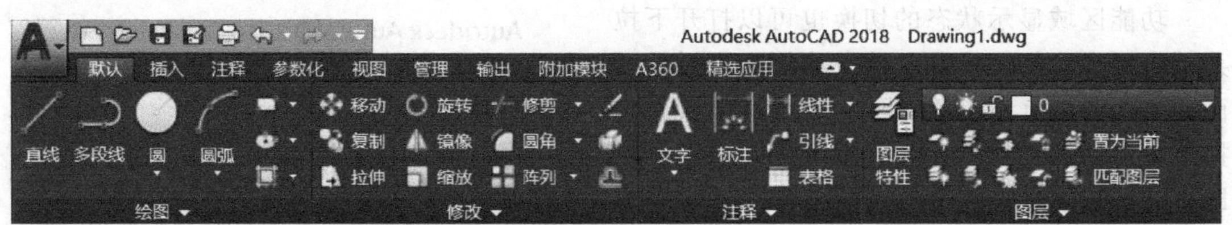

图 1-23　默认用户界面不显示菜单栏

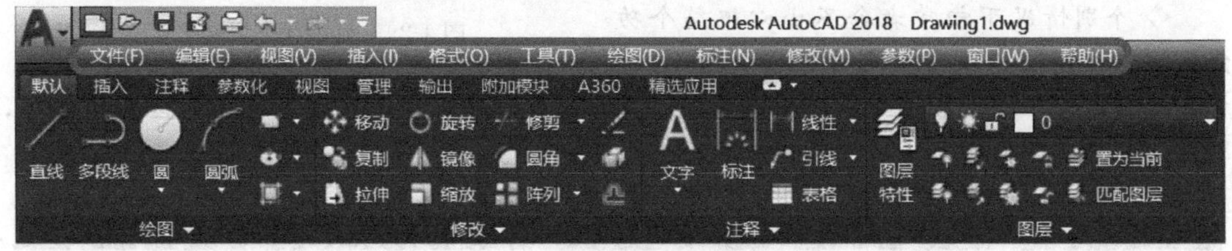

图 1-24　用户界面显示菜单栏

（3）功能区域显示样式的切换

在默认状态下功能区域的显示状态如图 1-23 所示，所有功能按钮都为显示状态，同时在按钮的下侧或右侧有相应的文字说明，该状态下功能区域所占面积最大。当对软件比较熟悉时可以切换功能区为其他显示状态，以增加绘图区域面积。切换方法为：单击功能标签栏后面的白色矩形中的黑色向上的小三角，如图 1-25 所示，每单击一次该按钮，状态切换一次。显示状态共分为 4 种：①默认状态（也称为完整功能区状态），如图 1-23 所示；②面板按钮状态，如图 1-26 所示；③面板标题状态，如图 1-27 所示；④选项卡状态，如图 1-28 所示。多次单击该按钮可在 4 种状态中循环切换显示。

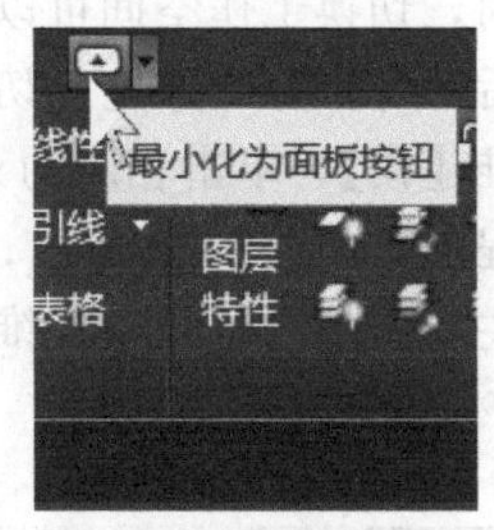

图 1-25　切换功能区域显示样式

提示与技巧

◇ 当把鼠标指针放在该按钮上时在鼠标的右下角会显示相应的文字提示。

图 1-26　面板按钮状态

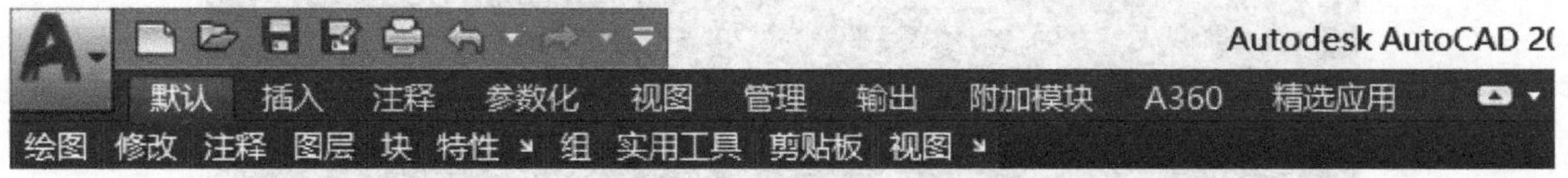

图 1-27　面板标题状态

图 1-28　选项卡状态

功能区域显示状态的切换也可以打开下拉菜单直接选取某一状态，单击功能标签栏最后面的向下的白色小三角即可打开【显示状态切换菜单】，如图 1-29 所示，选择相应的菜单项即可完成显示状态的调整。

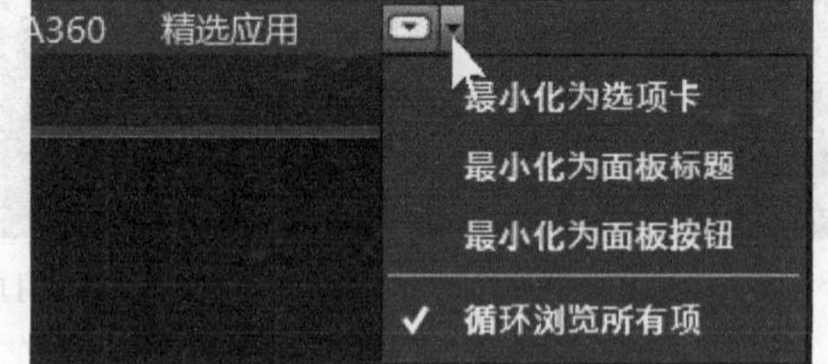

图 1-29 显示状态切换菜单

提示与技巧

◇ 个别情况下初学者会不小心把整个功能区域都关闭掉，状态如图 1-30 所示，这时就需要显示菜单栏，在【工具】菜单下找到【选项板】菜单项，再找到【功能区】子菜单，单击该菜单项即可恢复功能区的显示，所选菜单项如图 1-31 所示。

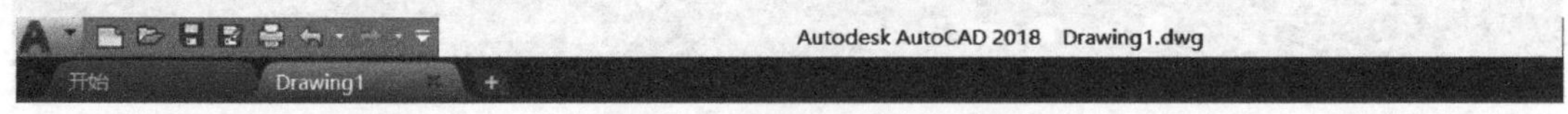

图 1-30 无功能区的状态

（4）工作空间切换

AutoCAD2018 有不同的工作空间供用户选择，默认状态下显示的是【草图与注释】空间，切换工作空间可以单击工作界面右下角状态栏上的小齿轮按钮，如图 1-32 所示，单击后系统打开工作空间切换菜单。工作空间共有 3 种，即【草图与注释】、【三维基础】和【三维建模】，单击相应的菜单项即可完成工作空间的切换，其中，第 1 种主要用来绘制二维工程图，如图 1-15 所示；第 2 种主要用来进行简单三维模型的创建，如图 1-33 所示；第 3 种主要用来进行复杂三维模型的创建，如图 1-34 所示。

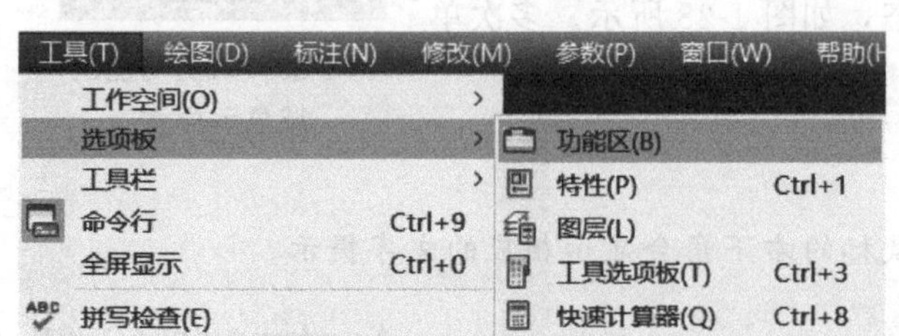

图 1-31 显示功能区

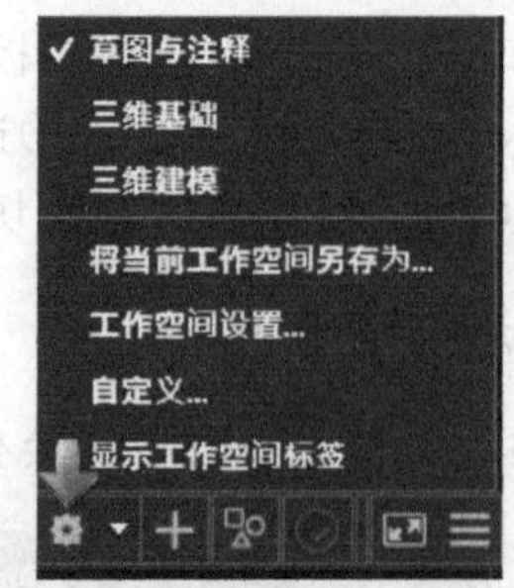

图 1-32 工作空间切换

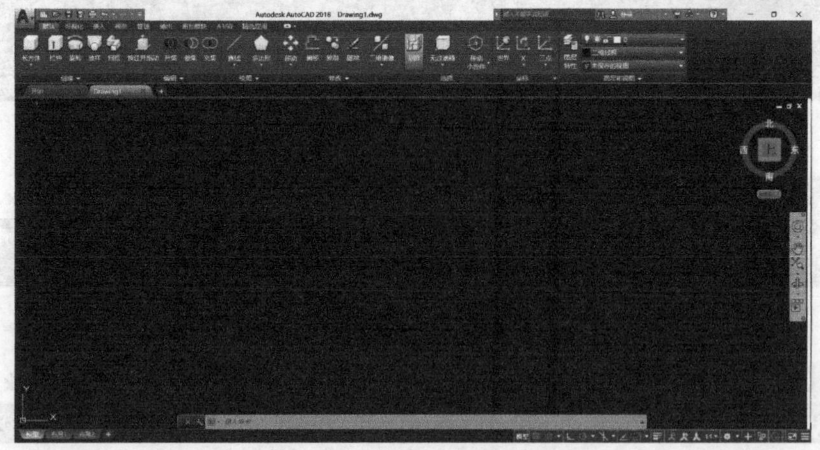

图 1-33 三维基础工作空间

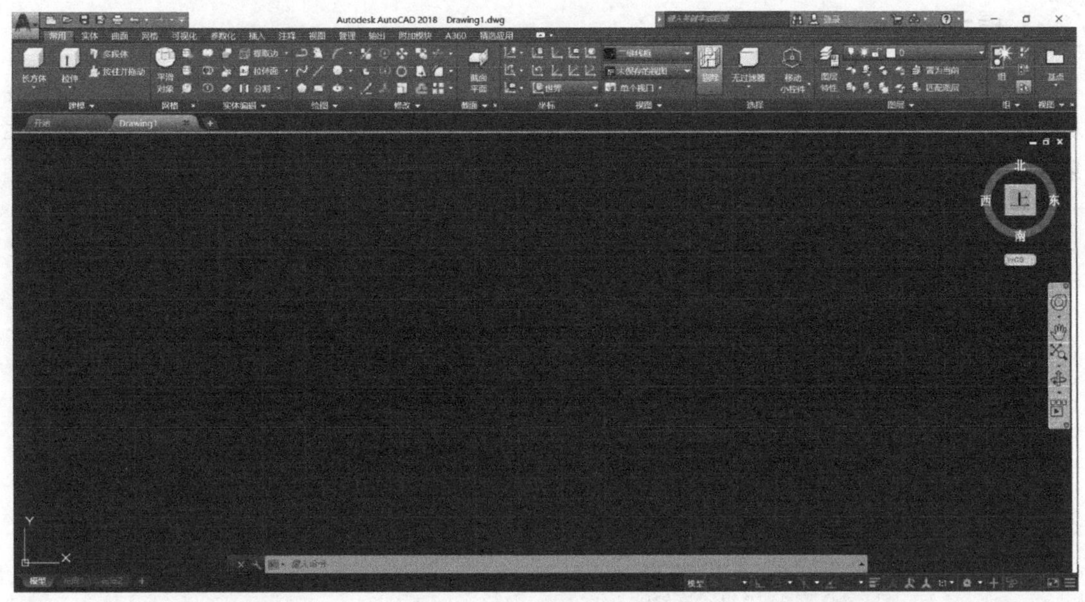

图 1-34　三维建模工作空间

1.2　AutoCAD2018 基本操作

软件基本操作的学习主要包括了“文件操作”“命令操作”“视图操作”“图形对象的选择与删除”以及“放弃、重做、重生成”，基本操作是所有其他模块的通用部分也是软件使用中最基本的知识，只有熟练掌握了软件的基本操作才能顺利地进行其他知识点的学习。在学习过程中要勤加练习、熟练掌握。

1.2.1　文件操作

训练要求

完成 AutoCAD 文件的【新建】、【保存】、【另存为】和【打开】操作。

实施步骤

（1）AutoCAD2018 文件的【新建】

对 AutoCAD2018 界面有了一定的了解后，就可以开始创建自己的第一张图纸了，在 AutoCAD 中新建文件的方法有 5 种。

① 单击初始界面中图纸标签行的加号，如图 1-14 所示。单击完成后 AutoCAD2018 软件将新建一张系统默认的空白图纸。该图纸所用的样式为系统默认的样板。

注意：该方法不可以选择自定义图纸样板，图纸的样板文件将在第 10 章中讲到。

② 单击快速访问工具栏上的新建按钮，系统弹出如图 1-35 所示的【选择样板】对话框，并默认选中了“acadiso”样板文件作为默认的样板文件，这时单击对话框中的【打开】按钮即可新建一个空白图纸文件。

◇ 如果有自定义好的符合中国国家标准要求的样板文件，这时就可以选择自定义的样板文件，相应新建好的图纸文件中就包含了国标要求的相关内容，国标样板文件的创建将在第 10 章中讲解。

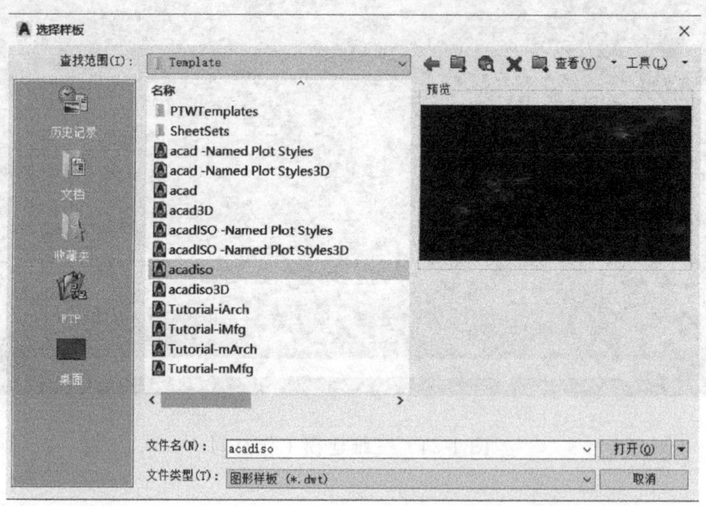

图 1-35 【选择样板】对话框

③ 单击文件功能按钮，在弹出的下拉菜单中选择【新建】菜单项如图 1-36 所示，系统弹出如图 1-35 所示的【选择样板】对话框，单击【打开】即可新建一张空白图纸。

④ 用快捷键 Ctrl＋N，也可完成文件的新建，系统同样会打开如图 1-35 所示的【选择样板】对话框。

⑤ 在已有打开的图形文件的情况下还可以通过命令行新建文件，在命令行中输入 new，如图 1-37 所示，然后按回车键，系统同样会打开如图 1-35 所示的【选择样板】对话框。

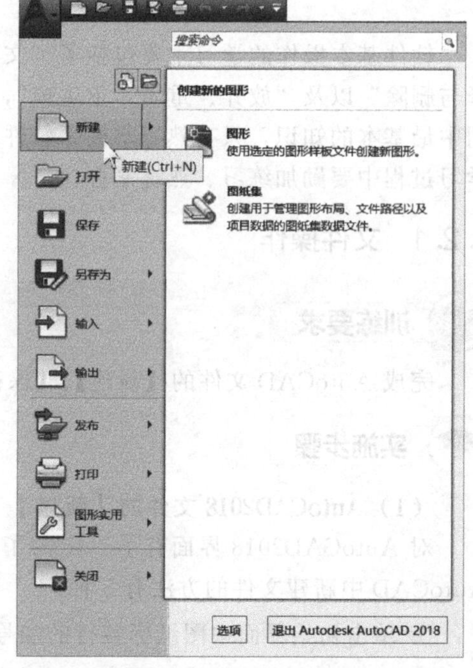

图 1-36 文件功能菜单

◇ 在以上 5 种新建文件的操作中用户应着重掌握第①、②、④这 3 种，对于熟练用户来说建议使用第 4 种快捷键的方式进行新建文件，该方法最节省时间，有利于提高绘图效率。

（2）AutoCAD2018 文件的【保存】

在 AutoCAD2018 中保存文件的方法有 4 种。

New

图 1-37 命令行

① 单击快速访问工具栏中的【保存】按钮，如图 1-38 所示。单击完成后系统弹出【图形另存为】对话框，如图 1-39 所示。在对话框中①位置用来确定所保存图形的存放位置，对话框中②位置用来确定所保存图形的文件名，图纸的默认文件名为 Drawing＋数字，例如：新建的第 1 张图纸的文件名为 Drawing1，第 2 张图纸的文件名为 Drawing2，以此类推。对话框中③位置用来确定所保存图形的文件类型。AutoCAD2018 所能保存的文件类型共有 16 种，如图 1-40 所示，默认的保存类型为 AutoCAD2018 图形（＊.dwg），如果想在低版本的 CAD 上打开高版本 CAD 创建的图形时就可以在选择文件类型时选择低版本的文件类型，例如 AutoCAD2007/LT2007 图形(.dwg)，这样所保存的文件即可在 AutoCAD2007 及以上版本 CAD 中打开。最后单击【保存】按钮即可完成文件的保存。

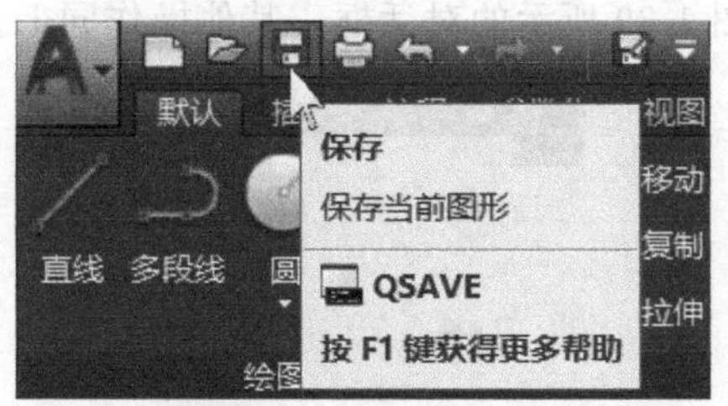

图 1-38 【保存】按钮

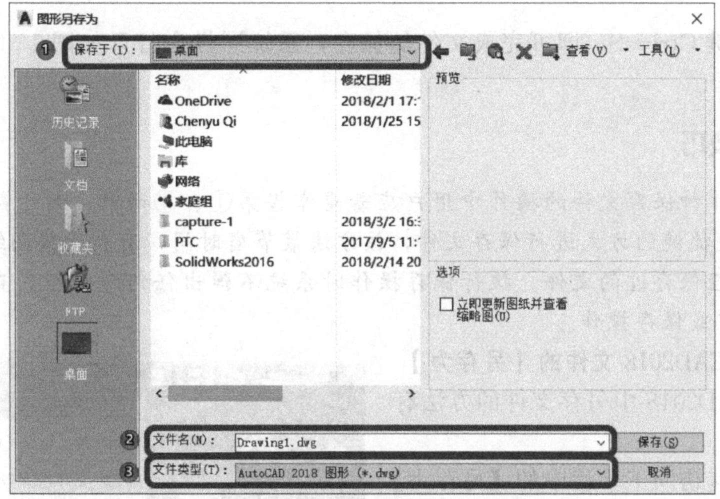

图 1-39 【图形另存为】对话框

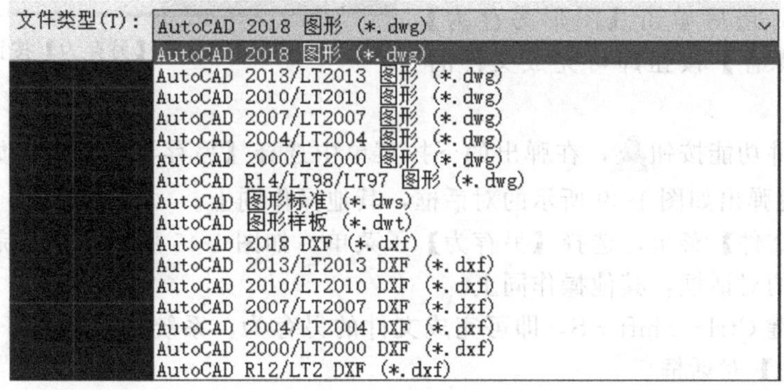

图 1-40　文件类型

② 单击文件功能按钮，在弹出的下拉菜单中选择【保存】按钮，如图 1-41 所示，单击完成后系统弹出如图 1-39 所示的对话框，其他操作同上。

③ 单击【文件】菜单，选择【保存】子菜单，如图 1-42 所示，单击完成后系统弹出如

图 1-39 所示的对话框，其他操作同上。

图 1-41　文件功能菜单

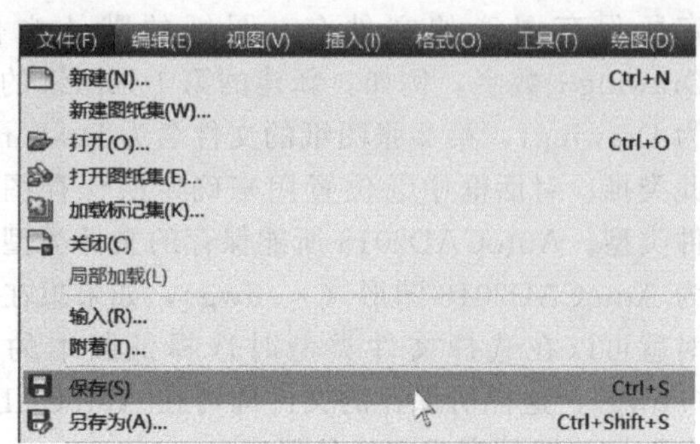

图 1-42　【文件】菜单

④ 用快捷键 Ctrl＋S，即可完成文件的保存，系统同样会打开如图 1-39 所示的【图形另存为】对话框。

 **提示与技巧**

◇ 在以上 4 种保存文件的操作中用户应着重掌握第①、④两种，对于熟练用户来说建议使用第 4 种快捷键的方式进行保存文件，该方法最节省时间，有利于提高绘图效率。

◇ 对于已经保存过的文件，执行保存操作时系统不弹出任何对话框，直接以原文件名和原保存位置完成保存操作。

（3）AutoCAD2018 文件的【另存为】

在 AutoCAD2018 中另存文件的方法有 4 种。

① 单击快速访问工具栏中的【另存为】按钮，如图 1-43 所示。单击完成后系统弹出【图形另存为】对话框，如图 1-39 所示，操作方式同上，最后单击【图形另存为】对话框中的【保存】按钮即可完成文件的另存为。

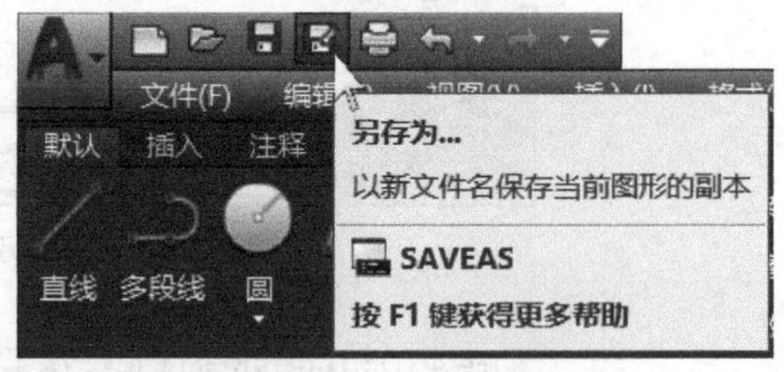

图 1-43　【另存为】按钮

② 单击文件功能按钮，在弹出的下拉菜单中选择【另存为】按钮，如图 1-44 所示，单击完成后系统弹出如图 1-39 所示的对话框，其他操作同上。

③ 单击【文件】菜单，选择【另存为】子菜单，如图 1-45 所示，单击完成后系统弹出如图 1-39 所示的对话框，其他操作同上。

④ 用快捷键 Ctrl＋Shift＋S，即可完成文件的另存为，系统同样会打开如图 1-39 所示的【图形另存为】对话框。

（4）AutoCAD2018 文件的【打开】

在 AutoCAD2018 中打开文件的方法有 4 种。

① 单击快速访问工具栏中的【打开】按钮，如图 1-46 所示。单击完成后系统弹出【选择文件】对话框，如图 1-47 所示，在对话框的查找范围中找到所要打开文件的存放位置，系统即显示当前位置所包含的 dwg 文件，在文件列表中选择要打开的文件。单击【打开】

按钮即可完成文件的打开。

图 1-44　文件功能菜单

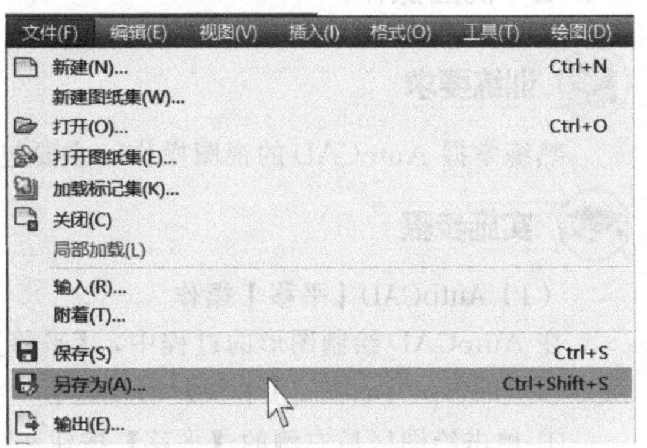

图 1-45　【文件】菜单

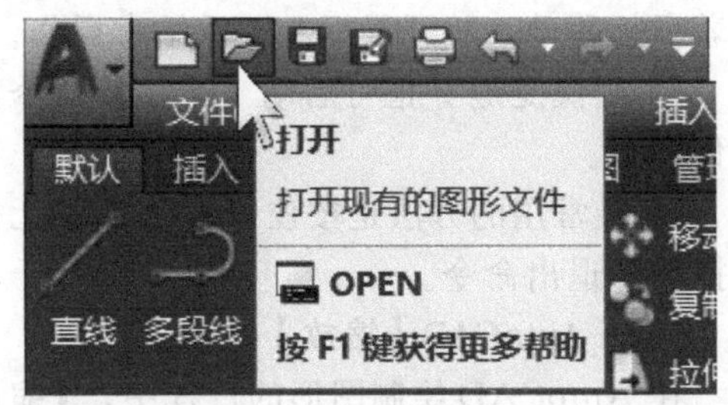

图 1-46　【打开】按钮

② 单击文件功能按钮，在弹出的下拉菜单中选择【打开】按钮，如图 1-48 所示，单击完成后系统弹出如图 1-47 所示的对话框，其他操作同上。

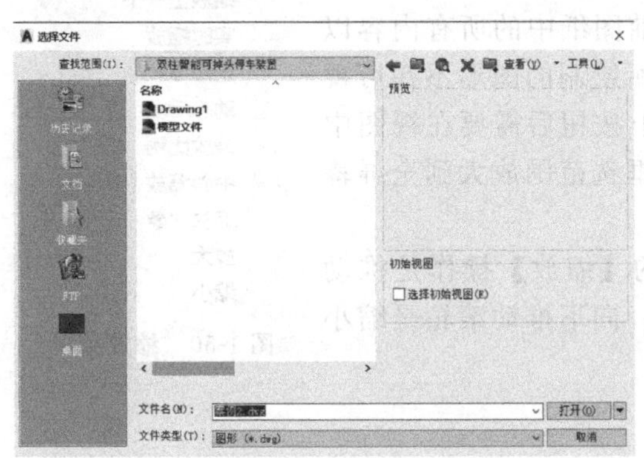

图 1-47　【选择文件】对话框

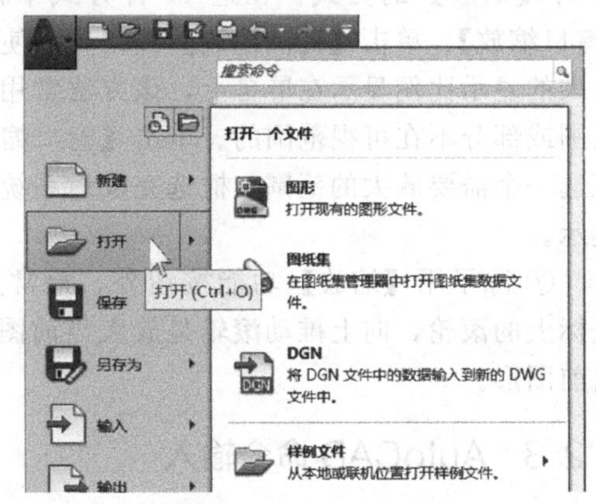

图 1-48　文件功能菜单

③ 单击【文件】菜单，选择【打开】子菜单，如图 1-49 所示，单击完成后系统弹出如图 1-47 所示的对话框，其他操作同上。

④ 用快捷键 Ctrl+O，即可完成文件的打开，系统同样会打开如图 1-47 所示的【选择文件】对话框。

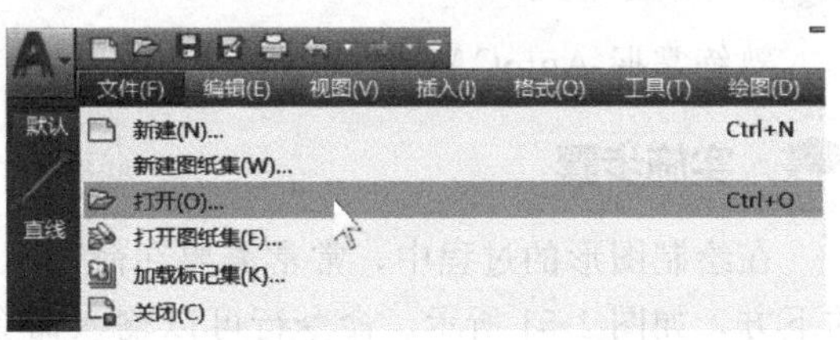

图 1-49　【文件】菜单

1.2.2　视图操作

训练要求

熟练掌握 AutoCAD 的视图操作，主要包括【平移】和【缩放】。

实施步骤

（1）AutoCAD【平移】操作

在 AutoCAD 绘制图形的过程中，【平移】是最常用的视图操作，可以让绘图者方便地观察图形的每一个部位。【平移】的方法有 3 种。

① 单击绘图区域右侧的【平移】按钮，鼠标的指针形状变为，此时的手形为张开的，不起平移作用，当按下鼠标左键时手形变为抓住的形状，此时移动鼠标，图形就会跟着鼠标移动，放开鼠标左键后结束操作。

② 用快捷键 P 也可启动【平移】命令，在命令行输入 P 按空格键即可启动命令，其他操作同上。

③ 最常用的方法是按住鼠标滚轮，无需启动【平移】命令，操作过程中放开滚轮即完成操作并退出命令。

（2）AutoCAD【缩放】操作

在 AutoCAD 绘制图形的过程中，【缩放】可以对图形进行放大和缩小，方便观察所绘图形上的细节，也是常用的视图操作，有 2 种方法。

① 单击绘图区域右侧视图控制工具栏上的【范围缩放】按钮下的小三角，系统弹出下拉列表，如图 1-50 所示，列表中包含了 11 种【缩放】的方式，在这 11 种方式中常用的有【范围缩放】和【窗口缩放】。单击【范围缩放】按钮可以使当前图纸中的所有内容以最大的显示比例显示在屏幕上，该方法常用于所绘制的图形不在可视范围或部分不在可视范围的。单击【窗口缩放】按钮后需要在视图中框选一个需要放大的范围，框选完成后系统将框选范围放大到全屏幕显示。

② 除了用【缩放】功能按钮外，最常用的【缩放】操作是推动鼠标上的滚轮，向上推动滚轮是放大当前图形，向下推动滚轮是缩小当前图形。

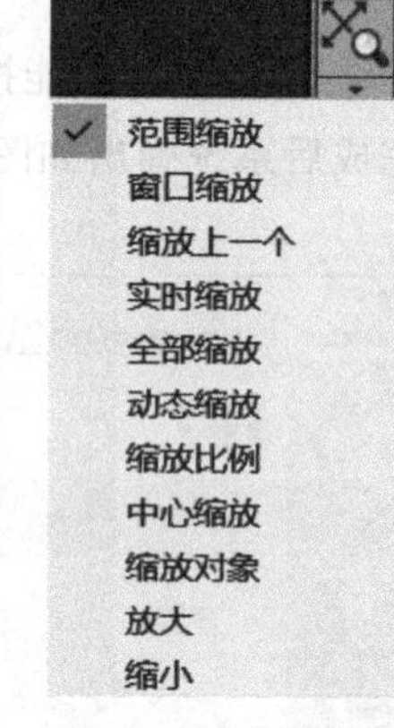

图 1-50　缩放菜单

1.2.3　AutoCAD 命令输入

训练要求

熟练掌握 AutoCAD 的命令输入。

实施步骤

在绘制图形的过程中，常常需要在命令行输入相应的命令和坐标，命令行位于绘图区域的下方，如图 1-51 所示。命令行可以输入命令，例如【直线】命令输入 line，也可以输入快捷键，【直线】的快捷键是 L，还可以输入坐标值，例如直角坐标（10，10），极坐标

(10<30)。同时在命令行中还可以进行命令子选项的选择，例如画圆时可以选择画圆的方式【3 点（3P)】、【两点（2P)】、【切点、切点、半径（T)】，如图 1-52 所示。在命令行输入命令时需要通过单击回车键或者空格键来进行确认。

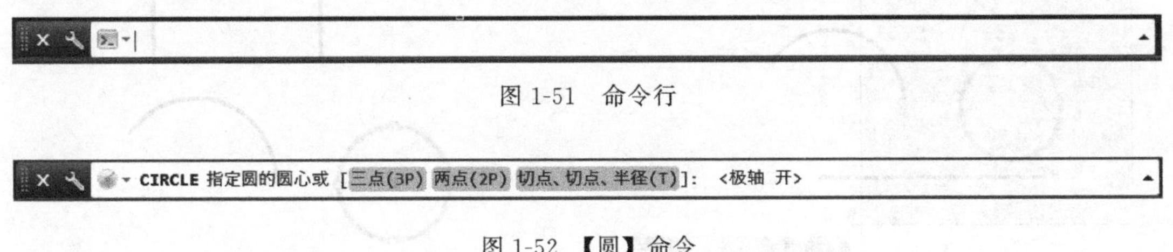

图 1-51　命令行

图 1-52 【圆】命令

1.2.4　图形对象的选择与删除

训练要求

熟练掌握 AutoCAD 图形对象选择和删除的方法。

实施步骤

（1）图形对象的选择

在绘图的过程中，常需要对已绘制的图形进行相关操作，这就需要选中已绘制的图形对象，图形对象的选择方法有三种，点选、框选和套索选取。

◆ 点选：移动光标靠近要选择的图形，该图形将高亮显示如图 1-53 所示，此时用鼠标左键单击即可选中图形，如图 1-54 所示，已选中的图形上会显示蓝色的控制夹点。点选操作每次点选可以选中一个图形。

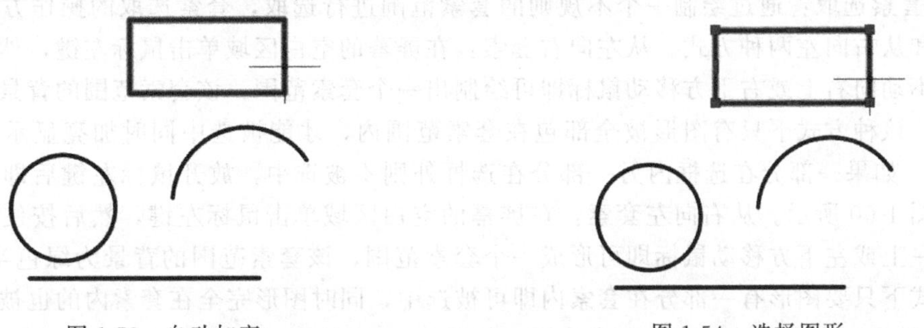

图 1-53　自动加亮　　　图 1-54　选择图形

◆ 框选：当一次需要选择多个图形时，可以用框选来选择多个图形，框选的操作方式分为从左向右框选和从右向左框选两种方式。从左向右框选：在屏幕的空白区域单击鼠标左键，然后向右上或右下方移动鼠标即可形成一个选框，该选框的背景为蓝色半透明状，该种框选方式下，只有图形被全部包在选框内，才能被选中同时加亮显示，如图 1-55 所示，如果一部分在选框内，另一部分在选框外，则不被选中，移动完鼠标后再次单击鼠标左键即可完成选择，如图 1-56 所示。从右向左框选：在屏幕的空白区域单击鼠标左键，然后向左上或左下方移动鼠标即可形成一个选框，该选框的背景为绿色半透明状，该种框选方式下只要图形有一部分在选框内即可被选中，同时图形完全在选框内的也被选中，如图 1-57 所示，移动完鼠标后再次单击鼠标左键即可完成选择，如图 1-58 所示。

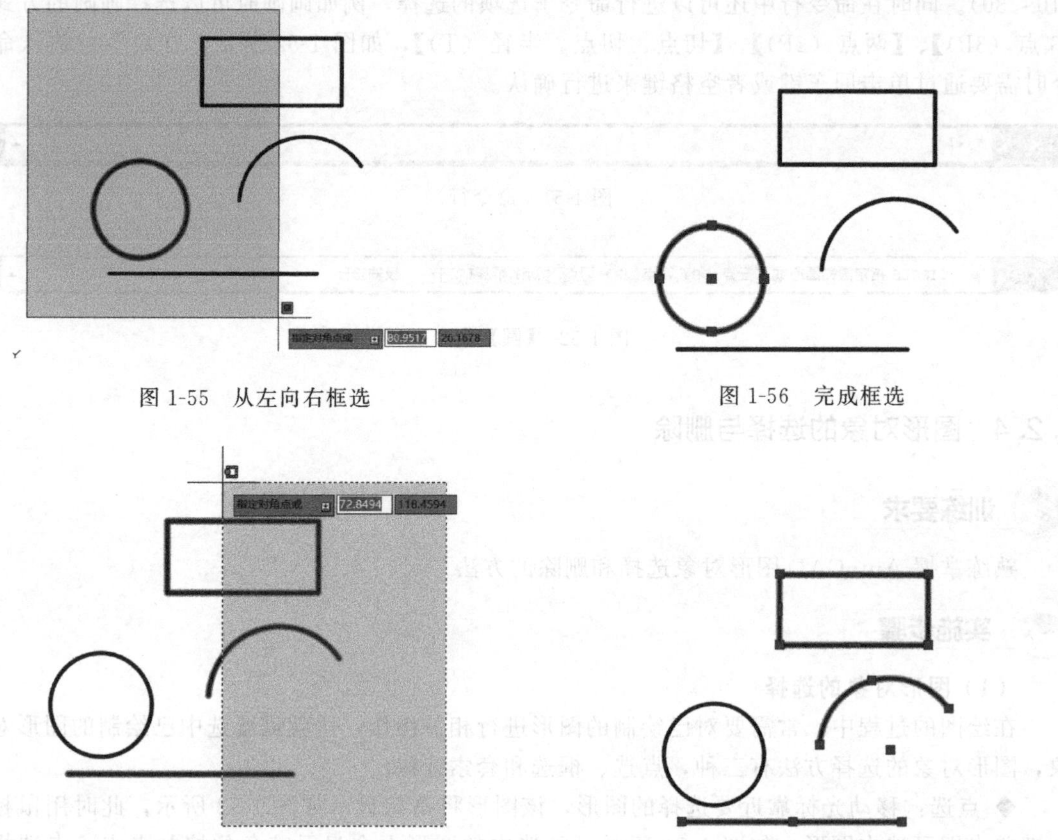

图 1-55　从左向右框选

图 1-56　完成框选

图 1-57　从右向左框选

图 1-58　完成框选

◆ 套索选取：通过绘制一个不规则的套索范围进行选取，套索选取的操作方式分为从左向右和从右向左两种方式。从左向右套索：在屏幕的空白区域单击鼠标左键，然后按住鼠标左键不动向右上或右下方移动鼠标即可绘制出一个套索范围，该套索范围的背景为蓝色半透明状，该种方式下只有图形被全部包在套索范围内，才能被选中同时加亮显示，如图 1-59 所示，如果一部分在选框内另一部分在选框外则不被选中，放开鼠标左键后即可完成选择，如图 1-60 所示。从右向左套索：在屏幕的空白区域单击鼠标左键，然后按住鼠标左键不动向左上或左下方移动鼠标即可形成一个套索范围，该套索范围的背景为绿色半透明状，该种方式下只要图形有一部分在套索内即可被选中，同时图形完全在套索内的也被选中，如图 1-61 所示，放开鼠标后即可完成选择，如图 1-62 所示。

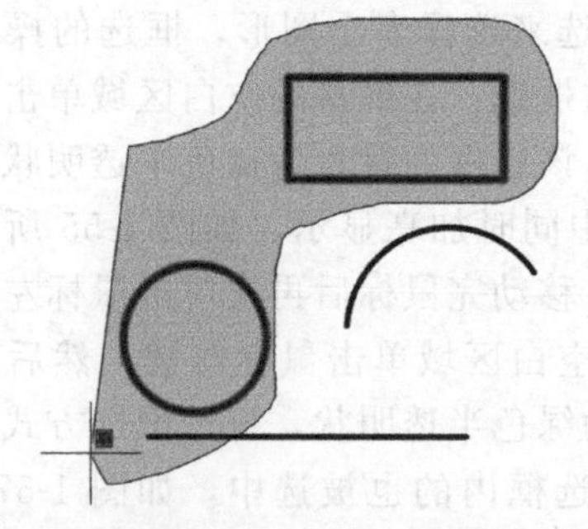

图 1-59　从左向右套索

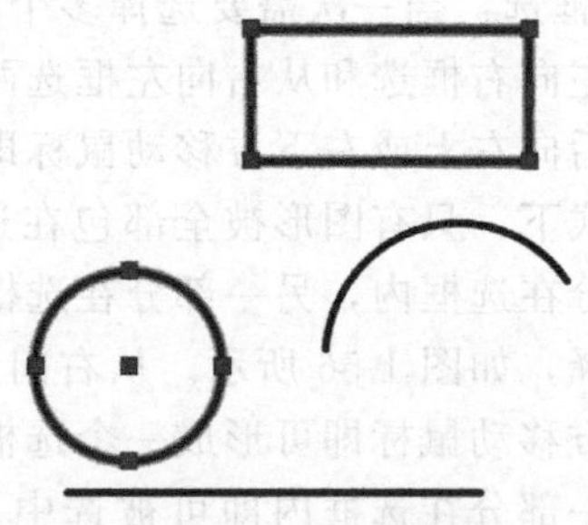

图 1-60　完成套索

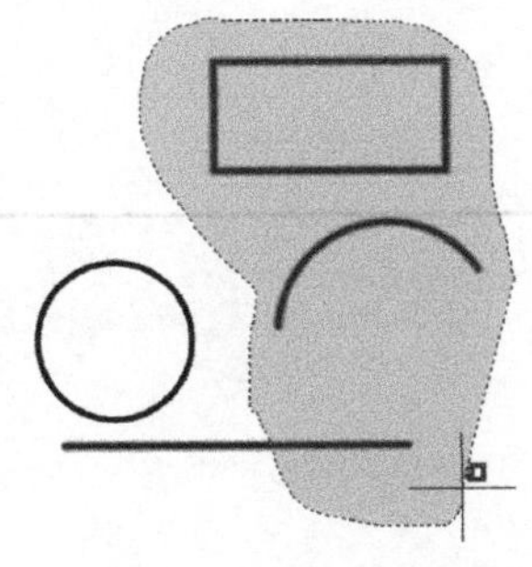

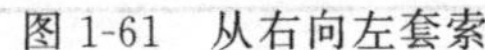

图 1-61　从右向左套索

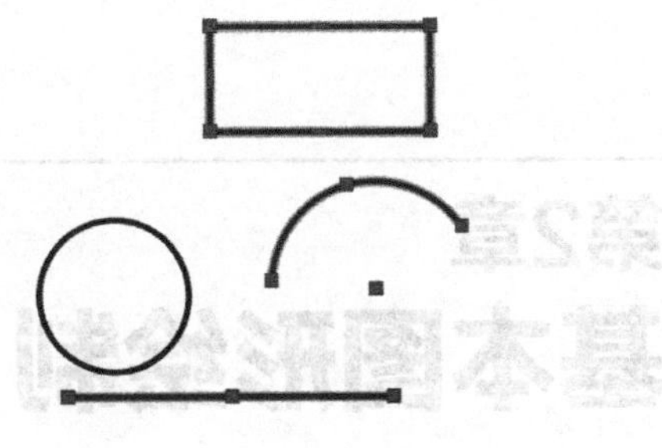

图 1-62　完成套索

（2）图形对象的删除

图形对象的删除方法有 3 种，按 Delete 键、快捷键 E 和【删除】按钮。

◆ Delete 键：选择要删除的图形，按键盘上的 Delete 键即可完成图形的删除。

◆ 快捷键 E：选择要删除的图形，在命令行输入快捷键 E 然后按回车键即可完成图形的删除。也可以先在命令行输入快捷键 E，然后选择要删除的图形，完成选择后按回车键即可完成删除。

◆【删除】按钮：选择要删除的图形，单击工具按钮区的【删除】按钮即可完成图形的删除。也可以先单击工具按钮区的【删除】按钮，然后选择要删除的图形，完成选择后按回车键即可完成删除。

1.2.5　放弃、重做、重生成

训练要求

熟练掌握 AutoCAD 软件的【放弃】、【重做】和【重生成】的操作方法。

实施步骤

（1）【放弃】操作

在 AutoCAD 绘图过程中，对已经执行过的命令进行撤销的操作叫做【放弃】，功能按钮在快速访问工具栏上，每单击一次该按钮系统撤销一步操作。没有被保存过的所有操作步骤都可以撤销。

（2）【重做】操作

在 AutoCAD 绘图过程中，对已经撤销的命令进行恢复的操作叫做【重做】，功能按钮在快速访问工具栏上，每单击一次该按钮系统恢复一步操作。所有被撤销的操作步骤都可以通过【重做】操作进行恢复。

（3）【重生成】操作

在 AutoCAD 绘图过程中，把绘制好的图形保存后重新打开时对于比较复杂的图形系统为了对图形进行快速的加载，显示精度往往不高，如果发现原来绘制的圆形现在呈现多边形显示状态，就可以利用【重生成】命令对图形进行重新计算，以提高图形的显示精度达到应有的显示效果。【重生成】命令在【视图】菜单中，如图 1-63 所示。

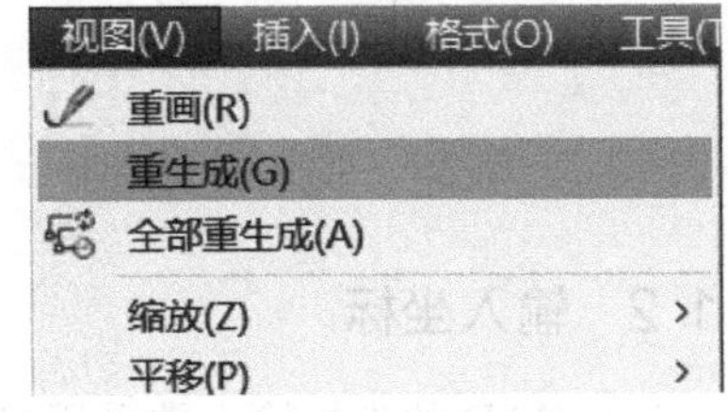

图 1-63　【重生成】命令

第2章
基本图形绘制

2.1 坐标输入

在绘图过程中，常需要使用某个坐标系作为参照来拾取点的位置，以精确定位某个对象，要想正确、高效绘图，必须先理解各种坐标系的概念，然后再掌握图形坐标点的输入方法。

2.1.1 认识坐标系

AutoCAD 的坐标系包括世界坐标系（WCS）和用户坐标系（UCS）。

1. 世界坐标系

这是 AutoCAD 的基本坐标系，由 3 个相互垂直的坐标轴组成，默认情况下 X 轴正方向水平向右，Y 轴正方向垂直向上，Z 轴正方向垂直于屏幕平面方向指向用户。在绘制和编辑图形的过程中，坐标原点和坐标轴的方向是不变的。

2. 用户坐标系

为了更好地辅助绘图，经常需要修改坐标系的原点位置和坐标方向，这就需要使用可变的用户坐标系统（UCS）。在默认情况下，用户坐标系和世界坐标系重合，用户可以在绘图过程中根据需要来定义 UCS。

为区分世界坐标系和用户坐标系，世界坐标系在原点处有一个方框标记，用户坐标系没有，如图 2-1 和图 2-2 所示。

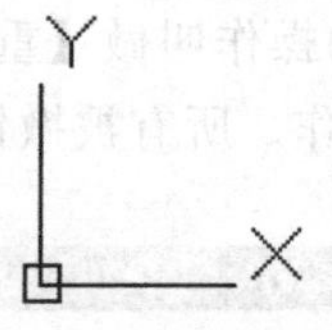

图 2-1 世界坐标系图标

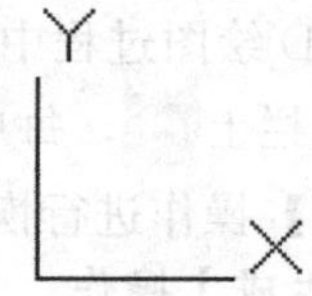

图 2-2 用户坐标系图标

2.1.2 输入坐标

AutoCAD 的坐标输入常采用绝对坐标和相对坐标两种形式。

（1）绝对坐标

绝对坐标是指相对于当前坐标系原点的坐标，包括直角坐标和极坐标两种。

① 直角坐标　绝对直角坐标是点相对于原点 O（0，0）的坐标值。已知坐标值后，则输入：X 坐标值，Y 坐标值。

例如，在绘制二维直线的过程中，点的位置直角坐标为（100，80），则输入 100，80 后，按 Enter 键确定点的位置，如图 2-3（a）所示。

② 极坐标　点的极坐标是指利用坐标原点与该点的距离和这两点之间连线与坐标系 X 轴正方向的夹角来表示该点的坐标，输入方法为："距离值<角度数值"，系统默认 X 轴正方向为 0°，Y 轴正方向为 90°，角度方向逆时针为正，顺时针为负。

例如：在绘制二维直线的过程中，确定点坐标的二维极坐标为（150<30°），则输入：150<30 后，按 Enter 键即可确定点的位置，如图 2-3（b）所示。

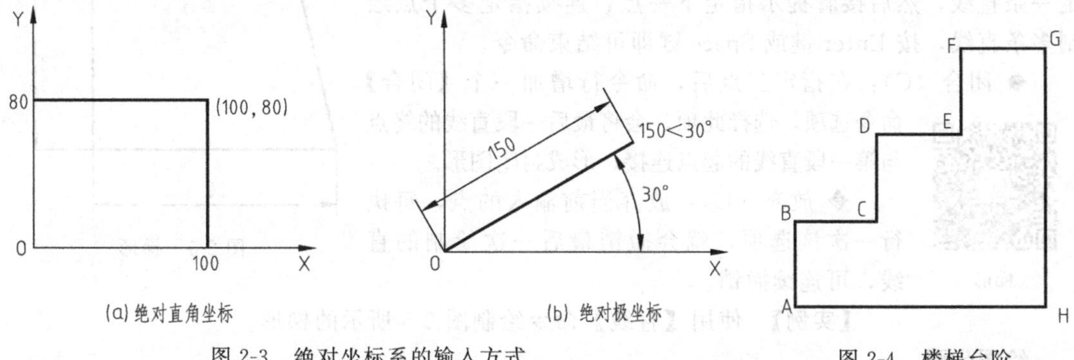

图 2-3　绝对坐标系的输入方式

图 2-4　楼梯台阶

（2）相对坐标

相对坐标是指在已经确定一点的基础上，下一点相对于该点的坐标差值。相对坐标也包括直角坐标和极坐标两种。相对坐标的表示方法是在绝对坐标之前加上"@"，直角坐标前加"@"即为相对直角坐标，极坐标前加"@"即为相对极坐标。

楼梯台阶

【实例】　利用坐标输入法绘制图 2-4 所示的楼梯台阶。

绘图步骤

```
命令：L↙                                        //执行【直线】命令并按 Enter 键
指定第一个点：                                   //在绘图区内任意指定一点 A
指定下一点或[放弃(U)]：@300<90↙                 //输入 B 点的相对极坐标
指定下一点或[放弃(U)]：@300<0↙                  //输入 C 点的相对极坐标
指定下一点或[闭合(C)/放弃(U)]：@300<90↙         //输入 D 点的相对极坐标
指定下一点或[闭合(C)/放弃(U)]：@300<0↙          //输入 E 点的相对极坐标
指定下一点或[闭合(C)/放弃(U)]：@0,300↙          //输入 F 点的相对直角坐标
指定下一点或[闭合(C)/放弃(U)]：@300,0↙          //输入 G 点的相对直角坐标
指定下一点或[闭合(C)/放弃(U)]：@900<270↙        //输入 H 点的相对极坐标
指定下一点或[闭合(C)/放弃(U)]：C↙               //选择【闭合】选项，闭合图形到 A 点
```

2.2　绘制直线

直线是绘图中最常用的图形对象，只要指定了起点和终点，就可绘制出一条直线。

（1）命令执行方式

➢ 菜单栏：选择【绘图】菜单中的【直线】命令。

➢ 工具栏：单击【绘图】工具栏中的【直线】按钮 。

➢ 命令行：输入 LINE（L）并按 Enter 键。

（2）操作过程说明

执行【直线】命令后，命令行提示如下：LINE 指定第一个点：

指定所绘制直线的起点，可以用鼠标直接在屏幕上所需位置拾取，也可以通过键盘输入点的坐标来确定，确定起点后，命令行接着提示 LINE 指定下一点或 [闭合(C) 放弃(U)]：

各选项说明：

◆ 指定下一点：指定所绘制直线的另一个端点，两点确定一条直线，然后接着提示指定下一点，连续指定多个点绘制多条直线，按 Enter 键或 Space 键即可结束命令。

◆ 闭合（C）：在指定三点后，命令行增加一个【闭合】命令选项，选择此项，会将最后一段直线的终点与第一段直线的起点连接，形成封闭图形。

梯形

◆ 放弃（U）：放弃当前输入的点，每执行一次该选项，就会撤销最后一次绘制的直线，可连续撤销。

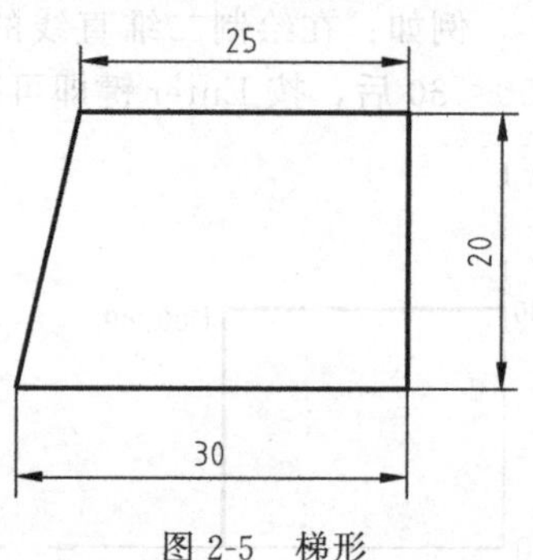

图 2-5　梯形

【实例】 使用【直线】命令绘制图 2-5 所示的梯形。

绘图步骤

```
命令：L↙                                   //执行【直线】命令并按 Enter 键
指定第一个点：                             //在绘图区内任意指定一点
指定下一点或[放弃(U)]：30↙                 //光标向右移动，输入底边长度 30
指定下一点或[放弃(U)]：20↙                 //光标向上移动，输入侧边长度 20
指定下一点或[闭合(C)/放弃(U)]：25↙         //光标向左移动，输入顶边长度 25
指定下一点或[闭合(C)/放弃(U)]：C↙          //输入 C，闭合图形
```

提示与技巧

在绘制直线的过程中，需准确绘制水平直线和垂直直线时，可单击状态栏中的【正交】按钮 ，以打开正交模式，也可通过鼠标控制，当出现绿色蚂蚁线时即为水平或竖直状态。

2.3 绘制圆

（1）命令执行方式

➢ 菜单栏：选择【绘图】菜单中的【圆】命令。

➢ 工具栏：单击【绘图】工具栏中的【圆】按钮 。

➢ 命令行：输入 CIRCLE（C）并按 Enter 键。

（2）操作过程说明

【圆】命令中提供了 6 种绘制圆的方法，各方法含义如下：

◆ 圆心、半径（R）：用圆心和半径方式绘制圆。

◆ 圆心、直径（D）：用圆心和直径方式绘制圆。

◆ 两点（2P）：通过直径的两个端点绘制圆，系统会提示指定圆直径的第一端点和第二端点。

◆ 三点（3P）：通过圆上 3 点绘制圆，系统会提示指定圆上的第一点、第二点和第三点。

◆ 相切、相切、半径（T）：通过圆与其他两个对象的切点和半径值来绘制圆，系统会提示指定圆的第一切点和第二切点及圆的半径。

◆ 相切、相切、相切（A）：通过三个相切对象绘制圆。

以上各种绘圆方式如图 2-6 所示。

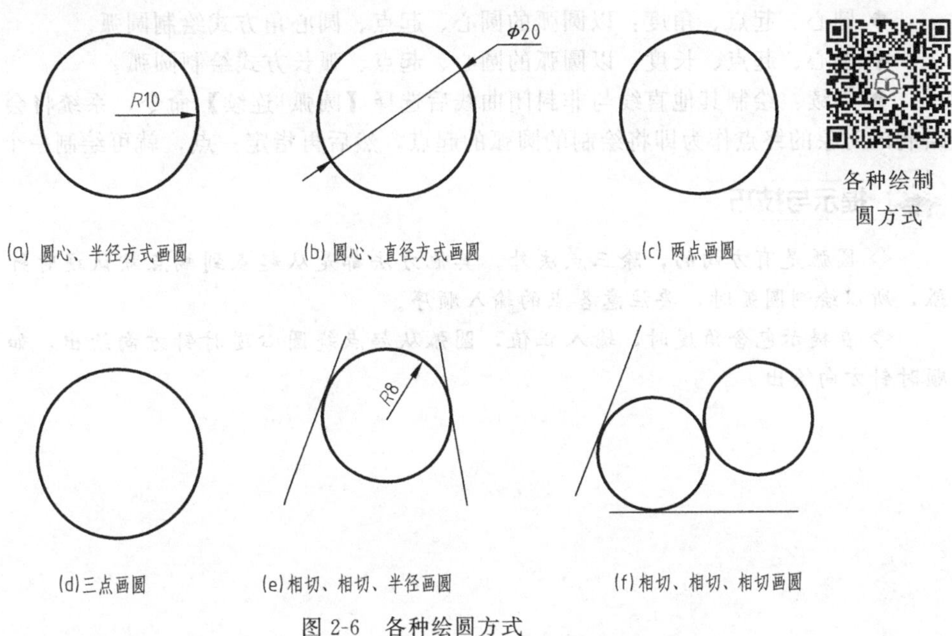

(a) 圆心、半径方式画圆　(b) 圆心、直径方式画圆　(c) 两点画圆

(d) 三点画圆　(e) 相切、相切、半径画圆　(f) 相切、相切、相切画圆

图 2-6　各种绘圆方式

2.4　绘制圆弧

圆弧是圆的一部分，在机械制图中，经常需要用圆弧来光滑连接已知直线和圆弧。

（1）命令执行方式

➢ 菜单栏：选择【绘图】菜单中的【圆弧】命令。

➢ 工具栏：单击【绘图】工具栏中的【圆弧】按钮。

➢ 命令行：输入 ARC（A）并按 Enter 键。

（2）操作过程说明

【圆弧】命令中提供了 11 种绘制圆弧的方法，各方法含义如下：

◆ 三点：通过指定圆弧上的三点绘制圆弧，需要指定圆弧的起点、通过的第二个点和端点。

◆ 起点、圆心、端点：通过指定圆弧的起点、圆心、端点绘制圆弧。

◆ 起点、圆心、角度：通过指定圆弧的起点、圆心、包含角度绘制圆弧。

◆ 起点、圆心、长度：通过指定圆弧的起点、圆心、弧长绘制圆弧。另外，在命令行提示“指定弧长”时，如果所输入的值为负，则该值的绝对值将作为对应整圆的空缺部分的圆弧的弧长。

◆ 起点、端点、角度：通过指定圆弧的起点、端点、包含角绘制圆弧。

◆ 起点、端点、方向：通过指定圆弧的起点、端点和圆弧的起点切向绘制圆弧。命令执行过程中会出现“指定圆弧的起点切向”提示信息，此时拖动鼠标动态地确定圆弧在起始点处的切线方向和水平方向的夹角。拖动鼠标时，AutoCAD 会在当前光标与圆弧起始点之间形成一条线，即为圆弧在起始点处的切线。确定切线方向后，单击左键即可得到相应的圆弧。

◆ 起点、端点、半径：通过指定圆弧的起点、端点和圆弧半径绘制圆弧。

◆ 圆心、起点、端点：以圆弧的圆心、起点、端点方式绘制圆弧。

◆ 圆心、起点、角度：以圆弧的圆心、起点、圆心角方式绘制圆弧。

◆ 圆心、起点、长度：以圆弧的圆心、起点、弧长方式绘制圆弧。

◆ 连续：绘制其他直线与非封闭曲线后选择【圆弧|连续】命令，系统将会自动以刚才绘制的对象的终点作为即将绘制的圆弧的起点，然后再指定一点，就可绘制一个圆弧。

◇ 圆弧是有方向的，除三点法外，其他方法都是从起点到端点默认逆时针方向绘制圆弧，所以绘制圆弧时，要注意各点的输入顺序。

◇ 在提示包含角度时，输入正值，圆弧从起点绕圆心逆时针方向绘出，如为负值，则顺时针方向绘出。

第3章 绘图环境设置

在应用 AutoCAD 进行图形绘制时，设置一个符合国标以及个人操作习惯的绘图环境对于提高绘图效率至关重要，AutoCAD 默认的绘图环境并不符合中国制图国家标准的要求，这就要求我们学习绘图环境的设置，以提高绘图效率。

3.1 图形单位及图形界限设置

3.1.1 图形单位设置

AutoCAD 的图形单位在默认状态下为十进制单位，用户可以根据具体工作需要设置单位类型和数据精度。

（1）命令执行方式

- 菜单栏：【格式】|【单位】，如图 3-1 所示。
- 命令行：输入 DDUNITS 或 UNITS，并按 Enter 键。

（2）操作过程说明

执行该命令后，系统弹出如图 3-2 所示的【图形单位】对话框。

在机械图形绘制时长度单位的【类型】选择“小数”，【精度】选择“0.000”；角度单位的【类型】选“十进制度数”，【精度】选择“0.000”，不要勾选【顺时针】前的复选框。

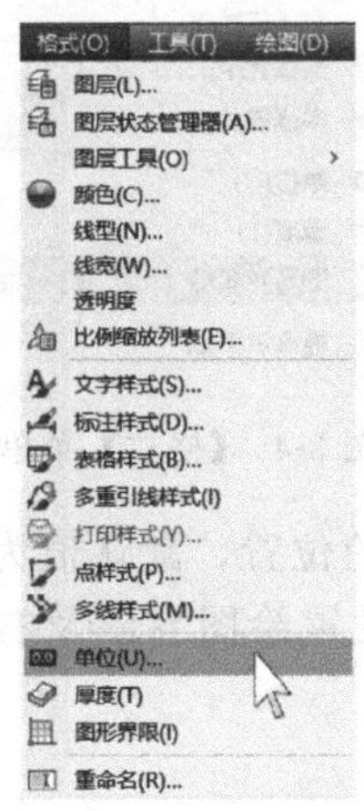

图 3-1 【格式】菜单

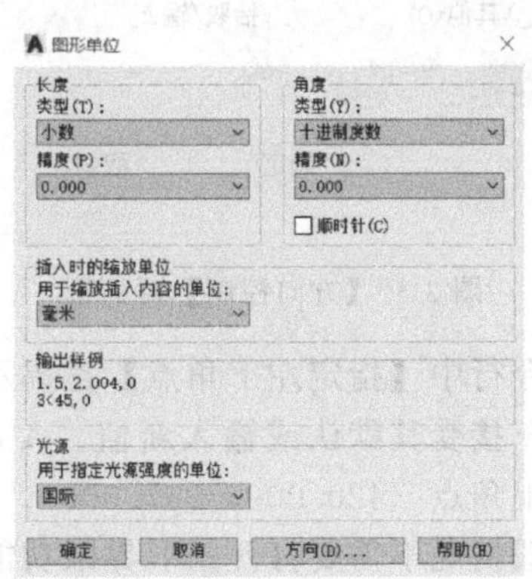

图 3-2 【图形单位】对话框

◇ 在 AutoCAD 软件中角度的计算方向默认是按逆时针计算。

在【图形单位】对话框中单击【方向】按钮，弹出如图 3-3 所示的【方向控制】对话框，可以调整基准角度计算的起始位置，默认的“0”度位置在“东”方向即水平朝右方向，一般情况都不需要调整。

3.1.2 图形界限设置

绘图界限是用户工作区域和图纸的边界。设置绘图界限就是设置并控制图形边界和栅格显示界限。

（1）命令执行方式

➤ 菜单栏：【格式】|【图形界限】，如图 3-4 所示。

➤ 命令行：输入 LIMITS 并按 Enter 键。

（2）操作过程说明

执行该命令后，命令行的状态如图 3-5 所示，通过选择【开】或【关】选项可以决定能否在图形界限之外指定一点。如果选择【开】选项，那么将打开界限检查，用户不能在图形界限之外结束一个对象，也不能使用【移动】或【复制】命令将图形移到图形界限之外，但可以指定两个点（中心和圆周上的点）来画圆，圆的一部分可以在界限之外；如果选择【关】选项时，AutoCAD 禁止界限检查，可以在图形界限之外画对象或指定点。

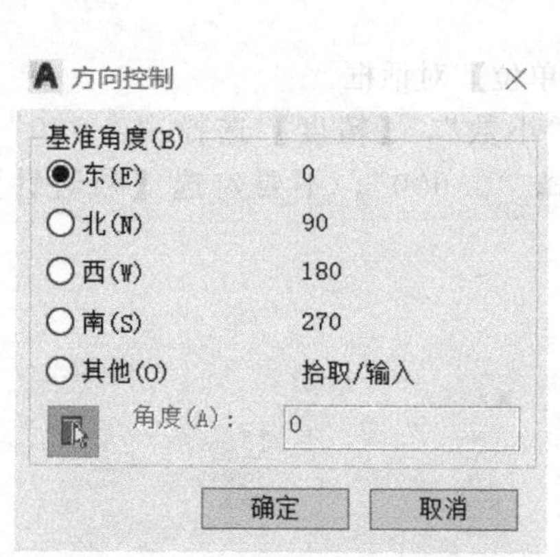

图 3-3 【方向控制】对话框

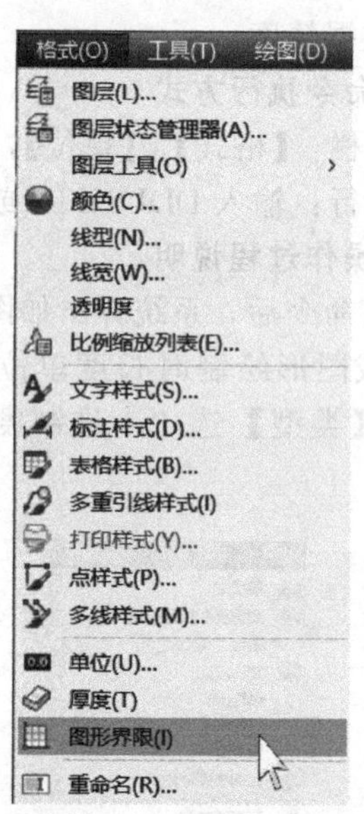

图 3-4 【格式】菜单

命令行中【指定左下角点】是提示设置图形界限左下角的位置，默认值为（0，0）。用户可回车接受其默认或输入新值。AutoCAD 继续提示用户设置绘图界限及右上角的位置，指定右上角点〈420.000，297.000〉。

一般情况不需要打开图形界限功能。

```
LIMITS 指定左下角点或 [开(ON) 关(OFF)] <0.000,0.000>:
```

图 3-5 图形界限命令行

3.2 图层

3.2.1 新建图层

（1）命令执行方式

➢ 菜单栏：【格式】|【图层】，如图 3-6 所示。

➢ 工具栏：单击【默认】标签下的【图层特性】按钮，如图 3-7 所示。

（2）操作过程说明

执行该命令后，系统弹出如图 3-8 所示的【图层特性管理器】对话框。

在【图层特性管理器】对话框中单击【新建】按钮，在图层列表中会出现一个新的图层，同时系统默认给图层命名为“图层 1”并且图层的名称处于可重命名的状态，如图 3-9 所示，此时可以给图层输入一个新的名称，也可以在【图层特性管理器】的空白处单击鼠标左键接受系统给图层的默认名称完成图层的新建。

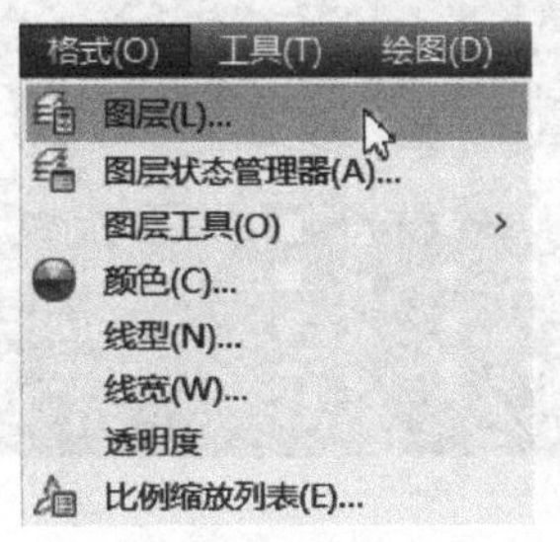

图 3-6 【格式】菜单

图 3-7 【图层特性】按钮

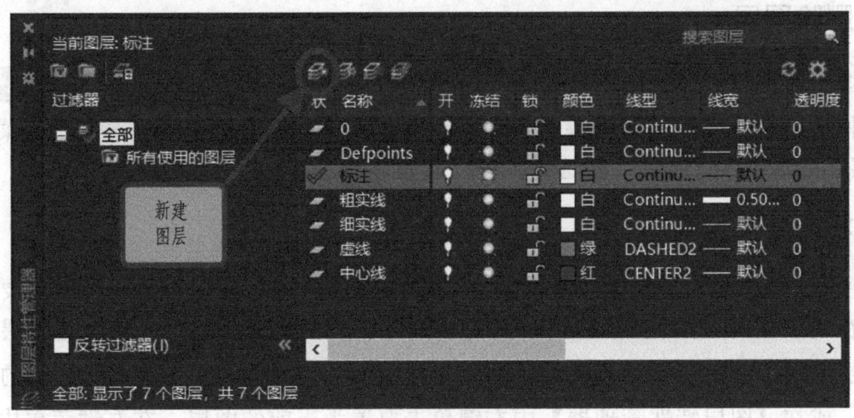

图 3-8 【图层特性管理器】对话框

3.2.2 重命名图层

在【图层特性管理器】对话框中右键单击新建的图层，在右键菜单中选择【重命名图层】，如图 3-10 所示，然后给图层输入新的名称即可完成图层的重命名，如图 3-11 所示。

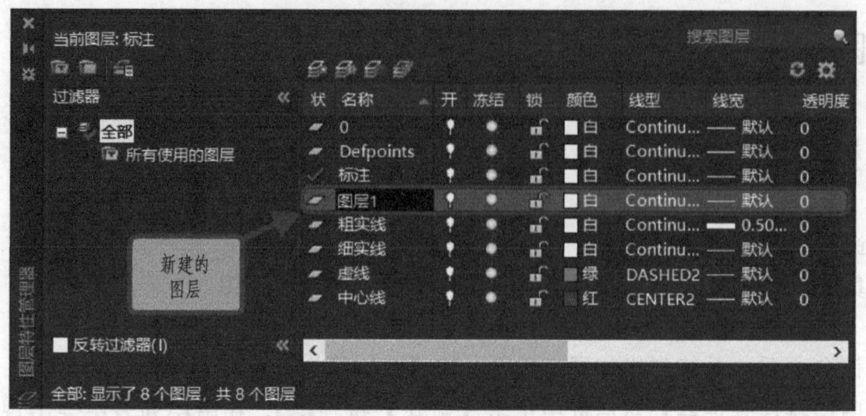

图 3-9 新建图层

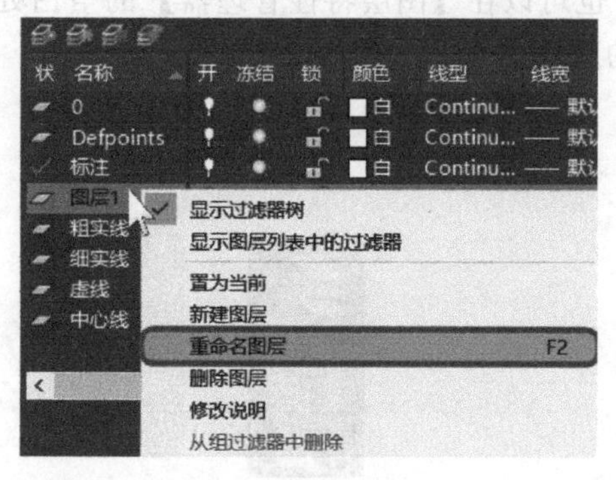

图 3-10 重命名图层

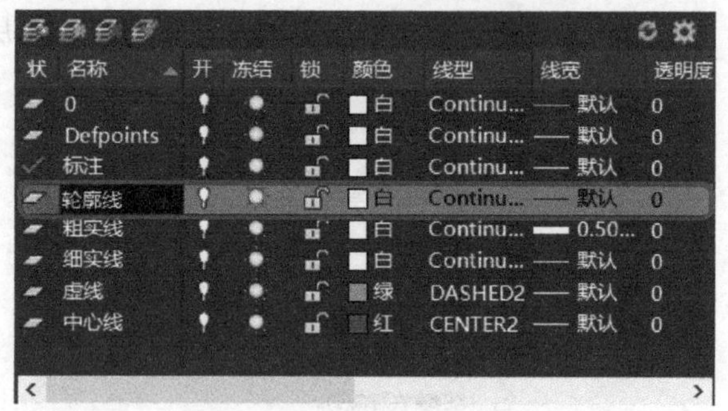

图 3-11 完成图层重命名

3.2.3 删除图层

在【图层特性管理器】的图层列表中选中要删除的图层，单击【删除】按钮，则选中的图层将被删除。或在【图层特性管理器】中右键单击要删除的图层，在右键菜单中选择【删除图层】，如图 3-12 所示，则选中的图层将被删除。

3.2.4 将图层置为当前

在使用 AutoCAD 进行图形绘制时，所绘制的图形内容都是在当前图层的，要想改变绘制图形所在的图层，可以使用【置为当前】操作将其他图层置为当前。在【图层特性管理器】的图层列表中选中要置为当前的图层，单击【置为当前】按钮，则选中的图层将被置为当前。或在【图层特性管理器】中右键单击要置为当前的图层，在右键菜单中选择【置为当前】，如图 3-13 所示，则选中的图层将被置为当前。

3.2.5 图层的线型、线宽、颜色设置

（1）线型设置

在【图层特性管理器】对话框中单击【线型】下的英文单词“Continuous”，系统弹出如图 3-14 所示的【选择线型】对话框，此时在对话框中列出了已经加载好的线型，如果有我们需要的就可以直接左键单击选择所需的线型，然后单击【确定】按钮即可完成线型的指

定。如果列表中没有所需的线型，则需要单击【加载】按钮打开【加载或重载线型】对话框，如图 3-15 所示。在对话框的列表中选中所需的线型单击【确定】按钮，即可将该线型加载到【已加载的线型】列表中，然后在列表中选中刚才加载进来的线型再单击【确定】按钮，即可完成该图层线型的指定。

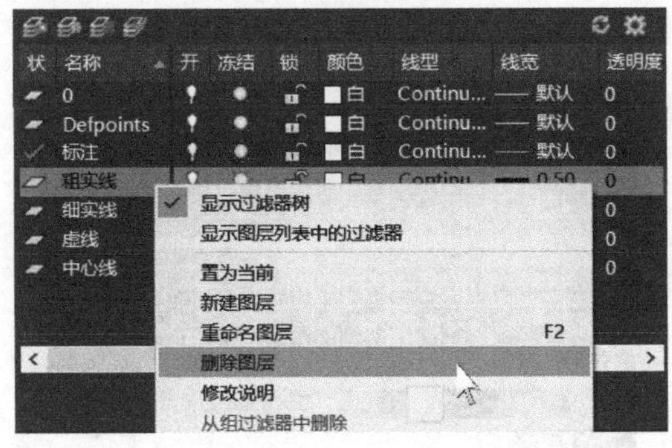

图 3-12　删除图层

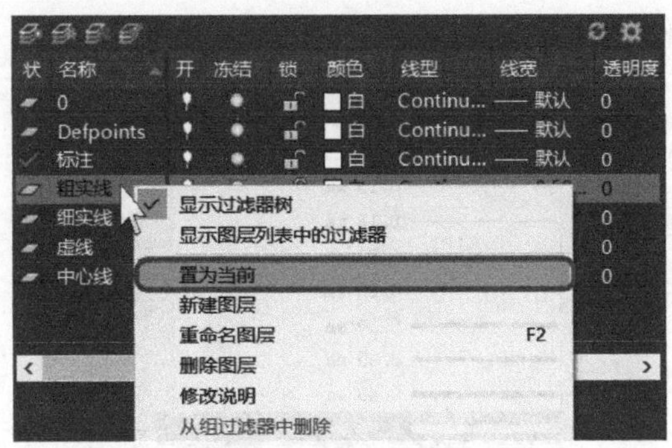

图 3-13　图层置为当前

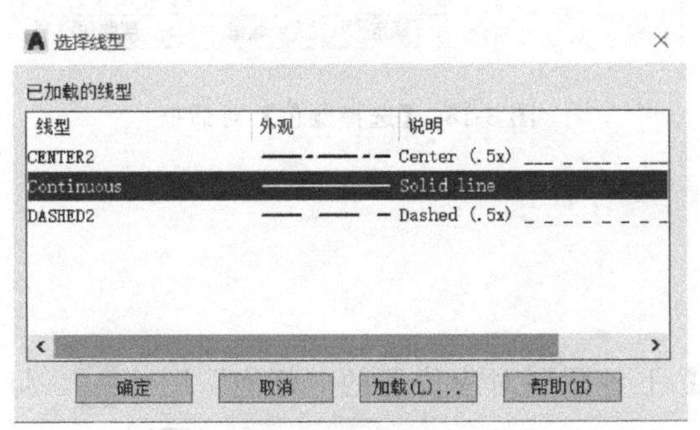

图 3-14　【选择线型】对话框

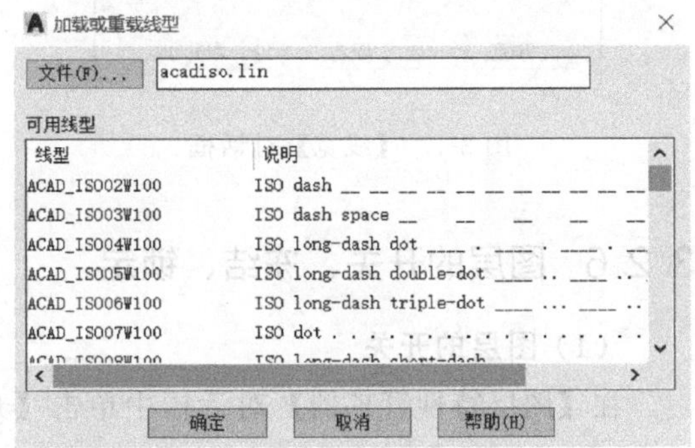

图 3-15　【加载或重载线型】对话框

（2）线宽设置

在【图层特性管理器】对话框中单击【线宽】下各图层对应的位置，如图 3-16 所示。系统弹出【线宽】对话框，如图 3-17 所示，然后在列表中选择所需的线宽单击【确定】按钮即可为该图层指定所需的线宽。

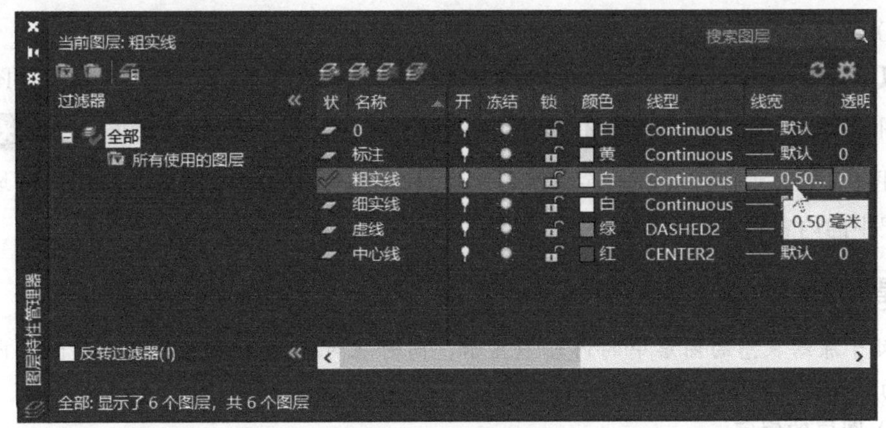

图 3-16　线宽设置

（3）颜色设置

在【图层特性管理器】对话框中单击【颜色】下各图层对应的位置。系统弹出【选择颜色】对话框，如图 3-18 所示，然后在对话框中选择所需的颜色单击【确定】按钮即可为该图层指定所需的颜色。

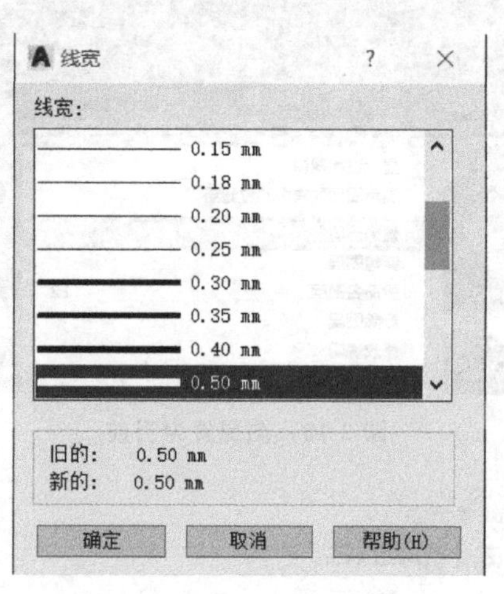

图 3-17 【线宽】对话框

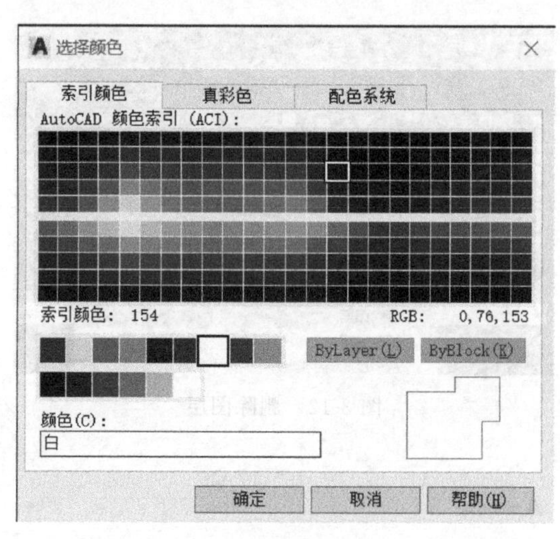

图 3-18 【选择颜色】对话框

3.2.6 图层的开关、冻结、锁定

（1）图层的开关

在【图层特性管理器】对话框中单击【开】下各图层对应位置的“灯泡”图标，灯泡亮时图层为打开状态，该图层中的制图内容将显示在绘图区域，灯泡灭时图层为关闭状态，该图层中的制图内容将不显示在绘图区域。

提示与技巧

◇ 处于关闭状态的图层中的内容虽然不显示，但在对绘图区域进行操作时仍然参与相应的运算。

（2）图层的冻结

在【图层特性管理器】对话框中单击【冻结】下各图层对应位置的“太阳”图标，单击后图标变为“雪花”图标，表示该图层被冻结，再次单击“雪花”图标，变为“太阳”图标表示该图层被解除冻结，未冻结的图层中的内容将显示在绘图区域，冻结后的图层中的内容将不显示在绘图区域。

提示与技巧

◇ 处于冻结状态的图层中的内容不显示，同时在对绘图区域进行操作时图层内容不参与相应的运算，这是与图层开关功能的区别。

（3）图层的锁定

在【图层特性管理器】对话框中单击【锁】下各图层对应位置的“锁”图标，该图标变为锁住的状态，同时该图层的内容变暗显示，将鼠标移到该图层内的图形上时，鼠标十字的右上角会出现“锁”的图标，表示该图形已经锁定，如图 3-19 所示。再次单击“锁”图标即可对该图层进行解锁。

图 3-19　图层锁定

提示与技巧

◇ 锁定图层上的内容不允许编辑。

3.3　对象特性的显示查看与修改

查看对象特性需要首先在绘图区域选中要查看特性的图形，然后单击鼠标右键，在右键菜单中单击【特性】选项，如图 3-20 所示，系统弹出如图 3-21 所示的特性对话框，在特性对话框中可以查看所选对象的颜色、图层、线型、线型比例、线宽等。

如需修改特性，一种方法是在绘图区域选中需要修改特性的图形，然后单击鼠标右键，在右键菜单中单击【特性】选项，如图 3-20 所示，系统弹出如图 3-21 所示的特性对话框，在特性对话框中选中要修改特性的项目，例如【颜色】后面的“ByLayer”，单击后面的小三角即可打开一个下拉列表，如图 3-22 所示，在列表中选择新的特性例如“红”即可完成图形对象特性的修改，修改完成后关闭特性对话框，对象其他特性的修改方法和修改颜色的方法相同。

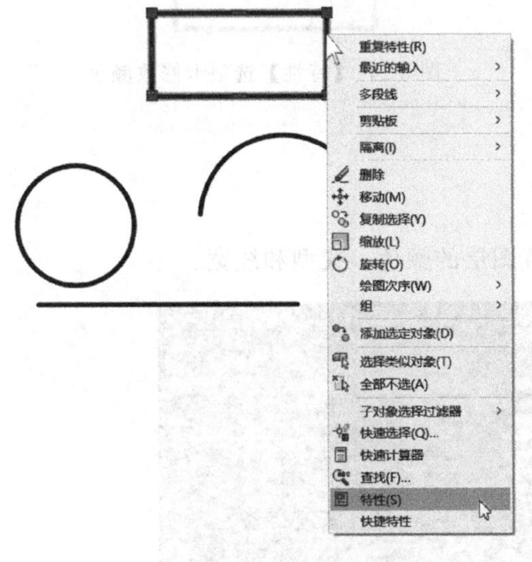

图 3-20　图形对象右键菜单

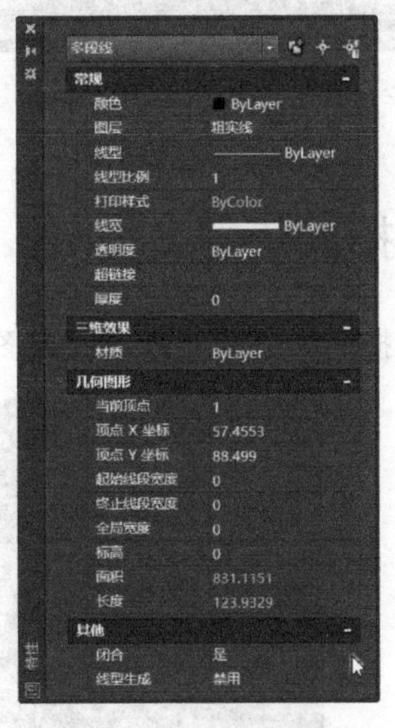

图 3-21　特性对话框

修改图形特性的另一种方法是在绘图区域选中需要修改特性的图形，然后在【特性】选项卡上进行修改，【特性】选项卡如图 3-23 所示，单击打开颜色下拉列表，如图 3-24 所示，再选择新的颜色即可完成对象特性的修改，对象其他特性的修改方法和修改颜色的方法相同。

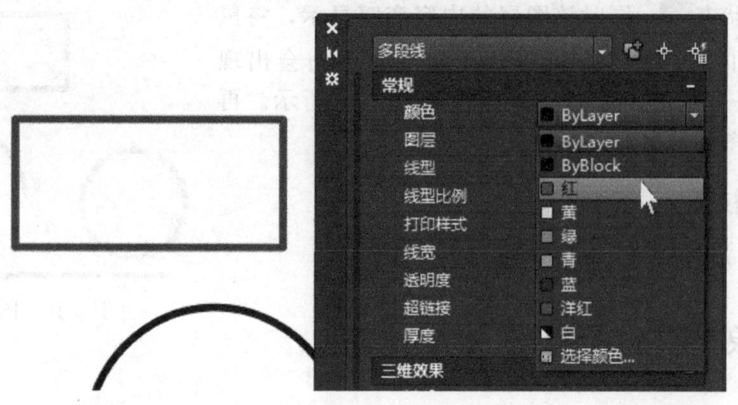

图 3-22 特性对话框修改特性

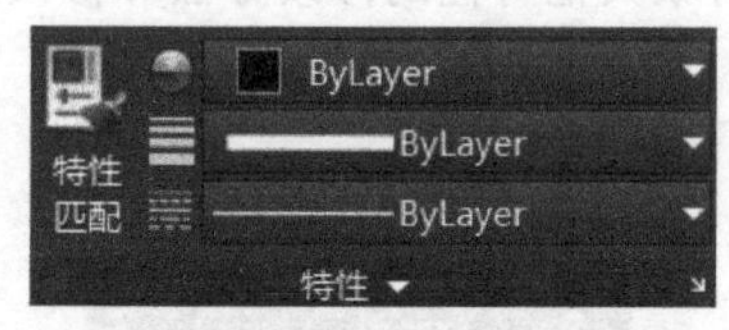

图 3-23 【特性】选项卡

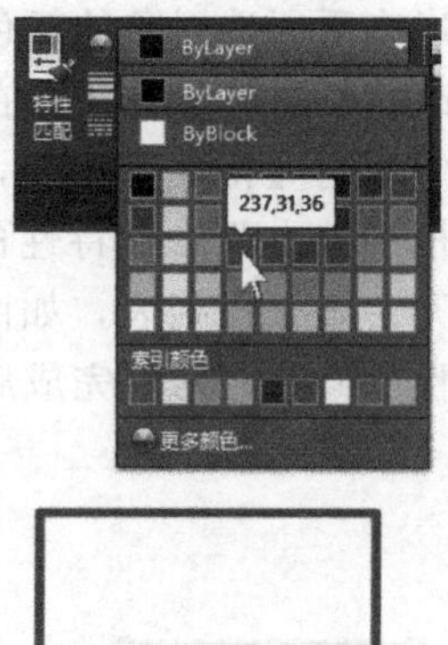

图 3-24 【特性】选项卡修改颜色

3.4 拓展练习

（1）按照如图 3-25 所示新建图层，同时设置图层的颜色、线型和线宽。

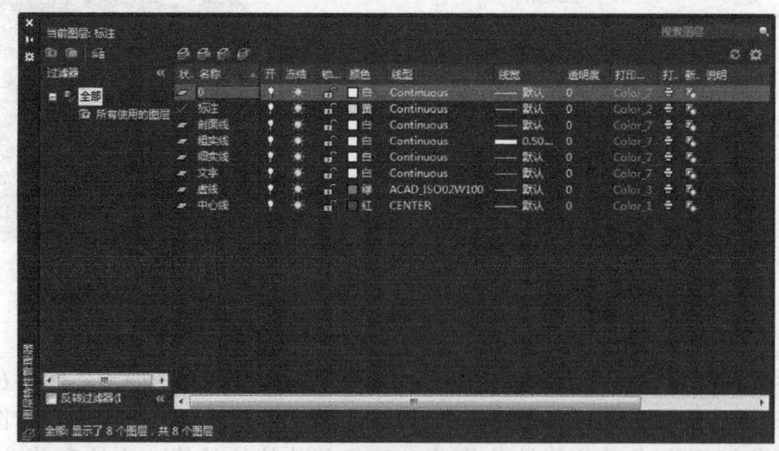

状.	名称	开	冻结	锁...	颜色	线型	线宽	透明度	打印...	打.	新.	说明
	0				白	Continuous	—— 默认	0	Color_7			
	标注				黄	Continuous	—— 默认	0	Color_2			
	剖面线				白	Continuous	—— 默认	0	Color_7			
	粗实线				白	Continuous	—— 0.50...	0	Color_7			
	细实线				白	Continuous	—— 默认	0	Color_7			
	文字				白	Continuous	—— 默认	0	Color_7			
	虚线				绿	ACAD_ISO02W100	—— 默认	0	Color_3			
	中心线				红	CENTER	—— 默认	0	Color_1			

图 3-25 图层设置

（2）修改各图层的特性：练习图层的开关、冻结、锁定的操作。

第4章 简单二维图形绘制

4.1 绘制多段线、多线

4.1.1 多段线

多段线是由等宽或不等宽的多段直线或圆弧构成的复杂图形对象，这些线段构成的图形成为一个整体，单击时会选择整个图形，不能进行选择性编辑。

（1）命令执行方式

➢ 工具栏：单击【绘图】工具栏中的【多段线】命令按钮。

➢ 菜单栏：单击【绘图】菜单中的【多段线】命令。

➢ 命令行：输入 PLINE（PL）。

（2）操作过程说明

执行【多段线】命令后，先选择多段线起点，命令行提示如下所示：

PLINE 指定下一个点或 [圆弧(A) 半宽(H) 长度(L) 放弃(U) 宽度(W)]:

确定多段线的另一个端点的位置，AutoCAD 会以当前线宽从起点到该点绘制出一段多段线，此为默认项。其他各选项功能如下：

◆ 圆弧（A）：选择该选项，则由绘制直线方式改为绘制圆弧方式绘制多段线。

◆ 半宽（H）：选择该选项，将设置多段线的半宽值，AutoCAD 将提示用户输入多段线的起点宽度和终点宽度。常用此选项绘制箭头。

◆ 长度（L）：选择该选项，将定义下一条多段线的长度。

◆ 放弃（U）：选择该选项，将取消上一次绘制的一段多段线，可连续取消。

◆ 宽度（W）：选择该选项，可以设置多段线宽度值。

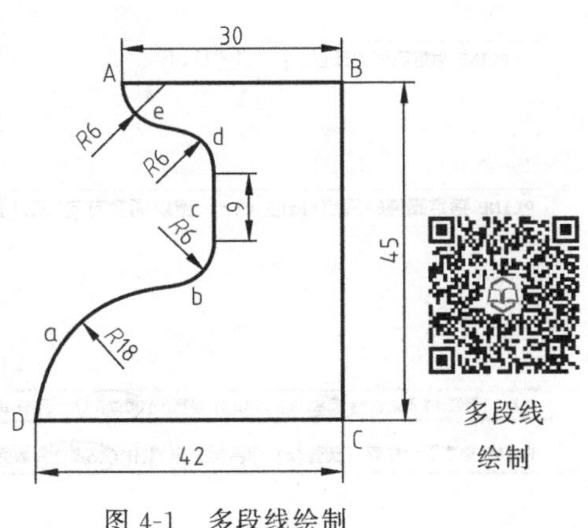

图 4-1　多段线绘制

【实例 1】 利用多段线绘制图 4-1。

绘图步骤

命令：PLINE↙　　//执行【多段线】命令

指定起点：　　//在绘图区内任意指定

一点 A

PLINE 指定下一个点或 [圆弧(A) 半宽(H) 长度(L) 放弃(U) 宽度(W)]: //按需要设置线宽,起点宽度0.5,端点宽度0.5

PLINE 指定下一个点或 [圆弧(A) 半宽(H) 长度(L) 放弃(U) 宽度(W)]: 30↙ //将光标移到A点的右方,出现水平追踪线,输入值30,得到B点

PLINE 指定下一点或 [圆弧(A) 闭合(C) 半宽(H) 长度(L) 放弃(U) 宽度(W)]: 45↙ //将光标移向B点的下方,出现竖直追踪线,输入值45,得到C点

PLINE 指定下一点或 [圆弧(A) 闭合(C) 半宽(H) 长度(L) 放弃(U) 宽度(W)]: 42↙ //将光标移向C点的左方,出现水平追踪线,输入值42,得到D点

PLINE 指定下一点或 [圆弧(A) 闭合(C) 半宽(H) 长度(L) 放弃(U) 宽度(W)]: //下一步开始画圆弧,故选择圆弧(A)

PLINE [角度(A) 圆心(CE) 闭合(CL) 方向(D) 半宽(H) 直线(L) 半径(R) 第二个点(S) 放弃(U) 宽度(W)]: //由于圆弧的圆心已知,故选择圆心(CE)

PLINE 指定圆弧的圆心: @18<0↙ //输入圆弧a的圆心相对极坐标(相对于D点的坐标)

PLINE 指定圆弧的端点(按住 Ctrl 键以切换方向)或 [角度(A) 长度(L)]: //圆弧所包含的角度已知,故选择角度(A)

PLINE 指定夹角(按住 Ctrl 键以切换方向): −90↙ //角度值为90°,为顺时针方向,故取负值

PLINE [角度(A) 圆心(CE) 闭合(CL) 方向(D) 半宽(H) 直线(L) 半径(R) 第二个点(S) 放弃(U) 宽度(W)]: //继续以圆心(CE)方式画圆弧b,

PLINE 指定圆弧的圆心: @0,6 //输入圆弧b的圆心相对直角坐标(相对于a段圆弧的终点坐标)

PLINE 指定圆弧的端点(按住 Ctrl 键以切换方向)或 [角度(A) 长度(L)]: //将光标拖到圆心的右侧出现水平追踪线时单击,完成圆弧b的绘制

PLINE [角度(A) 圆心(CE) 闭合(CL) 方向(D) 半宽(H) 直线(L) 半径(R) 第二个点(S) 放弃(U) 宽度(W)]: //接着绘制直线c

PLINE 指定下一点或 [圆弧(A) 闭合(C) 半宽(H) 长度(L) 放弃(U) 宽度(W)]: //将光标拖向上方,出现竖直追踪线时,输入直线长度9,直线段c绘制结束

PLINE 指定下一点或 [圆弧(A) 闭合(C) 半宽(H) 长度(L) 放弃(U) 宽度(W)]: //继续绘制圆弧d

PLINE [角度(A) 圆心(CE) 闭合(CL) 方向(D) 半宽(H) 直线(L) 半径(R) 第二个点(S) 放弃(U) 宽度(W)]: //按圆弧d的包含角

绘制

PLINE 指定夹角：| 90↙　//圆弧 d 所包含的角度为 90°

PLINE 指定圆弧的端点(按住 Ctrl 键以切换方向)或 [圆心(CE) 半径(R)]: |　//圆弧的半径已知为 6

PLINE 指定圆弧的弦方向(按住 Ctrl 键以切换方向) <90.00>: |135↙　//指定圆弧 d 的弦线方向，与 X 轴夹角为 135°，圆弧 d 绘制结束

PLINE [角度(A) 圆心(CE) 闭合(CL) 方向(D) 半宽(H) 直线(L) 半径(R) 第二个点(S) 放弃(U) 宽度(W)]:　//由于在整个图形的绘制过程中没有中断，并且要绘制的圆弧 e 是沿着逆时针方向，故选择闭合（CL）即可

【说明】 在绘制此图的过程中，为了用到各种选项，各步骤尽量选用了不同的方法，用户在绘制此图时，可选择较简单的方法。

提示与技巧

◇ 当多段线的宽度大于 0 时，如果绘制闭合的多段线，一定要用【闭合】选项才能使其完全封闭，否则起点与终点会出现一段缺口，如图 4-2 所示。

◇ 在绘制多段线的过程中如果选择【放弃（U）】，则取消刚刚绘制的那一段多段线，不影响前面绘制的多段线。

◇ 多段线的起点宽度值，以前一次输入值为默认值，而终点宽度值是以起点宽度值为默认值。

◇ 当使用【分解】命令对多段线进行分解时，多段线的线宽信息将会丢失。

(a) 使用【闭合】选项

(b) 没有使用【闭合】选项

图 4-2　封口的区别

4.1.2　多线

多线是由一系列相互平行的直线组成的组合图形，其组合范围为 1～16 条平行线，每一条直线都称为多线的一个元素，且平行线间的距离可调整，多用于建筑平面图中绘制墙体，规划设计中绘制道路，管道工程设计中绘制管道剖面等。

（1）命令执行方式

- 菜单栏：单击【绘图】菜单中的【多线】命令。
- 命令行：输入 MLINE（ML）。

（2）操作过程说明

执行【多线】命令后，命令行提示如下：

MLINE 指定起点或 [对正(J) 比例(S) 样式(ST)]: |

各选项功能如下：

◆ 对正（J）：设置绘制多线时相对于输入点的偏移位置。该选项有【上】、【无】、【下】

3 个选项，【上】表示多线顶端的线随着光标移动；【无】表示多线的中心线随着光标移动；【下】表示多线底端的线随着光标移动。

◆ 比例（S）：设置多线样式中多线的宽度比例。

◆ 样式（ST）：根据需要选择已建立的多线样式。

（3）设置多线样式

系统默认的多线样式为 STANDARD，它是由两条平行线组成，并且平行线的间距是定值。如果要绘制不同规格和样式的多线，需要设置多线的样式。

执行【多线样式】命令的方法有以下几种：

➢ 菜单栏：选择【格式】菜单下【多线样式】命令。

➢ 命令行：在命令行中输入 MLSTYLE 并按 Enter 键。

设置步骤如下：首先选择【格式】菜单下【多线样式】命令，弹出【多线样式】对话框，如图 4-3 所示，单击【新建】按钮，弹出【创建新的多线样式】对话框，输入名称，点击【继续】按钮，弹出【新建多线样式】对话框，如图 4-4 所示。

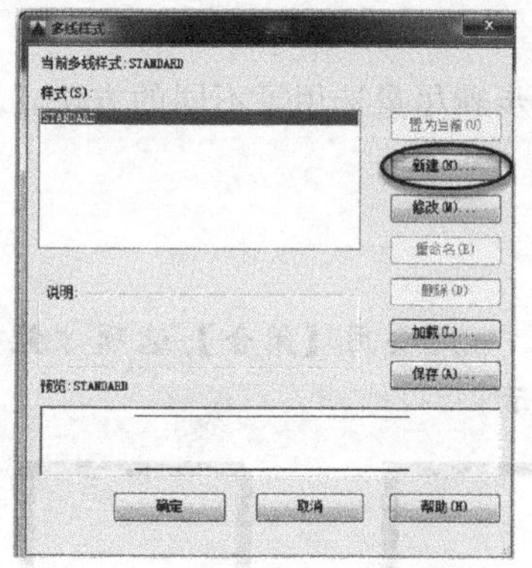

图 4-3 【多线样式】对话框

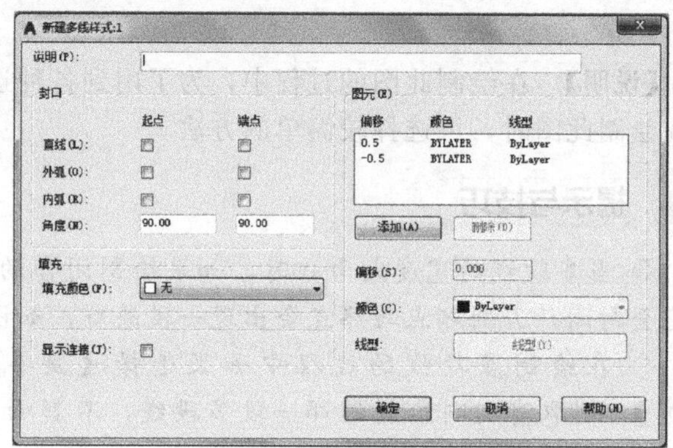

图 4-4 【新建多线样式】对话框

各选项功能说明如下：

◆ 封口：控制多线起点和端点的封口。

◆ 填充：可以设置多线内的背景填充。

◆ 图元：添加或修改多线元素，包括偏移、颜色和线型等。

（4）多线的编辑

选择【修改】菜单中的【对象】，点击【多线】命令，弹出【多线编辑工具】对话框，如图 4-5 所示。

第一列：用于处理十字相交的多线。

第二列：用于处理 T 形相交的多线。

第三列：处理角点和顶点处的结合、添加和删除。

第四列：处理多线的剪切和结合。

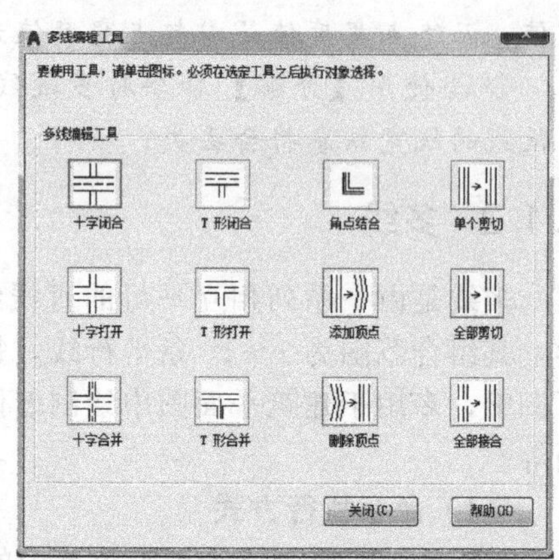

图 4-5 【多线编辑工具】对话框

4.2 绘制矩形

矩形的绘制是通过输入其任意两个对角点位置来确定的，在 AutoCAD2018 中，绘制矩形可以为其设置倒角、圆角以及宽度和厚度值，如图 4-6 所示。

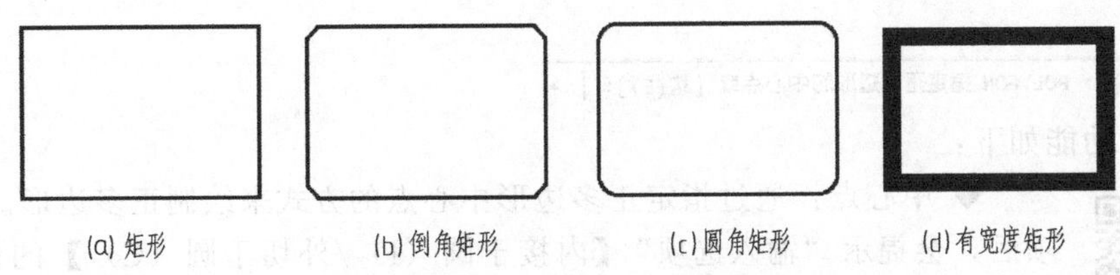

图 4-6　各种样式的矩形

（1）命令执行方式

➢ 菜单栏：单击【绘图】菜单中的【矩形】命令。

➢ 命令行：输入 RECTANG（REC）并按 Enter 键。

（2）操作过程说明

执行【矩形】命令后，命令行提示如下：

RECTANG 指定第一个角点或 [倒角(C) 标高(E) 圆角(F) 厚度(T) 宽度(W)]:

各选项功能如下：

◆ 倒角（C）：用来绘制倒角矩形，选择该选项后可指定倒角距离。设置该选项后，执行矩形命令时，此值成为当前的默认值，若不需要设置倒角，则要再次将其设置为 0。

◆ 标高（E）：矩形的高度。默认情况下矩形在 XY 平面内，该选项一般用于三维绘图。

◆ 圆角（F）：用来绘制圆角矩形，选择该选项后可指定矩形的圆角半径。

◆ 厚度（T）：定义矩形的厚度，一般用于三维绘图。

◆ 宽度（W）：定义矩形的宽度。

提示与技巧

◇ 在绘制圆角或倒角矩形时，如果矩形的长度和宽度太小而无法使用当前设置创建圆角或倒角时，绘制出来的矩形将不进行创建圆角或倒角。

◇ 绘制的矩形其四条边是一条复合线，不能单独编辑，可通过【分解】命令使之分解成单个线段。

4.3　绘制正多边形

正多边形是各边长和各内角都相等的多边形，其边数范围在 3～1024 之间，各种正多边形效果如图 4-7 所示。

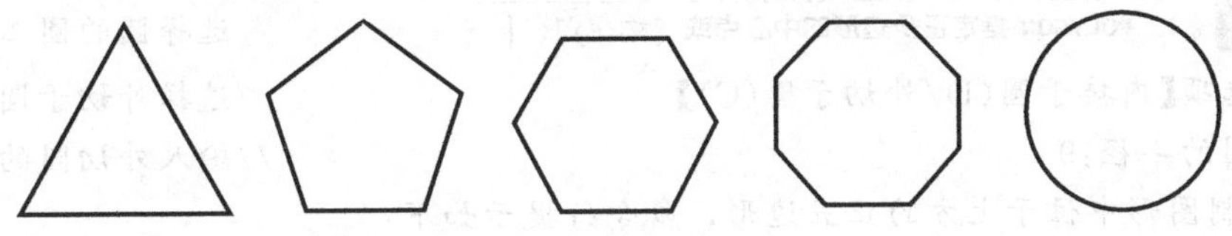

图 4-7　各种正多边形效果

（1）命令执行方式

➢ 菜单栏：单击【绘图】菜单中的【多边形】命令。

➢ 命令行：输入 POLYGON（POL）并按 Enter 键。

（2）操作过程说明

执行【多边形】命令后，需在命令行输入要绘制的多边形的边数，而后命令行提示如下：

POLYGON 指定正多边形的中心点或 [边(E)]:

各选项功能如下：

矩形及多边形实例

◆ 中心点：通过指定正多边形中心点的方式来绘制正多边形。选择该选项后，会提示“输入选项”【内接于圆（I）/外切于圆（C）】的信息，【内接于圆】表示以指定正多边形外接圆半径的方式来绘制正多边形；【外切于圆】表示以指定正多边形内切圆半径的方式来绘制正多边形。如图 4-8 所示。

◆ 边（E）：通过指定正多边形边的数量和长度确定正多边形。

【实例 2】 利用【矩形】和【正多边形】命令绘制图 4-9。

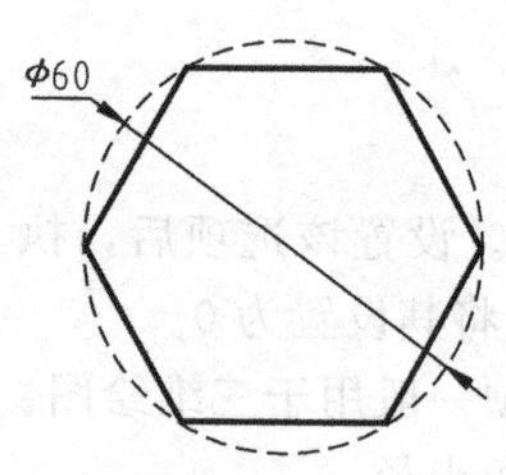

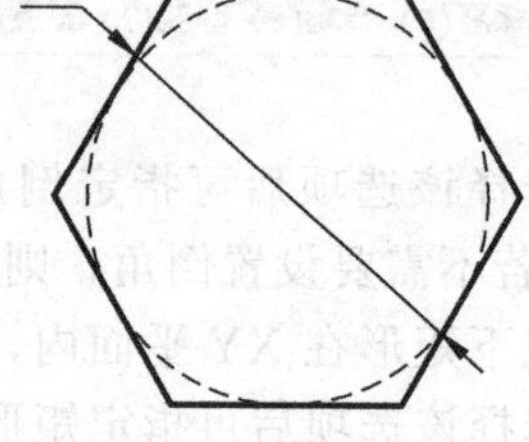

图 4-8　正多边形绘制方法

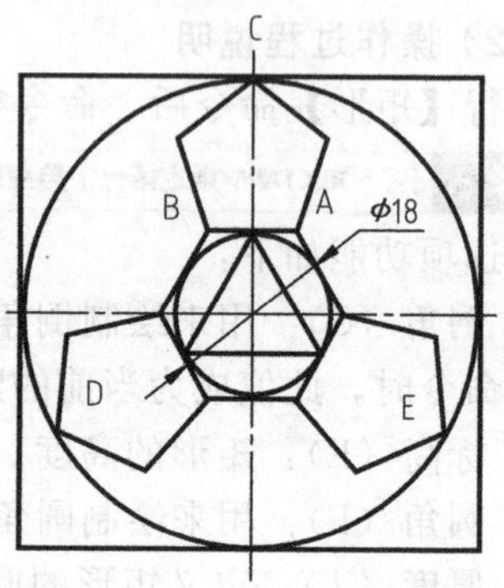

图 4-9　矩形及多边形实例

绘图步骤

① 用【直线】命令绘制两条中心线。

② 用【圆】命令绘制 φ18 的圆。

③ 绘制圆的内接正三角形，命令行提示如下：

POLYGON _polygon 输入侧面数 <3>:　　//输入边数 3

POLYGON 指定正多边形的中心点或 [边(E)]:　　//选择圆的圆心点

输入选项【内接于圆(I)/外切于圆(C)】　　//选择内接于圆

指定圆的半径:9　　//输入内接圆的半径值

④ 绘制圆的外切正六边形，命令行提示如下：

POLYGON _polygon 输入侧面数 <3>:　　//输入边数 6

POLYGON 指定正多边形的中心点或 [边(E)]:　　//选择圆的圆心点

输入选项【内接于圆(I)/外切于圆(C)】　　//选择外切于圆

指定圆的半径:9　　//输入外切圆的半径值

⑤ 绘制图形中位于上方的正五边形，命令行提示如下：

POLYGON _polygon 输入侧面数 <3>:　　//输入边数 5

POLYGON 指定正多边形的中心点或 [边(E)]:　　//指定边

指定边的第一个端点　　//指定 B 点

指定边的第二个端点　　//指定 A 点

另外两个正五边形的绘制过程类似。

⑥ 用三点法绘制大圆　　//分别选择 C、D、E 三点

⑦ 绘制正四边形

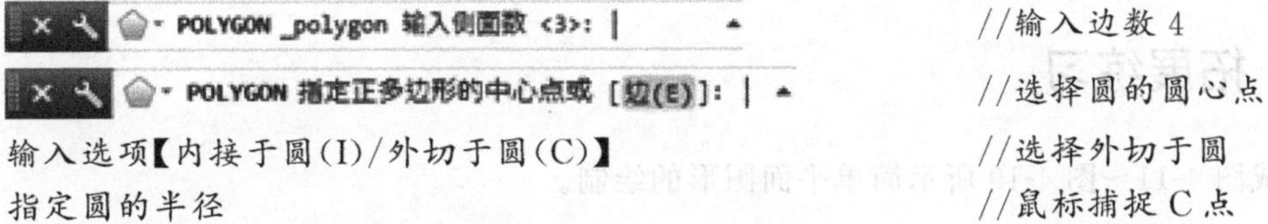

//输入边数 4

//选择圆的圆心点

输入选项【内接于圆(I)/外切于圆(C)】　　//选择外切于圆

指定圆的半径　　//鼠标捕捉 C 点

4.4 绘制椭圆与椭圆弧

椭圆和椭圆弧在建筑绘图中经常出现，在机械绘图中也常用来绘制轴测图。

4.4.1 椭圆

(1) 命令执行方式

➤ 工具栏：单击【绘图】工具栏中的【椭圆】命令按钮。

➤ 菜单栏：单击【绘图】菜单中的【椭圆】命令。

➤ 命令行：输入 ELLIPSE (EL) 并按 Enter 键。

(2) 操作过程说明

椭圆包含椭圆中心、长轴和短轴等几何特征，常用两种方式绘制：

① 轴、端点——指定一个轴的两个端点和另一个轴的半轴长度。用于已知椭圆的长轴和短轴长度值绘制椭圆，如图 4-10 (a) 所示。

② 中心点——指定椭圆中心、一个轴的端点及另一个轴的半轴长度。用于已知椭圆的中心点及长轴和短轴的长度值绘制椭圆，如图 4-10 (b) 所示。

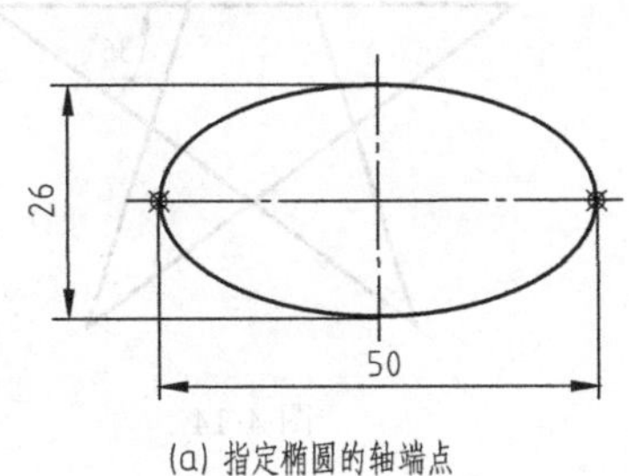

(a) 指定椭圆的轴端点

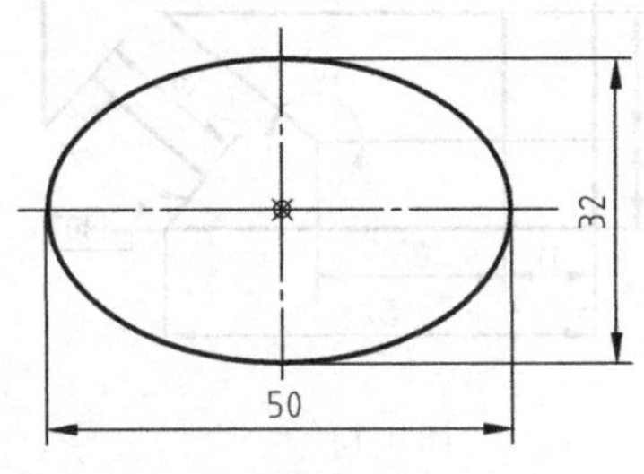

(b) 指定椭圆的中心和轴端点

图 4-10　椭圆的绘制方法

4.4.2 椭圆弧

(1) 命令执行方式

➤ 工具栏：单击【绘图】工具栏中的【椭圆弧】命令按钮。

➤ 菜单栏：单击【绘图】菜单中的【椭圆】中的【圆弧】命令。

➤ 命令行：输入 ELLIPSE (EL) 并按 Enter 键

(2) 操作过程说明

椭圆弧是椭圆的一部分，绘制椭圆弧实际上就是先绘制一个完整的椭圆，然后在椭圆上截取其中一段。截取时需要指定椭圆弧的起始角度和终止角度，角度是以椭圆的中心点与第一条轴端点连线为 0°，默认逆时针为正，顺时针为负来度量的。

4.5 拓展练习

完成图 4-11～图 4-19 所示简单平面图形的绘制。

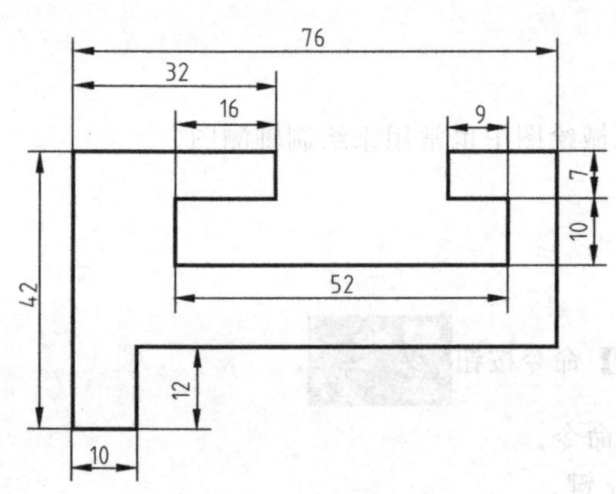

图 4-11

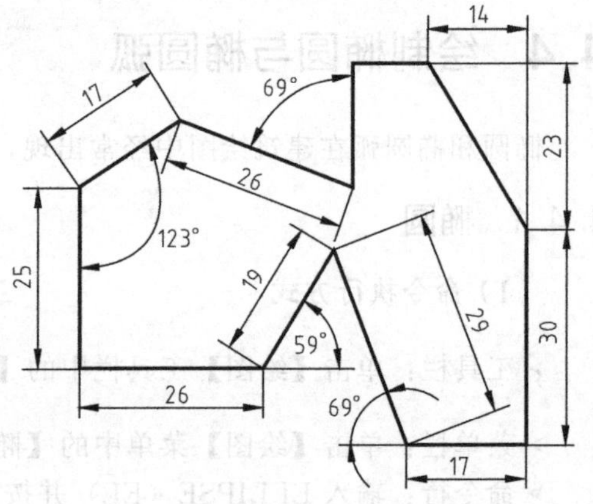

图 4-12

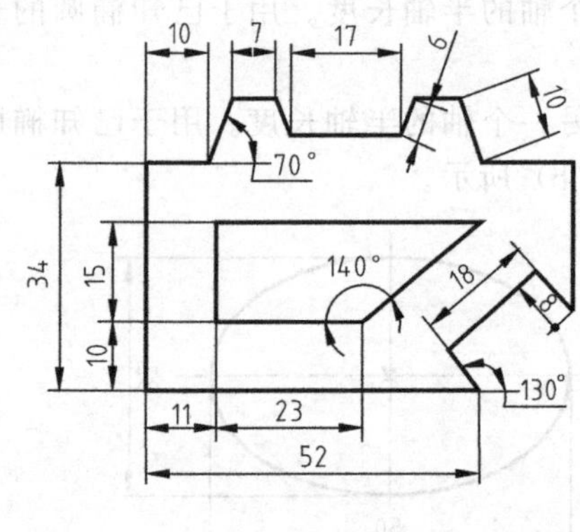

图 4-13

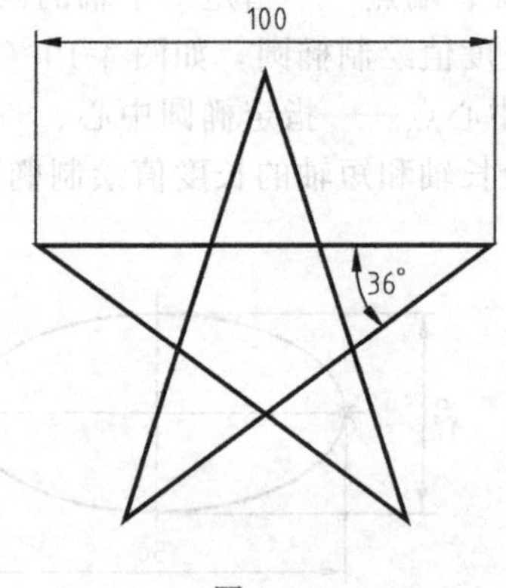

图 4-14

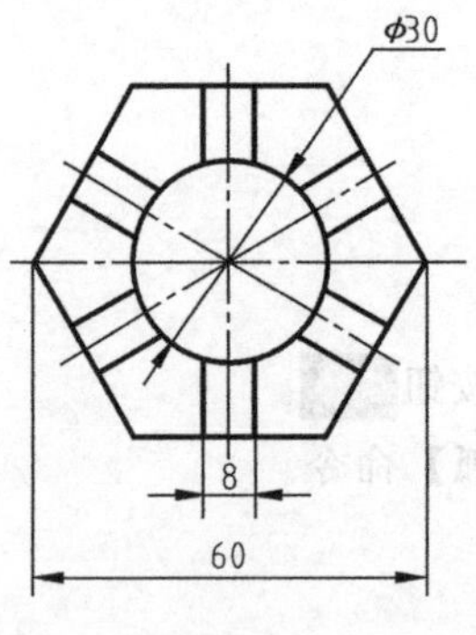

图 4-15

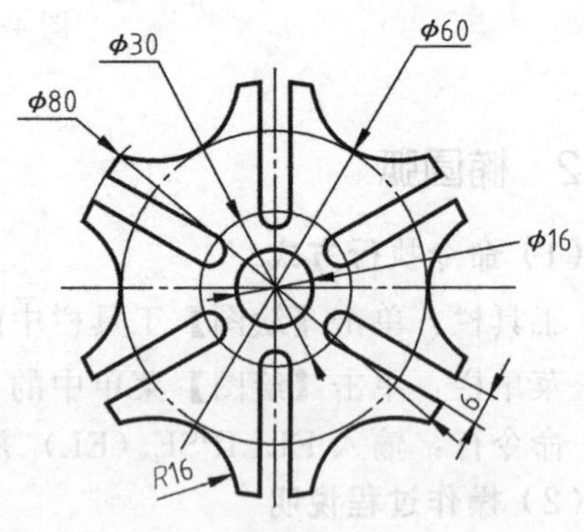

图 4-16

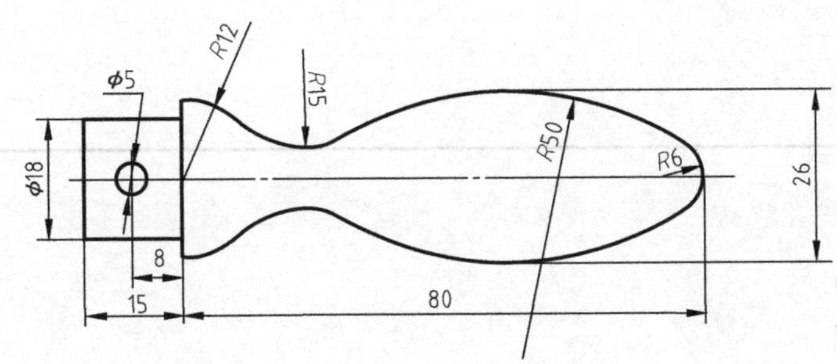

图 4-17

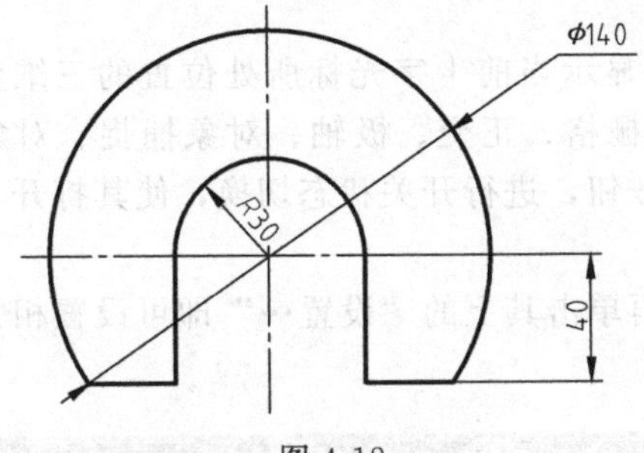

图 4-18

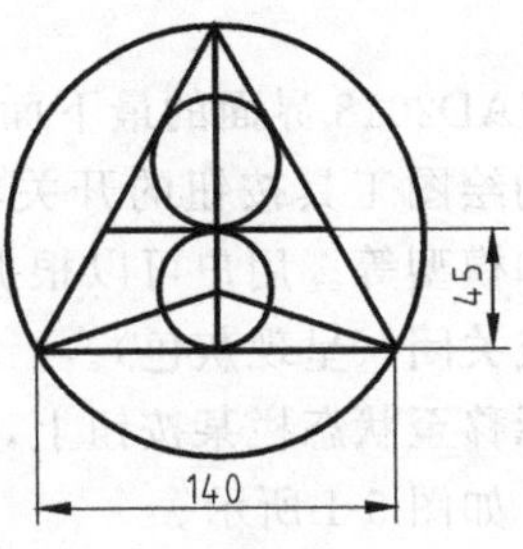

图 4-19

第5章 状态栏

AutoCAD2018 界面的最下面是状态栏，状态栏显示当前十字光标所处位置的三维坐标和一些辅助绘图工具按钮的开关状态，如：捕捉、栅格、正交、极轴、对象捕捉、对象追踪、线宽和模型等。用户可以根据需要单击对应的按钮，进行开关状态切换，使其打开（呈现蓝色）或关闭（呈现灰色）。

将鼠标移至状态栏某按钮上，单击鼠标右键，再单击其上的“设置…”即可设置相关的选项配置。如图 5-1 所示。

图 5-1 状态栏快捷菜单

5.1 设置栅格和捕捉

栅格类似于坐标纸中格子线，为作图过程提供参考。栅格只是绘图辅助工具，不是图形的一部分，所以不会被打印。

当鼠标移动时，有时很难精确定位到绘图区的一个点，捕捉是在绘图区设置有一定间距、规律分布的一些点，光标只能在这些点上移动。捕捉间距就是鼠标移动时每次移动的最小增量。捕捉的意义是保证快速准确地输入点。

如果设置的捕捉间距和栅格间距一样，当捕捉打开后，它会迫使光标落在最近的栅格点上，而不能停留在两点之间。

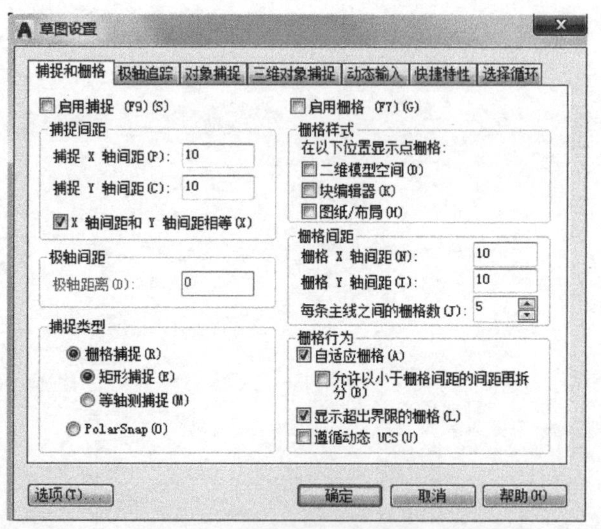

图 5-2 【草图设置】对话框

在【草图设置】对话框中设置栅格和捕捉的各项参数、样式及类型。如图 5-2 所示。

5.2 推断约束和动态输入

5.2.1 推断约束

当按下状态栏上的【推断约束】按钮时，在绘制图形时，指定的对象捕捉将用于推断几何约束。但是不支持下列对象捕捉：交点、外观交点、延长线和象限点。也无法推断下列约束：固定、平滑、对称、同心、等于、共线。

【推断约束】功能启动后，在用【直线】、【多段线】、【矩形】、【圆角】、【倒角】、【移动】、【复制】和【拉伸】命令绘图时自动推断几何约束，如图5-3所示。

5.2.2 动态输入

当按下状态栏上的【动态输入】按钮时，在绘制图形时会给出长度和角度的提示。提示外观可在【草图设置】对话框的【动态输入】选项卡中设置，如图5-4所示。

在动态提示输入标注值时按Tab键，表示进入下一个输入，按向下键进入下一选项。

图5-3 使用推断约束绘制图形

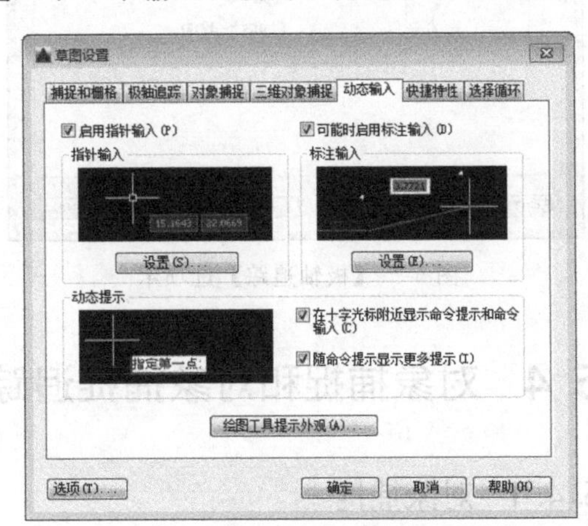

图5-4 【动态输入】选项卡

5.3 正交限制和极轴追踪

5.3.1 正交限制

当按下状态栏上的【正交模式】按钮时，启动正交方式，如果此时为绘制【直线】命令状态，屏幕上的光标只能水平或垂直移动，绘制水平线和垂直线。这种方式为绘制水平线和垂直线提供了方便。按F8键可快速启动和关闭【正交模式】。

5.3.2 极轴追踪

使用【极轴追踪】功能，可以方便快捷地绘制有一定角度的直线。如绘制一个有30°角的直角三角形，可以打开【草图设置】对话框，打开【极轴追踪】选项卡，如图5-5所示，在【增量角】下拉列表中选择“30”或输入需要的值，然后单击【确定】按钮。

【极轴追踪】选项卡各选项功能如下：

◆【启用极轴追踪】复选框：打开或关闭极轴追踪功能。按 F10 功能键打开或关闭极轴追踪功能更方便、更快捷。

◆【增量角】下拉列表：用于选择极轴夹角的递增值，当极轴夹角为该值倍数时，都将显示辅助线。

◆【附加角】复选框：当【增量角】下拉列表中的角不能满足需要时，先选中该项，然后通过【新建】命令增加特殊的极轴夹角。

当启动了【极轴追踪】功能后，绘制直线时，当鼠标在 30°位置附近或其整数倍位置附近时，会出现如图 5-6 所示的极轴角度值“30”提示和沿线段方向上的蚂蚁线。

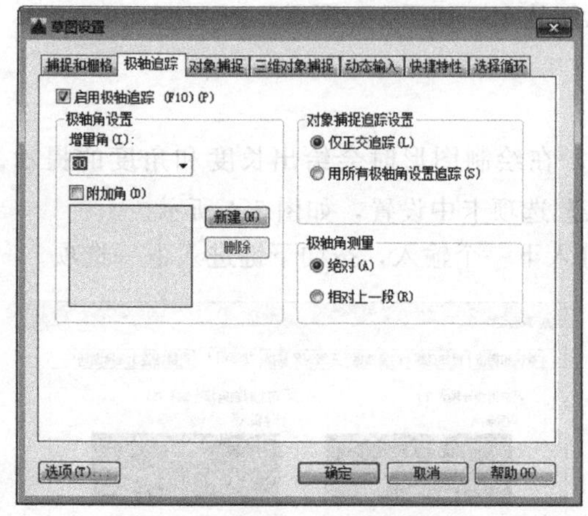

图 5-5 【极轴追踪】选项卡

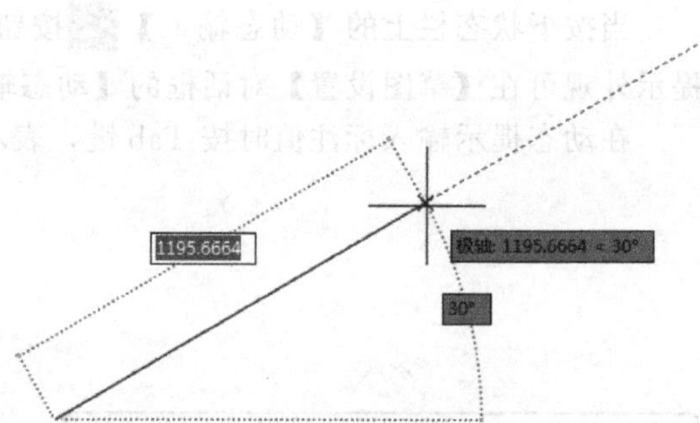

图 5-6 使用【极轴追踪】绘制图形

5.4 对象捕捉和对象捕捉追踪

5.4.1 对象捕捉

对象捕捉是在绘图过程中捕捉到对象的特殊点，如端点、中点、切点等。在 AutoCAD 中，进行对象捕捉有两个步骤：首先是单击状态栏中的【对象捕捉】按钮，或按 F3 键，打开对象捕捉功能；其次是设置要捕捉哪些特定的对象，可以通过【对象捕捉】工具栏和【草图设置】对话框等方式来设置要捕捉的对象。

（1）通过 【对象捕捉】 工具栏捕捉

单击【对象捕捉】按钮右边的小三角，即可打开【对象捕捉】工具栏，如图 5-7 所示。在绘图过程中，单击勾选该工具栏中的特征点选项，再将光标移到要捕捉对象的特征点附近，即可捕捉到所需的点。

（2）自动捕捉功能

在 AutoCAD 中，还可以通过自动捕捉模式进行对象捕捉，即在【草图设置】对话框中切换到【对象捕捉】选项卡，在其中可以控制对象捕捉的启动与关闭，以及设置要捕捉的对象，如图 5-8 所示。

【对象捕捉】选项卡中共列出了 14 种捕捉对象，各种捕捉对象的含义如下：

◆ 端点：捕捉直线或曲线的端点。

◆ 中点：捕捉直线或弧线的中间点。

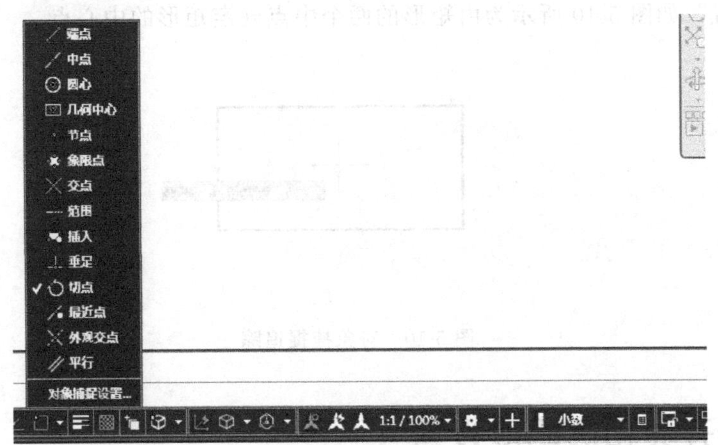

图 5-7 【对象捕捉】工具栏

◆ 圆心：捕捉圆、椭圆或弧的中心点。

◆ 几何中心：捕捉几何中心。

◆ 节点：捕捉用 POINT 命令绘制的点对象。

◆ 象限点：捕捉位于圆、椭圆或弧线上 0°、90°、180°、270°处的点。

◆ 交点：捕捉两条直线或者弧线的交点。

◆ 延伸：捕捉直线延长线路径上的点。

◆ 插入点：捕捉图块、标注对象或外部参照的插入点。

◆ 垂足：捕捉从已知点到已知直线的垂线的垂足。

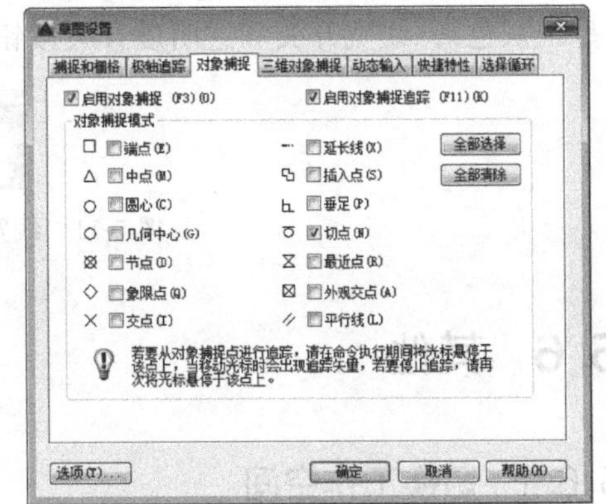

图 5-8 【对象捕捉】选项卡

◆ 切点：捕捉圆、弧线及其他曲线的切点。

◆ 最近点：捕捉处在直线、弧线、椭圆或样条曲线上，而且距离光标最近的特征点。

◆ 外观交点：在三维视图中，从某个角度观察两个对象可能相交，但实际并不一定相交，可以使用【外观交点】捕捉对象在外观上相交的点。

◆ 平行线：选定路径上的一点，使通过该点的直线与已知直线平行。

（3）临时捕捉功能

临时捕捉是一种一次性的捕捉模式，这种模式的优点是不需要重新设置捕捉模式就可以捕捉某一对象，但在下一次需要捕捉相同的点时，需要再次设置。

临时捕捉的方法：在绘图区域按住 Shift 键右击，在弹出的快捷菜单中选择需要捕捉的点类型即可，如图 5-9 所示。

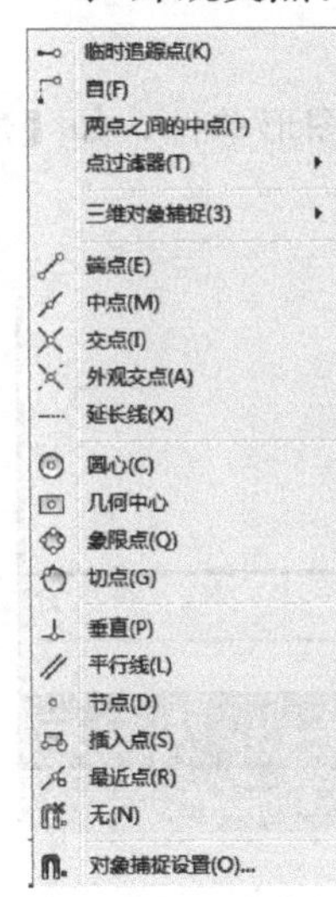

图 5-9 临时捕捉快捷菜单

5.4.2 对象捕捉追踪

单击状态栏中的【对象捕捉追踪】按钮 或按 F11 键即可启动对象捕捉追踪功能。【对象捕捉追踪】是对象捕捉功能的扩展，应该与对象捕捉功能配合使用。该功能可以由对象捕捉位置引出追踪线，例如由直线的中点引出中线。另外可以由两个捕捉点引出追踪线，由此确定更特殊的位置，如图 5-10 所示为由矩形的两个中点确定矩形的中心点。

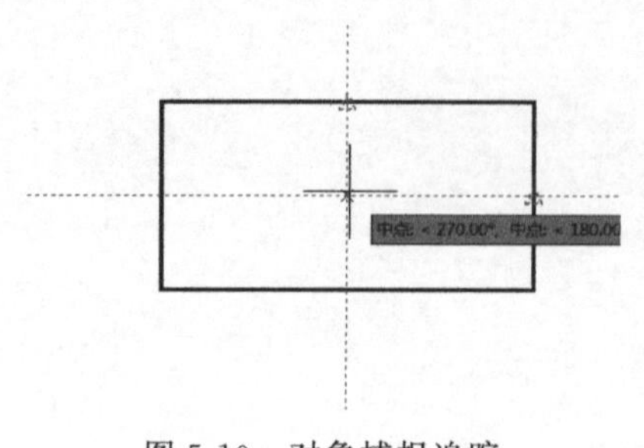

图 5-10　对象捕捉追踪

5.5　线宽开关和透明度设置

用户可以根据需要单击对应的按钮，进行开关状态切换，使其打开（呈现蓝色）或关闭（呈现灰色）。线宽开关和透明度开关按钮如图 5-11 所示。

图 5-11　线宽开关和透明度开关按钮

5.6　其他

5.6.1　切换工作空间

单击如图 5-12 所示的屏幕下方的 按钮，可以切换工作空间，如【草图与注释】、【三维基础】和【三维建模】。

5.6.2　图形单位

单击如图 5-13 所示的屏幕下方的图形单位按钮 小数 ，可以设置图形单位，如【建筑】、【工程】、【科学】、【小数】和【分数】。

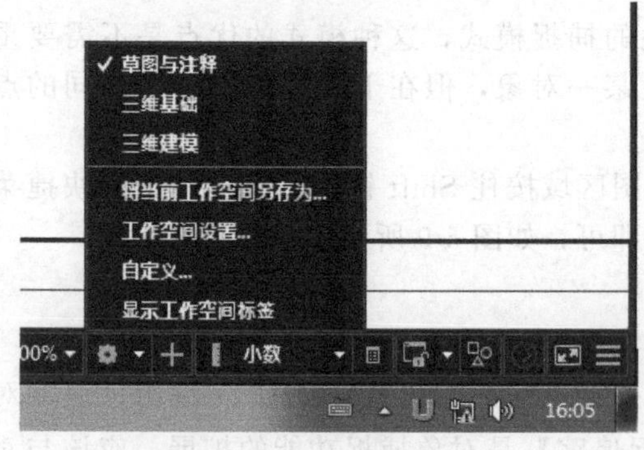

图 5-12　切换工作空间

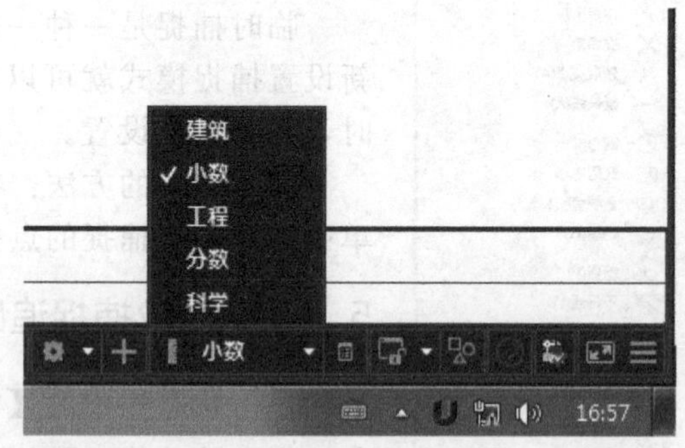

图 5-13　切换图形单位

5.6.3　快捷特性

通过【快捷特性】选项板可以查看、修改对象特性。

如果要查看对象特性，当状态栏上的快捷特性按钮亮显时，在不执行任何命令时选中对象，将打开【快捷特性】选项板，以窗口形式列出选中对象的当前特性。如图 5-14 所示为选中一条直线时显示的【快捷特性】选项板。如果选中多个对象，将显示其共同特性。

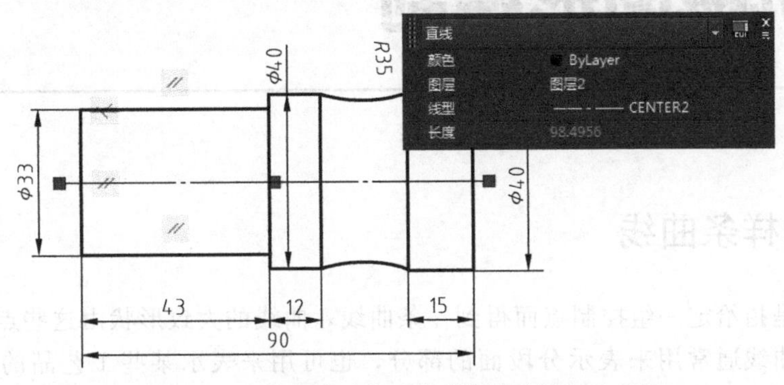

图 5-14　选中直线时显示的【快捷特性】选项板

用户可在【快捷特性】选项板中修改选中对象的某些特性，这只要在每格特性的右格单击，此时可能有几种情况：直接在格中修改；右侧出现向下箭头，单击该格打开下拉列表，从下拉列表中选择；右侧出现按钮，从打开的对话框或编辑器中修改。注意有些特性只能查看不能修改。

在系统默认情况下，当状态栏上的快捷特性按钮不亮显时，双击某个对象，也会显示【快捷特性】选项板。

5.6.4　全屏按钮和自定义按钮

单击状态栏上的全屏按钮，绘图窗口将全屏显示，再次单击返回原始状态。

单击状态栏上的自定义按钮，勾选其中的内容，就可以在状态栏显示；取消勾选，该内容就不会显示在状态栏中。

第6章 复杂机械图形绘制

6.1 绘制样条曲线

样条曲线是指给定一组控制点而得到一条曲线，曲线的大致形状由这些点控制。在机械绘图中，样条曲线通常用来表示分段面的部分，也可用来表示某些工艺品的轮廓线或剖切线。样条曲线有两种绘制方式，用拟合点定义和用控制点定义。

6.1.1 样条曲线拟合

（1）命令执行方式

➤ 工具栏：单击【绘图】工具栏中的【样条曲线拟合】命令按钮。

➤ 菜单栏：单击【绘图】菜单中的【样条曲线】中的【拟合点】命令。

➤ 命令行：输入 SPLINE（SPL）并按 Enter 键。

（2）操作过程说明

执行【样条曲线拟合】命令后，命令行提示如下所示。

```
SPLINE 指定第一个点或 [方式(M) 节点(K) 对象(O)]:
```

各选项功能如下：

◆ 方式（M）：可更改样条曲线的创建方式，分【拟合】与【控制点】两种。

◆ 节点（K）：通过该选项决定样条曲线节点参数化的运算方式，有【弦】、【平方根】和【统一】3 种方式。

⅄ 弦：均匀隔开连接每段曲线的节点，使每个关联的拟合点对之间的距离成正比，如图 6-1 所示的实线。

⅄ 平方根：均匀隔开连接每段曲线的节点，使每个关联的拟合点对之间的距离的平方根成正比。此方法通常会产生更“柔和”的曲线，如图 6-1 所示的虚线。

⅄ 统一：均匀隔开每段曲线的节点，使其相等，而不管拟合点的间距如何。此方法通常可生成泛光化拟合点的曲线，如图 6-1 所示的点画线。

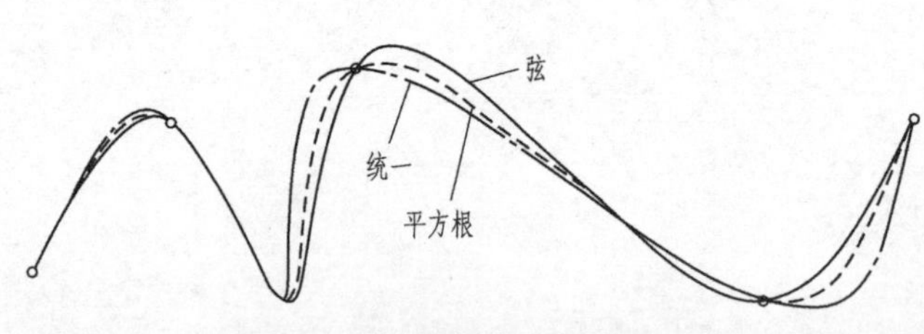

图 6-1　形成样条曲线的计算方法

◆ 对象（O）：将样条曲线拟合多段线转换为等价的样条曲线。

样条曲线拟合多段线是指使用 PEDIT 命令中的【样条曲线】选项，将普通多段线转换成样条曲线的对象。

完成相应设置后，单击鼠标指定第一个点，命令行提示如下：

SPLINE 输入下一个点或 [起点切向(T) 公差(L)]:

◆ 起点切向（T）：指定样条曲线起点的切线方向。起点和终点的切线方向可从键盘键入角度，也可移动鼠标，光标橡皮筋的方向为切线方向；也可对切向提示直接回车，起点的切向由第一点到第二点的方向确定。

◆ 公差（L）：公差反映曲线与指定拟合点的偏离程度。公差越小，样条曲线越靠近拟合点，公差为 0 时，样条曲线通过指定的拟合点，这也是默认的情况。

接着指定下一点，命令行提示如下：

SPLINE 输入下一个点或 [端点相切(T) 公差(L) 放弃(U) 闭合(C)]:

◆ 端点相切（T）：指定样条曲线终点的切线方向。

◆ 放弃（U）：撤销最后一个指定点，放弃最近绘制的一段曲线。

◆ 闭合（C）：通过第一个指定点和最后一个指定点，形成闭合样条曲线。

6.1.2 样条曲线控制点

（1）命令执行方式

➢ 工具栏：单击【绘图】工具栏中的【样条曲线控制点】命令按钮。

➢ 菜单栏：单击【绘图】菜单中的【样条曲线】中的【控制点】命令。

➢ 命令行：输入 SPLINE（SPL）并按 Enter 键。

（2）操作过程说明

该方式绘制样条曲线是通过输入控制点，由控制点定义点线控制框，控制框决定样条曲线的形状，执行【样条曲线控制点】命令后，命令行提示如下：

SPLINE 指定第一个点或 [方式(M) 阶数(D) 对象(O)]:

◆ 阶数（D）：设置生成的样条曲线的多项式阶数。选择此项可以创建 1 阶（线性）、2 阶（二次）、3 阶（三次）直到最高 10 阶的样条曲线。

操作过程与样条曲线拟合类似，在此不再赘述，两种样条曲线绘制方式的对比如图 6-2 所示。

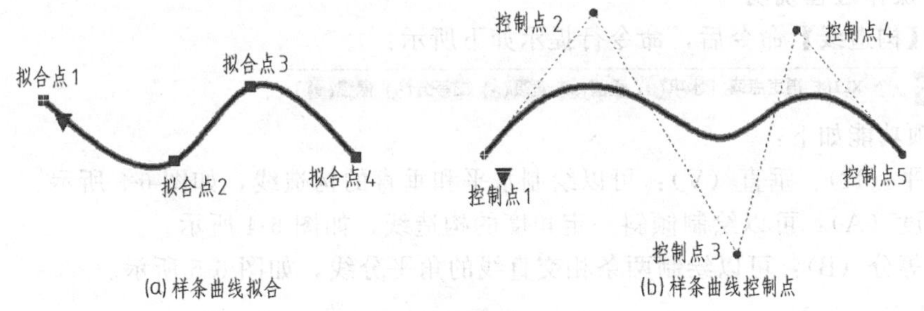

图 6-2 两种方式绘制样条曲线对比

6.1.3 编辑样条曲线

绘制的样条曲线很难立即达到形状要求，可以利用样条曲线编辑命令对其进行编辑、修改。

选择【修改】菜单中的【对象】中的【样条曲线】命令，在绘图区选择要编辑的样条曲线，命令行提示如下：

× 🔧 ✎ ▾ SPLINEDIT 输入选项 [闭合(C) 合并(J) 拟合数据(F) 编辑顶点(E) 转换为多段线(P) 反转(R) 放弃(U) 退出(X)] <退出>: |

命令行中各选项的含义如下：

◆ 拟合数据（F）：修改样条曲线所通过的主要控制点。使用该选项后，样条曲线上的控制点将会被激活，命令行中会出现进一步的提示信息：

× 🔧 ✎ ▾ SPLINEDIT [添加(A) 闭合(C) 删除(D) 扭折(K) 移动(M) 清理(P) 切线(T) 公差(L) 退出(X)] <退出>: |

⅄ 添加（A）：为样条曲线添加新的控制点。

⅄ 删除（D）：删除样条曲线中的控制点。

⅄ 移动（M）：移动控制点在图形中的位置，按 Enter 键可以依次选取各点。

⅄ 清理（P）：从图形数据库中清除样条曲线的拟合数据。

⅄ 切线（T）：修改样条曲线在起点和端点的切线方向。

⅄ 公差（L）：重新设置拟合公差的值。

◆ 闭合（C）：选取该选项，可以将样条曲线封闭。

◆ 编辑顶点（E）：选取该选项，样条曲线上出现控制顶点，可以为样条曲线添加、删除和移动顶点等操作，从而修改样条曲线的形状。

6.2 绘制构造线和射线

6.2.1 构造线

构造线是两端无限延伸的直线，没有起点和终点，主要用于绘制辅助线和修剪边界，指定两个点即可确定构造线的位置和方向。

（1）命令执行方式

➤ 工具栏：单击【绘图】工具栏中的【构造线】命令按钮。

➤ 菜单栏：单击【绘图】菜单中的【构造线】命令。

➤ 命令行：输入 XLINE（XL）并按 Enter 键。

（2）操作过程说明

执行【构造线】命令后，命令行提示如下所示：

× 🔧 ⤢ ▾ XLINE 指定点或 [水平(H) 垂直(V) 角度(A) 二等分(B) 偏移(O)]: |

各选项功能如下：

◆ 水平（H）、垂直（V）：可以绘制水平和垂直的构造线，如图 6-3 所示。

◆ 角度（A）：可以绘制倾斜一定角度的构造线，如图 6-4 所示。

◆ 二等分（B）：可以绘制两条相交直线的角平分线，如图 6-5 所示。

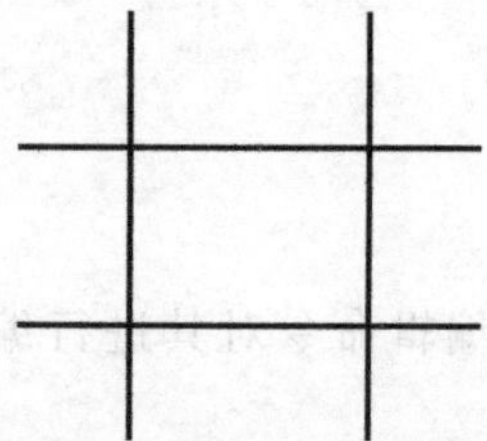

图 6-3 水平和垂直构造线

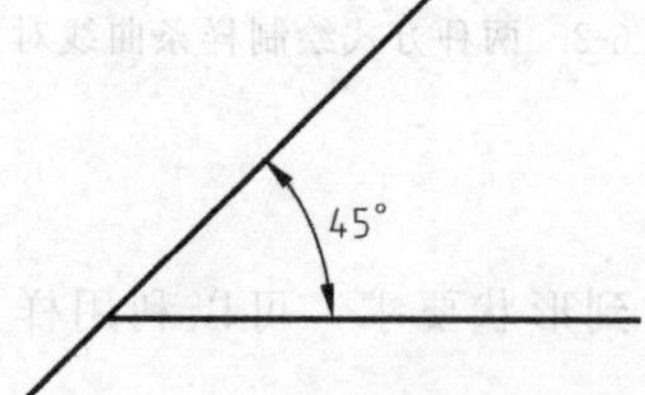

图 6-4 绘制 45°角的构造线

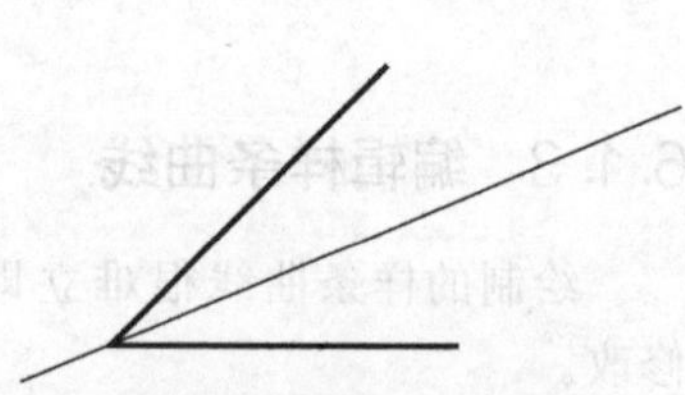

图 6-5 绘制角平分线

◆ 偏移（O）：可以由已有直线偏移出平行线，该选项的功能类似于【偏移】命令，通过输入偏移距离和选择要偏移的直线来绘制与该直线平行的构造线。

6.2.2 射线

射线是向一个方向延伸的线，主要用于辅助绘图使用。

（1）命令执行方式

➢ 工具栏：单击【绘图】工具栏中的【射线】命令按钮。

➢ 菜单栏：单击【绘图】菜单中的【射线】命令。

（2）操作过程说明

执行【射线】命令后，首先指定起点，而后再指定通过点即可完成一条射线的绘制，可同时绘制多条相同起点的射线，如图 6-6 所示。

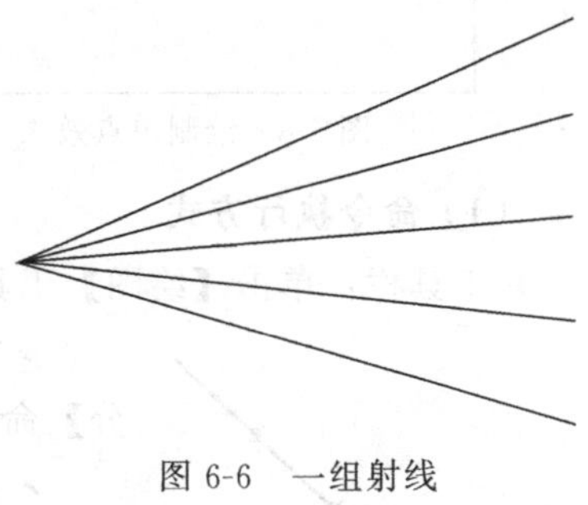

图 6-6　一组射线

6.3 绘制点

6.3.1 设置点样式

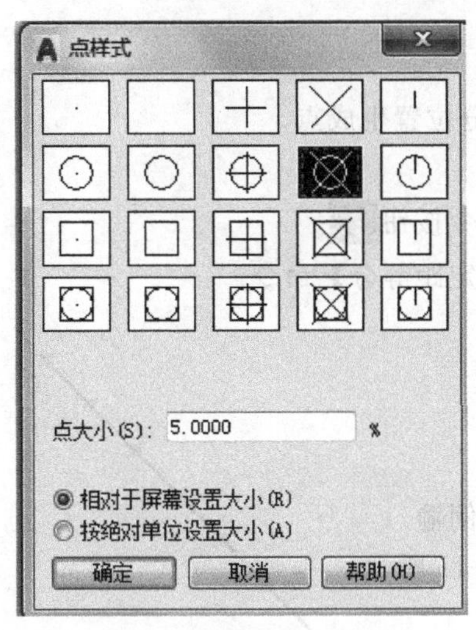

图 6-7 【点样式】对话框

点是所有图形中最基本的图形对象，可以用来作为捕捉和偏移对象的参考点。在 AutoCAD 中，系统默认情况下绘制的点显示为一个小圆点，在屏幕中很难看清，因此可以为点设置显示样式，使其清晰可见。

执行【点样式】命令的方法有以下几种：

➢ 菜单栏：选择【格式】中的【点样式】命令。

➢ 命令行：输入 DDPTYPE 并按 Enter 键。

执行该命令后将弹出如图 6-7 所示的对话框，可以在其中设置点的显示样式和大小。

6.3.2 绘制单点、多点

绘制单点就是执行一次命令只能指定一个点，绘制多点就是执行一次命令可以连续指定多个点，直到按 Esc 键结束命令。

（1）命令执行方式

➢ 菜单栏：单击【绘图】菜单中的【点】命令中的【单点】或【多点】命令。

➢ 命令行：输入 POINT（PO）并按 Enter 键。

（2）操作过程说明

执行【单点】或【多点】命令后，只需在屏幕上指定点的位置即可，如图 6-8、图 6-9 所示为随机绘制单点和多点的效果：

6.3.3 绘制定数等分点

【定数等分】是将对象按指定的数量分为等长的多段，在等分位置生成点。

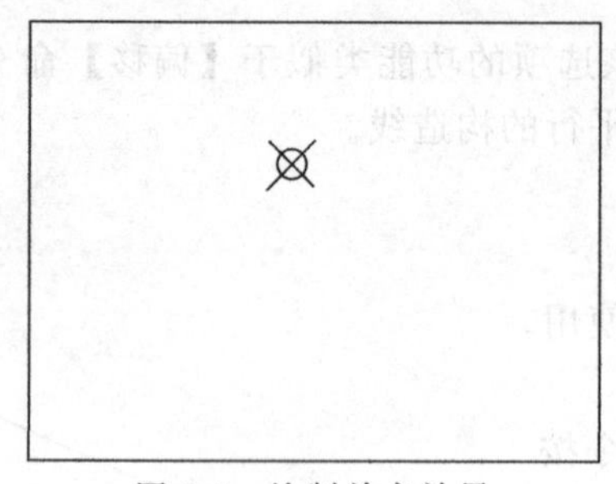

图 6-8 绘制单点效果

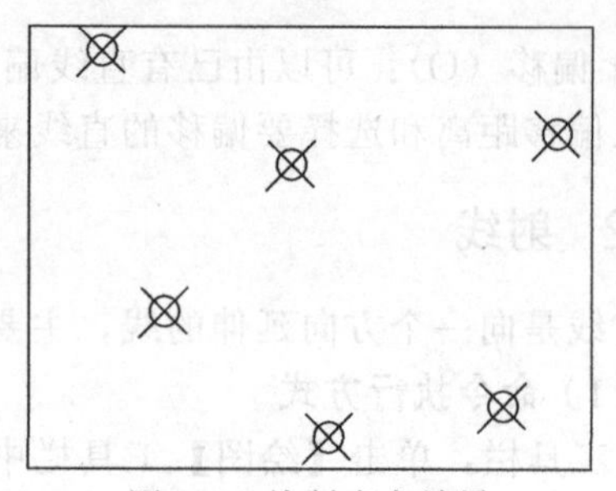

图 6-9 绘制多点效果

(1) 命令执行方式

➢ 工具栏：单击【绘图】工具栏中的【定数等分】命令按钮。

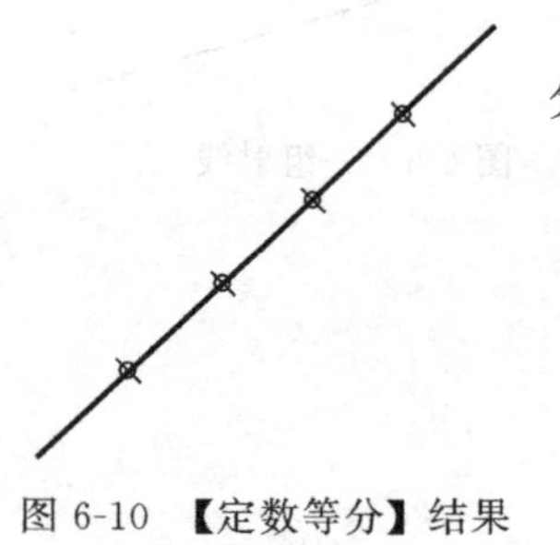

图 6-10 【定数等分】结果

➢ 菜单栏：单击【绘图】菜单中的【点】命令中的【定数等分】命令。

➢ 命令行：输入 DIVIDE（DIV）并按 Enter 键。

(2) 操作过程说明

命令:DIVIDE↙ //执行定数等分命令
选择要定数等分的对象 //选择已有直线
输入线段数目或[块(B)] //输入要等分的段数,本例输入 5,等分结果如图 6-10 所示

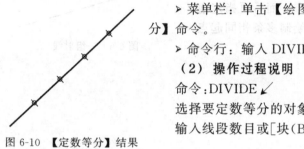

6.3.4 绘制定距等分点

【定距等分】是将对象分为长度为定值的多段，在等分位置生成点。

(1) 命令执行方式

➢ 工具栏：单击【绘图】工具栏中的【定距等分】命令按钮。

➢ 菜单栏：单击【绘图】菜单中的【点】命令中的【定距等分】命令。

➢ 命令行：输入 MEASURE（ME）并按 Enter 键。

(2) 操作过程说明

命令:ME↙ //执行定距等分命令
选择要定距等分的对象 //选择已有直线
指定线段长度或[块(B)] //输入要等分的距离,本例输入 20,等分结果如图 6-11 所示

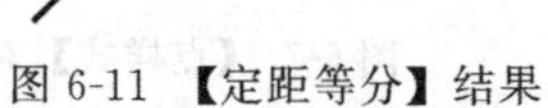

图 6-11 【定距等分】结果

6.4 绘制螺旋线

螺旋线可用来绘制二维螺旋线或三维螺旋线，将三维螺旋线用作扫略路径可以创建弹簧、螺纹或环形楼梯。

(1) 命令执行方式

➢ 工具栏：单击【绘图】工具栏中的【螺旋】命令按钮。

➢ 菜单栏：选择【绘图】中的【螺旋】命令。

➢ 命令行：输入 HELIX 并按 Enter 键。

(2) 操作过程说明

执行该命令后提示如下：

HELIX 指定底面的中心点：　　//此时输入一点

HELIX 指定底面半径或 [直径(D)] <90.37>：　　//确定底面半径

HELIX 指定顶面半径或 [直径(D)] <68.70>：　　//确定顶面半径

提示与技巧

如果底面半径和顶面半径相同，将创建圆柱形螺旋线；如果底面半径和顶面半径不同，将创建圆锥形螺旋线，如图 6-12 所示。实际操作时，总是默认顶面半径和底面半径相同，不能指定“0”同时作为底面半径和顶面半径。

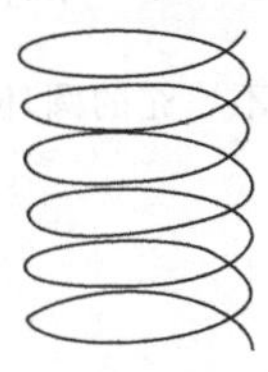

(a) 底面和顶面半径相同

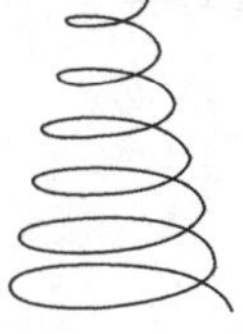

(b) 顶面半径小、底面半径大

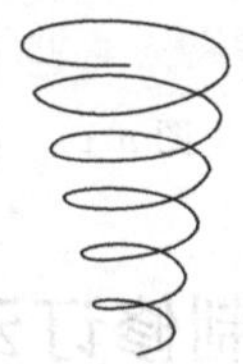

(c) 顶面半径大、底面半径小

图 6-12　螺旋线

接下来命令行提示：HELIX 指定螺旋高度或 [轴端点(A) 圈数(T) 圈高(H) 扭曲(W)] <433.79>：

各选项含义如下：

◆ 指定螺旋高度：可从键盘键入螺旋高度值也可移动光标动态设定螺旋高度。如果底面半径和顶面半径不同而高度值为“0”，将创建扁平的二维螺旋线，如图 6-13 所示。

◆ 轴端点（A）：指定螺旋轴的端点位置。轴端点可以位于三维空间的任意位置。

◆ 圈数（T）：确定螺旋线的圈数。螺旋的圈数不能超过 500，默认值为 3。

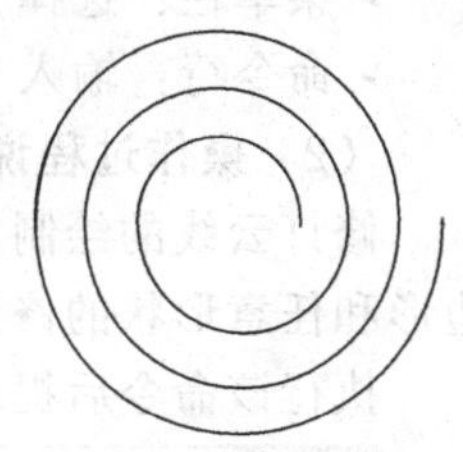

图 6-13　二维螺旋线

◆ 圈高（H）：确定螺旋线一个完整圈的高度。螺旋的高度、圈数、圈高关系如下：螺旋的高度＝圈数×圈高。确定两个值，另一个将相应自动更新。

◆ 扭曲（W）：确定以顺时针方向还是逆时针方向绘制螺旋线，默认为逆时针。

6.5　绘制圆环

圆环是由同一圆心、不同直径的两个同心圆组成的，控制圆环的参数是圆心、内直径和外直径。

（1）命令执行方式

➢ 工具栏：单击【绘图】工具栏中的【圆环】命令按钮。

➢ 菜单栏：选择【绘图】菜单中的【圆环】命令。

➢ 命令行：输入 DONUT 或 DO 并按 Enter 键。

（2）操作过程说明

默认情况下，所绘制的圆环为填充的实心图形。如果在绘制圆环前在命令行输入 FILL，则可以控制圆环和圆的填充可见性。执行 FILL 命令后，命令行提示如下：

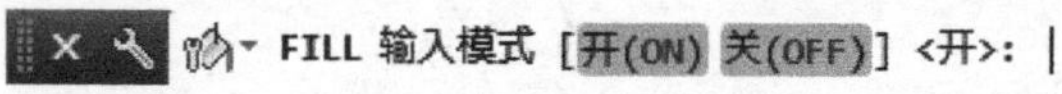

FILL 输入模式 [开(ON) 关(OFF)] <开>:

选择【开（ON）】模式，表示填充绘制的圆环和圆，如图 6-14 所示。

选择【关（OFF）】模式，表示绘制的圆环和圆不予填充，如图 6-15 所示。

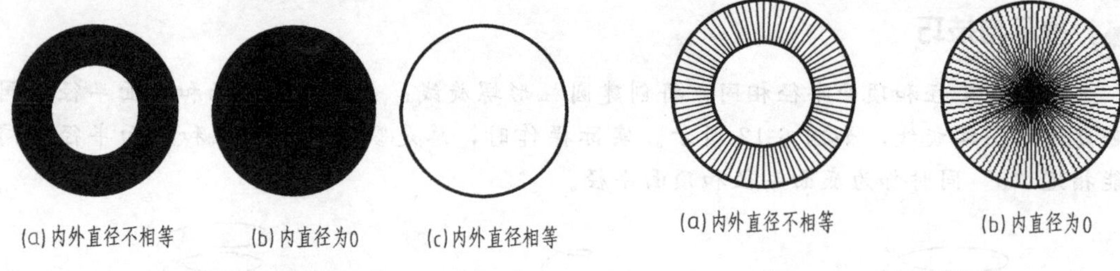

(a)内外直径不相等　(b)内直径为0　(c)内外直径相等

图 6-14　填充的圆环

(a)内外直径不相等　(b)内直径为0

图 6-15　不填充的圆环

6.6 绘制修订云线

修订云线是由连续圆弧组成的多段线形成的云形线。在实际应用中，例如检查图形，可用红色修订云线圈阅，以使标记明显。

（1）命令执行方式

➢ 工具栏：单击【绘图】工具栏中的【修订云线】命令按钮。

➢ 菜单栏：选择【绘图】菜单中的【修订云线】命令。

➢ 命令行：输入 REVCLOUD 并按 Enter 键。

（2）操作过程说明

修订云线的绘制方法有【矩形】、【多边形】和【徒手画】三种，分别用来绘制矩形、多边形和任意形状的修订云线，如图 6-16 所示。

执行该命令后提示如下：

REVCLOUD 指定第一个点或 [弧长(A) 对象(O) 矩形(R) 多边形(P) 徒手画(F) 样式(S) 修改(M)] <对象>:

各选项含义如下：

◆ 弧长（A）：指定云线中弧线的长度，需分别指定最小弧长和最大弧长，最大弧长不能大于最小弧长的三倍。

◆ 对象（O）：将某对象转换为云线。可以转换为云线的对象包括：直线、圆、圆弧、椭圆、椭圆弧、多段线、样条曲线、修订云线。也可使用此选项翻转闭合的修订云线。

◆ 样式（S）：选择修订云线的样式，有【普通（N）】和【手绘（C）】两种样式，如图 6-16 所示。

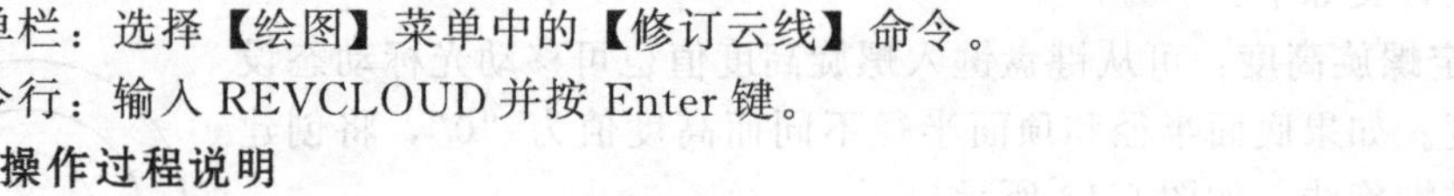

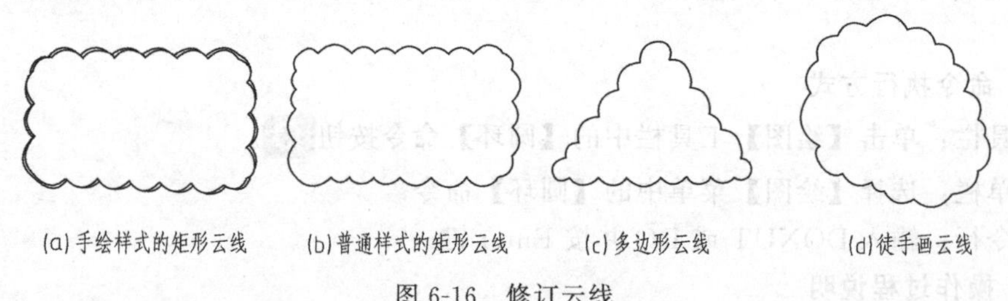

(a)手绘样式的矩形云线　(b)普通样式的矩形云线　(c)多边形云线　(d)徒手画云线

图 6-16　修订云线

◆ 修改（M）：可对已有的修订云线进行形状和圆弧方向上的修改。

6.7 绘制面域

面域是由闭合的形状或环所创建的二维区域。闭合多段线、直线和曲线都是有效的选择对象，其中曲线包括圆弧、圆、椭圆、椭圆弧和样条曲线。面域可用来填充和着色、使用分析特性（例如面积）、提取设计信息（例如形心）等。

（1）命令执行方式

- 工具栏：单击【绘图】工具栏中的【面域】命令按钮。
- 菜单栏：选择【绘图】菜单中的【面域】命令。
- 命令行：输入 REGION 并按 Enter 键。

（2）操作过程说明

执行该命令后，命令行提示选择对象，将要创建面域的所有对象全部选定后按 Enter 键，有几个单独对象的封闭区域，命令行就提示已提取几个环、已创建几个面域。

提示与技巧

◇ 如果有两条以上的曲线共用一个端点，得到的面域可能是不确定的。

◇ 面域的边界由端点相连的曲线组成，曲线上的每个端点仅连接两条边。

6.8 实战训练

训练要求

运用所学命令绘制如图 6-17 所示的图形。

实战训练

φ25

图 6-17 训练图形

实施步骤

① 用【圆】命令绘制直径为 25mm 的圆；

② 用【点】命令中的【定数等分】，为该圆插入 6 个等分点；

③ 用【圆弧】命令依次绘制圆弧 AOC、BOD、COE、DOF、EOA、FOB。

各步骤如图 6-18 所示。

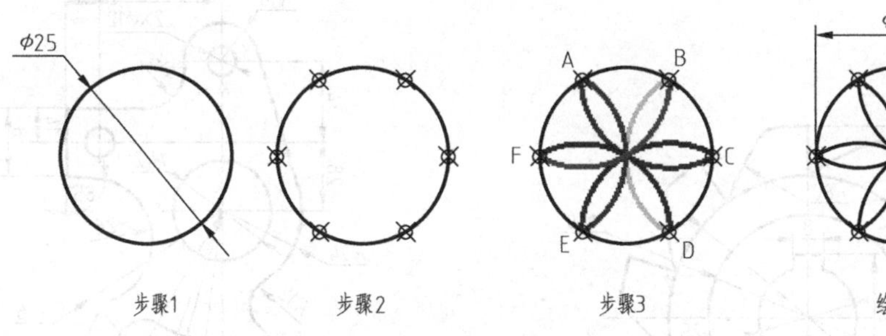

图 6-18 绘图分步图

6.9 拓展练习

综合运用各命令绘制图 6-19～图 6-25 所示图形。

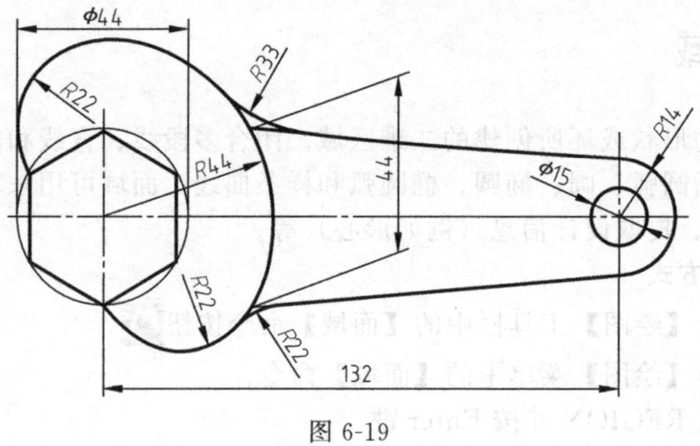

图 6-19

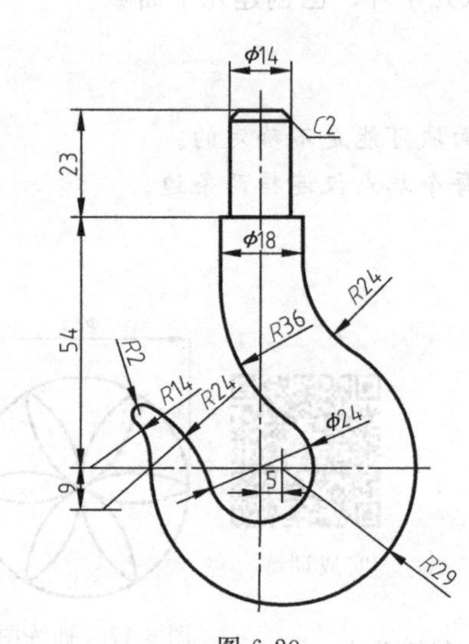

图 6-20

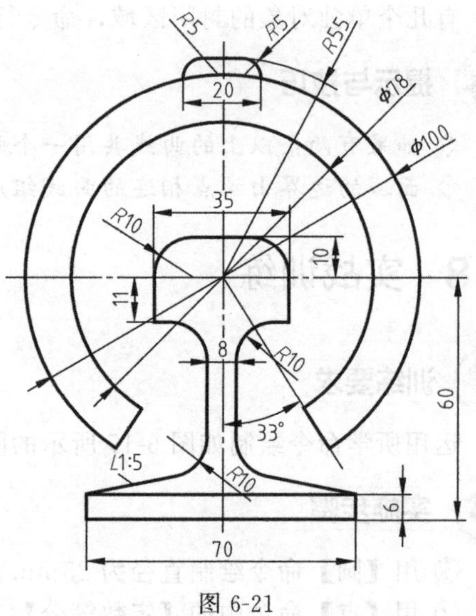

图 6-21

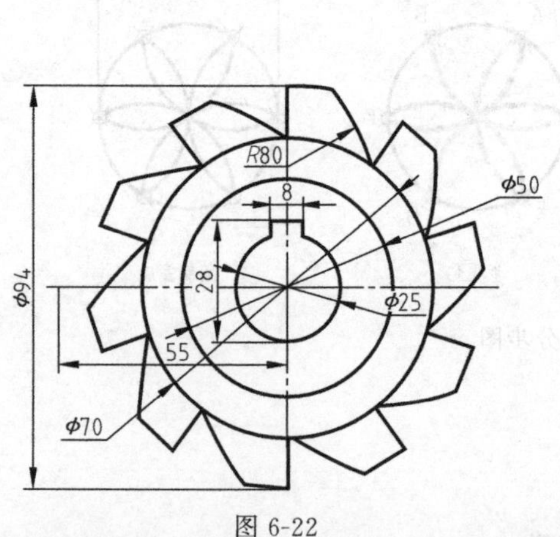

图 6-22

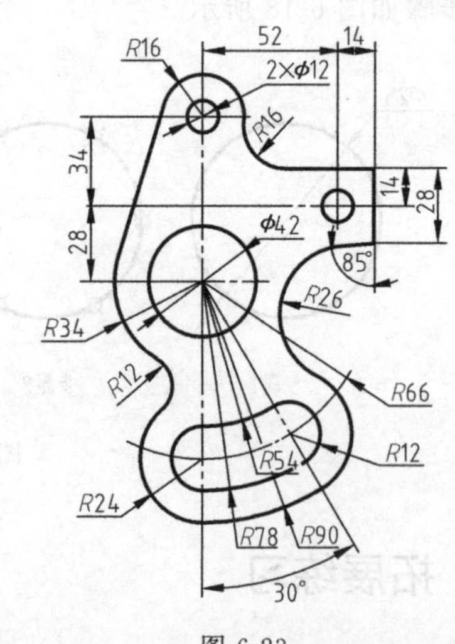

图 6-23

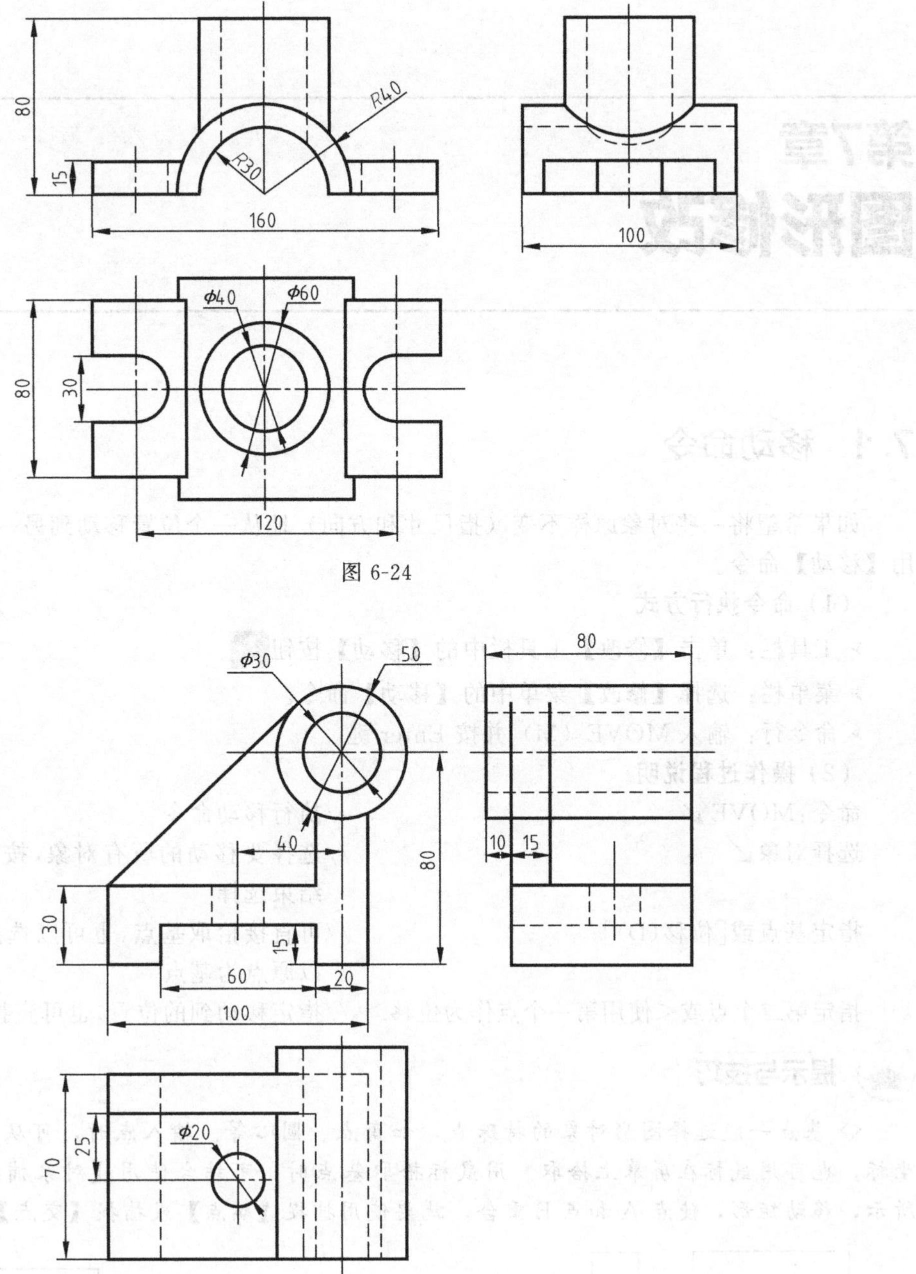
80
15
R40
R30
160
100
ϕ40
ϕ60
80
30
120
ϕ30
50
80
40
80
10
15
30
15
60
20
100
25
70
ϕ20

图 6-24

图 6-25

第7章
图形修改

7.1 移动命令

如果希望将一些对象原样不变（指尺寸和方向）地从一个位置移动到另一个位置，可使用【移动】命令。

（1）命令执行方式

- 工具栏：单击【修改】工具栏中的【移动】按钮 。
- 菜单栏：选择【修改】菜单中的【移动】命令。
- 命令行：输入 MOVE（M）并按 Enter 键。

（2）操作过程说明

命令：MOVE↙　　//执行移动命令

选择对象↙　　//选择要移动的所有对象，按回车键或右键结束选择

指定基点或[位移(D)]　　//可直接拾取基点，也可以选择[位移(D)]，以原点为基点

指定第二个点或＜使用第一个点作为位移＞　　//指定移动到的位置，也可直接输入位移值

◇ 基点一般选择图形对象的特殊点，如角点、圆心等。输入点时，可从键盘输入点的坐标，也可用鼠标在屏幕上拾取。用鼠标拾取基点时，可结合使用【对象捕捉】，如图 7-1 所示，移动矩形，使点 A 和点 B 重合，就要使用捕捉【端点】或捕捉【交点】。

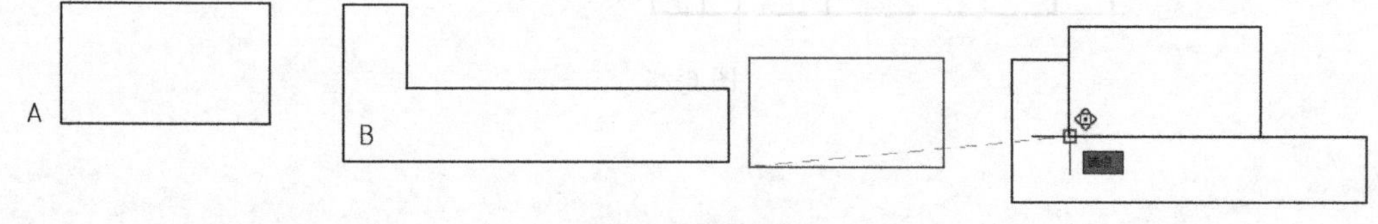

图 7-1　精确移动

7.2 旋转命令

使用该命令可将选定的对象旋转一定的角度。

（1）命令执行方式

➢ 工具栏：单击【修改】工具栏中的【旋转】按钮。

➢ 菜单栏：选择【修改】菜单中的【旋转】命令。

➢ 命令行：输入 ROTATE（RO）并按 Enter 键。

（2）操作过程说明

执行【旋转】命令后，命令行提示如下：

选择对象：　　　　　//选择要旋转的对象，回车或单击鼠标右键结束选择。

指定基点：　　　　　//输入一点。基点一般选图形对象的特殊点，如角点、圆心等。

ROTATE 指定旋转角度，或 [复制(C) 参照(R)] <0>:

旋转

各选项含义如下：

◆ 指定旋转角度：旋转角度可从键盘输入后回车。角度为正值，对象按逆时针旋转；角度为负值，对象按顺时针旋转。旋转角度也可通过移动鼠标输入，随着光标的移动，选中的对象也旋转，待到合适的位置，在屏幕上拾取一点，旋转完成。

◆ 复制（C）：这是源对象保持不变，把源对象的一个副本旋转一个角度进行复制。操作方法如下：单击 复制(C)，或输入 C↙→输入旋转角度。如图 7-2 所示，把矩形以左下角点为基点进行旋转复制。

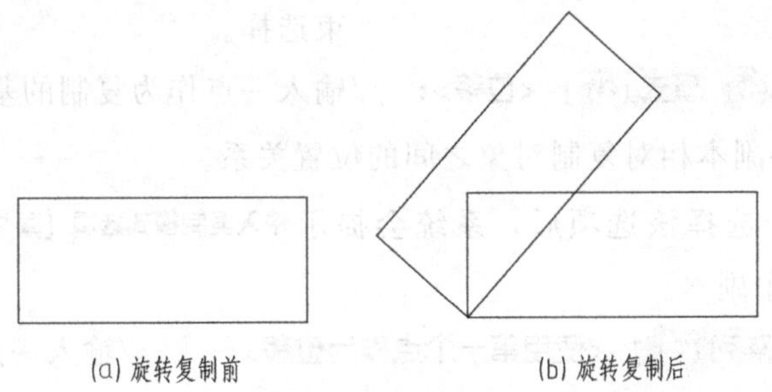

(a) 旋转复制前　　(b) 旋转复制后

图 7-2　旋转复制

◆ 参照（R）：参照一个参考角度旋转选中对象。选择该项后，系统首先提示用户指定一个参照角，然后再指定一个新角度，将对象从指定的角度旋转到新的绝对角度。对象实际旋转的角度＝新角度－参照角度。

如图 7-3 所示，将实线部分旋转到与虚线部分重合，OA 的角度及 OA 与 OB 的夹角未

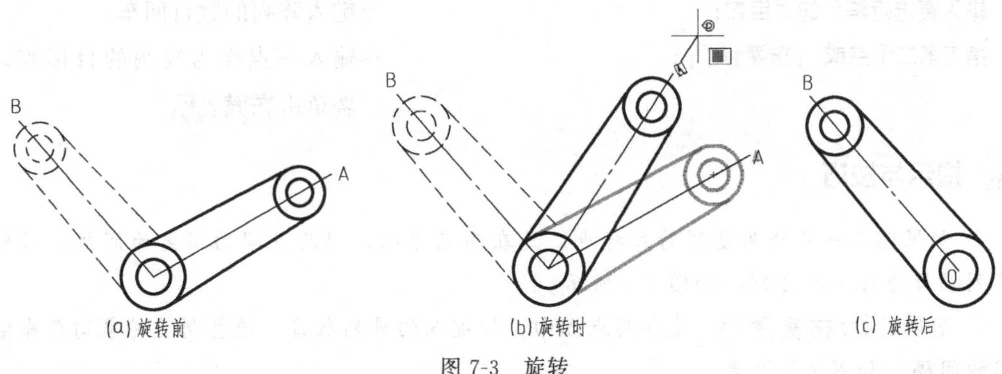

(a) 旋转前　　(b) 旋转时　　(c) 旋转后

图 7-3　旋转

知，以 OA 作为参考直线来旋转对象。输入命令并选择对象后操作过程如下：

ROTATE 指定基点： //输入 O 点

ROTATE 指定旋转角度，或 [复制(C) 参照(R)] <0>： //单击参照(R)或键入 R 回车

指定参照角 <0>： //输入 O 点

指定第二点： //输入 A 点

指定新角度或 [点(P)] <0>： //输入 B 点

7.3 复制命令

复制命令可以将对象进行一次或多次复制，复制生成的每个对象都是独立的。

（1）命令执行方式

- 工具栏：单击【修改】工具栏中的【复制】按钮。
- 菜单栏：选择【修改】菜单中的【复制】命令。
- 命令行：输入 COPY（CO）并按 Enter 键。

（2）操作过程说明

执行【复制】命令后，命令行提示如下所示：

选择对象： //选择要复制的对象，回车或单击鼠标右键结束选择。

指定基点或 [位移(D) 模式(O)] <位移>： //输入一点作为复制的基点。

⅄ [位移（D）]：副本相对复制对象之间的位置关系。

⅄ [模式（O）]：选择该选项后，系统会提示 **输入复制模式选项 [单个(S) 多个(M)] <多个>：|**，默认情况下可复制多个副本。

指定第二个点或 [阵列(A)] <使用第一个点作为位移>： //输入一点作为复制的目标点，可连续指定复制的目标点，实现多次复制。

⅄ [阵列（A）]：选择此选项，即可以线性阵列的方式快速大量复制对象，从而提高效率。操作如下：

指定第二个点或 [阵列(A)] <使用第一个点作为位移>： //单击阵列(A)或键入 A 回车。

输入要进行阵列的项目数： //键入阵列的数目回车。

指定第二个点或 [布满(F)]： //输入一点作为复制的目标点，或者单击布满(F)。

提示与技巧

◇ 如果输入一点作为复制的目标点，是在两点方向，以两点间的距离为间隔，按键入的阵列数目进行一次复制，如图 7-4 所示。

◇ 如果选择[布满(F)]，是在两点方向，按键入的阵列数目，使复制的对象均匀布满两点间的间隔，如图 7-5 所示。

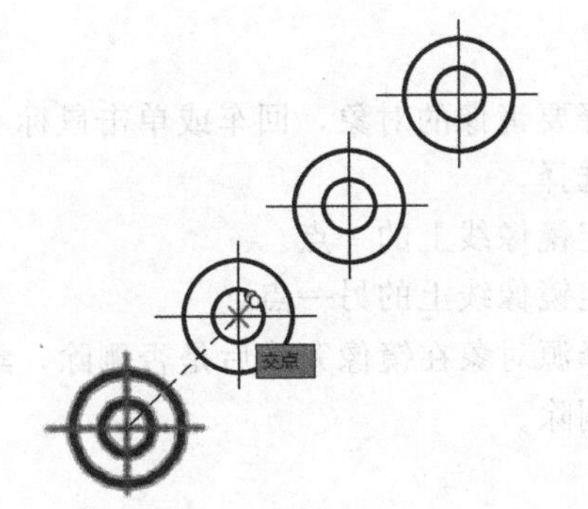

图 7-4　输入一点作为复制的目标点

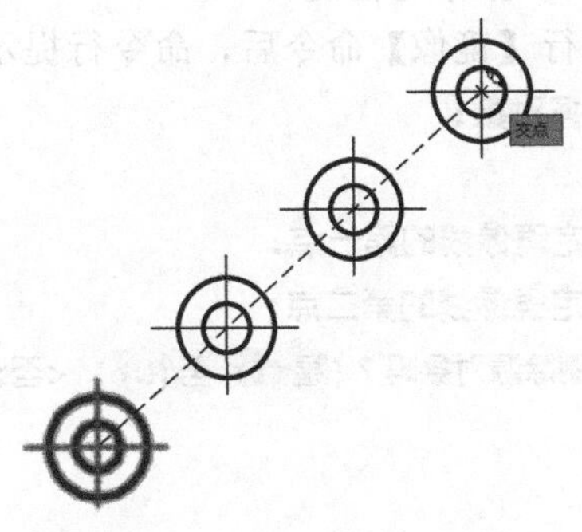

图 7-5　选择【布满】阵列复制

如图 7-6 所示，要将正五边形中的圆复制到五边形的各顶点上，即可执行多次复制选项，指定圆心为复制基点，然后分别指定多边形的顶点为位移第二点即可（注意结合【对象捕捉】捕捉端点）。

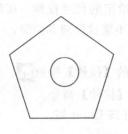

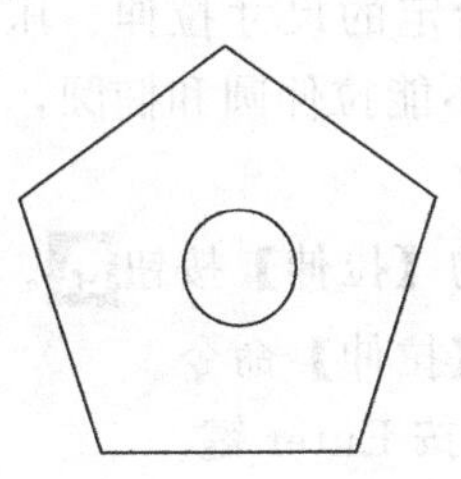

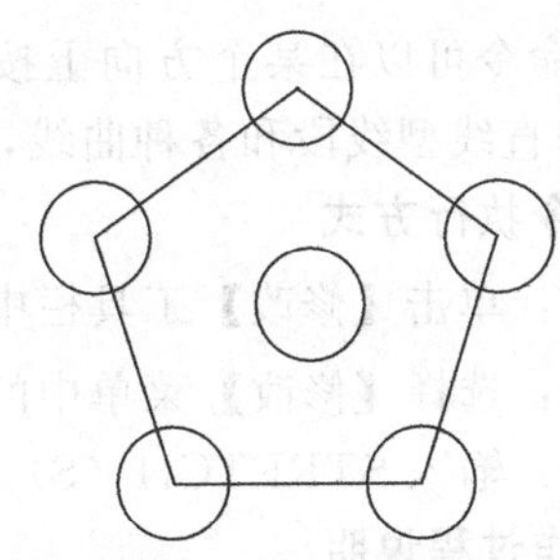

图 7-6　复制对象示例

复制

提示与技巧

◇ 为精确定位，用鼠标输入基点时，可结合使用【对象捕捉】，即在输入点之前运行一种对象捕捉模式，或临时执行一种对象捕捉模式，然后再输入点。

7.4 镜像命令

用【镜像】命令可绘制出关于某条直线完全对称的图形。因此，当图形对称时，就可以用镜像的方式提高绘图速度。图 7-7 所示图形即上下、左右对称，先画其四分之一，两次应用【镜像】命令，即完成整个图形的绘制。

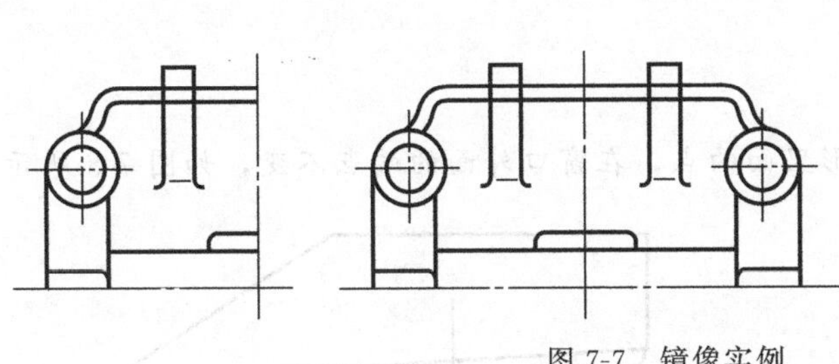

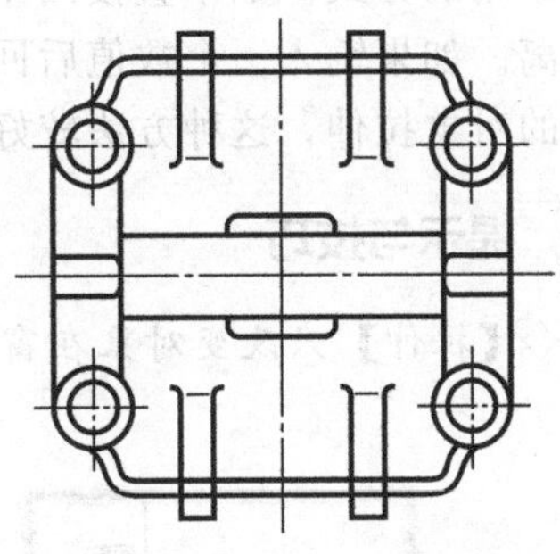

图 7-7　镜像实例

（1）命令执行方式

- 工具栏：单击【修改】工具栏中的【镜像】按钮。
- 菜单栏：选择【修改】菜单中的【镜像】命令。
- 命令行：输入 MIRROR（MI）并按 Enter 键。

（2）操作过程说明

执行【镜像】命令后，命令行提示 如下所示：

选择对象：	//选择要镜像的对象，回车或单击鼠标右键结束选择。
指定镜像线的第一点：	//指定镜像线上的一点。
指定镜像线的第二点：	//指定镜像线上的另一点。
要删除源对象吗？[是(Y) 否(N)] <否>：	//选择源对象在镜像完成后是否删除，默认为不删除。

7.5 拉伸命令

【拉伸】命令可以在某个方向上按给定的尺寸拉伸、压缩对象，改变对象的某一部分。可以拉伸各种直线型线段和各种曲线，不能拉伸圆和椭圆，一次可拉伸多个图形对象。

（1）命令执行方式

- 工具栏：单击【修改】工具栏中的【拉伸】按钮。
- 菜单栏：选择【修改】菜单中的【拉伸】命令。
- 命令行：输入 STRETCH（S）并按 Enter 键。

（2）操作过程说明

执行【拉伸】命令后，命令行提示：**STRETCH 选择对象：**

选择对象时，应该使用窗交或圈交的方式，即从右向左拉取选择框。对象上处于选择框内的端点，位置在拉伸时发生变化，而处于选择框外的端点位置不变。如果整个对象均被选中，则将移动整个对象。选择完成后按 Enter 键，命令行提示如下：

STRETCH 指定基点或 [位移(D)] <位移>：	//选择拉伸基点
STRETCH 指定第二个点或 <使用第一个点作为位移>：	//可鼠标指定，也可输入拉伸距离

此时如果输入一点，该点即是拉伸的目标点，选中的对象被拉伸到目标点。这是拉伸命令最常用的方式。如果直接回车，这时基点的直角坐标值就是相对选中对象的横向和纵向拉伸距离。如果键入一个数值后回车，则拉伸完成，输入的数值就是拉伸距离。对方向和距离已知的对象拉伸，这种方法较好。

提示与技巧

◇【拉伸】只改变对象在窗矩形里面的点，在窗口外面的端点不变，如图 7-8 所示，如

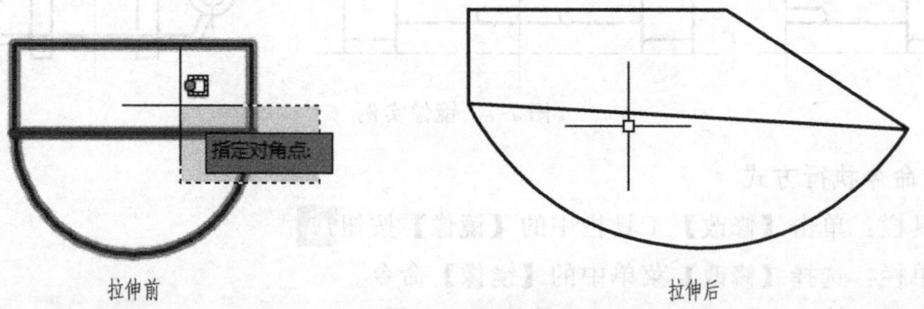

图 7-8 【拉伸】效果

果对象完全在窗口里面，此时【拉伸】命令和【移动】命令效果一样。

【实例 1】 拉伸如图 7-9 和图 7-10 所示的轴类零件图形，加长 20。

注意选择区域的不同，选择的拉伸范围也不同，命令输入后，其操作过程如下：

STRETCH 选择对象：　　//用窗交方式选择对象，如图 7-9（a）所示。

STRETCH 指定基点或 [位移(D)] <位移>：　　//选择非螺纹部分线上一点。

STRETCH 指定第二个点或 <使用第一个点作为位移>：　　//打开【正交】，光标向右移动，输入距离 20。

拉伸后结果如图 7-9（b）所示。

若拉伸螺栓的螺纹部分，则在指定基点时，选择螺纹部分的点作为基点即可，其余步骤相同，如图 7-10 所示。

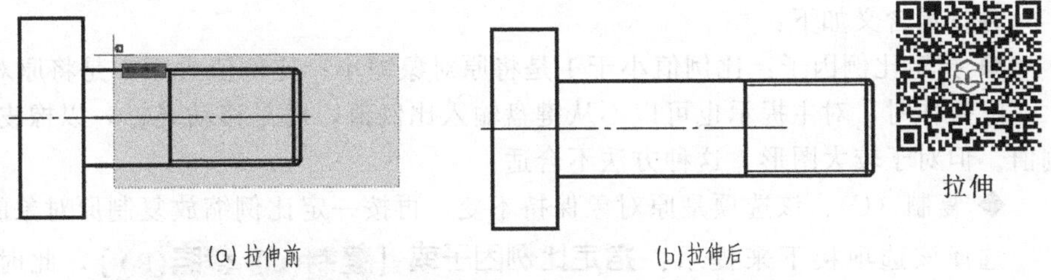

图 7-9　拉伸螺栓的非螺纹部分

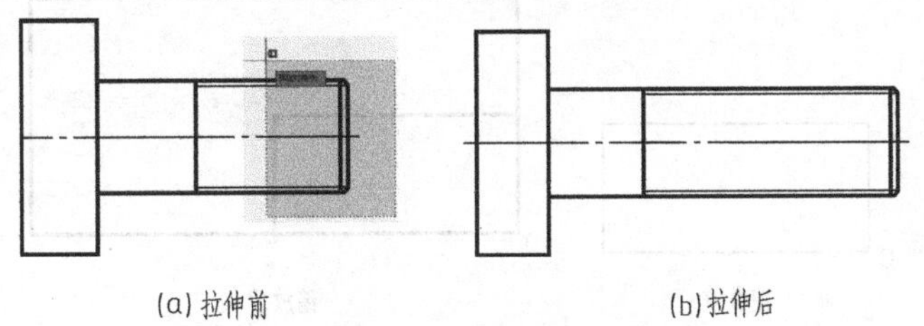

图 7-10　拉伸螺栓的螺纹部分

7.6 缩放命令

使用【缩放】命令可将选中对象按某个基准点，沿 X 轴和 Y 轴方向以相同比例放大或缩小，缩放后大小改变而形状不改变。缩放是改变图形的实际尺寸大小，因而，如果图形已经标注了尺寸（注意是 AutoCAD 自动测量的尺寸），缩放后，其尺寸大小会改变。如图 7-11 所示，

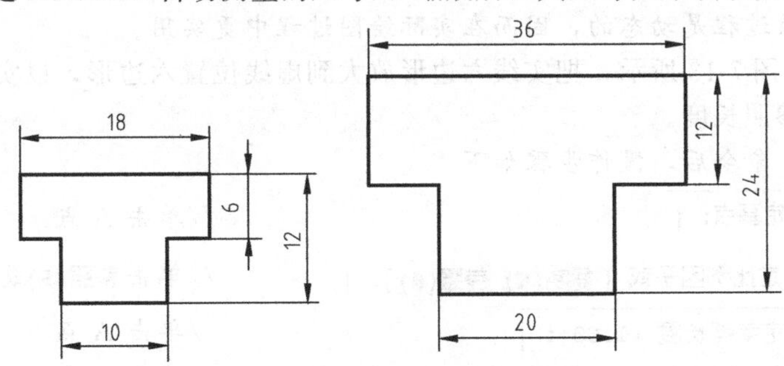

图 7-11　缩放改变实际尺寸

把左边的图放大一倍得到右边的图，尺寸数值也增大一倍。

（1）命令执行方式

➢ 工具栏：单击【修改】工具栏中的【缩放】按钮。

➢ 菜单栏：选择【修改】菜单中的【缩放】命令。

➢ 命令行：输入 SCALE（SC）并按 Enter 键。

（2）操作过程说明

执行【缩放】命令后，命令行提示如下所示：

SCALE 选择对象： //选择要缩放的对象，回车或单击鼠标右键结束选择。

SCALE 指定基点： //选择一点作为缩放的基点。

SCALE 指定比例因子或 [复制(C) 参照(R)]： //键入缩放比例。

各选项含义如下：

◆ 指定比例因子：比例值小于 1 是将原对象缩小；比例值大于 1 是将原对象放大。实际操作时，对主提示也可以不从键盘输入比例值，而是移动光标，以橡皮筋的长度为比例值。但对于较大图形，这种方法不合适。

◆ 复制（C）：该选项是原对象保持不变，再按一定比例缩放复制原对象的一个副本。

选择该选项接下来提示：**指定比例因子或 [复制(C) 参照(R)]**，此时输入比例值，如图 7-12 所示是把矩形以 O 点为基点放大 2 倍复制。

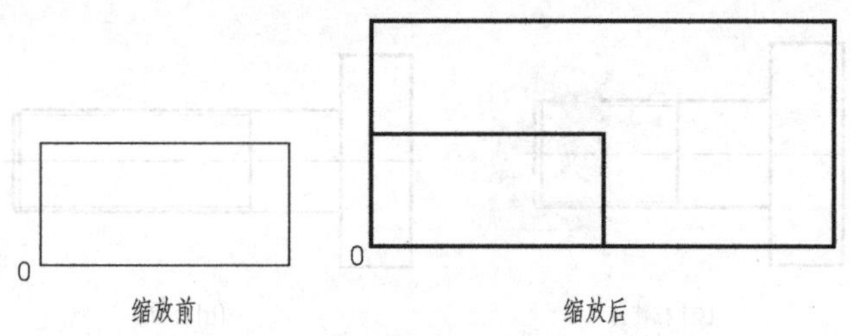

图 7-12 缩放复制

◆ 参照（R）：需要用户输入参照长度和新长度数值，由系统自动算出两长度之间的比例数值，确定缩放的比例因子，然后对图形进行缩放操作。

◇ 对于参照长度用光标指定两点（对象上的两个特殊点，可结合对象捕捉），然后移动鼠标，随着光标的移动，选中的对象也缩放，待到合适的位置缩放完成。这种方法避免了计算长度值，且缩放过程是动态的，因而在实际绘图过程中更实用。

【实例 2】 如图 7-13 所示，把实线六边形放大到虚线位置六边形，以实线六边形的一条边的两个端点为参照长度。

执行【缩放】命令后，操作步骤如下：

SCALE 指定基点： //单击 A 点

SCALE 指定比例因子或 [复制(C) 参照(R)]： //单击参照(R)或键入 R 回车

SCALE 指定参照长度 <1.00>： //单击 A 点

SCALE 指定参照长度 <1.00>： 指定第二点： //单击 B 点

SCALE 指定新的长度或 [点(P)] <1.00>:　　//单击C点

【缩放】完成后如图7-13所示。本例中，参照长度是AB，新长度是AC。

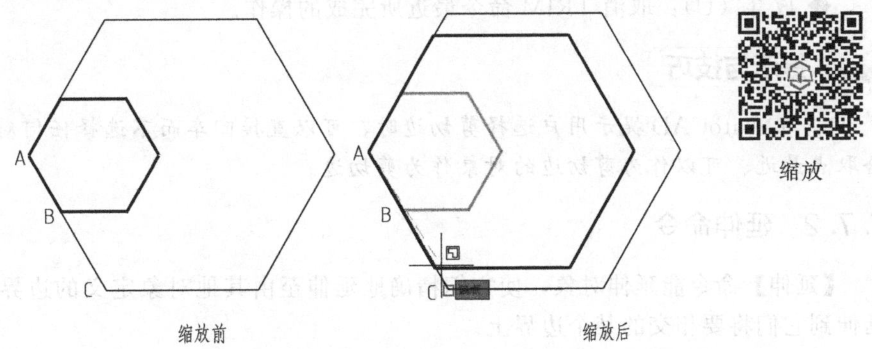

缩放

图7-13　由两点间的距离作为参考长度进行缩放

7.7 修剪和延伸命令

7.7.1 修剪命令

使用修剪命令，可以修剪对象，使它们精确地终止于由其他对象定义的边界。

（1）命令执行方式

➢ 工具栏：单击【修改】工具栏中的【修剪】按钮。

➢ 菜单栏：选择【修改】菜单中的【修剪】命令。

➢ 命令行：输入TRIM（TR）并按Enter键。

（2）操作过程说明

执行【修剪】命令后，命令行提示：TRIM 选择对象或 <全部选择>:

首先选择剪切边（可以选择多个对象），或直接回车选择所有对象作为可能的剪切边，单击鼠标右键结束选择，接下来AutoCAD继续提示：

选择要修剪的对象，或按住 Shift 键选择要延伸的对象，或
TRIM [栏选(F) 窗交(C) 投影(P) 边(E) 删除(R) 放弃(U)]:

在此提示下，如果直接拾取对象，则修剪该对象。拾取的位置决定了对象的哪一部分被剪掉。如图7-14示意了拾取点时，对象被修剪前后的变化。如果拾取对象的同时按【Shift】键，则延伸该对象。

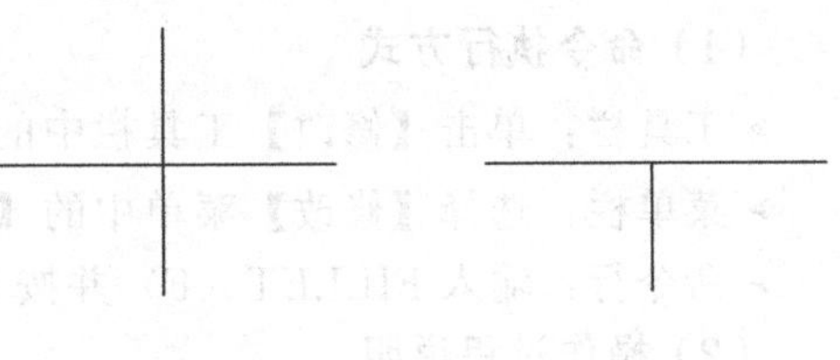

图7-14　修剪对象示例

命令提示中主要选项的功能如下：

◆ 栏选（F）或窗交（C）：按照栏选或窗交选择对象。

◆ 投影（P）：设置投影模式。缺省模式为UCS，即将被剪对象和剪切边投影到当前UCS的XY平面上，还可以设置为不投影或沿线方向投影到视图区。主要用于三维空间中两个对象的修剪。

◆ 边（E）：用于确定修剪方式，包括延伸（E）、不延伸（N）两项。选择【延伸】选项，则当剪切边太短而且没有与被修剪对象相交时，可延伸修剪边，然后进行修剪；如果选

择【不延伸】选项，只有当剪切边与被修剪对象真正相交时，才能进行修剪。

◆ 删除（R）：删除该对象。

◆ 放弃（U）：取消 TRIM 命令最近所完成的操作。

◇ 在 AutoCAD 提示用户选择剪切边时，可以直接回车而不选择任何对象，系统将距离拾取点最近、可以作为剪切边的对象作为剪切边。

7.7.2 延伸命令

【延伸】命令能延伸对象，使它们精确地延伸至由其他对象定义的边界，或将对象定义延伸到它们将要相交的某个边界上。

（1）命令执行方式

➤ 工具栏：单击【修改】工具栏中的【延伸】按钮。

➤ 菜单栏：选择【修改】菜单中的【延伸】命令。

➤ 命令行：输入 EXTEND（EX）并按 Enter 键。

（2）操作过程说明

【延伸】命令的使用方法与【修剪】命令相似，先选择延伸的边界，然后选择要延伸的对象。在使用【延伸】命令时，如果按住 Shift 键的同时选择对象，则执行修剪命令。如图 7-15 为延伸对象示例。

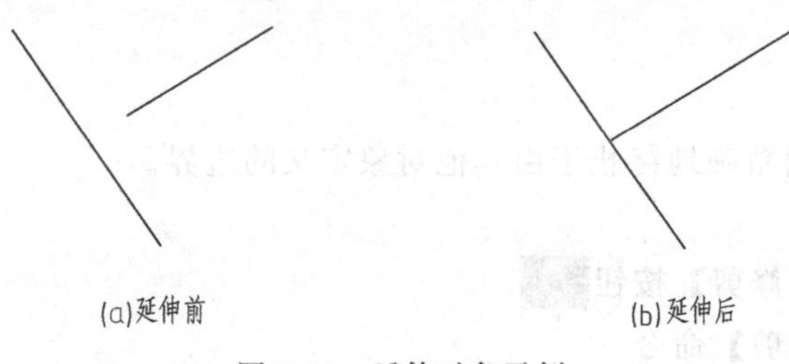

图 7-15 延伸对象示例

7.8 圆角、倒角和光顺曲线命令

7.8.1 圆角命令

使用【圆角】命令，可将两个图形对象用指定半径的圆弧连接。可执行【圆角】命令的对象有圆弧、圆、椭圆和椭圆弧、直线、多段线、射线、样条曲线和构造线。

（1）命令执行方式

➤ 工具栏：单击【修改】工具栏中的【圆角】按钮。

➤ 菜单栏：选择【修改】菜单中的【圆角】命令。

➤ 命令行：输入 FILLET（F）并按 Enter 键。

（2）操作过程说明

下面以矩形做圆角为例讲解：

首选画好一个矩形如图 7-16（a）所示，其次输入快捷键 F，此时命令行提示：

FILLET 选择第一个对象或 [放弃(U) 多段线(P) 半径(R) 修剪(T) 多个(M)]: | //选中所要倒圆角的一边。

FILLET 选择第二个对象，或按住 Shift 键选择对象以应用角点或 [半径(R)]: | //选择[半径 R]。

FILLET 指定圆角半径 <5.00>: | //输入要倒圆角的半径，按空格键，而后选择所要倒圆角的另一条边，空格键

确定，倒圆角成功结果如图 7-16(b)所示。

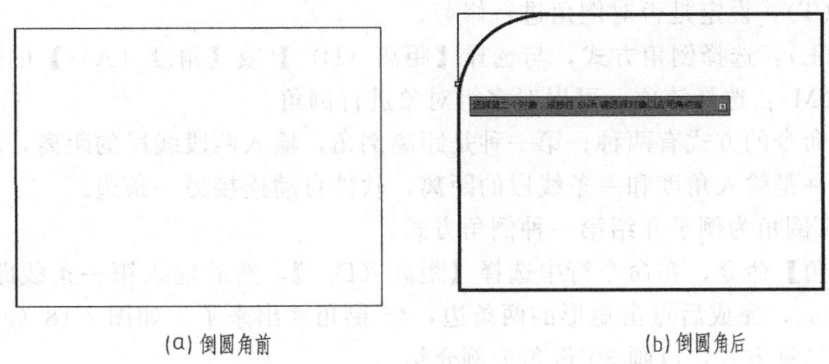

图 7-16　【圆角】示例

命令行中各选项的含义如下：

◆ 放弃（U）：放弃上一次的圆角操作。

◆ 多段线（P）：选择该项将对多段线中每个顶点处的相交直线进行圆角，并且圆角后的圆弧线段将成为多段线的新线段。

◆ 半径（R）：选择该项，设置圆角的半径。

◆ 修剪（T）：选择该项，设置是否修剪对象。

◆ 多个（M）：选择该项，可以在一次调用命令的情况下对多个对象进行圆角。

提示与技巧

◇ 在 AutoCAD 种，两条平行直线也可以进行【圆角】，圆角直径为两条平行线的距离，如图 7-17 所示。

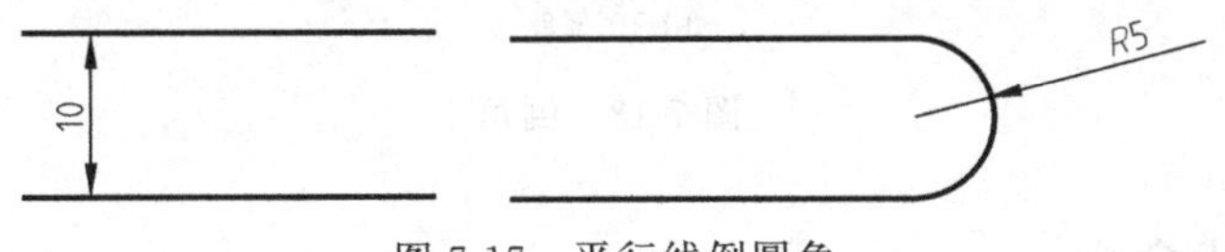

图 7-17　平行线倒圆角

7.8.2　倒角命令

【倒角】命令用于在两条非平行的相交直线或者多段线上生成斜线相连。

（1）命令执行方式

➤ 工具栏：单击【修改】工具栏中的【倒角】按钮。

➤ 菜单栏：选择【修改】菜单中的【倒角】命令。

➤ 命令行：输入 CHAMFER 并按 Enter 键。

（2）操作过程说明

执行该命令后，命令行显示如下：

CHAMFER 选择第一条直线或 [放弃(U) 多段线(P) 距离(D) 角度(A) 修剪(T) 方式(E) 多个(M)]:

命令行中各选项含义如下：

◆ 放弃（U）：放弃上一次的倒角操作。

◆ 多段线（P）：对整个多段线每个顶点处的相交直线进行倒角，并且倒角后的线段将成为多段线的新线段。

◆ 距离（D）：通过设置两个倒角边的倒角距离来进行倒角操作。

◆ 角度（A）：通过设置一个角度和一个距离来进行倒角操作。

◆ 修剪（T）：设定是否对倒角进行修剪。

◆ 方式（E）：选择倒角方式，与选择【距离（D）】或【角度（A）】的作用相同。

◆ 多个（M）：选择该项，可以对多组对象进行倒角。

一般倒角命令的方式有两种；第一种是距离倒角，输入两段线段的距离，软件自动连接生成角；第二种是输入角度和一条线段的距离，软件自动连接另一条边。

下面以 45°倒角为例子介绍第一种倒角方式。

执行【倒角】命令，在命令行中选择【距离（D）】，然后输入第一条线距离 30，第二条线距离也是 30，完成后点击矩形的两条边，45°倒角就出来了，如图 7-18（a）所示。

倒角的第二种方式，以画 30°倒角为例介绍。

再执行【倒角】命令，在命令行选择【角度（A）】，输入第一条线段距离为 30，角度为 30°，然后点击矩形。如图 7-18（b）所示。

如果想一次性把矩形四个角倒角弄好，设置完第一次【倒角】命令后，再执行【倒角】命令时选择【多个（M）】，然后 CAD 软件会自动将上一次执行的数据作为执行数据，依次点击矩形各条边即可。如图 7-18（c）所示。

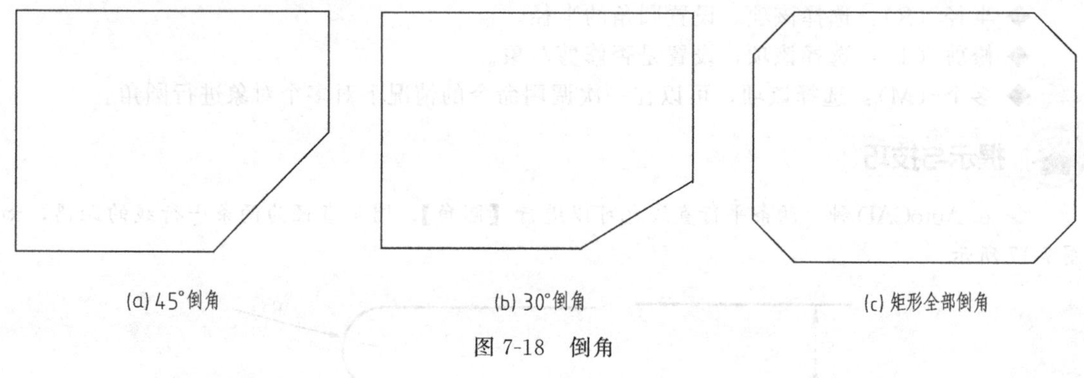

(a) 45°倒角　　(b) 30°倒角　　(c) 矩形全部倒角

图 7-18　倒角

7.8.3　光顺曲线命令

在两条选定直线或曲线之间的间隙中创建样条曲线。生成的样条曲线的形状取决于指定的连续性，选定对象的长度保持不变。有效对象包括直线、圆弧、椭圆弧、螺旋、开放的多段线和开放的样条曲线。

（1）命令执行方式

➢ 工具栏：单击【修改】工具栏中的【光顺曲线】按钮。

➢ 菜单栏：选择【修改】菜单中的【光顺曲线】命令。

➢ 命令行：输入 BLEND（M）并按 Enter 键。

（2）操作过程说明

执行【光顺曲线】命令后，命令行提示如下：

BLEND 选择第一个对象或 [连续性(CON)]:　//选择左侧样条曲线，如图 7-19(a)所示。

BLEND 选择第二个点:　//选择右侧样条曲线，结果如图 7-19(b)所示。

注意：由于选择的对象和点位置不同，创建的曲线也不同。

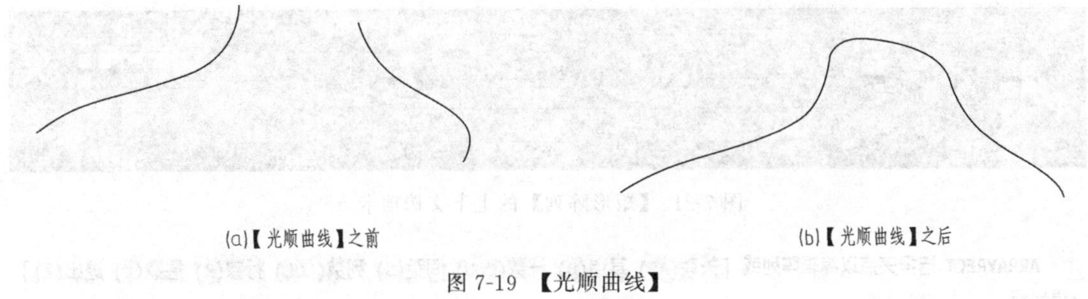

图 7-19　【光顺曲线】

7.9　阵列命令

使用阵列命令，可将图形对象（称为项目）按“矩形”“环形”或“路径”方式进行多重复制，当对象需要按一定的规律排列时，阵列命令比复制命令更方便，更准确。有多种阵列形式。

7.9.1　矩形阵列

【矩形阵列】是在行和列两个线性方向创建源对象的多个副本。

（1）命令执行方式

➢ 工具栏：单击【修改】工具栏中的【矩形阵列】按钮。

➢ 菜单栏：选择【修改】菜单中的【阵列】|【矩形阵列】命令。

➢ 命令行：输入 ARRAY 并按 Enter 键，选择要阵列的对象，然后在命令行选择阵列类型。或者直接输入 ARRAYRECT 并按 Enter 键。

（2）操作过程说明

执行【矩形阵列】命令后，命令行提示 **选择对象:**，选择要矩形阵列的对象后，绘图区域会出现阵列后的图形，如图 7-20 所示。

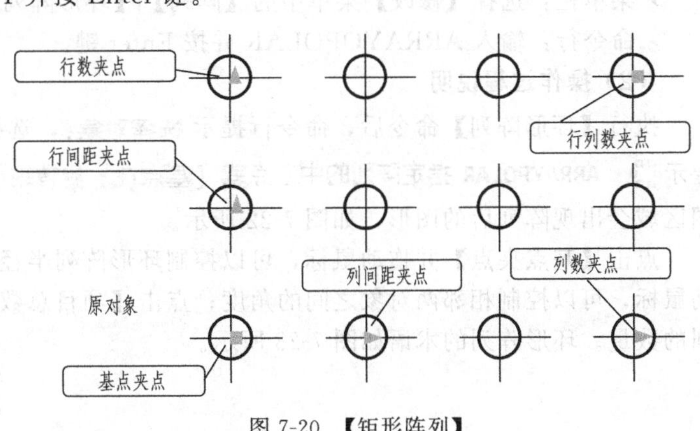

图 7-20　【矩形阵列】

点击【行数夹点】并拖动鼠标，可以控制阵列的行数；点击【列数夹点】并拖动鼠标，可以控制阵列的列数；点击【行列数夹点】并拖动鼠标，可以同时控制行数列数；点击【行间距夹点】可控制行偏移距离的大小；点击【列间距夹点】可控制列偏移距离的大小。

上述操作也可以在上下文选项卡【阵列创建】中进行编辑，如图 7-21 所示。

提示与技巧

◇ 在【介于】和【总计】文本框内可以输入负值，表示向相反的方向阵列。

◇ 在矩形阵列中，通过设置阵列角度可以进行斜向阵列。

执行【矩形阵列】命令后，命令行提示：

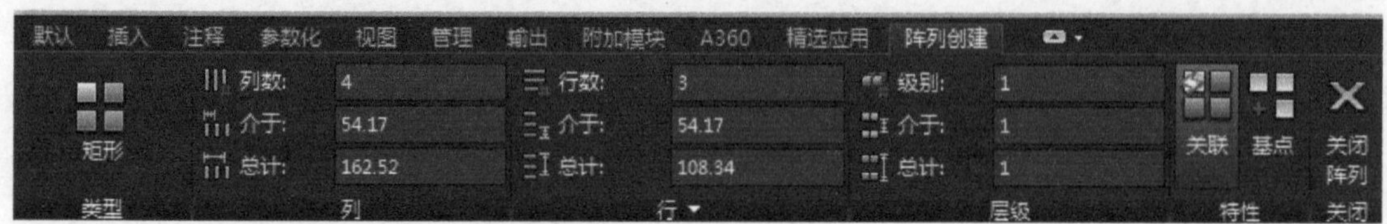

图 7-21 【矩形阵列】的上下文选项卡

ARRAYRECT 选择夹点以编辑阵列或 [关联(AS) 基点(B) 计数(COU) 间距(S) 列数(COL) 行数(R) 层数(L) 退出(X)] <退出>:

各选项含义如下：

◆ 关联（AS）：指定阵列中的对象是关联的还是独立的。

◆ 基点（B）：定义阵列基点和基点夹点的位置。

◆ 计数（COU）：指定行数和列数并使用户在移动光标时可以动态观察结果（一种比【行】和【列】选项更快捷的方法）。

◆ 列数（COL）：编辑列数和列间距。

◆ 行数（R）：指定阵列中的行数、它们之间的距离以及行之间的增量标高。

◆ 层数（L）：指定三维阵列的层数和层间距。

7.9.2 环形阵列

【环形阵列】是围绕中心点或旋转轴将图形对象在圆周上或圆弧上均匀复制多个。

（1）命令执行方式

➢ 工具栏：单击【修改】工具栏中的【环形阵列】按钮。

➢ 菜单栏：选择【修改】菜单中的【阵列】|【环形阵列】命令。

➢ 命令行：输入 ARRAYOPOLAR 并按 Enter 键。

（2）操作过程说明

执行【环形阵列】命令后，命令行提示 **选择对象:**，选择要环形阵列的对象后，命令行提示 ARRAYPOLAR 指定阵列的中心点或 [基点(B) 旋转轴(A)]: |，指定阵列中心点后，绘图区域会出现阵列后的图形，如图 7-22 所示。

点击【基点夹点】并拖动鼠标，可以控制环形阵列半径的大小；点击【项目夹点】并拖动鼠标，可以控制相邻两对象之间的角度；点击【项目总数夹点】并拖动鼠标，可以控制阵列的数量。环形阵列的术语如图 7-23 所示。

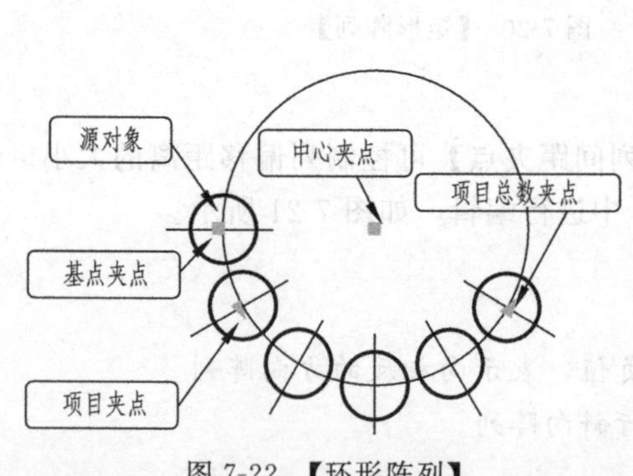

图 7-22 【环形阵列】

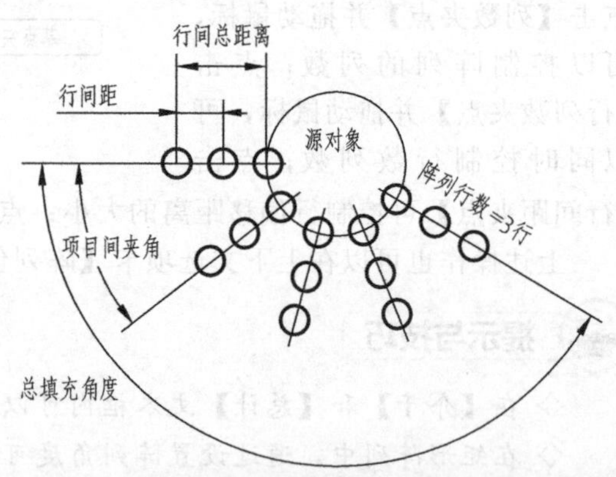

图 7-23 【环形阵列】的术语

上述操作也可以在上下文选项卡【阵列创建】中进行编辑，如图 7-24 所示。

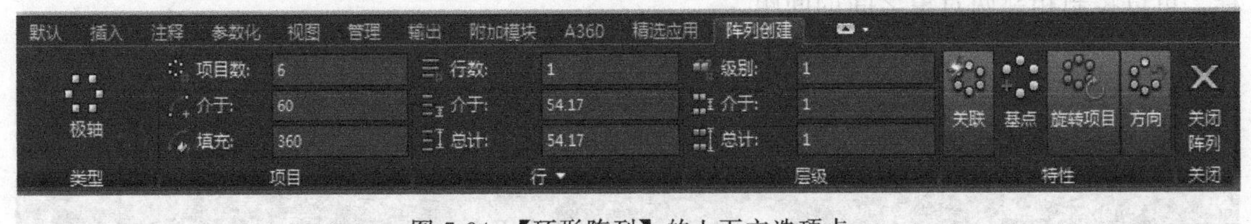

图 7-24 【环形阵列】的上下文选项卡

◇ 对于【环形阵列】，对应圆心角可以不是 360°，阵列的包含角度为正，将按逆时针方向阵列，为负，将按顺时针方向阵列。

◇ 在环形阵列中，阵列项目数包括原有实体本身。

执行【环形阵列】命令后，命令行提示：

```
ARRAYPOLAR 选择夹点以编辑阵列或 [关联(AS) 基点(B) 项目(I) 项目间角度(A) 填充角度(F) 行(ROW) 层(L) 旋转项目(ROT) 退出(X)] <退出>:
```

各主要选项含义如下：

◆ 关联（AS）：指定阵列中的对象是关联的还是独立的。

◆ 基点（B）：指定阵列的基点。

◆ 项目间角度（A）：设置相邻的项目间角度。

◆ 填充角度（F）：对象环形阵列的总角度。

◆ 旋转项目（ROT）：控制在阵列项目时是否旋转项目。

7.9.3 路径阵列

【路径阵列】是沿直线或曲线将图形对象均匀复制多个。路径可以是直线、多段线、三维多段线、样条曲线、螺旋、圆弧、圆或椭圆。如图 7-25 所示为路径阵列的例子。

（1）命令执行方式

➢ 工具栏：单击【修改】工具栏中的【路径阵列】按钮。

➢ 菜单栏：选择【修改】菜单中的【阵列】|【路径阵列】命令。

➢ 命令行：输入 ARRAYOATH 并按 Enter 键。

（2）操作过程说明

执行【路径阵列】命令后，命令行提示 **选择对象:**，选择要阵列的对象后回车或单击鼠标右键结束选择。接下来命令行提示 **选择路径曲线:** 选择一条作为路径的曲线或直线，绘图区域会出现阵列后的图形，如图 7-25 所示。

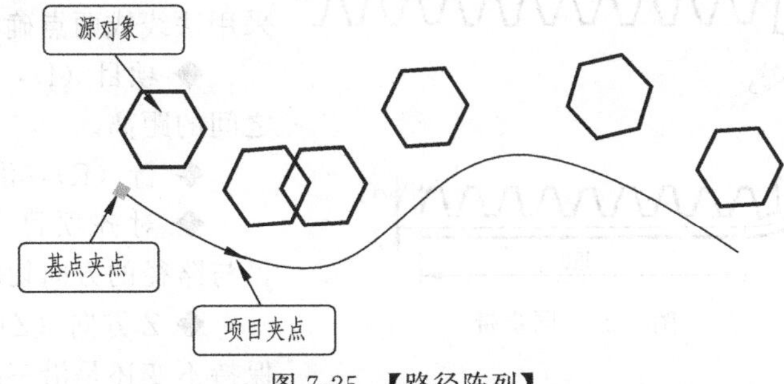

图 7-25 【路径阵列】

点击【基点夹点】并拖动鼠标，可以控制整个阵列的行数；点击【项目夹点】并拖动鼠标，可以控制相邻两对象之间的间距。

上述操作也可以在上下文选项卡【阵列创建】中进行编辑，如图 7-26 所示。

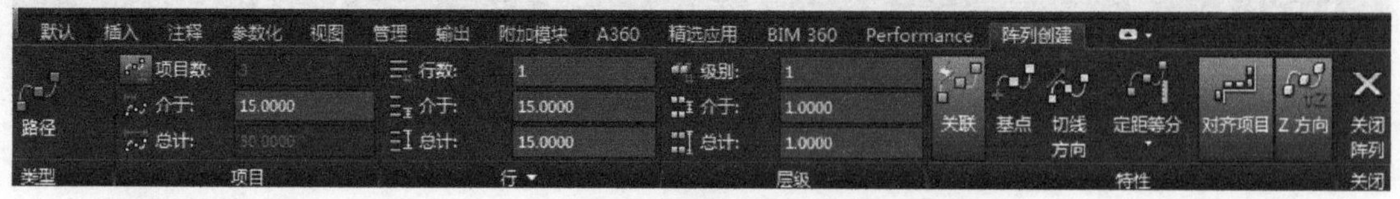

图 7-26 【路径阵列】的上下文选项卡

在【项目】面板，单击【项目数】按钮，项目数夹点显示或不显示。在项目数夹点显示时，单击使其成为热点并移动光标，可改变阵列的项目数。也可以从按钮右侧的文本框键入项目数，从【介于】文本框键入项目间距，从【总计】文本框键入项目的总曲线长度。

在【行】面板，从【行数】文本框键入行数，从【介于】文本框键入行间距，从【总计】文本框键入行间总间距。

文本框在键入数字后回车或鼠标移到别处单击，阵列即可改变。面板中的【介于】文本框和【总计】文本框的数字联动改变。在各面板中的文本框中，还可以键入数学公式或方程式。

在【特性】面板中，【关联】按钮，改变阵列的关联性（阵列后的对象是关联成整体还是相互独立）；【基点】按钮，重新指定基点的位置；【切线方向】按钮，确定阵列中第一个项目与路径的起始方向如何对齐。

【定距等分】下拉按钮有两项【定距等分】和【定数等分】。【定数等分】是把一定数量的项目沿路径的总长度均匀分布；【定距等分】是固定的间距沿路径分布项目。

【对齐项目】按钮，是在路径阵列时，是否要将阵列后的每一个项目沿路径对齐。

【Z 方向】按钮，是控制在阵列时，是保持项目的原始 Z 方向还是沿着三维倾斜项目，在二维绘图时可以不用管它。

执行【路径阵列】命令后，命令行提示：

```
ARRAYPATH 选择夹点以编辑阵列或 [关联(AS) 方法(M) 基点(B) 切向(T) 项目(I) 行(R) 层(L) 对齐项目(A) Z方向(Z) 退出(X)] <退出>:
```

各主要选项含义如下：

◆ 关联（AS）：指定阵列中的对象是关联的还是独立的。

◆ 方法（M）：控制沿路径定数等分还是定距等分项目。

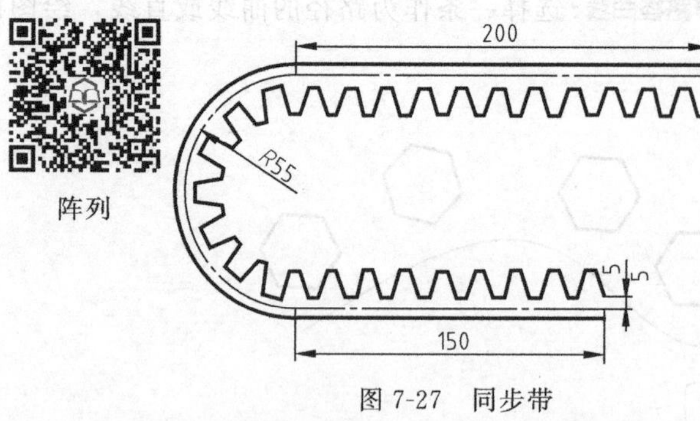

图 7-27 同步带

◆ 切向（T）：默认是相对路径的起始方向对齐阵列中的项目，也可采用法线或两点确定。

◆ 项目（I）：指定项目数或项目之间的距离。

◆ 行（R）：沿路径可阵列多行。

◆ 对齐项目（A）：设定每个项目与路径的方向切向。

◆ Z 方向（Z）：控制项目 Z 方向保持不变还是沿三维路径自然倾斜。

【实例】 绘制如图 7-27 所示的同步带。

绘图步骤

① 绘制辅助线。单击【绘图】工具栏中的【多段线】命令，绘制辅助线，如图 7-28 所示。

② 偏移辅助线。单击【修改】工具栏中的【偏移】命令，将中心线上下各偏移 5，结果如图 7-29 所示。

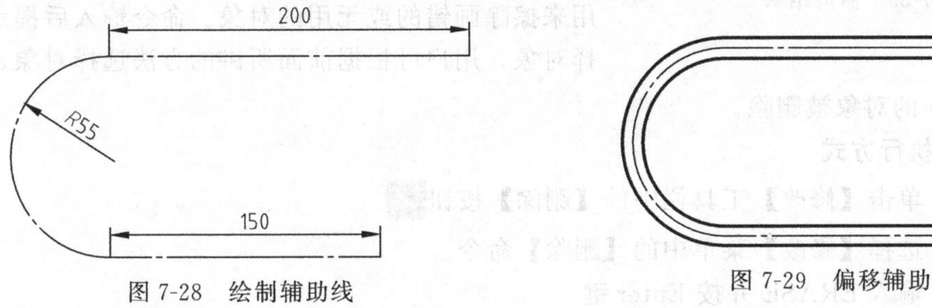

图 7-28　绘制辅助线

图 7-29　偏移辅助线

③ 绘制同步带的齿。使用【偏移】和【修剪】命令绘制如图 7-30 所示的齿。

④ 阵列同步带齿。单击【修改】工具栏中的【矩形阵列】按钮，选择单个齿作为阵列对象，设置列数为 12，行数为 1，距离为-18，阵列结果如图 7-31 所示。

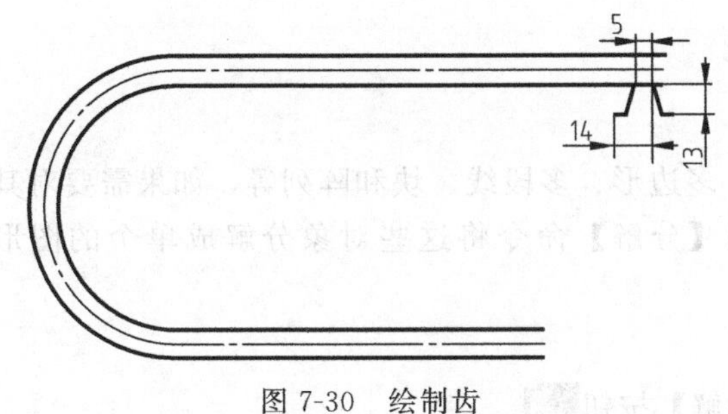

图 7-30　绘制齿

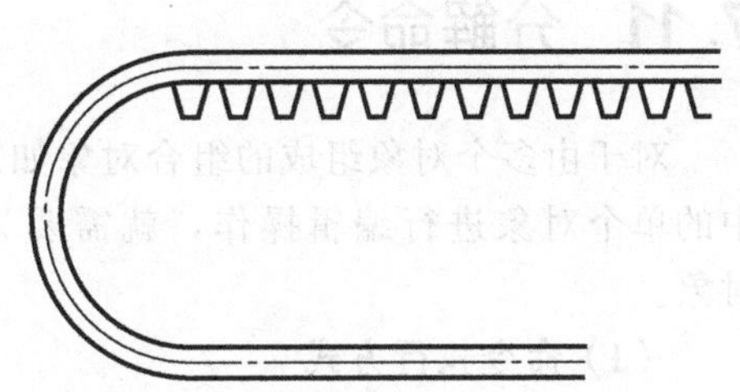

图 7-31　【矩形阵列】后的结果

⑤ 分解阵列图形。单击【修改】工具栏中的【分解】按钮，将矩形阵列的齿分解。

⑥ 环形阵列。单击【修改】工具栏中的【环形阵列】按钮，选择最左侧的一个齿作为阵列对象，设置填充角度为 180，项目数量为 8，结果如图 7-32 所示。

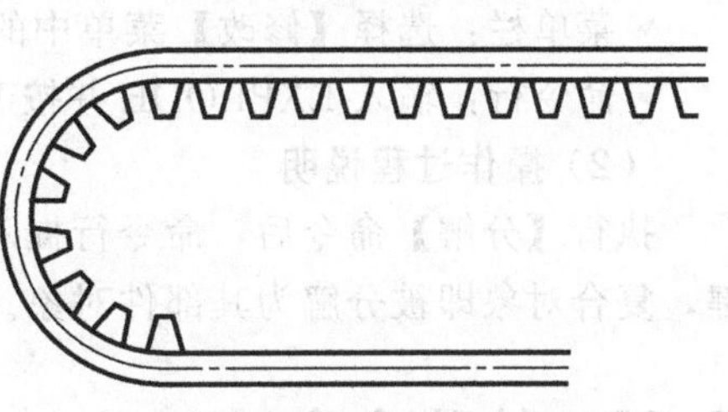

图 7-32　【环形阵列】后的结果

⑦ 镜像齿条。单击【修改】工具栏中的【镜像】按钮，选择如图 7-33 所示的 8 个齿作为镜像对象，以通过圆心的水平线作为镜像线，镜像结果如图 7-34 所示。

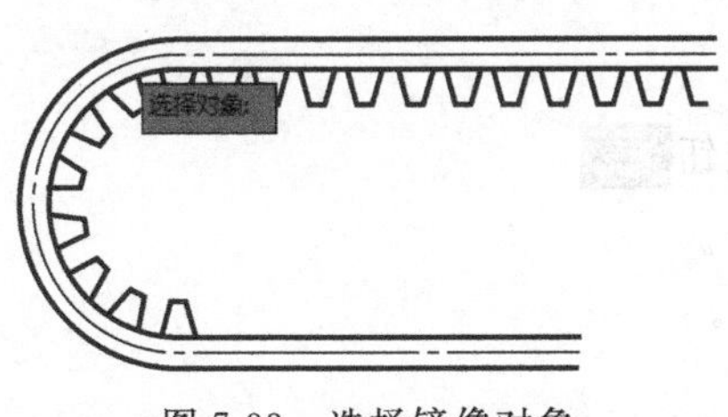

图 7-33　选择镜像对象

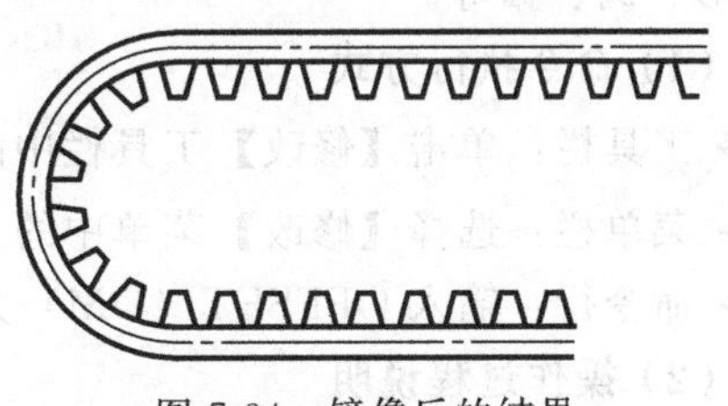

图 7-34　镜像后的结果

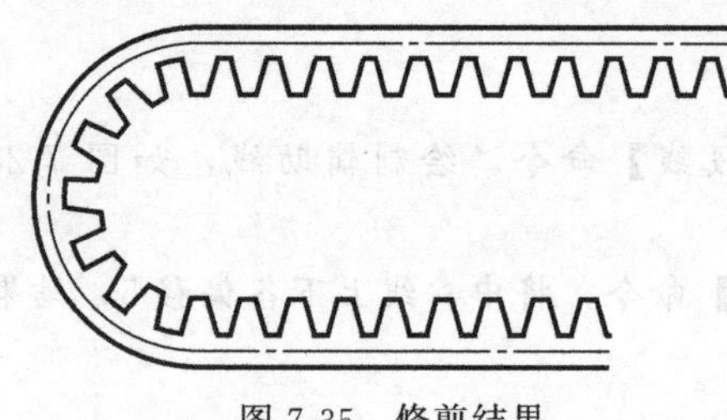
图 7-35 修剪结果

⑧ 修剪图形。单击【修改】工具栏中的【修剪】按钮，修剪多余的线条，结果如图 7-35 所示。

7.10 删除命令

【删除】命令是 AutoCAD 的修改命令之一，用来擦除画错的或无用的对象。命令输入后提示选择对象，用户可根据前面所讲的方法选择对象，然后回车，所选中的对象被删除。

（1）命令执行方式

- 工具栏：单击【修改】工具栏中的【删除】按钮。
- 菜单栏：选择【修改】菜单中的【删除】命令。
- 命令行：输入 ERASE 并按 Enter 键。

（2）操作过程说明

执行【删除】命令后，命令行提示 **EXPLODE 选择对象:**，选择要删除的图形对象，按 Enter 键即可删除该对象。

7.11 分解命令

对于由多个对象组成的组合对象如矩形、多边形、多段线、块和阵列等，如果需要对其中的单个对象进行编辑操作，就需要先利用【分解】命令将这些对象分解成单个的图形对象。

（1）命令执行方式

- 工具栏：单击【修改】工具栏中的【分解】按钮。
- 菜单栏：选择【修改】菜单中的【分解】命令。
- 命令行：输入 EXPLODE 并按 Enter 键。

（2）操作过程说明

执行【分解】命令后，命令行提示**EXPLODE 选择对象:**，选择要分解的对象后，按 Enter 键，复合对象即被分解为其部件对象。

7.12 偏移命令

【偏移】是在对象的一侧生成等间距的复制对象。可以进行偏移的对象包括直线、曲线、多边形、圆、弧等。

（1）命令执行方式

- 工具栏：单击【修改】工具栏中的【偏移】按钮。
- 菜单栏：选择【修改】菜单中的【偏移】命令。
- 命令行：输入 OFFSET（OM）并按 Enter 键。

（2）操作过程说明

执行【偏移】命令后，命令行提示如下所示：

OFFSET 指定偏移距离或 [通过(T) 删除(E) 图层(L)] <10.00>:　　//输入一个偏移值↙

OFFSET 选择要偏移的对象，或 [退出(E) 放弃(U)] <退出>:　　//选择要偏移的对象↙

OFFSET 指定要偏移的那一侧上的点，或 [退出(E) 多个(M) 放弃(U)] <退出>:　　//指定偏移的方向↙，完成偏移。

偏移过程中，偏移后得到的新对象又可以作为被偏移对象进行偏移，因此可生成偏移对象的一系列等距相似的图形对象，如等距同心圆，相似多边形等。如图 7-36 所示。

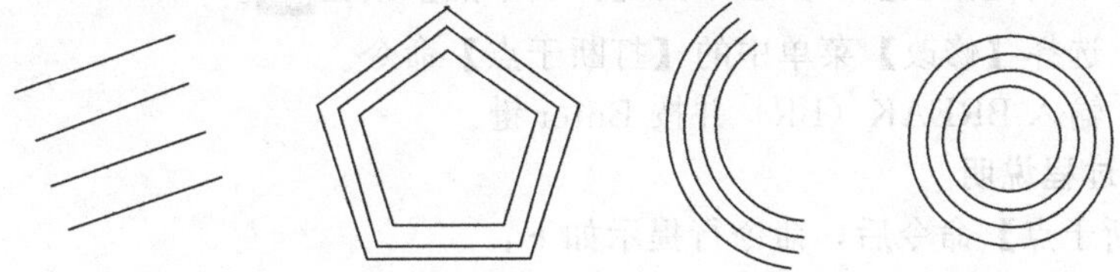

图 7-36　指定偏移距离和偏移方向的等距离偏移

【偏移】命令中各选项含义如下：

◆ 通过（T）：该选项可让偏移后的新对象通过（或延长通过）指定的点，若要使新对象通过指定的点采用这种方法较好。

◆ 删除（E）：该选项是在偏移完成后是否将原被偏移对象删除。

◆ 图层（L）：该选项可确定偏移后的新对象创建在当前图层还是被偏移对象所在的图层。

7.13　打断命令

【打断】是指在线条上创建两个打断点，从而将线条断开。

（1）命令执行方式

➢ 工具栏：单击【修改】工具栏中的【打断】按钮。

➢ 菜单栏：选择【修改】菜单中的【打断】命令。

➢ 命令行：输入 BREAK（BR）并按 Enter 键。

（2）操作过程说明

执行【打断】命令后，命令行提示：

BREAK 选择对象:　　//选择一个被打断的对象↙。

BREAK 指定第二个打断点 或 [第一点(F)]:　　//选择打断的另一点↙。

默认情况下，系统会以选择对象时的拾取点作为第一个打断点，接着选择第二个打断点，即可在两点之间打断线段。如果不希望以拾取点作为第一个打断点，可在命令行选择【第一点】选项，重新指定第一个打断点。如果在对象之外指定一点为第二个打断点，系统将以该点到被打断对象的垂直点位置为第二个打断点，除去两点间的线段。如图 7-37 所示。

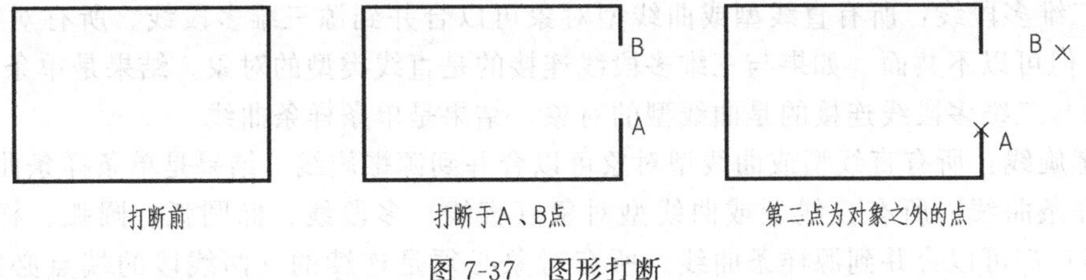

图 7-37　图形打断

7.14 打断于点命令

【打断于点】命令用于将已绘制的图线在某一点处断开，没有间隙。

（1）命令执行方式

➢ 工具栏：单击【修改】工具栏中的【打断于点】按钮 。

➢ 菜单栏：选择【修改】菜单中的【打断于点】命令。

➢ 命令行：输入 BREAK（BR）并按 Enter 键。

（2）操作过程说明

执行【打断于点】命令后，命令行提示如下：

BREAK 选择对象： //选择要打断的对象↙。

BREAK 指定第一个打断点： //输入一点，输入点时可结合对象捕捉。

7.15 合并命令

在一定条件下，可以将若干对象合并为一个对象。可以合并的对象包括直线、开放的多段线、圆弧、椭圆弧、开放的样条曲线或螺旋线。也可以使用圆弧和椭圆弧创建完整的圆和椭圆。

（1）命令执行方式

➢ 工具栏：单击【修改】工具栏中的【合并】按钮 。

➢ 菜单栏：选择【修改】菜单中的【合并】命令。

➢ 命令行：输入 JOIN（J）并按 Enter 键。

（2）操作过程说明

执行【合并】命令后，命令行提示如下：

JOIN 选择源对象或要一次合并的多个对象： //选择要合并的一个对象↙。

JOIN 选择要合并的对象： //选择要合并的另一个或多个对象↙。

以下是各种类型的源对象合并规则：

◆ 直线：仅直线对象可以合并到源直线，要合并的直线必须共线，但它们之间可以有间隙或重叠。

◆ 圆弧：只有圆弧可以合并到源圆弧。所有的圆弧对象必须具有相同的半径和中心点。但它们之间可以有间隙或重叠。从源圆弧按逆时针方向合并。

◆ 椭圆弧：只有椭圆弧可以合并到源椭圆弧。所有的椭圆弧对象必须共面且具有相同的长半轴和短半轴。但它们之间可以有间隙或重叠。从源椭圆弧按逆时针方向合并。

◆ 多段线：直线、多段线和圆弧对象可以合并到源多段线。所有对象必须连续（两线段的端点必须重合）且共面。生成的对象是单条多段线。

◆ 三维多段线：所有直线型或曲线型对象可以合并到源三维多段线。所有对象必须是连续的，但可以不共面。如果与三维多段线连接的是直线类型的对象，结果是单条三维多段线；如果与三维多段线连接的是曲线型的对象，结果是单条样条曲线。

◆ 螺旋线：所有直线型或曲线型对象可以合并到源螺旋线。结果是单条样条曲线。

◆ 样条曲线：所有直线型或曲线型对象（直线、多段线、椭圆弧、圆弧、样条曲线、螺旋线等）都可以合并到源样条曲线。所有对象必须是连续的（两线段的端点必须重合），但可以不共面。结果是单条样条曲线。

当不区分源对象合并多个对象时，合并的结果顺序是：样条曲线、三维多段线、多段线、直线、圆弧、椭圆弧同处于同一级。例如仅合并若干直线，结果是直线；仅合并若干圆弧，结果是圆弧或圆；合并直线、圆弧，结果是多段线；合并直线、圆弧、多段线，结果是多段线；合并圆弧、螺旋线，结果是样条曲线；合并直线、多段线、样条曲线，结果是样条曲线。

7.16　实战训练

训练要求

运用所学命令绘制如图 7-38 所示的图形。

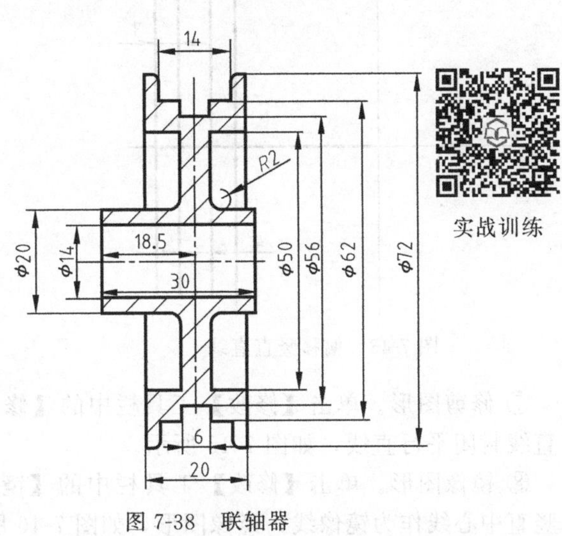

图 7-38　联轴器

实施步骤

① 绘制中心线。单击【绘图】工具栏中的【直线】按钮，绘制如图 7-39 所示的中心线。

② 偏移竖直中心线。单击【修改】工具栏中的【偏移】按钮，将竖直中心线向左偏移 18.5，如图 7-40 所示。

③ 绘制水平直线。单击【绘图】工具栏中的【直线】按钮，绘制长为 30 的水平直线，如图 7-41 所示。

图 7-39　绘制中心线

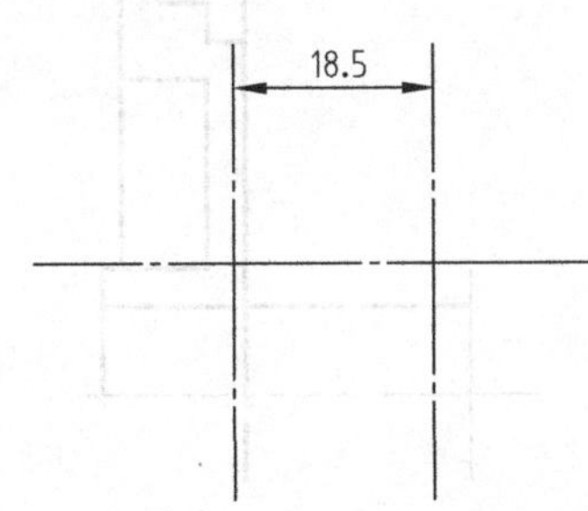

图 7-40　偏移竖直中心线

④ 绘制竖直直线。单击【绘图】工具栏中的【直线】按钮，沿着竖直中心线绘制一条直线，如图 7-42 所示。

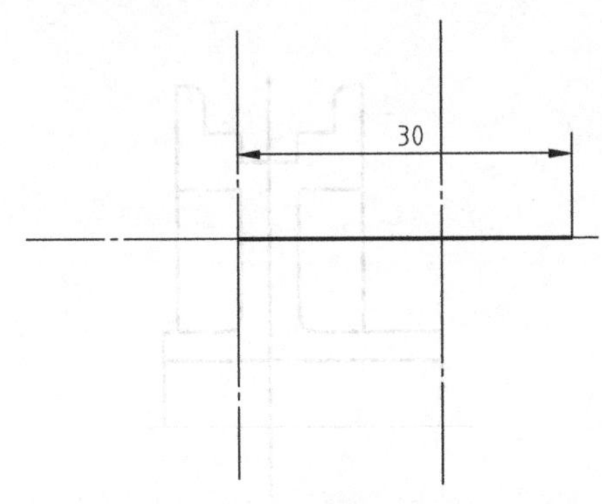

图 7-41　绘制水平直线

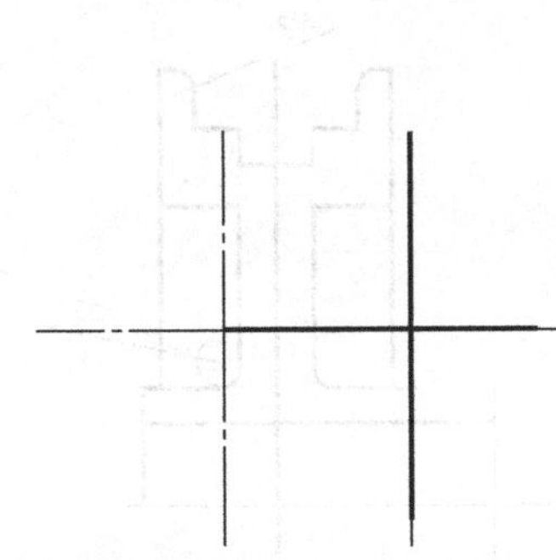

图 7-42　绘制竖直直线

⑤ 偏移竖直直线。单击【修改】工具栏中的【偏移】按钮，将竖直直线向右分别偏移3、7和10，结果如图7-43所示。

⑥ 偏移水平直线。单击【修改】工具栏中的【偏移】按钮，将水平直线向上分别偏移7、10、25、28、31和36，结果如图7-44所示。

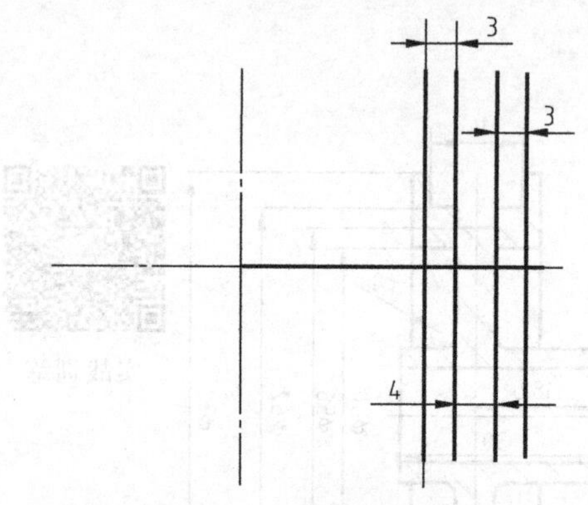

图 7-43 偏移竖直直线

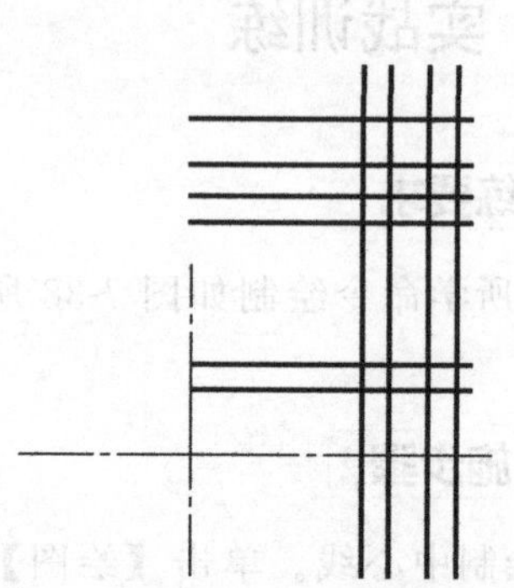
图 7-44 偏移水平直线

⑦ 修剪图形。单击【修改】工具栏中的【修剪】按钮，修剪出右侧的轮廓，并绘制两条直线封闭平行直线，如图7-45所示。

⑧ 镜像图形。单击【修改】工具栏中的【镜像】按钮，选择右侧图形作为镜像对象，以竖直中心线作为镜像线，镜像图形，如图7-46所示。

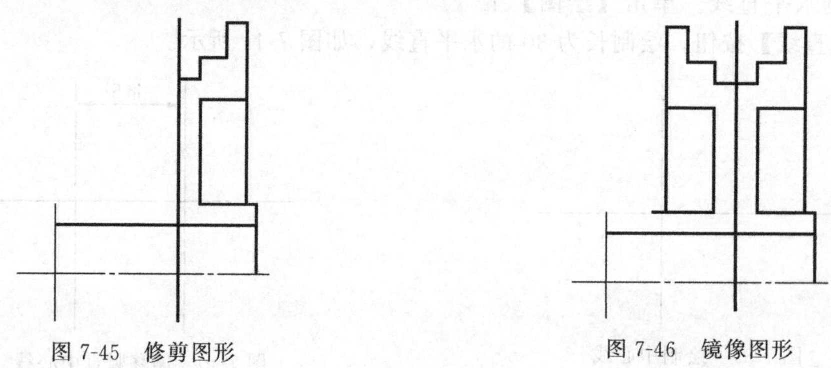
图 7-45 修剪图形

图 7-46 镜像图形

⑨ 倒圆角。单击【修改】工具栏中的【圆角】按钮，创建半径为2的圆角，如图7-47所示。

⑩ 延伸直线。单击【修改】工具栏中的【延伸】按钮，延伸水平直线，然后绘制左侧的封闭直线，如图7-48所示。

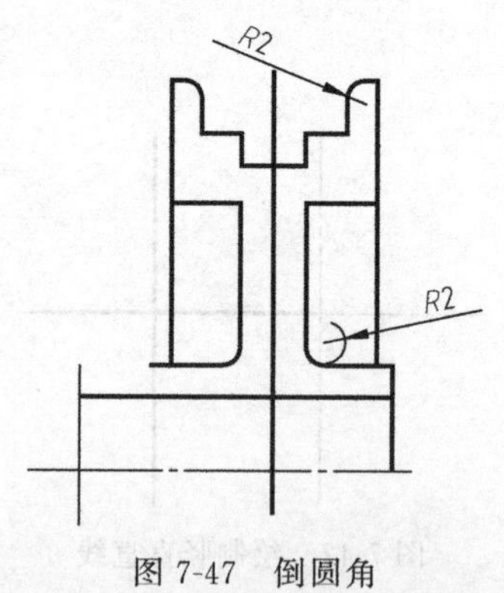

图 7-47 倒圆角

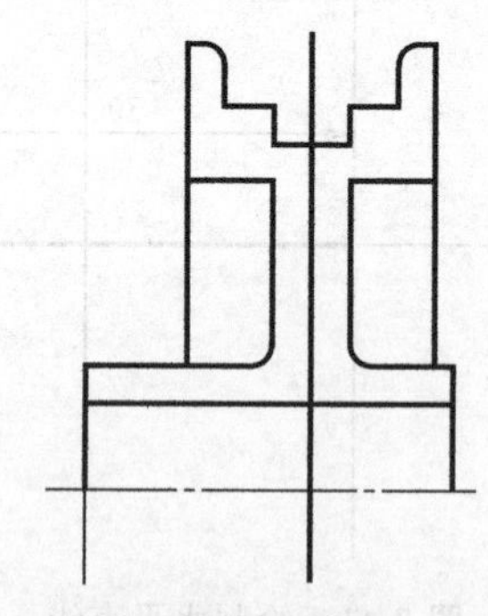
图 7-48 延伸直线

⑪ 再次镜像图形。删除多余构造线，然后单击【修改】工具栏中的【镜像】按钮，选取水平中心线上部轮廓作为镜像对象，选择水平中心线作为镜像线，如图 7-49 所示。

⑫ 填充图案。单击【绘图】工具栏中的【填充】按钮，选择填充图案为 ANSI31，填充结果如图 7-50 所示。

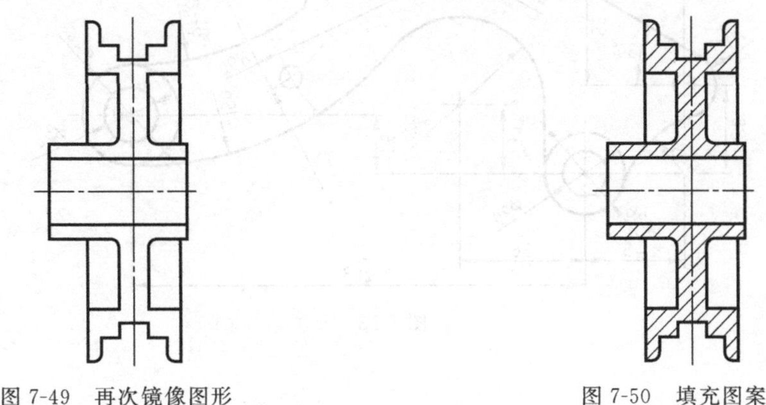

图 7-49　再次镜像图形　　　　图 7-50　填充图案

7.17　拓展练习

综合运用各命令绘制图 7-51～图 7-53 所示图形。

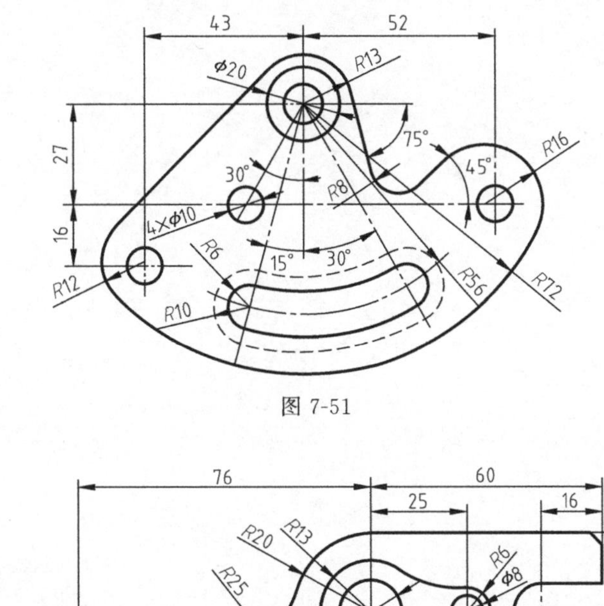

图 7-51

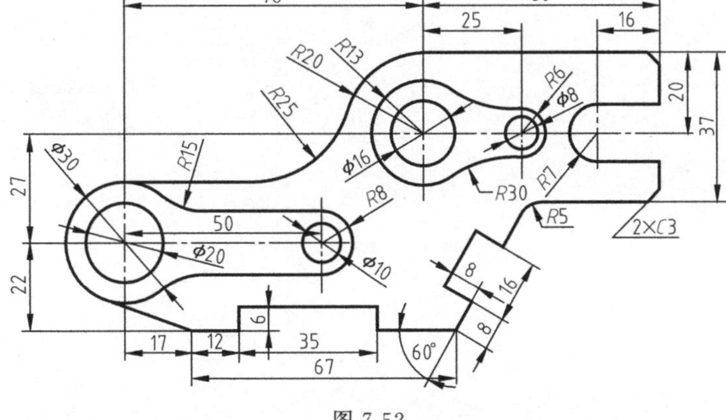

图 7-52

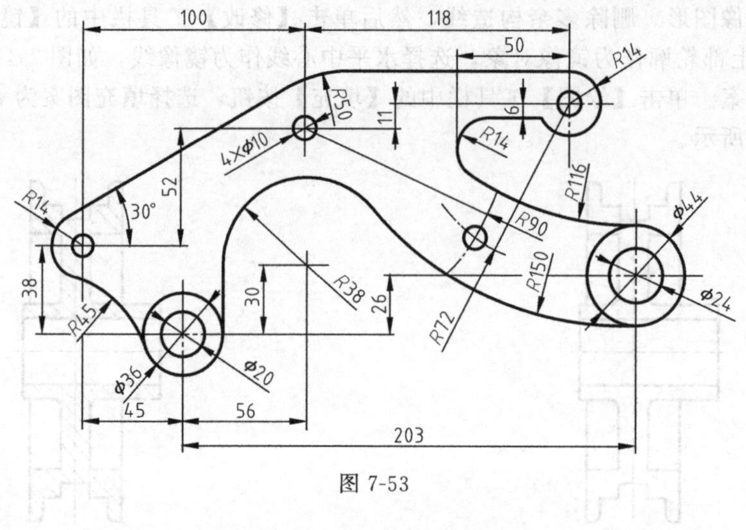
100
118
50
R14
R50
11
6
4×Φ10
R14
52
30°
R116
R14
Φ44
R90
R150
38
R38
30
26
R72
Φ24
R45
Φ36
Φ20
45
56
203

图 7-53

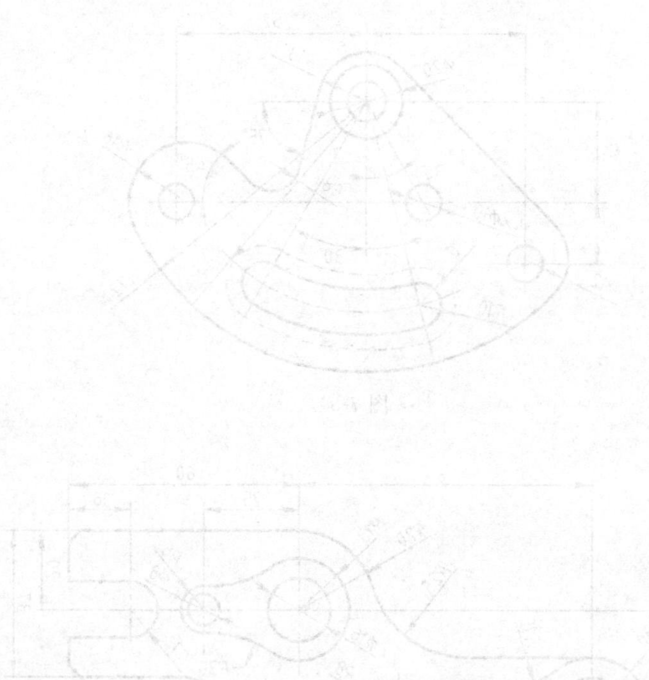

第8章 图案填充和文字

8.1 图案填充

一幅完整的工程图样除了图形外，还有尺寸、文字、符号等。本章主要讨论如何图案填充、输入文字。

AutoCAD 的图案填充功能可在封闭区域或定义的边界内绘制剖面线或剖面图案，表现为表面纹理或涂色，也可实现渐变填充。边界可以是直线、圆、圆弧、多段线或其他对象，且每个边界对象必须可见。

AutoCAD 可以填充多种图案，填充后的图案被作为一个整体来对待，即填充图案是一个无名的块（块的概念参见第 11 章）。例如用户要对填充的图案进行编辑，在选择对象时，只要选择填充图案上的任意一点，便可选中整个图案填充对象，除非用户使用 EXPLODE 命令将其分解为各个独立的对象。

（1）命令执行方式

- 工具栏：单击【绘图】工具栏中的【图案填充】按钮。
- 菜单栏：选择【绘图】菜单中的【图案填充】命令。
- 命令行：输入 BHATCH（BH）并按 Enter 键。

（2）操作过程说明

执行【图案填充】命令后，系统打开如图 8-1 所示的【图案填充创建】上下文选项卡。

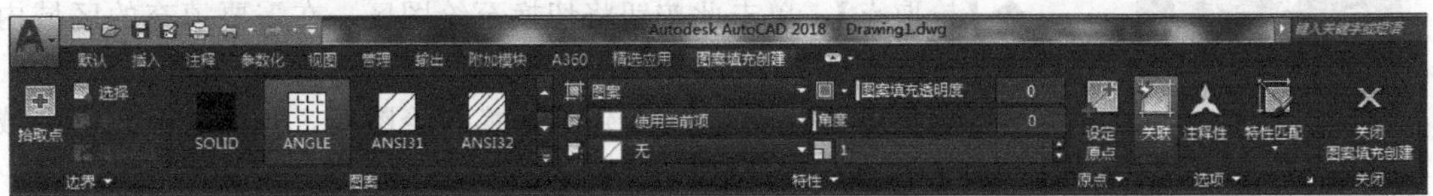

图 8-1 【图案填充创建】上下文选项卡

8.1.1 图案选项卡

使用【图案】面板可以选择图案填充的类型，如图 8-2 所示。

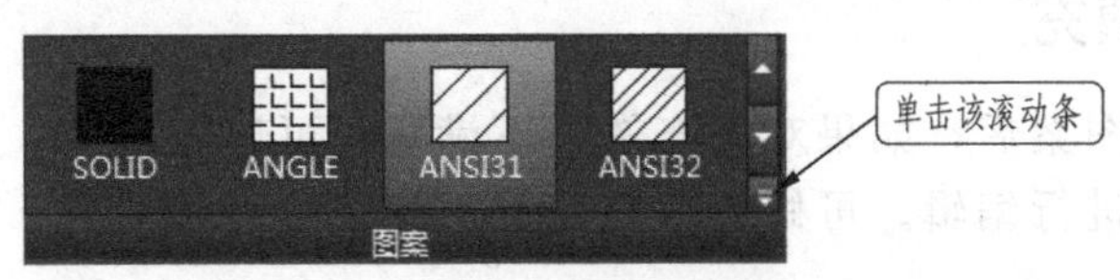

图 8-2 【图案】面板

使用【特性】面板可以设置图案的角度、缩放比例、图案颜色、图案背景色和透明度，如图 8-3 所示。

图 8-3 【特性】面板

单击下拉按钮，可以改变图案填充的颜色；

单击下拉按钮，可以改变图案填充的背景颜色；

在框中输入角度，可以改变图案填充的角度，如果选择图案，默认的显示“0”的角度，就是用户绘图的 45°；

在框中输入缩放比例，可以改变图案填充的缩放比例；

在框中输入透明度，可以改变图案填充的透明度。

8.1.2 渐变色选项卡

单击【图案填充】按钮下拉菜单中的按钮，系统在打开的【图案填充创建】上下文选项卡的【图案】中增加渐变色的图案，如图 8-4 所示。

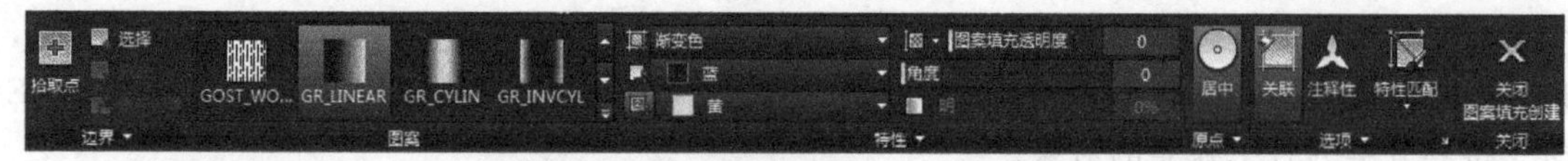

图 8-4 【图案填充创建】上下文选项卡

【图案】面板和【特性】面板中的按钮作用同上。

8.1.3 边界选项卡

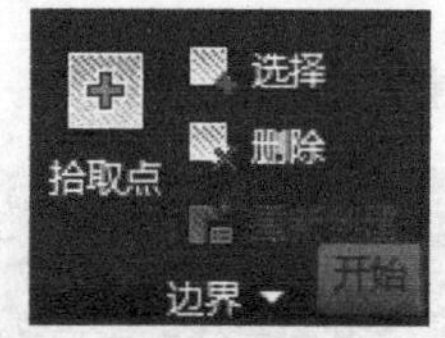

图 8-5 【边界】选项卡

使用【边界】选项卡可以指定图案填充的边界，也可以通过对边界的删除或重新创建等操作直接改变区域填充的效果。如图 8-5 所示。

◆【拾取点】：单击此按钮将切换至绘图区，在需要填充的区域内任意一点单击，系统自动判断填充边界。

◆【选择对象】：单击此按钮将切换到绘图区，选择一个封闭区域的边界线，边界以内的区域作为填充区域。

◇ 当选用【拾取点】方式来选取填充对象时，将光标置于需要填充的区域，此时会出现预览图案填充效果，如图 8-6 所示。

图 8-6 预览填充效果

8.1.4 编辑图案填充

在为图形填充了图案后，如果对填充效果不满意，可以通过编辑图案填充命令对其进行编辑。可修改填充比例、旋转角度和填充图案等。

（1）命令执行方式

- 菜单栏：选择【修改】菜单中的【对象】|【图案填充】命令。
- 命令行：在命令行输入 HATCHEDIT 或 HE 并按 Enter 键。

（2）操作过程说明

执行该命令后，先选择图案填充对象，系统将弹出【图案填充编辑】对话框，如图 8-7 所示。该对话框中的参数与【图案填充和渐变色】对话框中的参数一致，按照创建填充图案的方法可以重新设置图案填充参数。

 **提示与技巧**

◇ *双击要编辑的图案填充，将弹出该填充的【快捷特性】选项板，如图 8-8 所示，在此选项板中也可修改填充参数。*

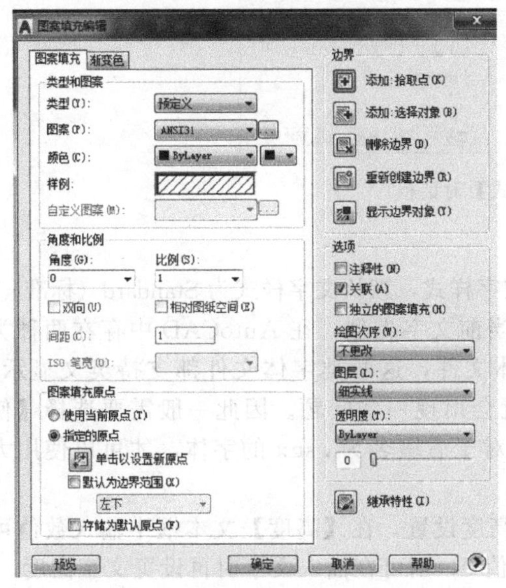

图 8-7　【图案填充编辑】对话框

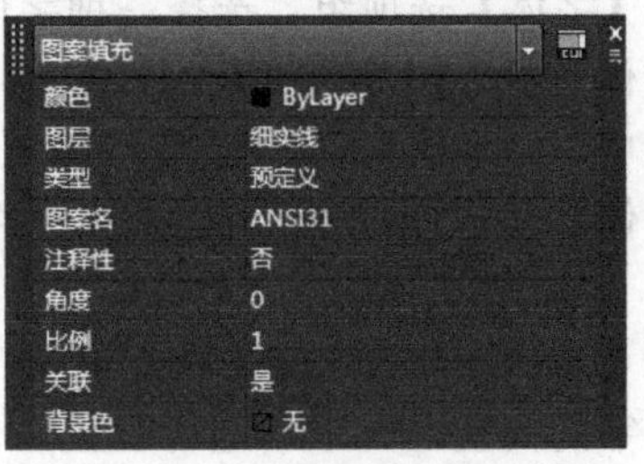

图 8-8　【快捷特性】选项板

8.2　文字样式

在图样中，有时需要不同形式的文字，如仿宋体、斜体、字母、汉字等。所以在添加文字前，要先设置文字样式。

文字样式与字体是不同的概念。在 AutoCAD 中，字体是用来添加文字字符的模式，是由字体文件定义好的；文字样式是把某种字体进行处理（比如倾斜一定的角度、反向、颠倒等）而得到的形式。字体决定输入文字的文字样式，同一种字体可以定义多种文字样式。在 AutoCAD 中，有多种字体可供选择，字体可以使用 AutoCAD 的形字体文件（通常后缀为 . shx），也可以使用 Windows 系统的 TrueType 真字体（如宋体、楷体等），用户要使用哪种字体，应该将该字体定义成一种文字样式，并将该文字样式设置为当前文字样式。

8.2.1　文字样式对话框

（1）命令执行方式

- 工具栏：单击【注释】工具栏中的【文字样式】按钮。

➢ 菜单栏：选择【格式】|【文字样式】命令。

➢ 命令行：在命令行中输入 STYLE 或 ST 并按 Enter 键。

（2）操作过程说明

执行该命令后，系统会弹出【文字样式】对话框，如图 8-9 所示，可以在其中新建文字样式或修改已有的文字样式。

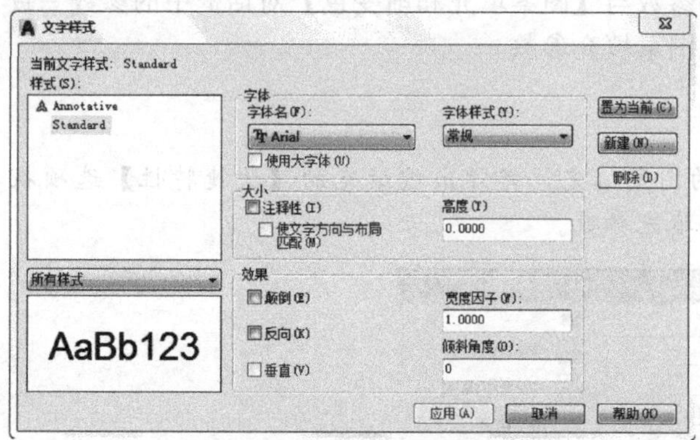

图 8-9 【文字样式】对话框

该对话框中各选项含义如下：

◆【样式】列表框：列出了当前可以使用的文字样式，默认文字样式为 Standard（标准）。

◆【字体】选项组：选择一种字体类型作为当前文字类型，在 AutoCAD 中存在两种类型的字体文件，SHX 字体文件和 TrueType 字体文件，这两类字体文件都支持英文显示，但显示中、日、韩等非 ASCII 码的亚洲文字时就会出现一些问题。因此一般需要选择【使用大字体】复选框，才能够显示中文字体。只有对于后缀名为 . shx 的字体，才可以使用大字体。

◆【大小】选项组：可进行对文字注释性和高度设置，在【高度】文本框中输入数值可指定文字的高度，如果不进行设置，使用其默认值 0，则可在插入文字时再设置文字高度。

◆【效果】选项组：

【颠倒】复选框：选中该复选框，文字按颠倒书写。颠倒书写与正常书写水平方向对称。

【反向】复选框：选中该复选框，文字按反向书写。与正常书写关于竖直方向对称。

【垂直】复选框：选中该复选框，文字按垂直书写。注意有些字体不能垂直书写。

【宽度因子】文本框：默认的宽度因子为 1，表示按字体文件中定义的宽度输入文字；如果想加宽字符，在该框中输入大于 1 的值，反之，要想字符压缩变窄，在该框中输入小于 1 的值。

【倾斜角度】文本框：默认为 0，表示文字不倾斜；在该框中输入大于零的值为右倾斜，小于零为左倾斜。输入的倾斜角度范围为 $-85°\sim85°$。

◆【置为当前】按钮：单击该按钮，可以将选择的文字样式设置成为当前的文字样式。

◆【新建】按钮：单击该按钮，弹出【新建文字样式】对话框，在【样式名】文本框中输入新建样式的名称，单击【确定】按钮，新建文字样式将显示在【样式】列表框中。

◆【删除】按钮：单击该按钮，可以删除所选的文字样式，但无法删除已经被使用了的文字样式和默认的 Standard 样式。

提示与技巧

◇ 如果要重命名文字样式，可在【样式】列表框中右击要重命名的文字样式，在弹出的快捷菜单中选择【重命名】命令即可，但无法重命名默认的 Standard 样式。

8.2.2　文字样式控制工具栏

如果已经创建了多种文字样式，有以下两种操作方式：

➢【注释】选项卡中的【文字】面板，如图 8-10 所示；

➢【默认】选项卡下【注释】面板中的【文字样式控制】工具栏下拉列表，如图 8-11 所示。

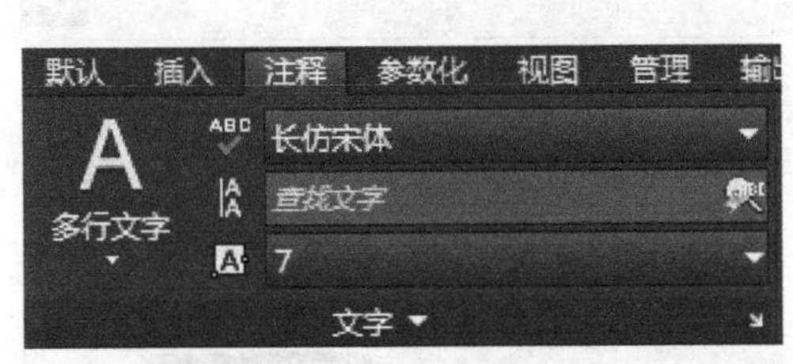

图 8-10　【文字】面板

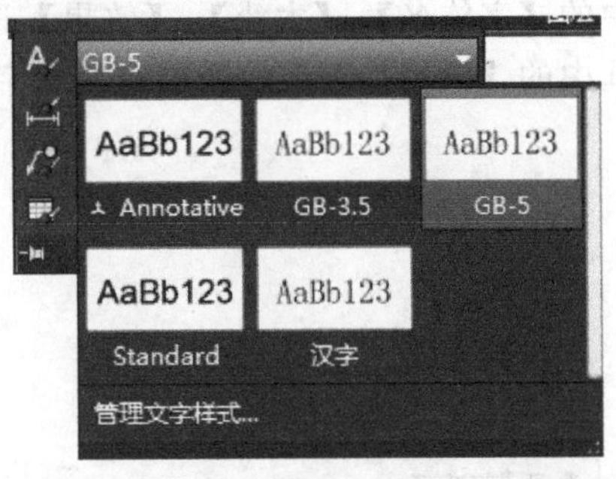

图 8-11　【文字样式控制】工具栏

若要查看图形中的文字样式，先选中文字，如果选中的都是一种文字样式，【文字样式控制】中显示为该样式；如果选择了多种文字样式，则【文字样式控制】为空。

若要改变图形中的文字样式，先选中文字，再单击【文字样式控制】下拉列表，从中选一种文字样式单击，所选文字的样式变为该样式。

8.3　新建符合国标的文字样式

8.3.1　工程字 3.5 号、5 号、7 号

下面以工程字 3.5 号为例讲解创建方法：

要创建一种新文字样式，在【文字样式】对话框中单击【新建】按钮，弹出如图 8-12 所示的【新建文字样式】对话框，用户可以输入样式名（如工程字 3.5 号），单击【确定】按钮，返回到【文字样式】对话框，一种新文字样式“工程字 3.5 号”即被创建，新样式被添加到左侧的【样式】列表框，对其中的【字体名】、【大小】、【效果】进行设置，如图 8-13 所示，最后单击【文字样式】对话框中的【应用】按钮，新创建的文字样式被置为当前标注样式。

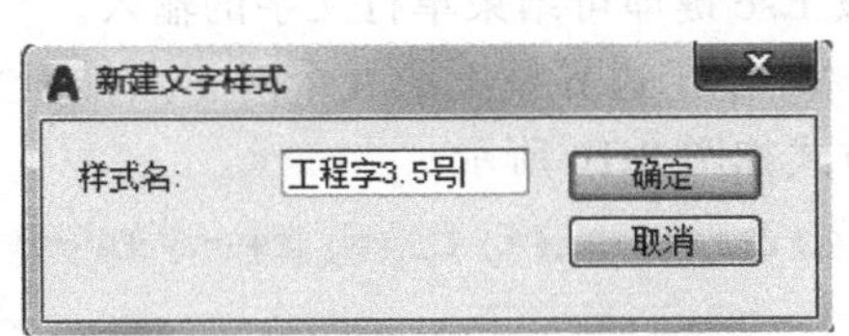

图 8-12　【新建文字样式】对话框

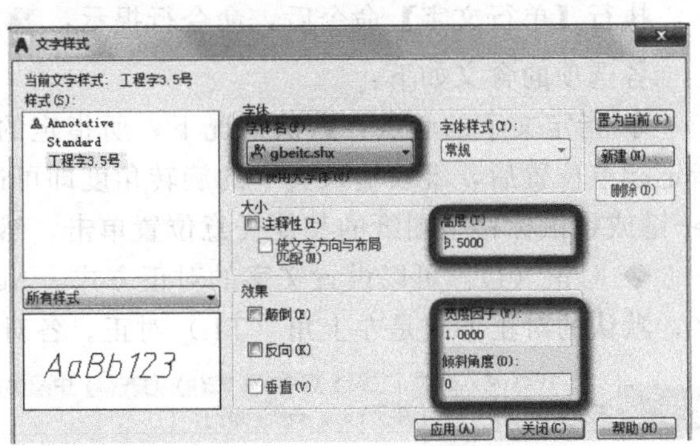

图 8-13　新建“工程字 3.5”文字样式设置

其他工程字 5 号、7 号创建方法同上。

8.3.2 汉字 3.5 号、5 号、7 号

下面以汉字 3.5 号为例讲解创建方法：

在【文字样式】对话框中单击【新建】按钮，弹出如图 8-14 所示的【新建文字样式】对话框，用户可以输入样式名（汉字 3.5），单击【确定】按钮，返回到【文字样式】对话框，一种新文字样式“汉字 3.5”即被创建，新样式被添加到左侧的【样式】列表框，对其中的【字体名】、【大小】、【效果】进行设置，如图 8-15 所示，最后单击【文字样式】对话框中的【应用】按钮，新创建的文字样式被置为当前标注样式。

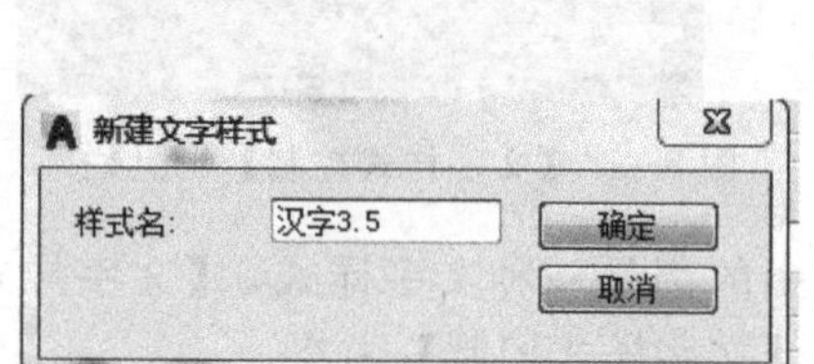

图 8-14 【新建文字样式】对话框

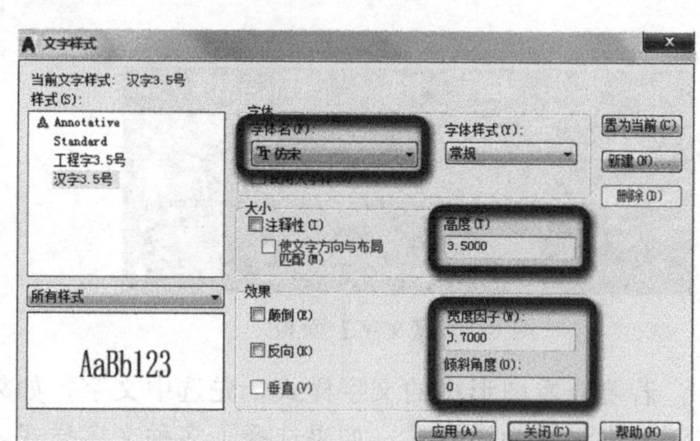

图 8-15 新建“汉字 3.5”文字样式设置

其他汉字 5 号、7 号创建方法同上。

8.4 单行文字

AutoCAD 提供了两种创建文字的方法，单行文字和多行文字。对简短的注释文字输入一般使用单行文字。

（1）命令执行方式

- 工具栏：单击【注释】工具栏中的【文字】下拉菜单中的【单行文字】按钮 A。
- 菜单栏：选择【绘图】菜单中的【文字】|【单行文字】命令。
- 命令行：输入 TEXT 或 DTEXT（DT）并按 Enter 键。

（2）操作过程说明

执行【单行文字】命令后，命令行提示：**指定文字的起点 或 [对正(J) 样式(S)]：**

各选项的含义如下：

◆ 指定文字的起点：默认情况下，所指定的起点位置即是文字行基线的起点位置。在指定起点位置后，继续输入文字的旋转角度即可进行文字的输入。输入完成后，按两次 Enter 键或将鼠标移至图纸的其他任意位置单击，然后按 Esc 键即可结束单行文字的输入。

◆ 对正（J）：可以设置文字的对正方式。AutoCAD 基于边界框上的九个对正点排列文字，默认的对正方式是左上角（TL）对正。各对正方式如图 8-16 所示。

TEXT 输入选项 [左(L) 居中(C) 右(R) 对齐(A) 中间(M) 布满(F) 左上(TL) 中上(TC) 右上(TR) 左中(ML) 正中(MC) 右中(MR) 左下(BL) 中下(BC) 右下(BR)]:

图 8-16 文字对正方式

◆ 样式（S）：可以设置当前使用的文字样式。在【AutoCAD 文本窗口】中显示当前图形已有的文字样式，在命令行中直接输入文字样式的名称即可，也可输入“?”，之后提示 TEXT 输入要列出的文字样式 <*>: ，此时输入“＊”并按 Enter 键，则显示当前图形中所有已经定义的文字样式的字体、高度、宽度比例等，并打开一个显示相同内容的【AutoCAD 文本窗口】，以使命令行的提示内容更为醒目。

提示与技巧

◇ 输入单行文字之后，按 Ctrl＋Enter 组合键才可结束文字输入。按 Enter 键将执行换行，可输入另一行文字，但每一行文字为独立的对象。输入单行文字之后，不退出的情况下，可在其他位置继续单击，创建其他文字。

8.5 多行文字

多行文字常用于标注图形的技术要求和说明等，与单行文字不同的是，多行文字整体是一个文字对象，每一单行不能单独编辑。多行文字的优点是有更丰富的段落和格式编辑工具，特别适合创建大篇幅的文字注释。

（1）命令执行方式

- 工具栏：单击【注释】工具栏中的【文字】下拉菜单中的【多行文字】按钮A。
- 菜单栏：选择【绘图】菜单中的【文字】|【多行文字】命令。
- 命令行：输入 MTEXT 或 T 并按 Enter 键。

（2）操作过程说明

执行上述命令后，命令行提示：

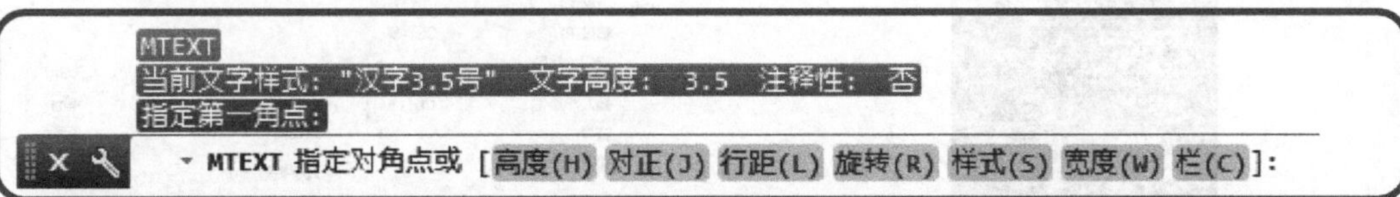

对角点可以拖动鼠标来确定。两对角点形成的矩形框作为文字行的宽度，以第一个角点作为矩形框的起点，并在功能区打开【文字编辑器】面板，如图 8-17 所示。

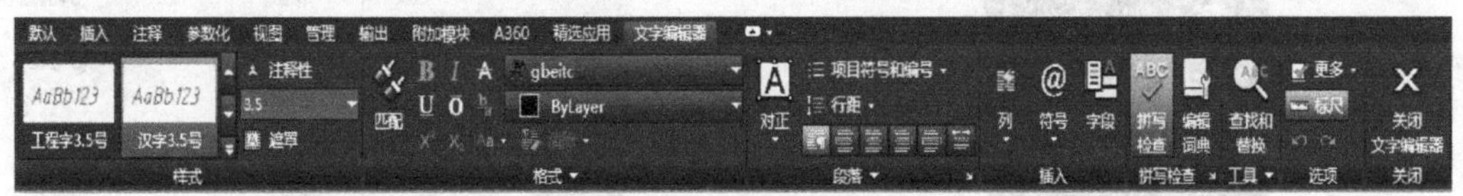

图 8-17 【文字编辑器】面板

此时在文本框中输入文字内容，然后在【文字编辑器】中设置字体、颜色、字高、对齐等文字格式，单击编辑器之外任何区域，可以退出编辑器窗口，多行文字创建完成。

8.6 特殊符号的输入

机械绘图时，往往需要标注一些特殊的字符，这些特殊的字符不能从键盘上直接输入，因此 AutoCAD 提供了插入特殊符号的功能，有以下几种方法。

（1）使用文字控制符

AutoCAD 的控制符由“两个百分号（%%）＋一个字符”构成，当输入控制符时，这些控制符会临时显示在屏幕上，当结束文本创建命令时，这些控制符将从屏幕上消失，转换成相应的特殊符号。如表 8-1 所示为机械制图中常用的控制符及其对应的含义。

表 8-1　控制符的代码及含义

控制符	含义
%%C	ϕ 直径符号
%%P	±正负公差符号
%%D	°度
%%O	上划线
%%U	下划线

提示与技巧

◇ 在 AutoCAD 的控制符中，“%%O”和“%%U”分别是上划线与下划线的开关，第一次出现此符号时，可打开上划线或下划线；第二次出现此符号时，则会关掉上划线或下划线。

（2）使用【文字编辑器】

在多行文字编辑过程中，单击【文字编辑器】中的 @ 按钮，弹出如图 8-18 所示的下拉菜单，选择某一符号即可插入该符号到文本中。

（3）使用快捷菜单

在创建多行文字时，也可以使用右键快捷菜单来输入特殊符号。在输入文字过程中右击，在弹出的快捷菜单中选择【符号】命令，如图 8-19 所示，其子菜单中包括了常用的各种特殊符号。

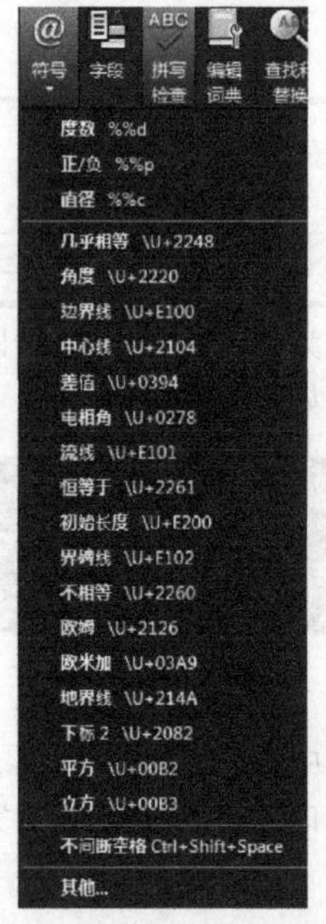

图 8-18　特殊符号下拉菜单

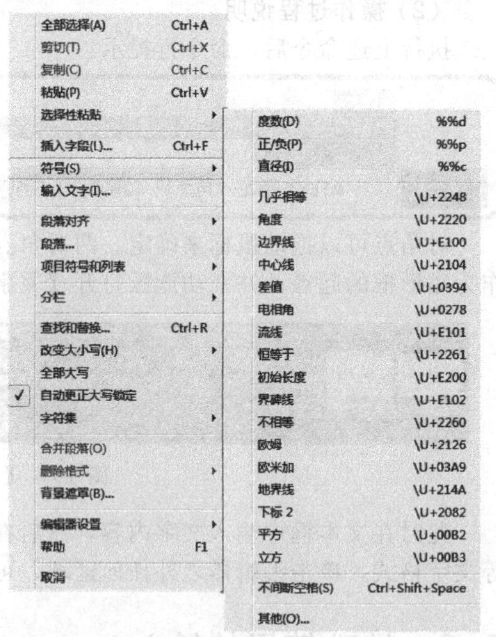

图 8-19　使用快捷菜单输入特殊符号

8.7　编辑修改文字

文字输入的内容和样式有时不能一次就达到用户要求，也需要进行反复调整和修改，此时就需要在原有文字基础上对文字对象进行编辑处理。

AutoCAD 提供了两种对文字进行编辑修改的方法，一种是【文字编辑】命令，另外就是【特性】工具。

（1）编辑单行文字

◆ 双击需要编辑的单行文字，直接在上面进行编辑即可。

◆ 如需修改其他文字特性，可选中要编辑的文字，单击鼠标右键，选择【快捷特性】命令，此时系统弹出【快捷特性】工具选项板，可在选项板中对文字的特性直接进行修改，如图 8-20 所示。

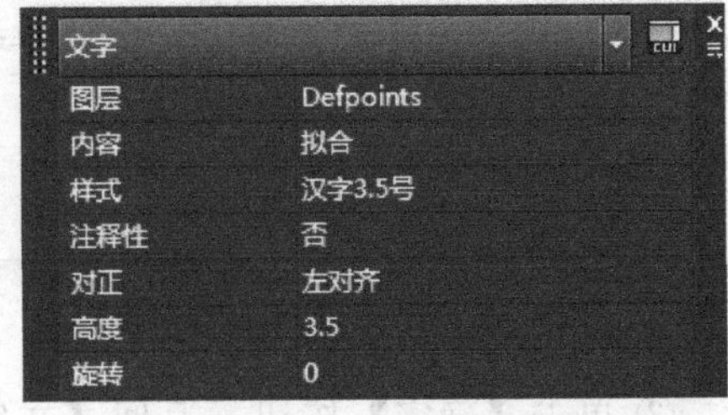

图 8-20　【快捷特性】工具选项板

◆ 选择文字对象，在鼠标右键快捷菜单中选择【特性】，弹出【特性】选项板，如图 8-21 所示，在这里不但可以修改文字的内容、文字样式、注释性、高度、旋转、宽度、比例等，而且连颜色、图层、线型等基本特性也可以在这里修改。

（2）编辑多行文字

在多行文字上双击，将弹出【文字编辑器】功能面板。在这里可以像 Word 等文字处理软件一样对文字的字体、字高、加粗、斜体、下划线、颜色、堆叠样式、文字样式、甚至是段落、缩进、制表符、分栏等特性进行编辑，如图 8-17 所示。

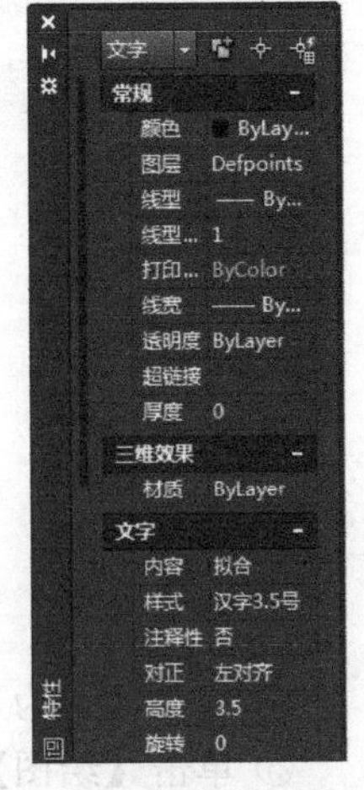

图 8-21　【特性】选项板

8.8　实战训练

训练要求

创建如表 8-2 所示的文字样式，并在图形区中输入如图 8-22 所示的文字内容。

表 8-2　文字样式要求

设置内容	设置值
样式名	技术要求文字样式
字体	仿宋
字格式	常规
宽度比例	0.7
字高	3.5

技术要求:

1.未注圆角R2

2.未注长度尺寸允许偏差±0.05mm

3.淬火刚度90HRC

图 8-22　技术要求文字

图案填充和文字

实施步骤

① 调用【文字样式】命令。选择【格式】|【文字样式】命令，弹出【文字样式】对话框。

② 新建样式。单击【新建】按钮，弹出【新建文字样式】对话框，在【样式名】文本框中输入“技术要求文字样式”，如图 8-23 所示。

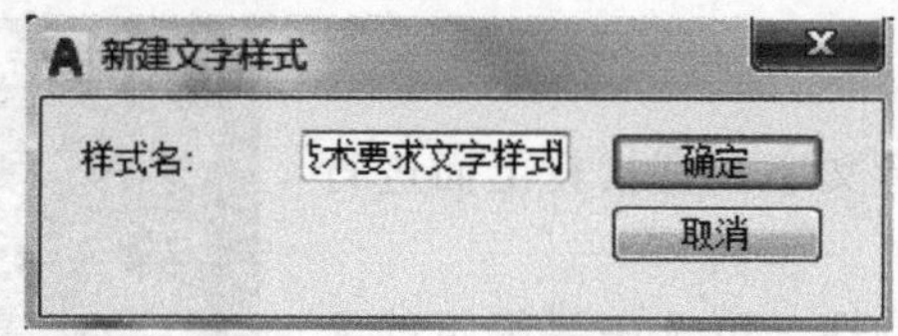

图 8-23 【新建文字样式】对话框

③ 单击【确定】按钮，返回【文字样式】对话框，新建的样式出现在对话框左侧的【样式】列表框中，设置如表 8-2 所要求字体、字格式、宽度比例和字高，如图 8-24 所示。

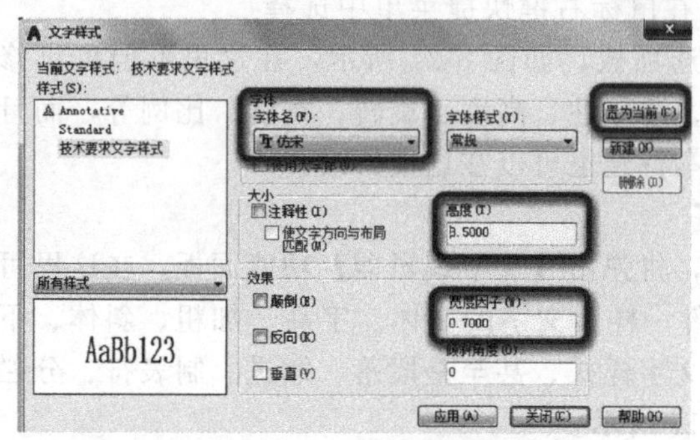

图 8-24 【文字样式】设置

④ 单击【置为当前】按钮，关闭对话框，完成设置。

⑤ 单击【绘图】工具栏中的【多行文字】按钮，根据命令提示指定一个矩形范围作为文本区域，在文本框中输入如图 8-22 所示的技术要求文字，输入一行之后，按 Enter 键换行，全部输入完成后，在文本框外任意位置单击，结束输入，结果如图 8-22 所示。

第9章 尺寸标注

在应用 AutoCAD 进行图形绘制时，标注是必不可少的，标注是进行工程图绘制的一项重要内容，它是图形具体大小和相对位置关系的表示，是工程图的灵魂。设置符合国标的标注样式对于提高绘图效率至关重要，AutoCAD 默认的标注样式并不符合中国制图国家标准的要求，这就要求学习尺寸标注及其相关设置，以提高绘图效率。

9.1 尺寸标注样式

9.1.1 尺寸标注样式管理器

AutoCAD 尺寸标注样式管理器的打开方式为：单击【默认】标签下的【注释】选项卡中的向下的小三角，如图 9-1 所示，打开如图 9-2 所示的下拉列表，在列表中单击【标注样式】按钮，系统弹出【标注样式管理器】，如图 9-3 所示。

图 9-1 【注释】选项卡

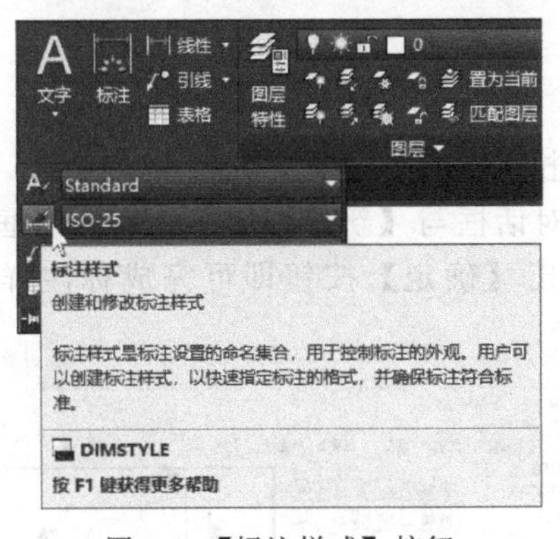

图 9-2 【标注样式】按钮

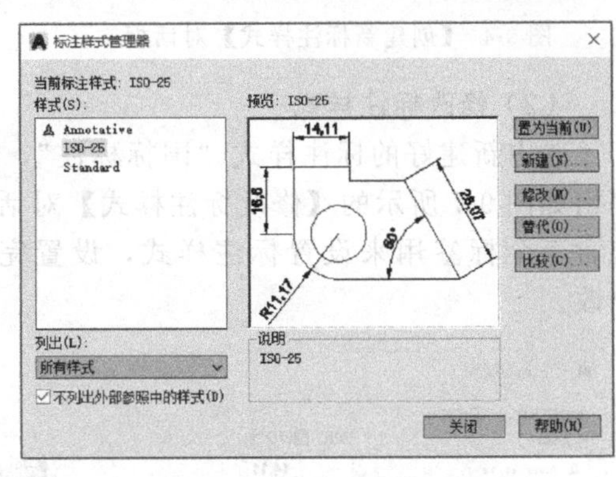

图 9-3 【标注样式管理器】

在【标注样式管理器】中可以对已有的标注样式执行【置为当前】、【新建】、【修改】、【替代】和【比较】等操作。

9.1.2 新建、修改和替代标注样式

（1）新建标注样式

在新建标注样式以前首先要选择一个基础样式，系统默认提供了三种标注基础样式，如图 9-3 所示，名称分别是“ISO-25”“Standaed”“Annotative”。其中“ISO-25”是国际标

准标注样式，是以 mm 为单位的标注样式，也是中国机械制图国家标准的基础样式。“Standaed”是英制单位标注样式，我国的图纸不用这种样式。“Annotative”是在“ISO-25”标注样式的基础上加了个全局比例。

在如图 9-3 所示的【标注样式管理器】中选中【样式】列表下三种样式中的“ISO-25”作为我国国标的基础样式，然后单击【新建】按钮，系统弹出如图 9-4 所示的【创建新标注样式】对话框，默认的新样式名为“副本 ISO-25”，修改默认新样式名为我们想要的名称即可，例如输入“国标标注”，此时可以看到【基础样式】为“ISO-25”。然后单击【继续】按钮即可进行新样式的设置，系统弹出如图 9-5 所示的【新建标注样式】对话框。该对话框中包含 7 个设置标签用来设置标注样式，包括【线】、【符号和箭头】、【文字】、【调整】、【主单位】、【换算单位】和【公差】。设置完成后单击【确定】按钮即可完成新建标注样式。

注：标注样式的详细设置方法见 9.2。

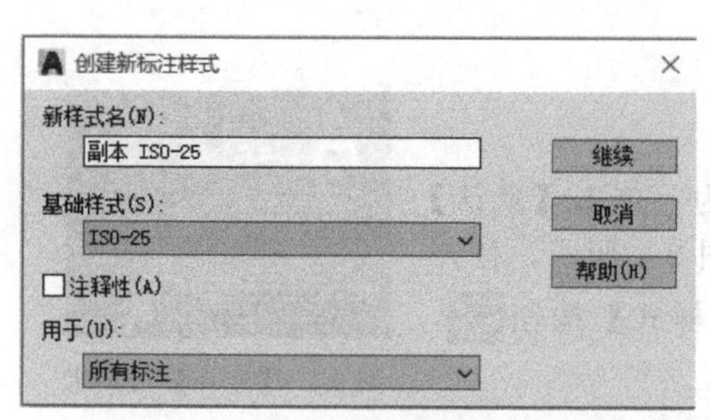

图 9-4 【创建新标注样式】对话框

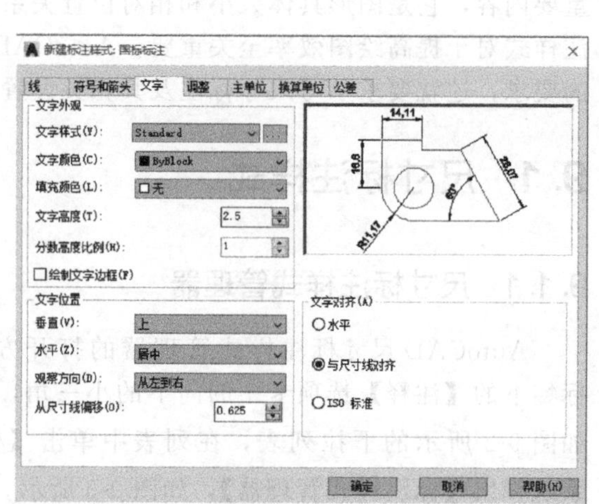

图 9-5 【新建标注样式】对话框

（2）修改标注样式

选中新建好的标注样式“国标标注”，然后单击【修改】按钮，如图 9-6 所示。系统弹出如图 9-7 所示的【修改标注样式】对话框，该对话框与【新建标注样式】对话框一样包含 7 个标签用来设置标注样式，设置完成后单击【确定】按钮即可完成标注样式的修改。

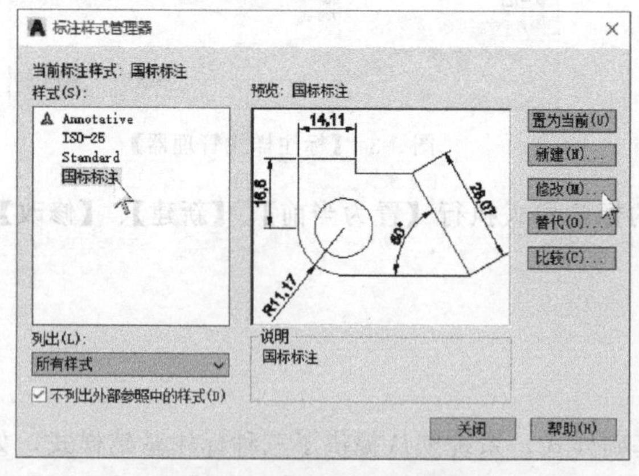

图 9-6 【标注样式管理器】

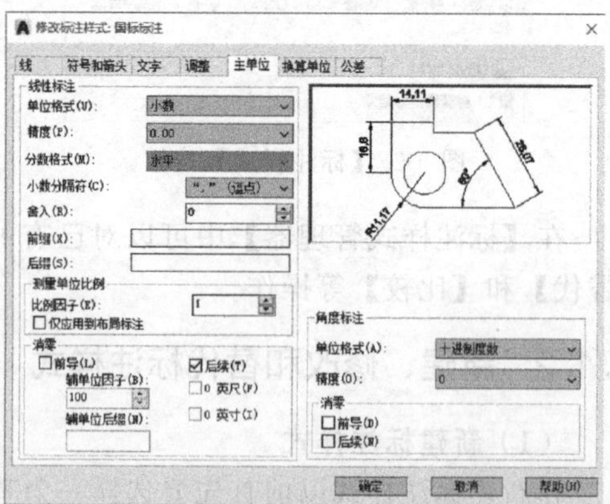

图 9-7 【修改标注样式】对话框

（3）替代标注样式

选中新建好的标注样式“国标标注”，然后单击【替代】按钮，如图 9-8 所示。系统弹出如图 9-9 所示的【替代当前样式】对话框，该对话框也与【新建标注样式】对话框一样，设置完成后单击【确定】按钮即可完成样式替代的创建，如图 9-10 所示。替代样式的作用是在保持原有样式不变的基础上增加了一种与原有样式基本一致的标注样式。

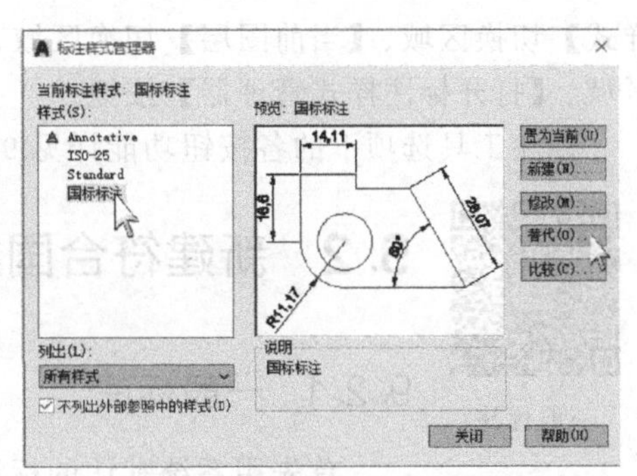

图 9-8 【标注样式管理器】

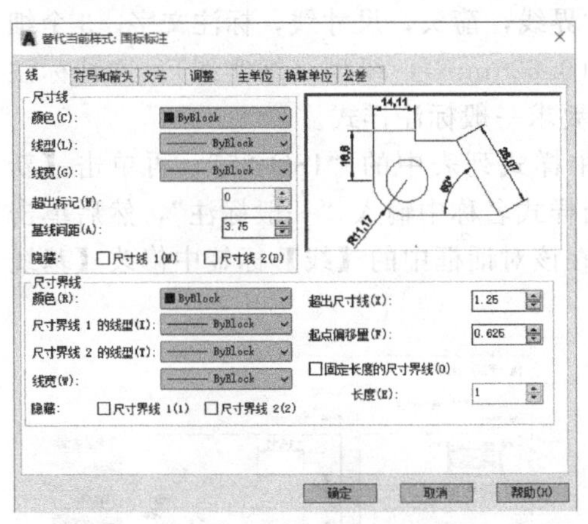

图 9-9 【替代当前样式】对话框

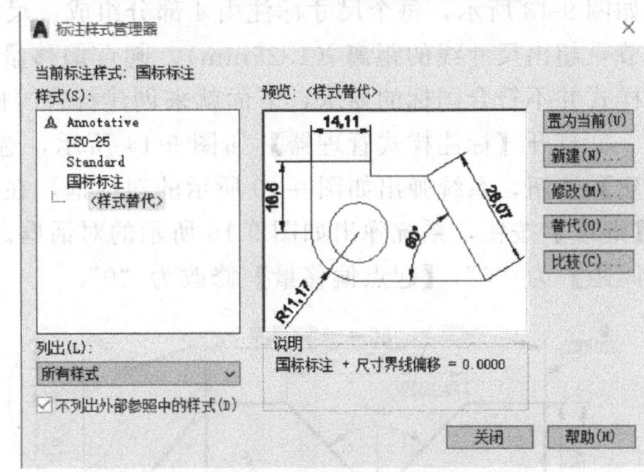

图 9-10 【替代】标注样式

9.1.3 标注样式工具栏

单击【注释】标签，在【注释】标签中包含了【文字】选项卡、【标注】选项卡等有关选项卡，和标注有关的操作可以在【标注】选项卡中进行操作，如图 9-11 所示。

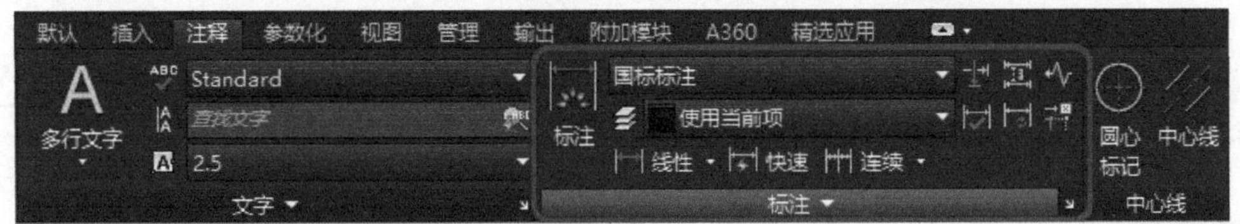

图 9-11 【标注】工具选项卡

【标注】选项卡各区域按钮的功能如图 9-12 所示，包含【自动标注】按钮、【当前标注

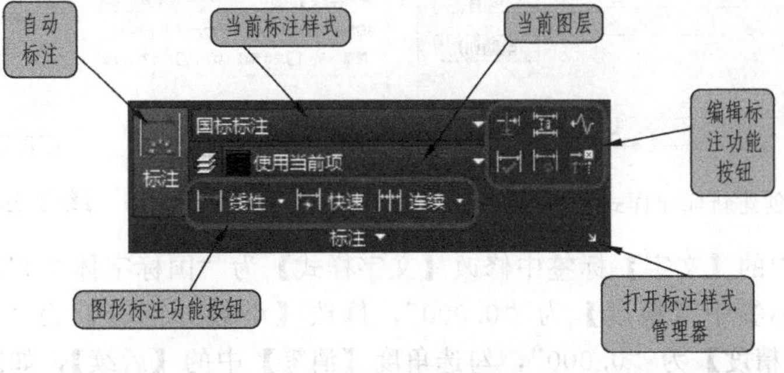

图 9-12 标注工具选项卡

样式】切换区域、【当前图层】切换区域、【编辑标注功能按钮】区域、【图形标注功能按钮】区域、【打开标注样式管理器】按钮。

标注工具选项下的各按钮功能详见 9.3 的介绍。

一般标注

9.2 新建符合国标的标注样式

9.2.1 一般标注

首先用系统默认的标注样式“ISO-25”进行图形的尺寸表注，标注效果如图 9-13 所示，每个尺寸标注由 4 部分组成：尺寸界线，箭头，尺寸线，标注文字。3 个细节：超出尺寸线的距离（1.25mm），起点偏移量（0.625mm），线型（细实线）。这种标注样式并不符合国标的要求，下面就来创建符合国标要求一般标注样式。

打开【标注样式管理器】如图 9-14 所示，选中样式列表中的“ISO-25”，再单击【新建】按钮，系统弹出如图 9-15 所示的对话框，在新样式名称中输入“一般标注”，然后单击【继续】按钮，系统弹出如图 9-16 所示的对话框。在该对话框中的【线】标签中修改【基线间距】为“5”，【起点偏移量】修改为“0”。

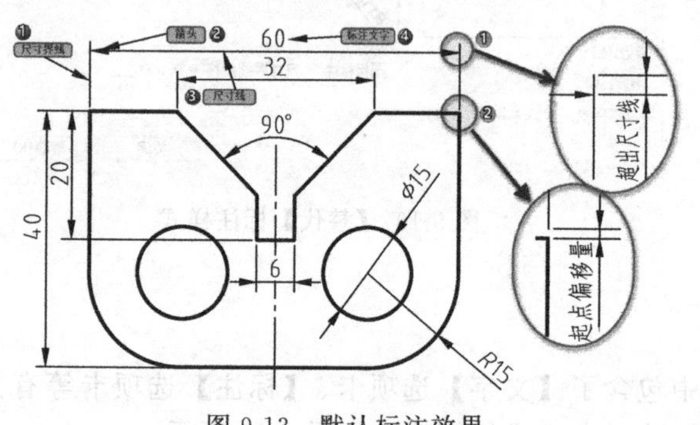

图 9-13 默认标注效果

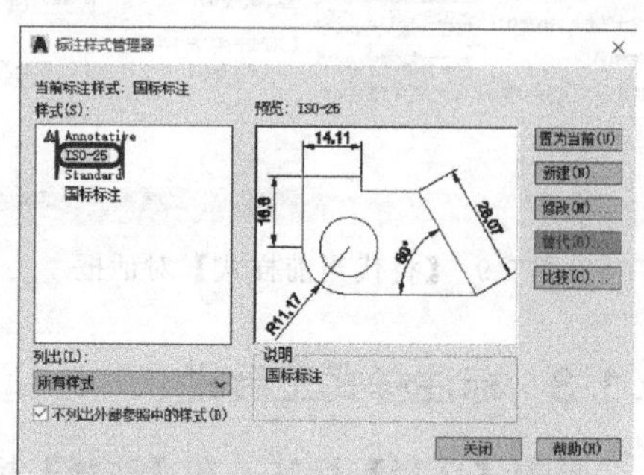

图 9-14 【标注样式管理器】

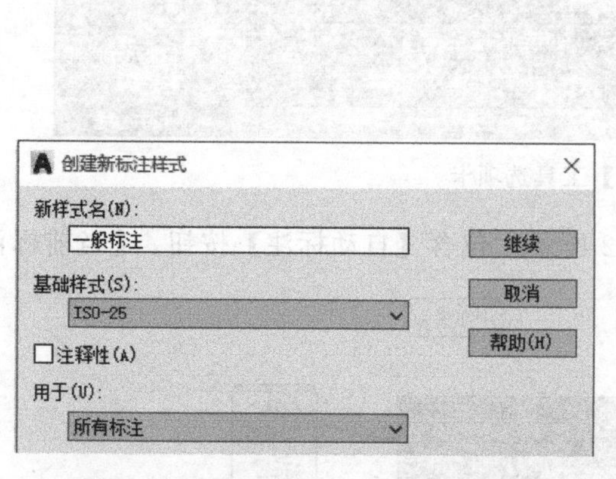

图 9-15 【创建新标注样式】对话框

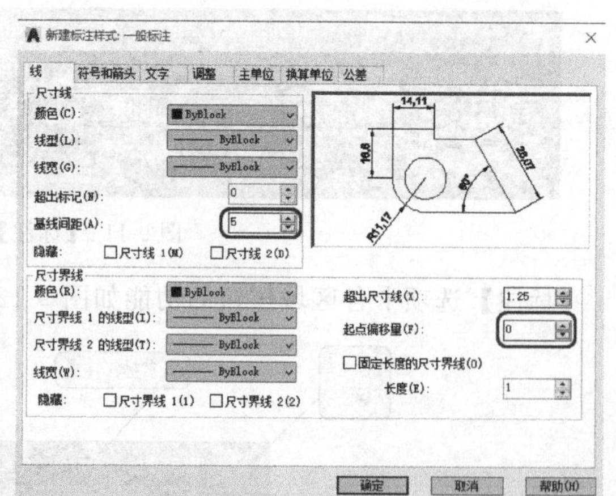

图 9-16 【线】标签

在该对话框中的【文字】标签中修改【文字样式】为“国标字体 3.5”，如图 9-17 所示。修改【主单位】标签中【精度】为“0.000”，修改【小数分割符】为“.（句点）”，修改【角度标注】的【精度】为“0.000”，勾选角度【消零】中的【后续】，如图 9-18 所示。

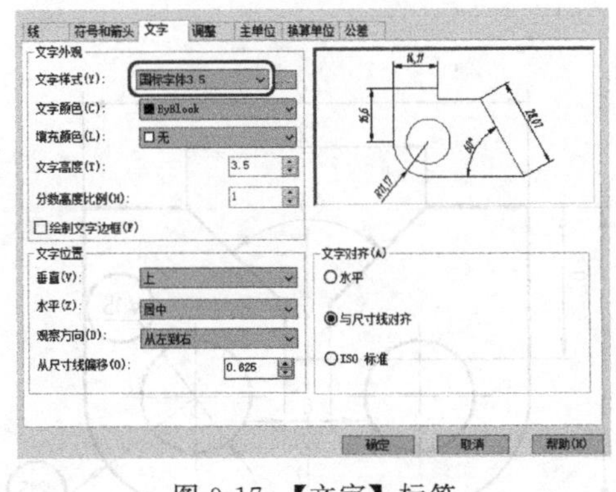

图 9-17　【文字】标签

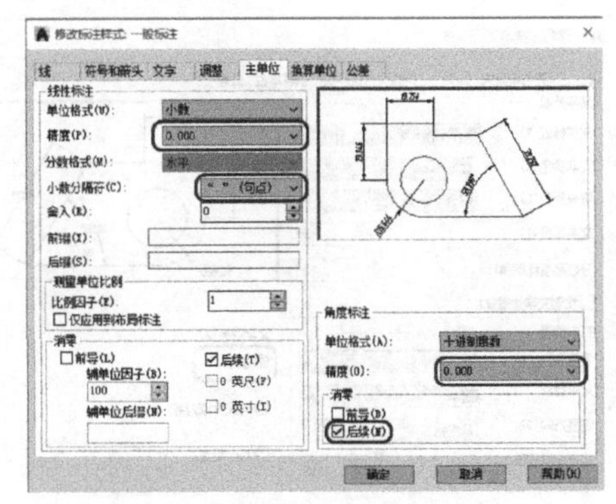

图 9-18　【主单位】标签

最终标注效果如图 9-19 所示。这样得到的标注效果就是符合国标要求的标注效果，在该标注中直径和半径的文字应水平放置，下一节将进行讲解。

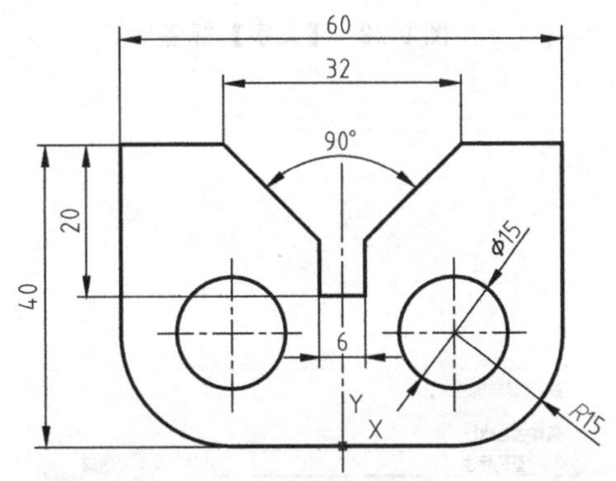

图 9-19　最终标注效果

9.2.2　水平标注

打开【标注样式管理器】如图 9-20 所示，选中样式列表中的“一般标注”，再单击【新建】按钮，系统弹出如图 9-21 所示的对话框，在新样式名称中输入“水平标注”然后单击【继续】按钮，系统弹出如图 9-22 所示的对话框，在该对话框中的【文字】标签中修改【文字对齐】为【水平】。修改后切换“水平标注”为当前标注样式，用【半径】和【直径】标注工具，对图形中的圆重新标注，得到如图 9-23 所示的标注效果。

水平标注与直径标注

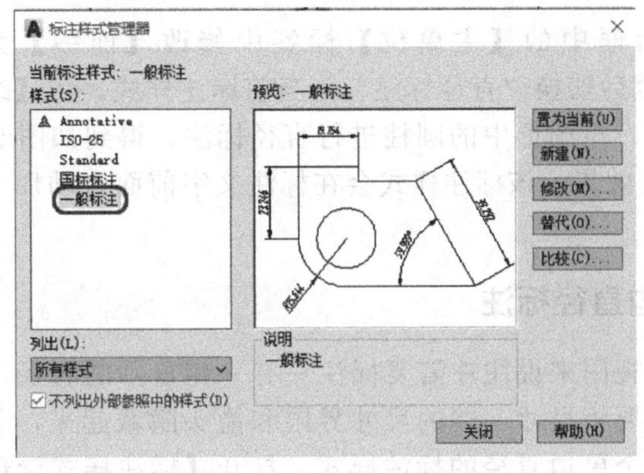

图 9-20　【标注样式管理器】

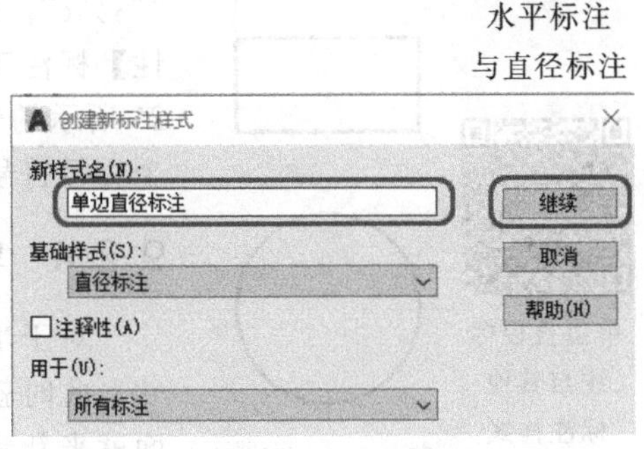

图 9-21　【创建新标注样式】对话框

9.2.3　直径标注

打开【标注样式管理器】如图 9-20 所示，选中样式列表中的“一般标注”，再单击【新建】按钮，系统弹出如图 9-24 所示的对话框，在新样式名称中输入“直径标注”然后单击【继续】按钮，系统弹出如图 9-25 所示的对话框。

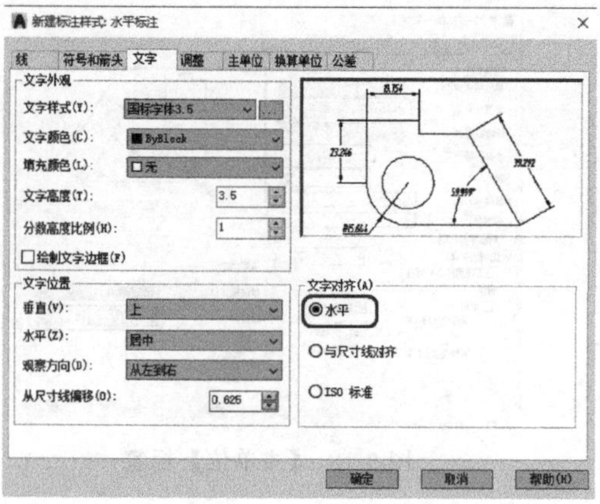

图 9-22 【文字】标签

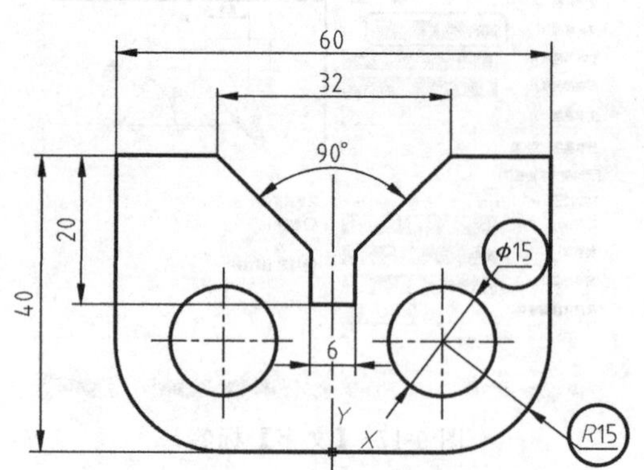

图 9-23 文字水平标注效果

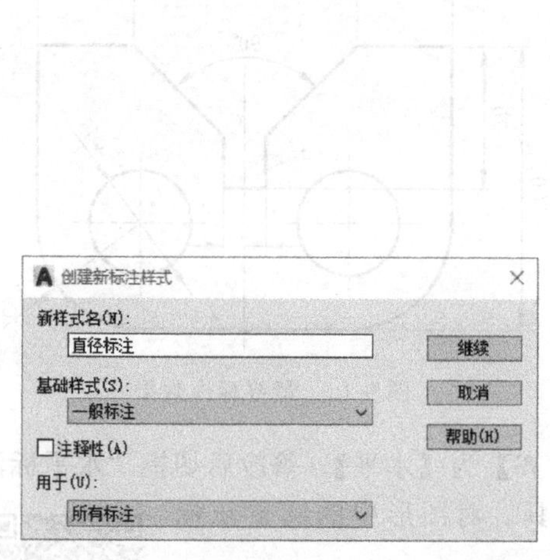

图 9-24 【创建新标注样式】对话框

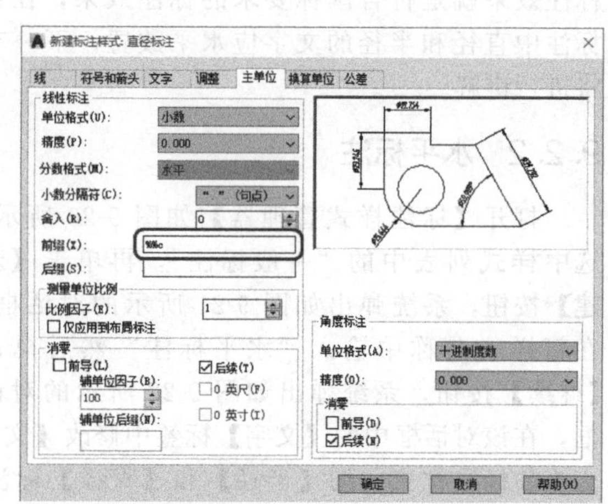

图 9-25 【主单位】标签

在该对话框中的【主单位】标签中修改【前缀】为"%%c"。修改后切换"直径标注"为当前标注样式，用【线性】标注工具，对图形中的圆柱进行直径标注，得到如图 9-26 所示的标注效果。该标注样式会在标注文字前面自动加一个直径符号。

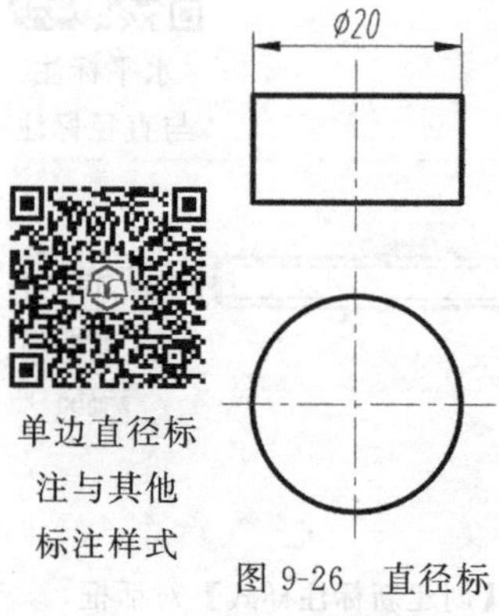

图 9-26 直径标注效果

单边直径标注与其他标注样式

9.2.4 单边直径标注

对于半剖视图来说往往需要标注只有一侧显示的直径尺寸，此时就需要将尺寸一端的尺寸界限和箭头隐藏起来，下面就来新建一个单边直径的标注样式。打开【标注样式管理器】如图 9-27 所示，选中样式列表中的"直径标注"，再单击【新建】按钮，系统弹出如图 9-28 所示的对话框，在新样式名称中输入"单边直径标注"然后单击【继续】按钮，系统弹出如图 9-29 所示的对话框。

在该对话框中的【线】标签中勾选【隐藏】"尺寸线 1"和【隐藏】"尺寸界限 1"。对如图 9-30 所示的半剖视图进行标注，得到如图 9-30 所示的标注效果，此时标注的尺寸会自动隐藏尺寸线 1 和尺寸界限 1。

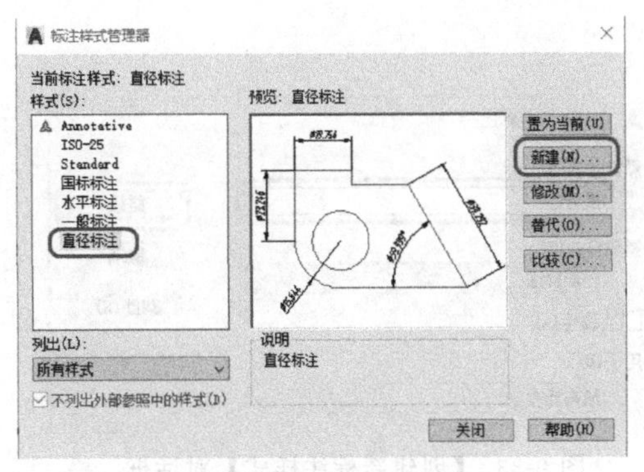

图 9-27 【标注样式管理器】

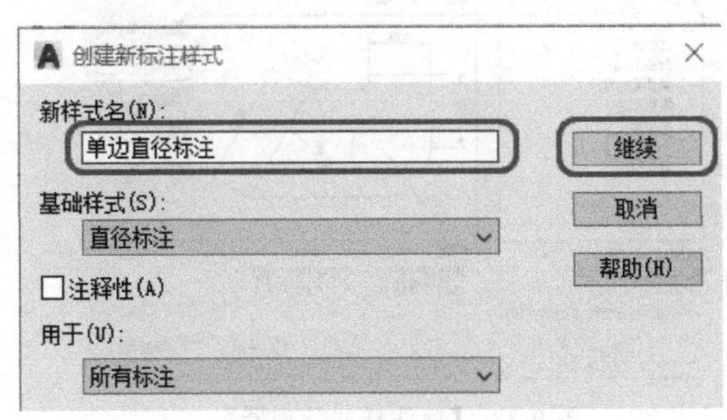

图 9-28 【创建新标注样式】对话框

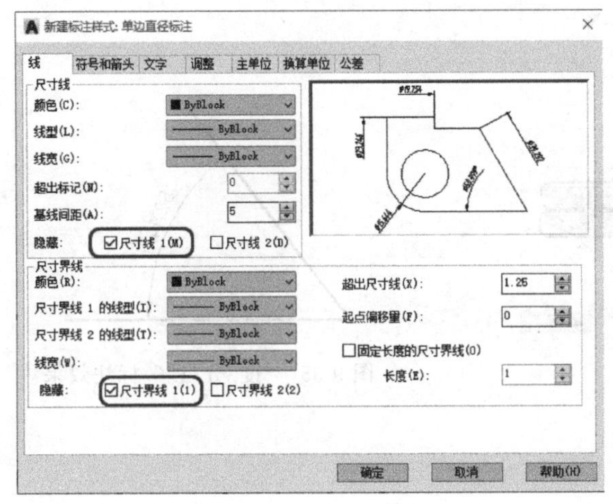

图 9-29 【线】标签

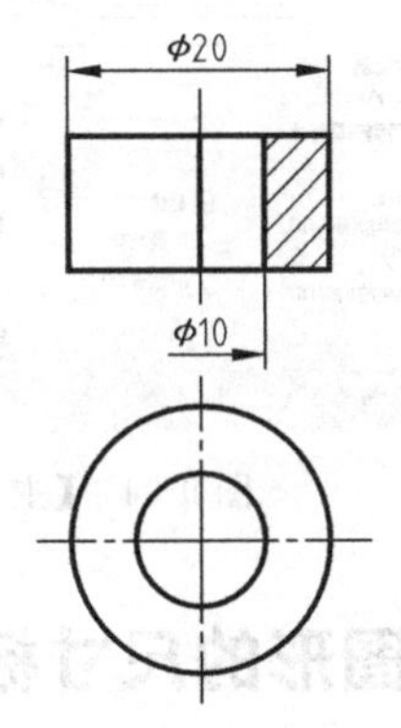

图 9-30 单边直径标注效果

9.2.5 其他标注样式

对于角度标注来说，用前面新建好的“一般标注”样式进行标注得到如图 9-31 所示的效果。若需要用“度分秒”来标注时就需要新建一种“度分秒”的标注样式。打开【标注样式管理器】如图 9-32 所示，选中样式列表中的“一般标注”，再单击【新建】按钮，系统弹出如图 9-33 所示的对话框，在新样式名称中输入“度分秒”然后单击【继续】按钮，系统弹出如图 9-34 所示的对话框。

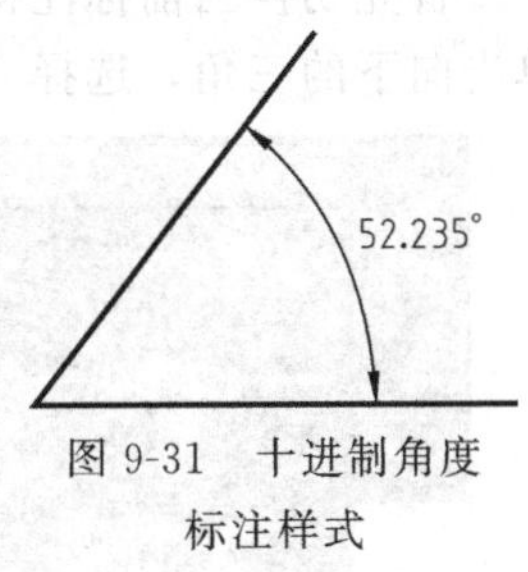

图 9-31 十进制角度标注样式

在该对话框中的【主单位】标签中切换角度的单位格式为“度/分/秒”和精度为 0d00′00″，勾选后续消零，如图 9-34 所示。对如图 9-35 所示的角度进行标注，得到如图所示的标注效果。

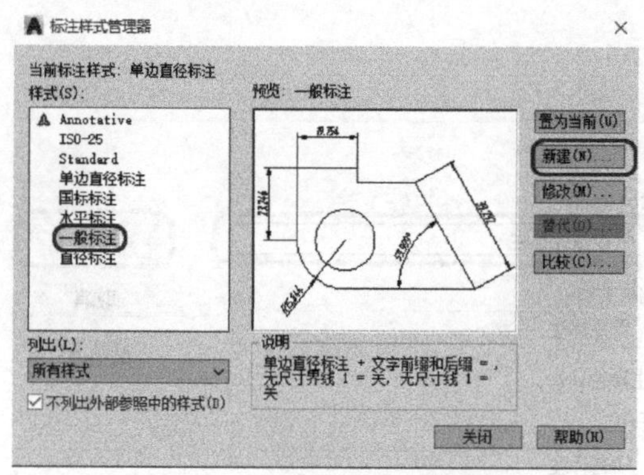

图 9-32 【标注样式管理器】

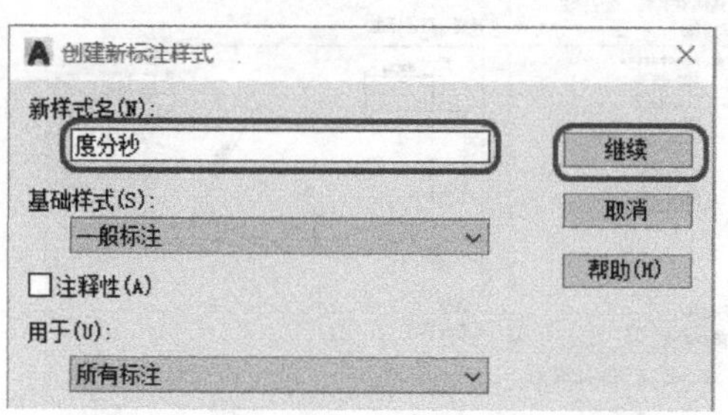

图 9-33 【创建新标注样式】对话框

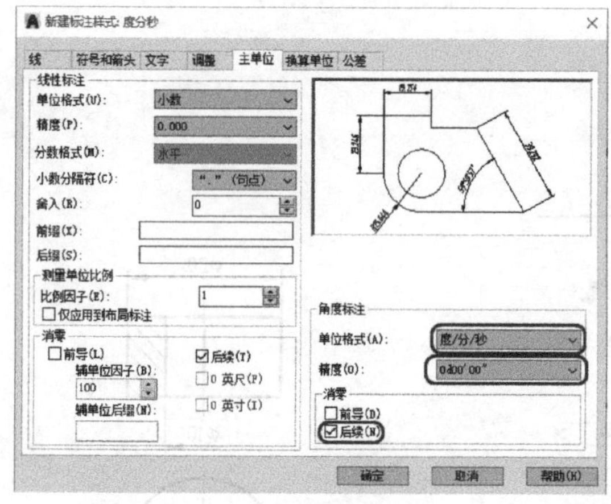

图 9-34 【主单位】标签

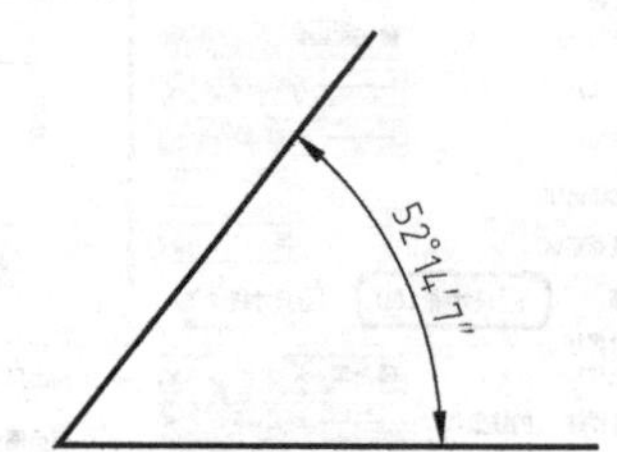

图 9-35 "度/分/秒"标注效果

9.3 图形的尺寸标注

9.3.1 线性标注

首先切换当前标注样式为"一般标注"。单击【注释】标签，在【标注样式】选项卡中单击向下的三角，选择"一般标注"即可将其切换为当前标注样式。如图 9-36 所示。

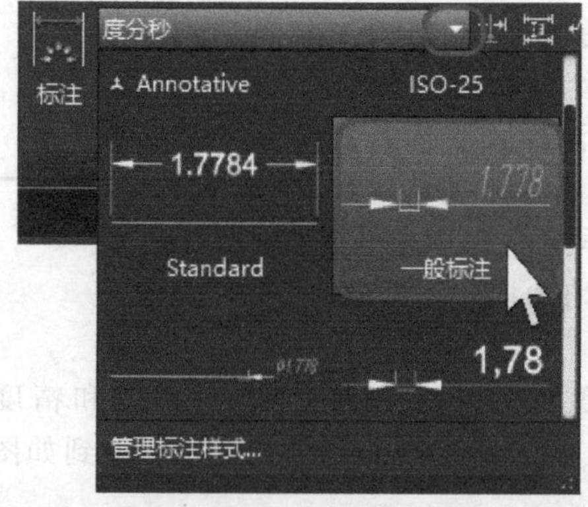

图 9-36 【标注样式】选项卡

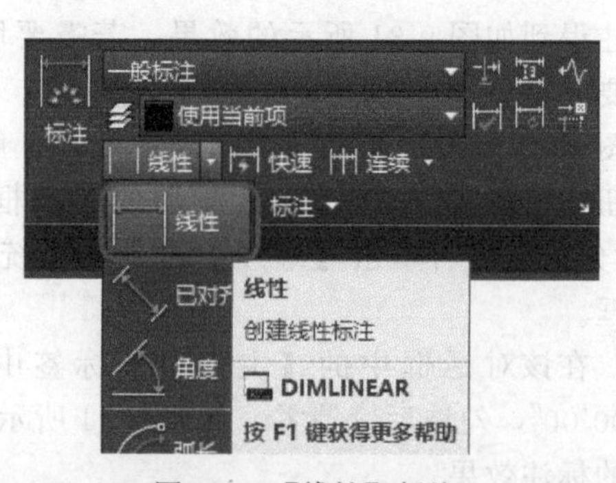

图 9-37 【线性】标注

绘制一条倾斜的直线。单击【线性】标注按钮如图 9-37 所示，单击直线的起点，再单击直线的终点，然后移动鼠标确定尺寸的放置位置，再次单击鼠标完成尺寸的放置，标注效果如图 9-38 所示，根据尺寸放置位置的不同，系统自动判断是标注直线的水平尺寸还是竖直尺寸。

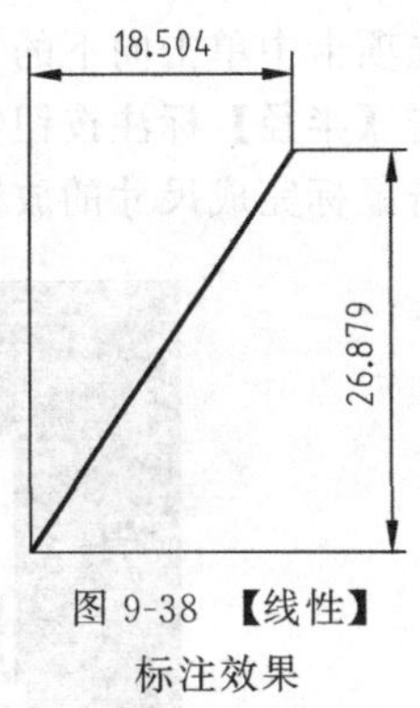

图 9-38 【线性】标注效果

9.3.2 对齐标注

绘制一条倾斜的直线，单击【对齐】标注按钮，如图 9-39 所示，单击直线的起点，再单击直线的终点，然后移动鼠标确定尺寸的放置位置，再次单击鼠标完成尺寸的放置，标注效果如图 9-40 所示。

图 9-39 【对齐】标注

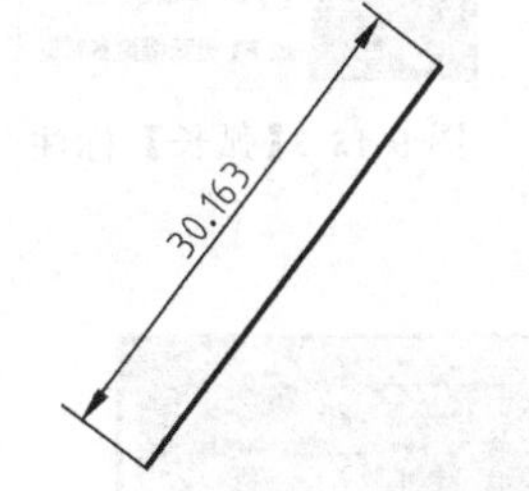

图 9-40 【对齐】标注效果

9.3.3 角度标注

绘制两条成一定角度的直线，单击【角度】标注按钮如图 9-41 所示，单击其中一条直线再单击另一条直线，然后移动鼠标确定尺寸的放置位置，再次单击鼠标完成尺寸的放置，标注效果如图 9-42 所示。

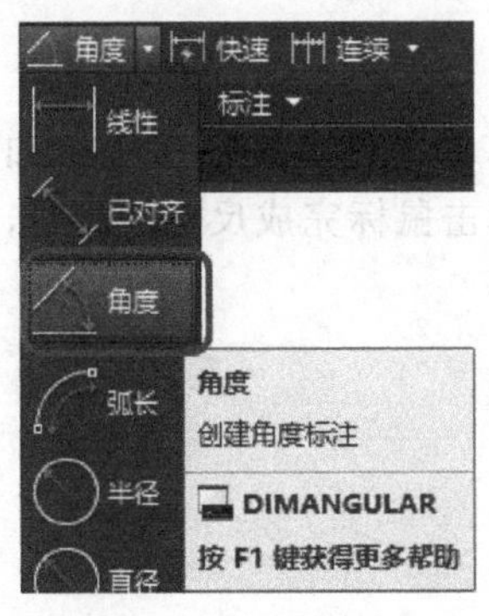

图 9-41 【角度】标注

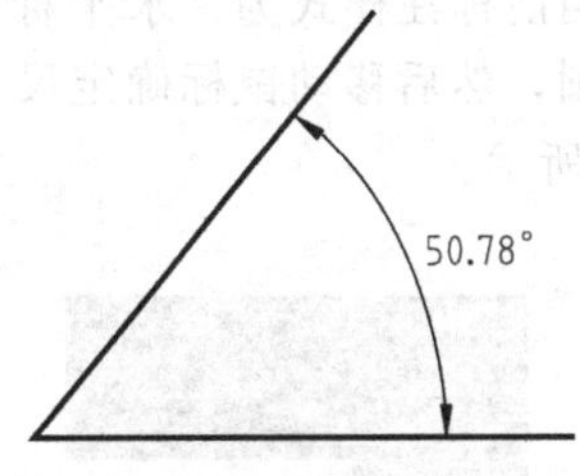

图 9-42 【角度】标注效果

9.3.4 弧长标注

绘制一段圆弧，单击【弧长】标注按钮如图 9-43 所示，单击圆弧，然后移动鼠标确定尺寸的放置位置，再次单击鼠标完成尺寸的放置，标注效果如图 9-44 所示。

9.3.5 半径标注

切换当前标注样式为“水平标注”。单击【注释】标签，在【注释】标签中【标注样式】

选项卡中单击向下的三角，选择“水平标注”即可，如图 9-45 所示。之后绘制一个圆，单击【半径】标注按钮如图 9-46 所示，单击圆，然后移动鼠标确定尺寸的放置位置，再次单击鼠标完成尺寸的放置，标注效果如图 9-47 所示。

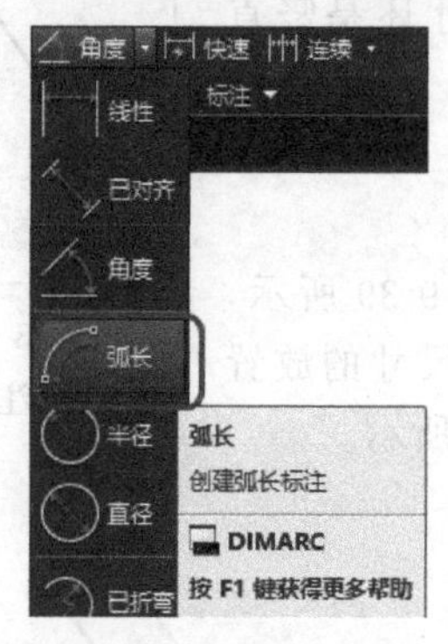

图 9-43 【弧长】标注

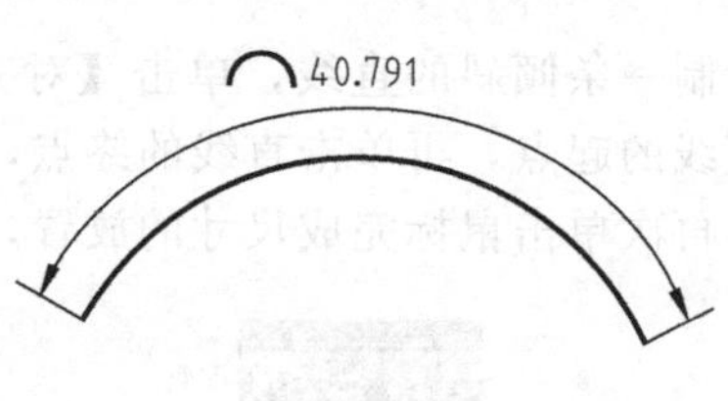

图 9-44 【弧长】标注效果

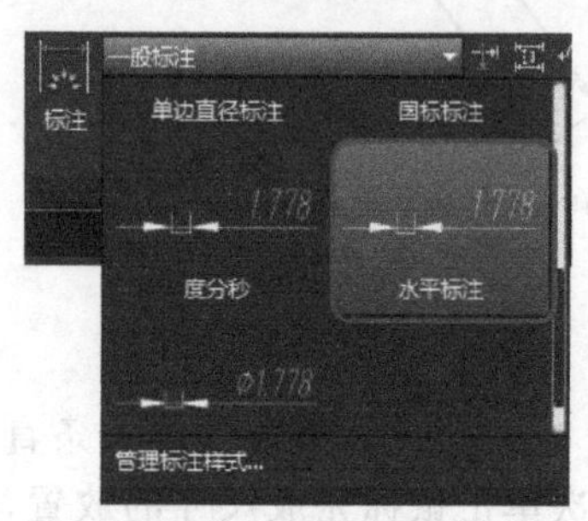

图 9-45 水平标注样式

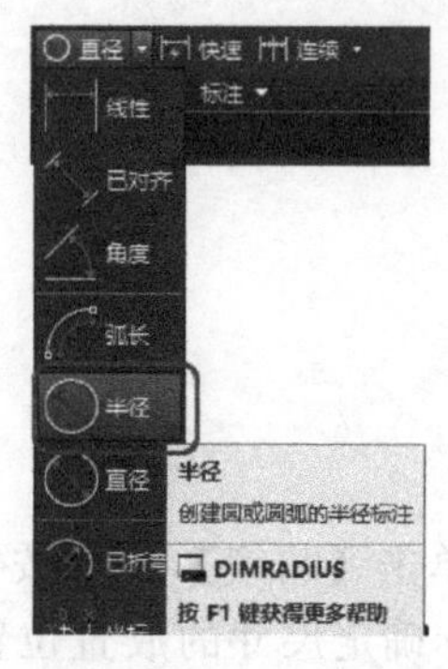

图 9-46 【半径】标注

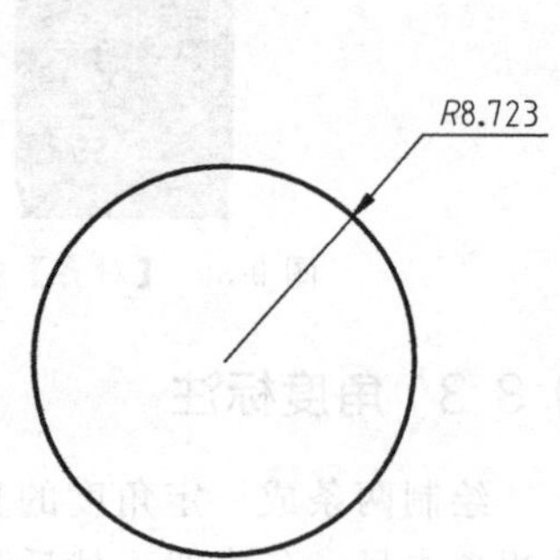

图 9-47 【半径】标注效果

9.3.6 直径标注

切换当前标注样式为“水平标注”。绘制一个圆，单击【直径】标注按钮如图 9-48 所示，单击圆，然后移动鼠标确定尺寸的放置位置，再次单击鼠标完成尺寸的放置，标注效果如图 9-49 所示。

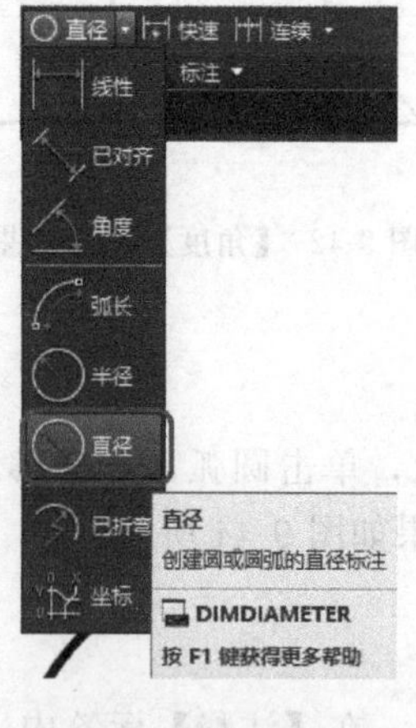

图 9-48 【直径】标注

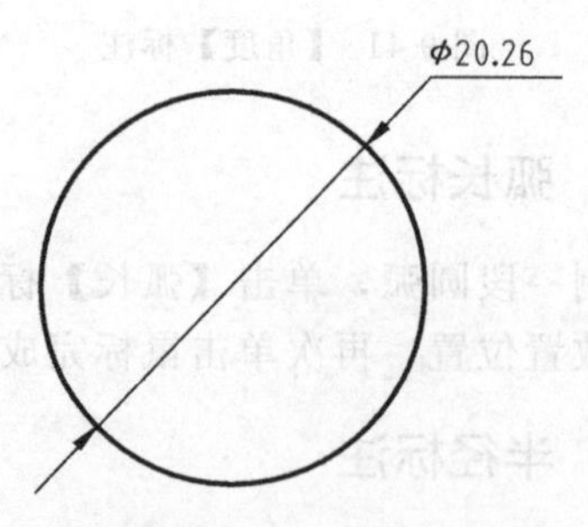

图 9-49 【直径】标注效果

9.3.7 折弯标注

切换当前标注样式为“一般标注”。绘制一段圆弧，单击【折弯】标注按钮如图 9-50 所示，标注过程分为四步：①单击鼠标选择圆弧；②单击鼠标指定假想的圆弧中心；③单击鼠标指定箭头位置；④单击鼠标指定折弯位置，即可完成标注，标注效果如图 9-51 所示。当所绘制的图形中有直径较大的圆弧，而且圆弧的实际圆心在图纸打印范围以外时就可以用【折弯】进行圆弧的标注。

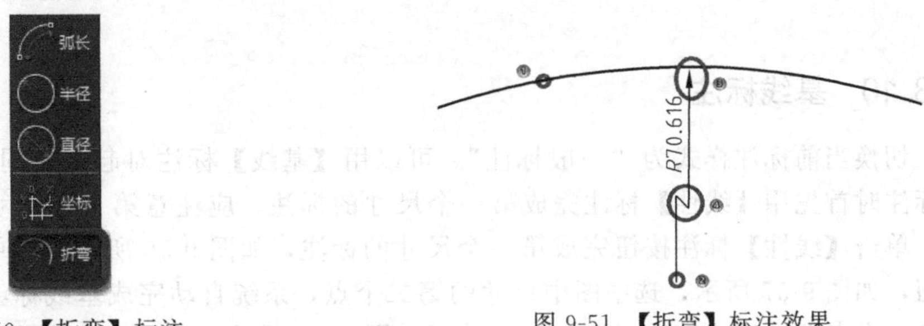

图 9-50 【折弯】标注　　　　图 9-51 【折弯】标注效果

9.3.8 坐标标注

切换当前标注样式为“一般标注”。对于平板上有多个孔的情况，可以用【坐标】标注。单击【坐标】标注按钮如图 9-52 所示，单击鼠标选中圆心，移动鼠标确定标注的位置，系统根据鼠标的位置确定标注 X 坐标值或者是 Y 坐标值，标注效果如图 9-53 所示。

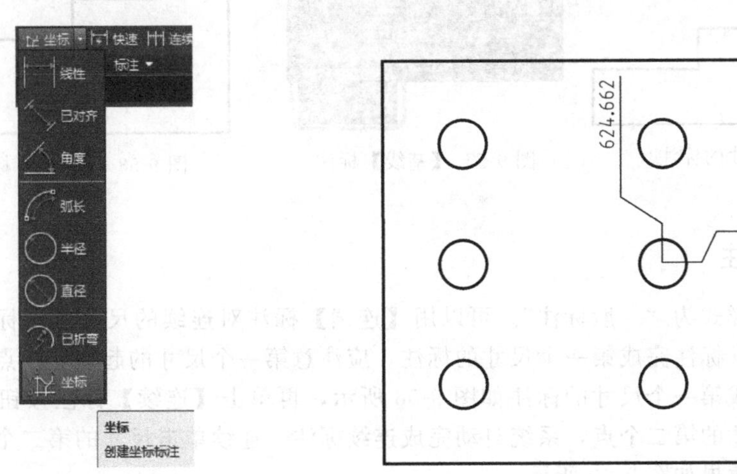

图 9-52 【坐标】标注　　　　图 9-53 【坐标】标注效果

9.3.9 快速标注

切换当前标注样式为“一般标注”。可以用【快速】标注对多条线段同时进行标注。单击【快速】标注按钮，如图 9-54 所示，单击鼠标选中图中水平方向的三条直线，然后按空格键确认选择，移动鼠标确定快速标注的位置，即可同时对三条直线完成标注，标注效果如图 9-55 所示。

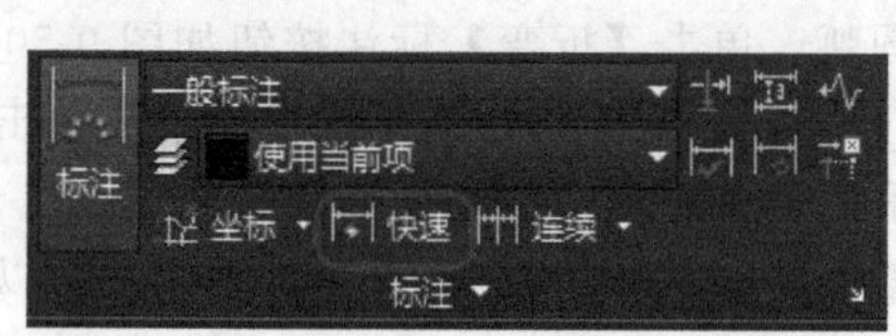

图 9-54 【快速】标注

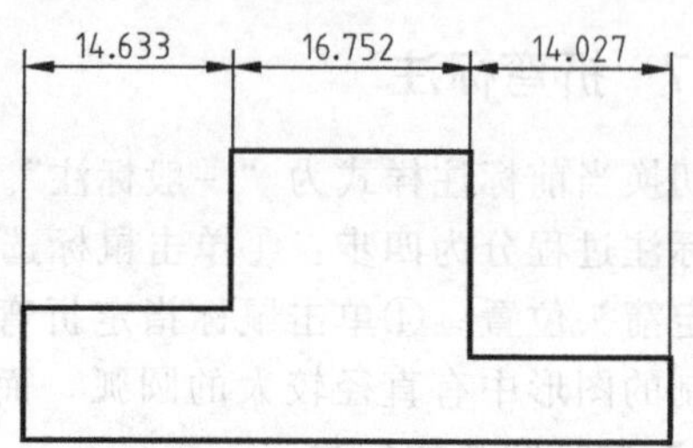

图 9-55 【快速】标注效果

9.3.10 基线标注

切换当前标注样式为“一般标注”。可以用【基线】标注对起点相同的尺寸进行标注，在标注时首先用【线性】标注完成第一个尺寸的标注，应注意第一个尺寸的起点和终点位置。单击【线性】标注按钮完成第一个尺寸的标注，如图 9-56 所示，再单击【基线】标注按钮，如图 9-57 所示，选中图中尺寸的第二个点，系统自动完成基线标注，连续单击尺寸的第二个点即可完成基线标注，标注效果如图 9-58 所示。尺寸与尺寸之间的距离是【标注样式】中的【基线间距】控制的。

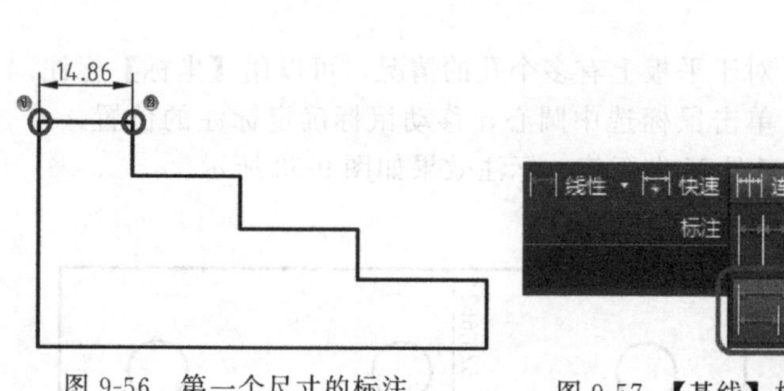

图 9-56 第一个尺寸的标注

图 9-57 【基线】标注

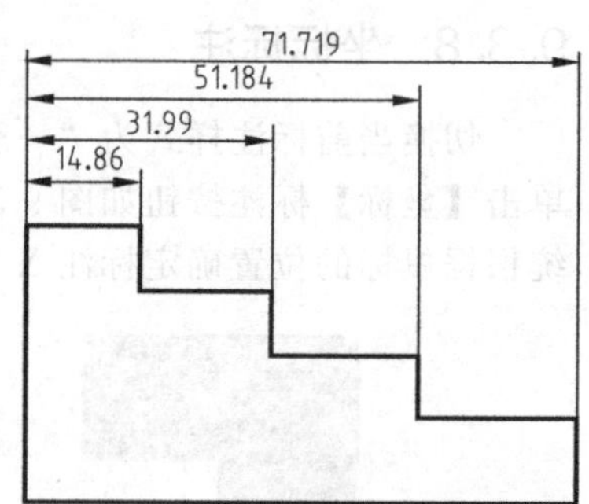

图 9-58 【基线】标注效果

9.3.11 连续标注

切换当前标注样式为“一般标注”。可以用【连续】标注对连续的尺寸进行标注，在标注时首先用【线性】标注完成第一个尺寸的标注，应注意第一个尺寸的起点和终点位置。单击【线性】按钮完成第一个尺寸的标注如图 9-56 所示，再单击【连续】标注按钮如图 9-59 所示，选中图中尺寸的第二个点，系统自动完成连续标注，连续单击尺寸的第二个点即可完成连续标注，标注效果如图 9-60 所示。

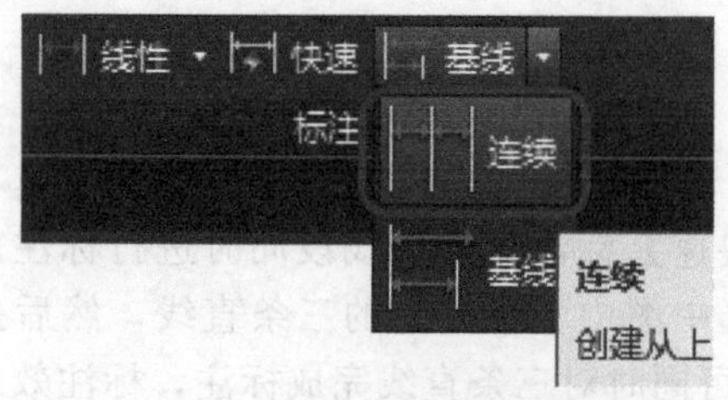

图 9-59 【连续】标注按钮

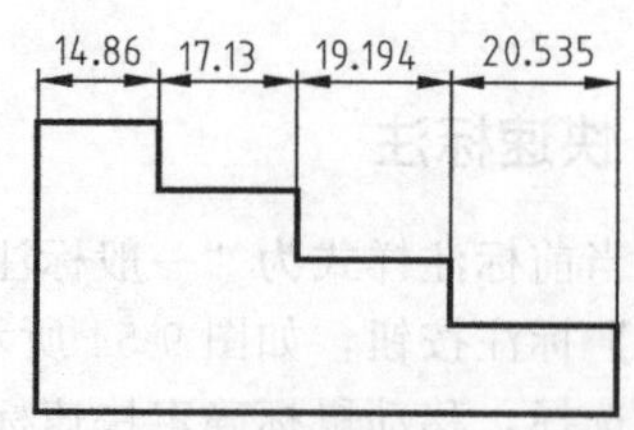

图 9-60 【连续】标注效果

9.3.12 指引线和形位公差标注

（1）指引线的绘制

在标注形位公差之前，要为形位公差创建一条指引线，系统默认的指引线样式并不符合国标要求，所以需要新建一种指引线样式。

① 单击【注释】标签下的【引线】选项卡中的小箭头，如图 9-61 所示，打开【多重引线样式管理器】如图 9-62 所示。在【多重引线样式管理器】中单击【新建】按钮。

② 系统弹出【创建新多重引线样式】对话框，在样式名称中输入“形位公差指引线”然后单击【继续】，如图 9-63 所示。

③ 在弹出的【修改多重引线样式】对话框的【引线格式】标签中修改【箭头大小】为 2.5mm，如图 9-64 所示，然后单击【确定】完成多重引线新样式的创建。

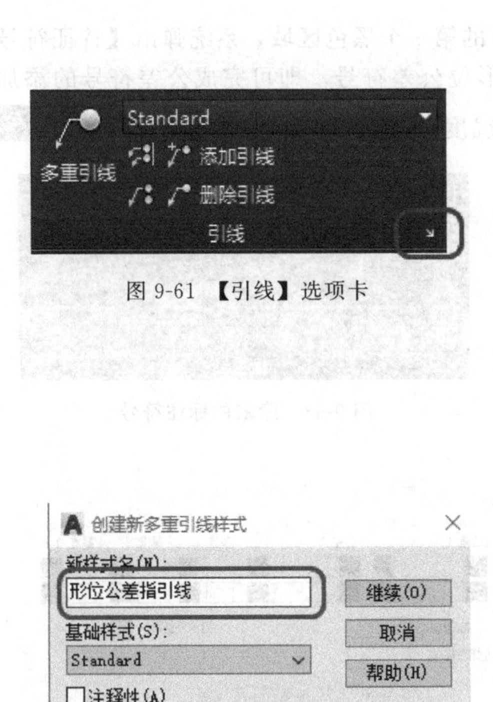

图 9-61　【引线】选项卡

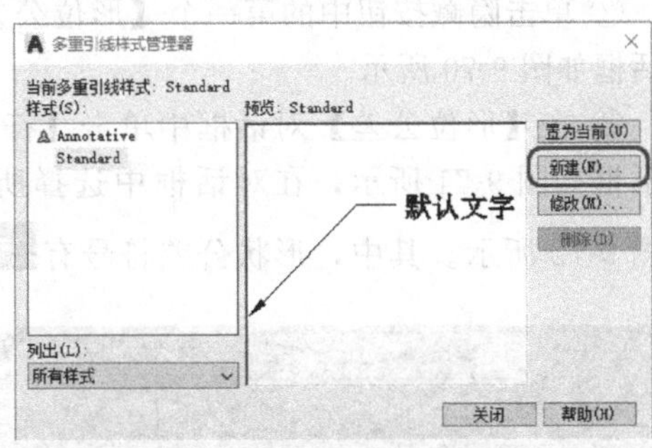

图 9-62　【多重引线样式管理器】

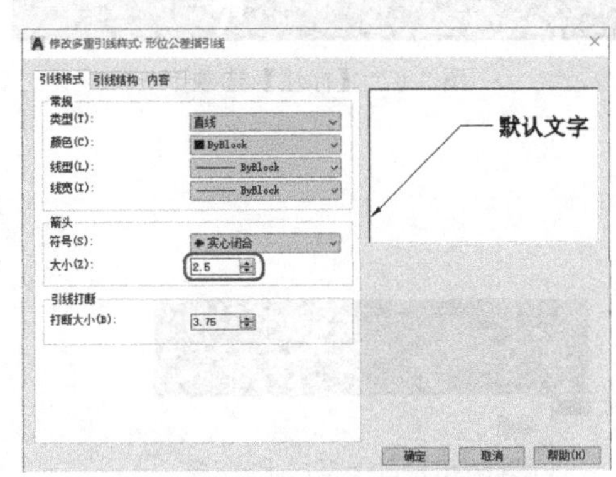

图 9-63　【创建新多重引线样式】对话框

图 9-64　【修改多重引线样式】对话框

一般完成新样式的创建后，系统会自动把新建的样式作为当前样式。

④ 单击【多重引线】按钮，如图 9-65 所示，启动【多重引线】命令后通过三步操作完成多重引线的创建。

a. 单击鼠标左键选择引线箭头在图形上的位置。

b. 移动鼠标确定引线拐弯的位置，然后单击左键确定。

c. 此时系统提示让输入引线的文字内容，由于要放置形位公差，所以该位置不需要输入内容，在绘图区域空白处单击鼠标左键即可完成多重引线的创建，如图 9-66 所示。

图 9-65 【多重引线】按钮

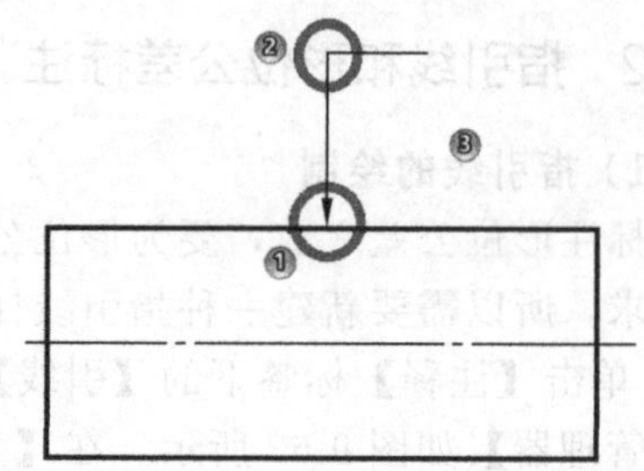

图 9-66 绘制多重引线

（2）形位公差的标注

① 首先单击【注释】标签下的【标注】选项卡中的向下的小三角，如图 9-67 所示，打开隐藏的按钮，如图 9-68 所示。

② 单击隐藏按钮中的第一个【形位公差】按钮，如图 9-69 所示，系统打开【形位公差】对话框如图 9-70 所示。

③ 在【形位公差】对话框中单击【符号】下的第一个黑色区域，系统弹出【特征符号】对话框如图 9-71 所示，在对话框中选择所需的形位公差符号，即可完成公差符号的添加，如图 9-72 所示。其中，形状公差符号有（直线度）、（平面度）、（圆度）、

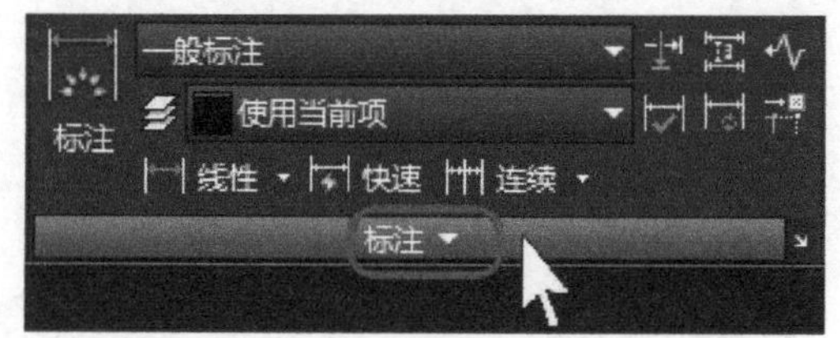

图 9-67 【标注】选项卡

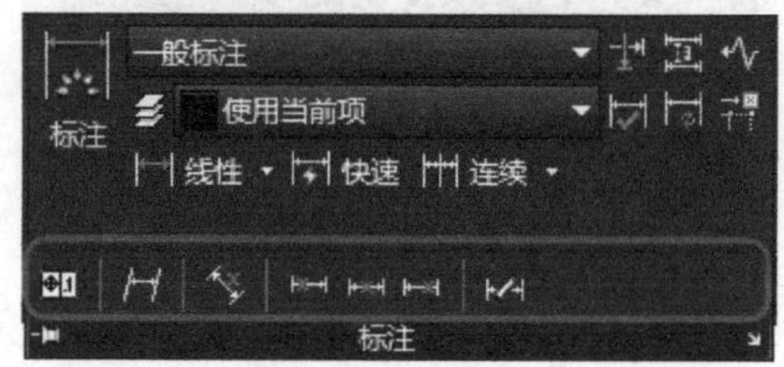

图 9-68 隐藏的标注符号

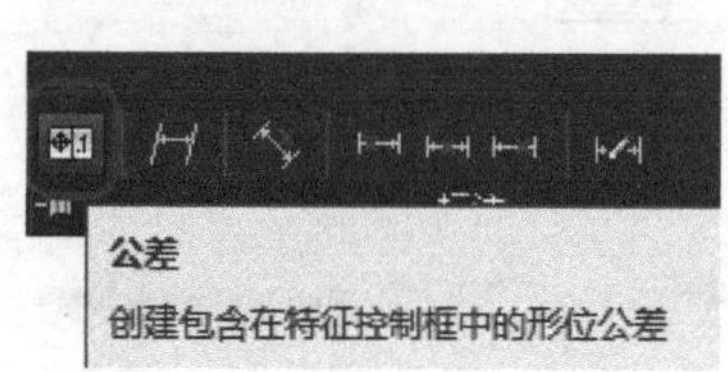

图 9-69 【形位公差】按钮

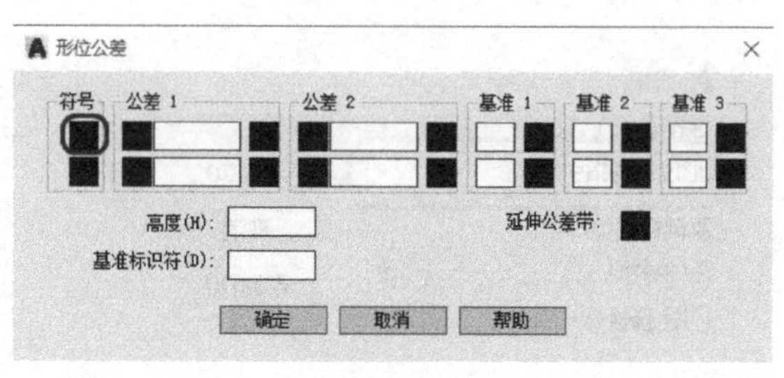

图 9-70 【形位公差】对话框

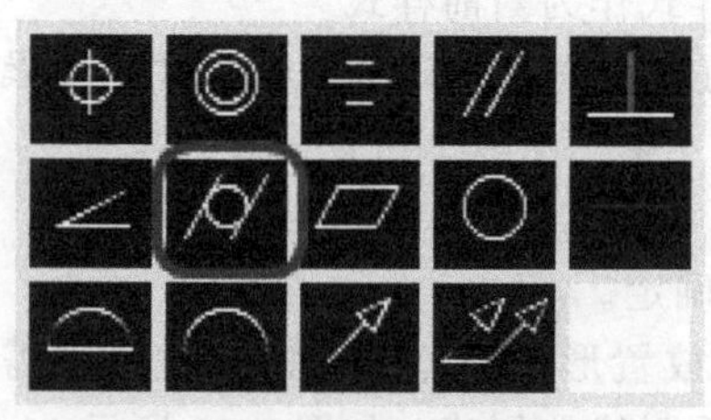

图 9-71 【特征符号】对话框

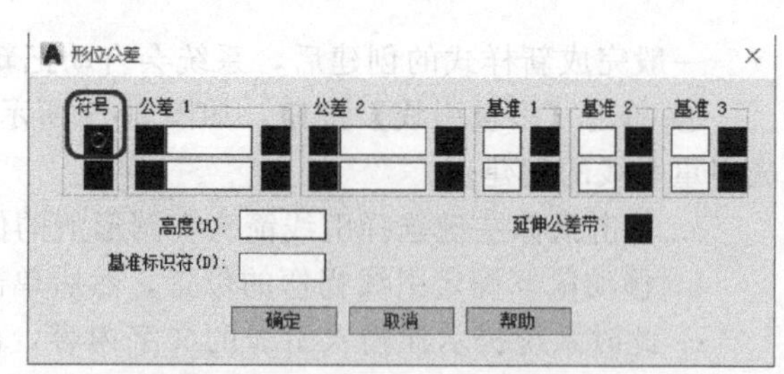

图 9-72 形位公差符号的添加

（圆柱度）、 （线轮廓度）、 （面轮廓度）。位置公差符号有： （平行度）、 （垂直度）、 （倾斜度）、 （同轴度）、 （对称度）、 （位置度）、 （圆跳动）、 （全跳动）。

④【形位公差】对话框中【公差 1】和【公差 2】下面的黑色方块为直径符号位置，单击一次显示直径符号，再单击一次隐藏直径符号，如图 9-73 所示。【形位公差】对话框中【公差 1】和【公差 2】下面的白色方块区域为公差值书写位置，输入所需的公差值即可，如图 9-74 所示。

⑤【形位公差】对话框中【公差 1】和【公差 2】后面的第二个黑色方块区域为附加符号位置，如图 9-75 所示，单击后弹出【附加符号】对话框，如图 9-76 所示。在对话框中有四个符号，最后一个是空白符号。其他三个符号的含义是： 表示最大包容条件，规定零件在极限尺寸内的最大包容量； 表示最小包容条件，规定零件在极限尺寸内的最小包容量； 表示不考虑特征条件，不规定零件在极限尺寸内的任意几何大小。选择所需的附加符号即可。

⑥ 再往后的区域为【基准】符号区域，前面的白色区域为基准符号输入区域，如图 9-77 所示，后面的黑色区域为【附加符号】如图 9-78 所示，内容和公差值的附加符号一样。

【高度】文本框：在形位公差框中创建投影公差带的值。投影公差带控制固定垂直部分延伸区的高度变化，并以位置公差控制公差精度。在框中输入值。

【延伸公差带】复选框：在延伸公差带值后面加注延伸公差带符号。

【基准标识符】文本框：输入基准标识符。基准是理论上精确的几何参照，用于建立其他特征的位置和公差带。点、直线、平面、圆柱或者其他几何图形都能作为基准。在该框中输入字母。

⑦ 在【形位公差】对话框的各区域完成相应的设置和输入，如图 9-79 所示，然后单击【确定】按钮，此时鼠标上会跟一个形位公差符号，用鼠标捕捉到指引线末端的端点，如图 9-80 所示，然后单击鼠标即可完成形位公差的放置，最终效果如图 9-81 所示。

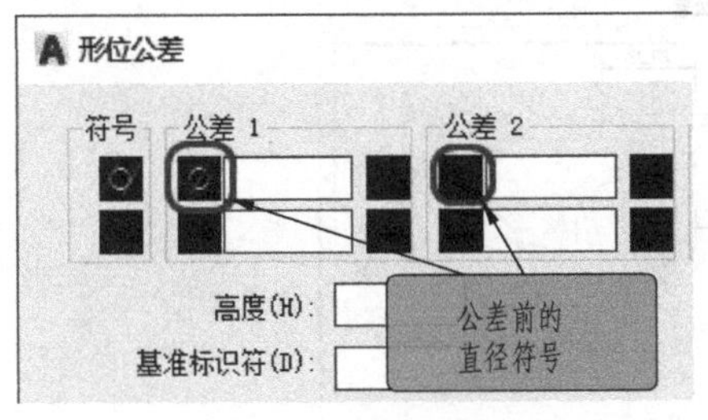

图 9-73　公差前的直径符号

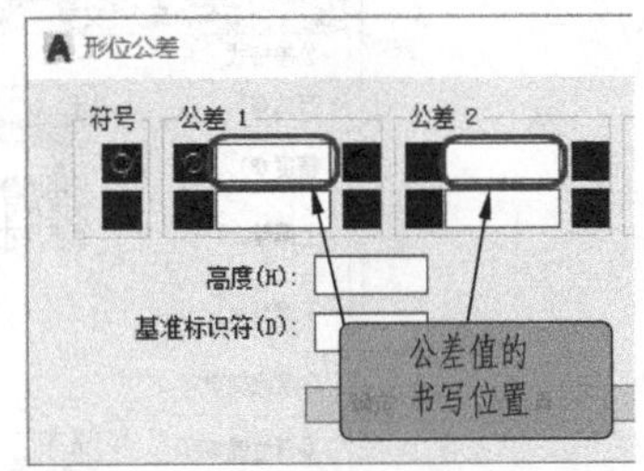

图 9-74　公差值书写位置

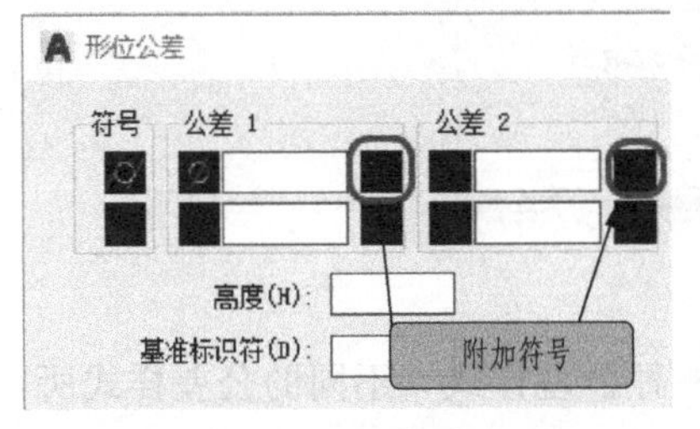

图 9-75　公差的附加符号

图 9-76　【附加符号】对话框

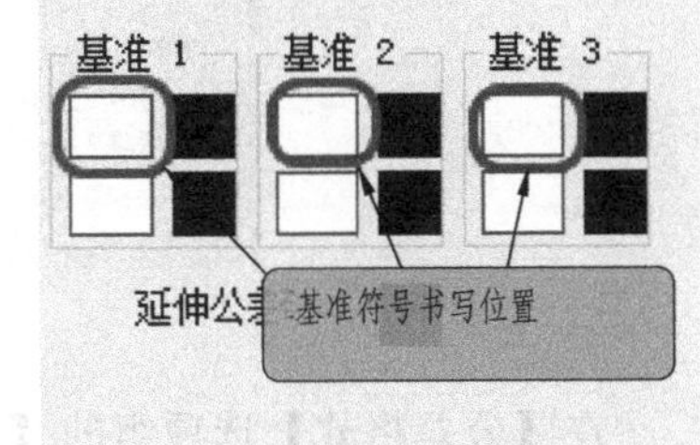

图 9-77　基准符号书写位置

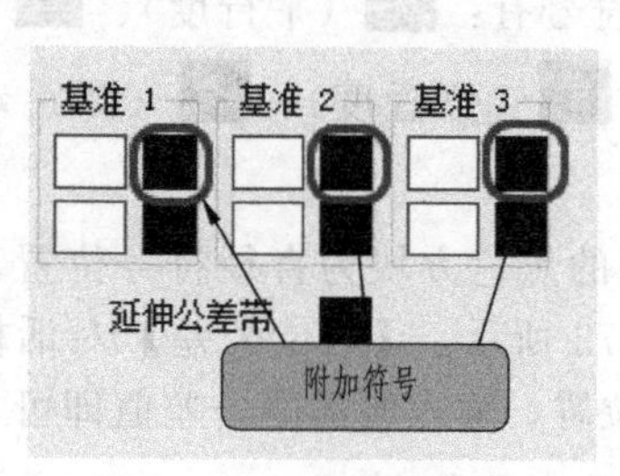

图 9-78 基准的附加符号

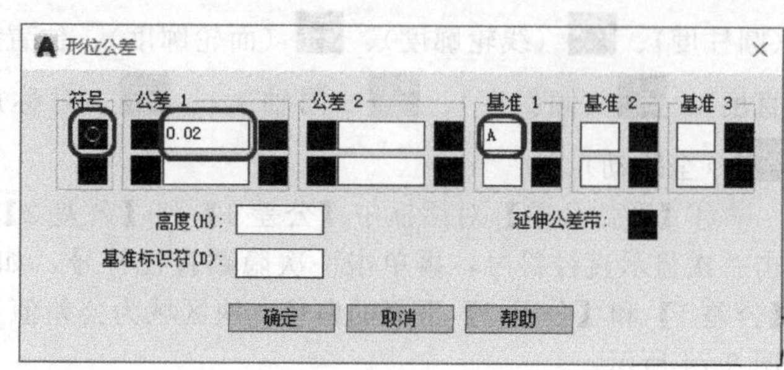

图 9-79 形位公差的设置

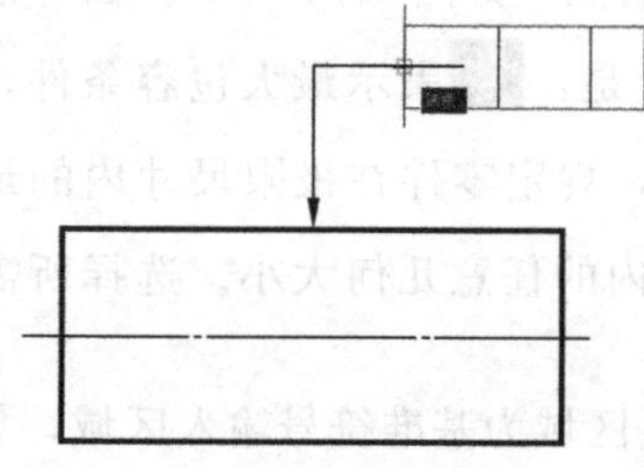

图 9-80 指定形位公差位置

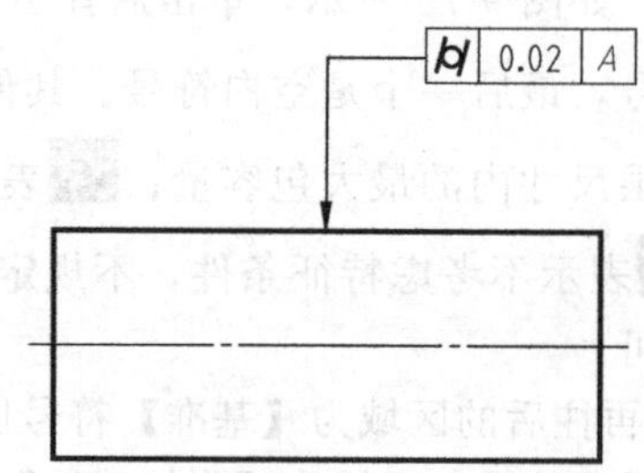

图 9-81 形位公差标注效果

9.3.13 尺寸公差标注

在 AutoCAD 中有两种添加尺寸公差的方法：一种是通过【标注样式管理器】对话框中的【公差】选项卡修改标注；另一种是编辑尺寸文字，在文本中添加公差值。

（1）通过 【标注样式管理器】 对话框设置公差

选择【格式】|【标注样式】命令，弹出【标注样式管理器】对话框，选择某一个标注样式，切换到【公差】选项卡，如图 9-82 所示。

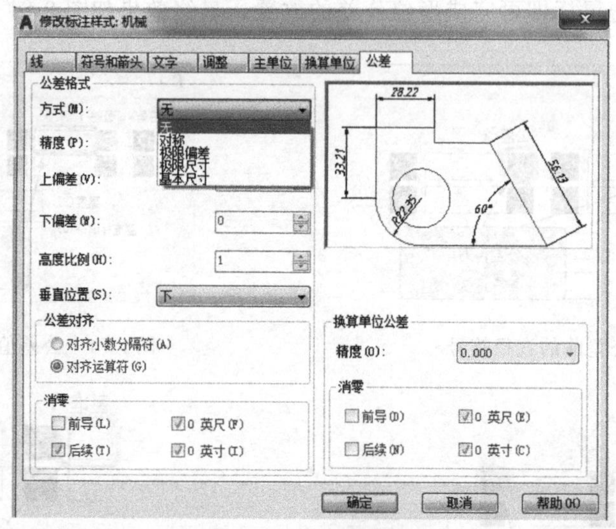

图 9-82 【公差】选项卡

在【公差格式】选项组的【方式】下拉列表框中选择一种公差样式，不同的公差样式所需要的参数也不同。

◆ 对称：选择此方式，则【下偏差】微调框将不可用，因为上下公差值对称。

◆ 极限偏差：选择此方式，需要在【上偏差】和【下偏差】微调框中输入上下极限公差。

◆ 极限尺寸：选择此方式，同样在【上偏差】和【下偏差】微调框中输入上下极限公差，但尺寸上不显示公差值，而是以尺寸的上下极限表示。

◆ 基本尺寸：选择此方式，将在尺寸文字周围生成矩形方框，表示基本尺寸。

（2） 通过【文字编辑器】标注公差

在【公差】选项卡中设置的公差将应用于整个标注样式，因此所有该样式的尺寸标注都将添加相同的公差。实际中零件上不同的尺寸有不同的公差要求，这时就可以双击某个尺寸文字，利用【文字编辑器】工具栏标注公差。具体步骤如下：

① 应用已经学过的标注类型对已有图形进行标注，标注结果如图 9-83 所示。

② 用鼠标左键双击已有尺寸的文字部分，得到如图 9-84 所示的编辑效果，在已有文字的前面会有一个光标在闪动。

③ 用右方向键将光标调到已有文字的后方，然后写入所需加的公差值，如图 9-85 所示，其中在输入的公差内容前面要输入一个空格，在上下偏差之间输入一个特殊符号“^”按 Shift＋6 即可，在编辑对话框的最右侧有调整对话框大小的按钮，拖动按钮即可调整对话框的大小。

④ 选中输入的上下偏差内容不包括前面的空格，如图 9-86 所示，在【文字编辑器】标签下面找到文字大小的输入框，输入“2.5”然后回车，如图 9-87 所示。

⑤ 此时文字大小变小了，如图 9-88 所示。然后单击【文字编辑器】标签下的【堆叠】按钮，如图 9-89 所示。文字的显示方式将会发生改变，改变结果如图 9-90 所示。

⑥ 最后在绘图区域的空白处单击鼠标左键即可完成尺寸公差的添加。如图 9-91 所示。

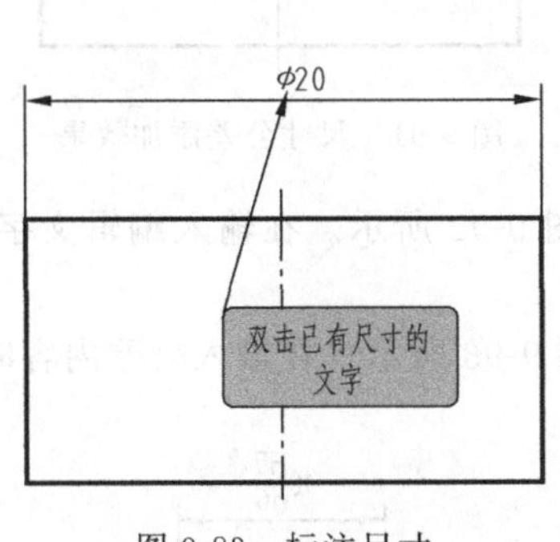

图 9-83　标注尺寸

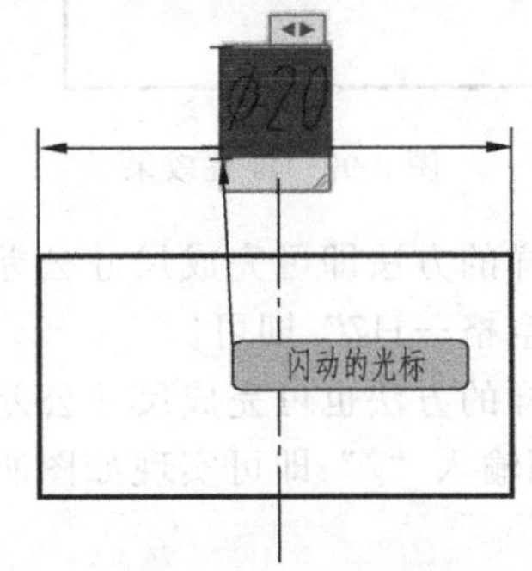

图 9-84　编辑尺寸

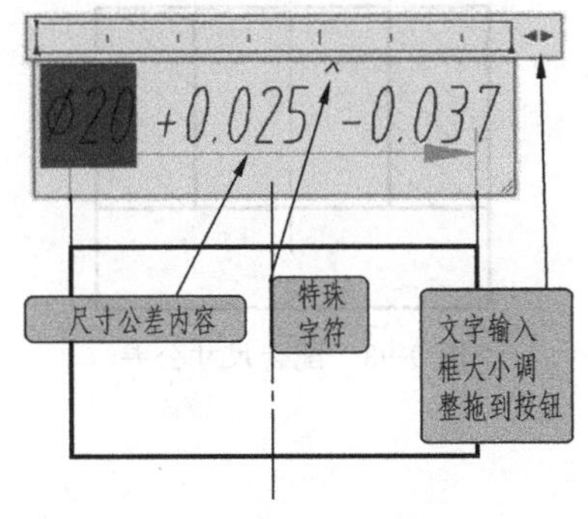

图 9-85　输入公差内容

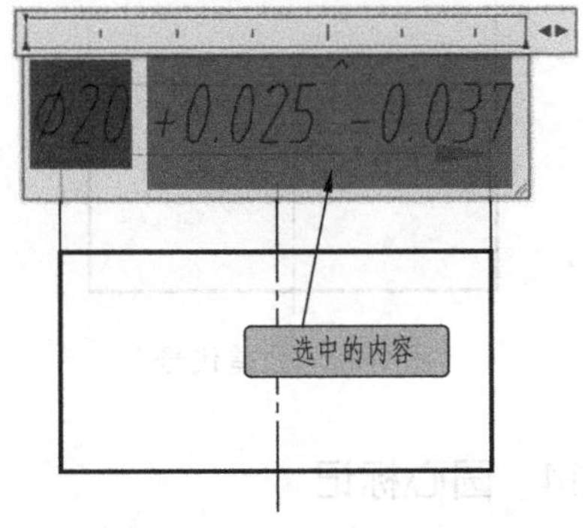

图 9-86　选中输入的内容

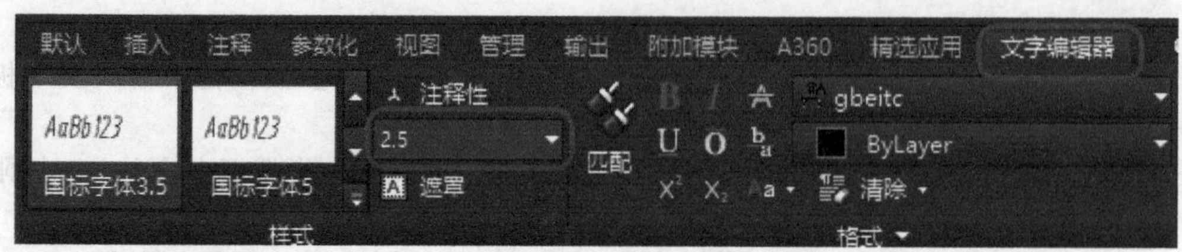

图 9-87 修改字体大小

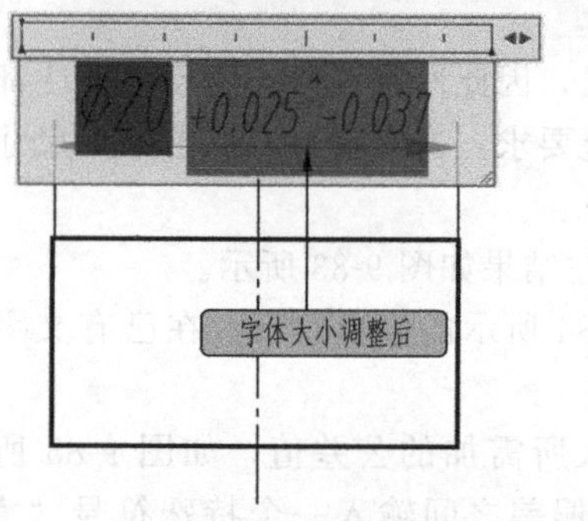

图 9-88 字体变小效果

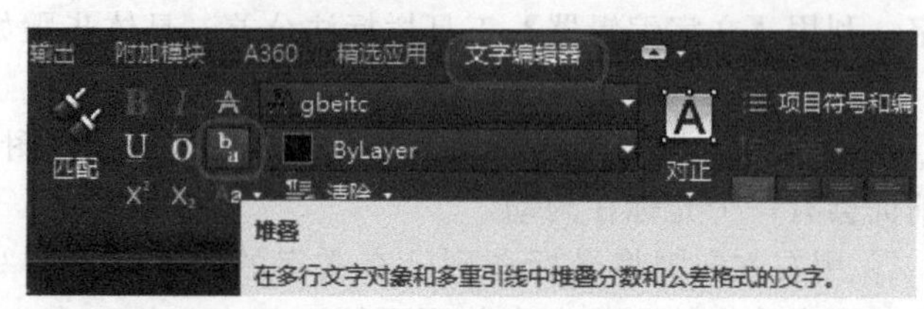

图 9-89 【堆叠】按钮

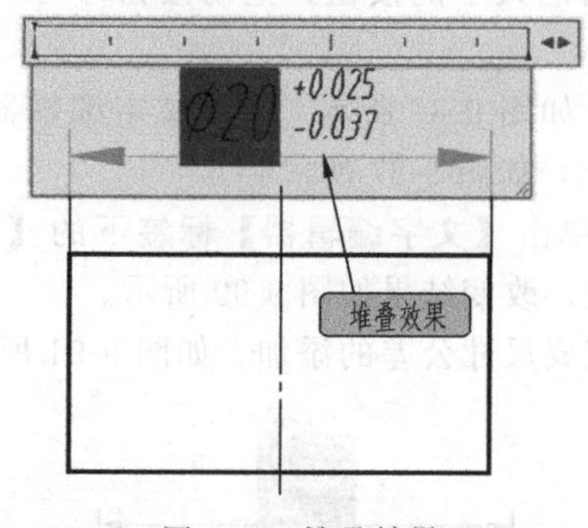

图 9-90 堆叠效果

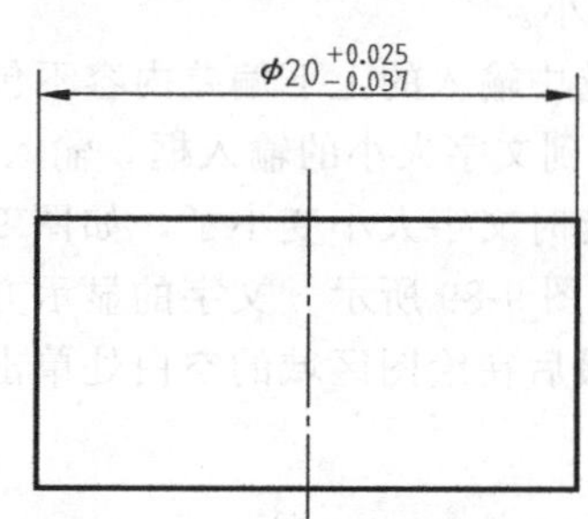

图 9-91 尺寸公差添加效果

用同样的方法即可完成尺寸公差代号的标注，如图 9-92 所示。在输入编辑文字时只需要输入“空格＋H7”即可。

用同样的方法也可完成尺寸公差配合的标注，如图 9-93 所示。在输入公差内容时在 H7 和 n6 之间输入“/”即可实现如图所示的堆叠效果。

图 9-92 公差代号

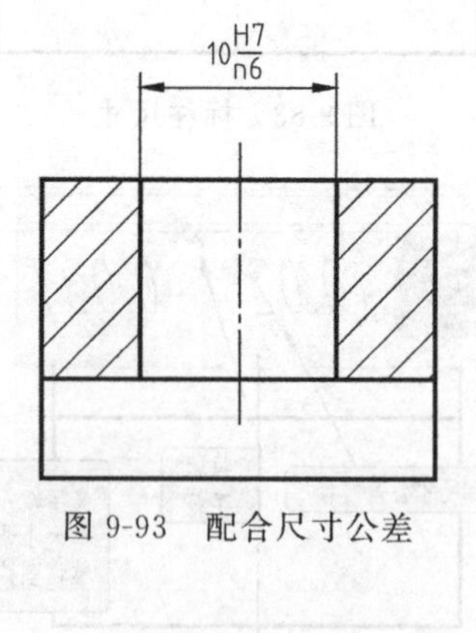

图 9-93 配合尺寸公差

9.3.14 圆心标记

圆心标记是一种特殊的标注类型，在圆弧中心生成一个标注符号，步骤如下：

① 绘制一个圆如图 9-94 所示。

② 单击【注释】标签下的【中心线】选项卡中的【圆心标记】按钮，如图 9-95 所示。

③ 选择要添加圆心标记的圆弧或者圆，系统将自动添加圆心标记，如图 9-96 所示。

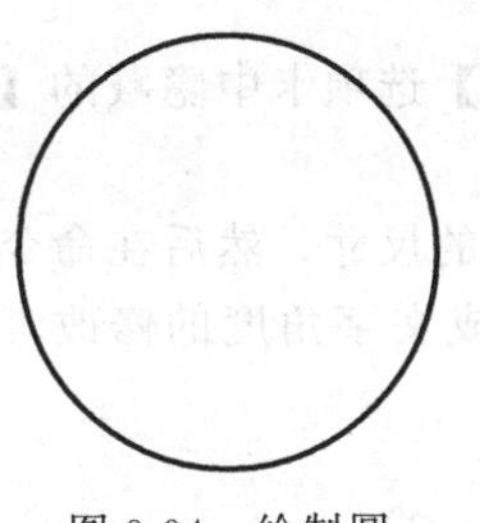

图 9-94　绘制圆

图 9-95　【圆心标记】按钮

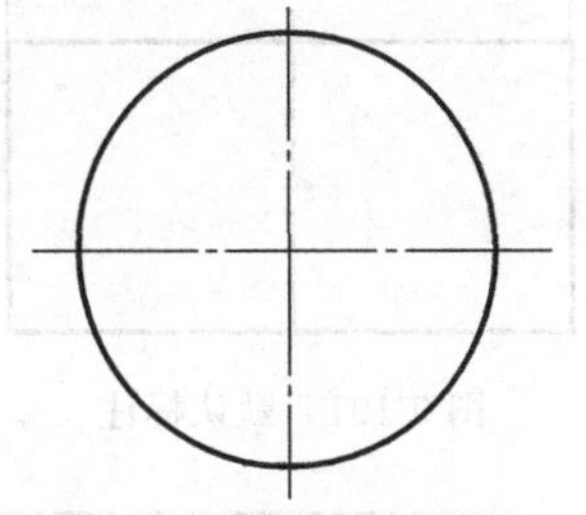

图 9-96　圆心标记效果

9.4　标注的编辑

9.4.1　倾斜标注

在对如图 9-97 所示的图形进行标注时，对于 $\phi 50$ 这个尺寸来说由于图形的轮廓线和尺寸界线有较小的夹角不好区分。对于这种情况可以使用尺寸编辑中的倾斜功能让尺寸倾斜一定的角度，步骤如下：

① 单击【注释】标签下的【标注】选项卡中隐藏的【倾斜】按钮，如图 9-98 所示。

② 单击选中要进行倾斜的尺寸，如图 9-99 所示。

③ 按空格键一次确认选择，在命令行输入倾斜后的角度“60°”，然后按回车即可完成倾斜尺寸的操作，如图 9-100 所示。

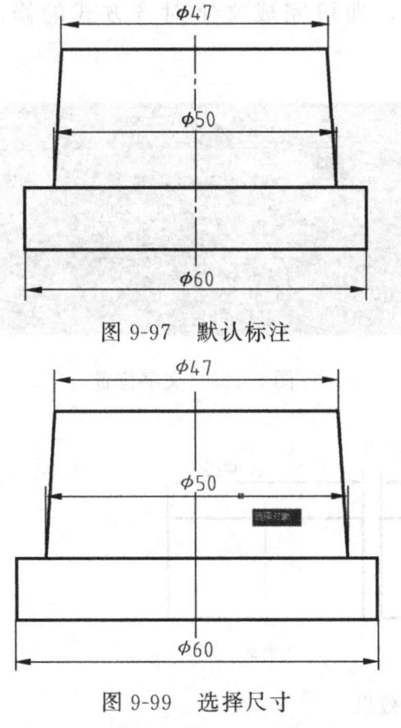

图 9-97　默认标注

图 9-99　选择尺寸

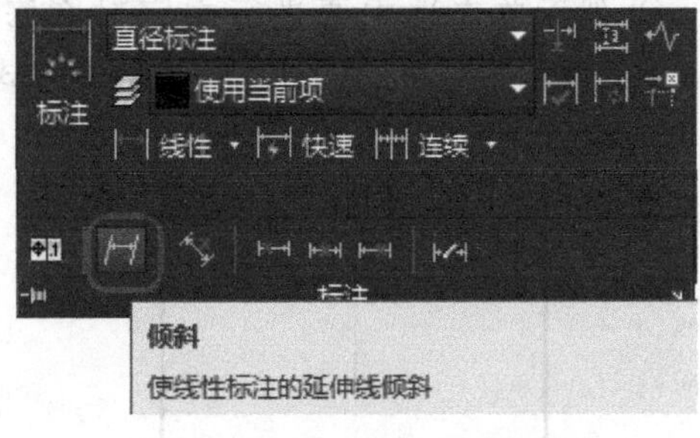

图 9-98　【倾斜】按钮

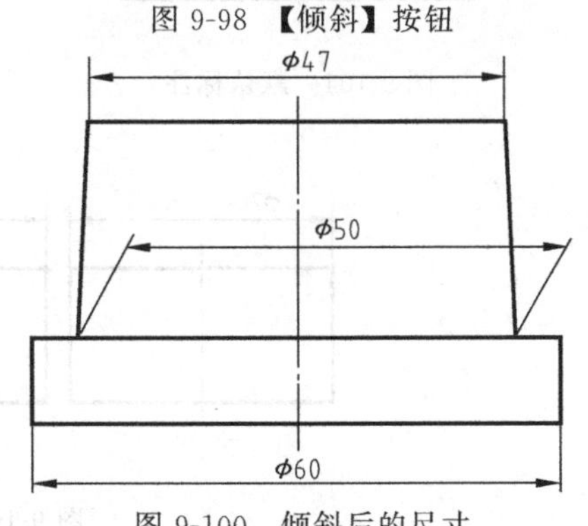

图 9-100　倾斜后的尺寸

9.4.2 编辑文字角度

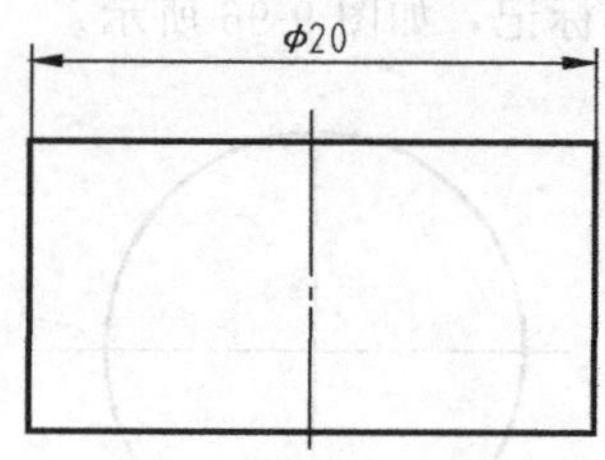

图 9-101 默认标注

在对如图 9-101 所示的图形中的尺寸进行标注时，可以修改尺寸文字的角度。步骤如下：

① 单击【注释】标签下的【标注】选项卡中隐藏的【文字角度】按钮，如图 9-102 所示。

② 单击选中要进行文字角度修改的尺寸，然后在命令行输入文字的角度“30°”，按回车即可完成文字角度的修改，如图 9-103 所示。

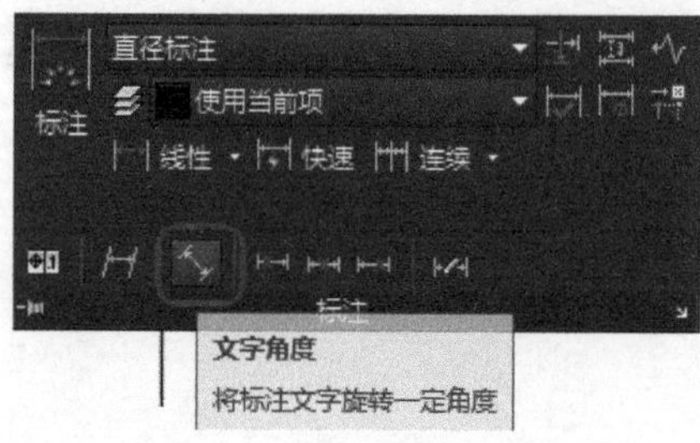

图 9-102 【文字角度】按钮

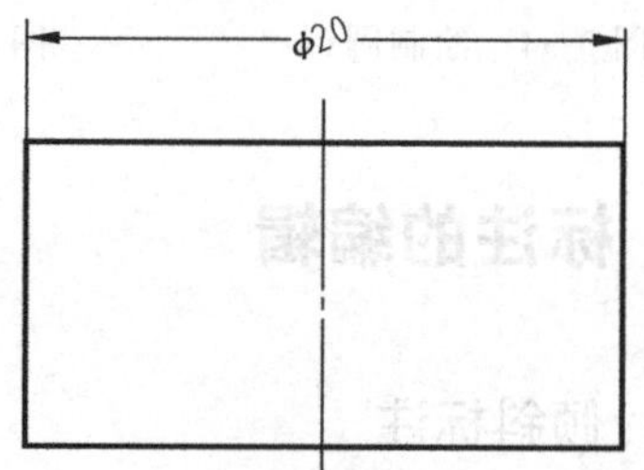

图 9-103 文字角度调整后的尺寸

9.4.3 编辑文字对齐

如图 9-104 所示为图形的默认标注样式，可以修改尺寸文字的对齐位置。步骤如下：

① 单击【注释】标签下的【标注】选项卡中隐藏的【文字对齐】按钮，如图 9-105 所示，单击三个按钮中的【左对正】、【居中对正】或【右对正】启动命令。

② 然后单击选中要进行文字对齐修改的尺寸，即可完成文字对齐方式的修改，如图 9-106 所示为文字的三种不同的对齐方式。

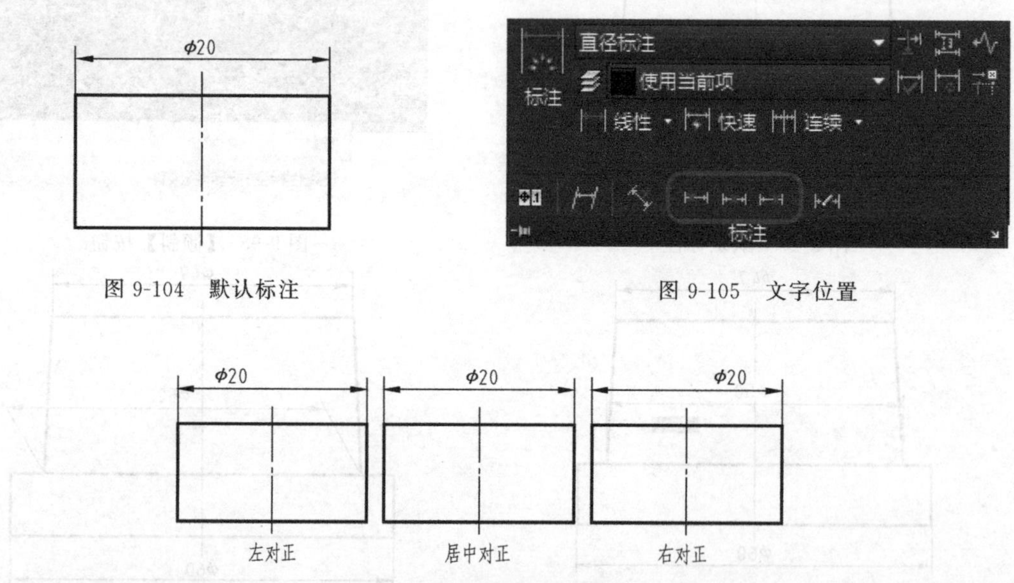

图 9-104 默认标注

图 9-105 文字位置

图 9-106 文字位置效果

9.4.4 打断标注

如图 9-107 所示的图形如果有两个尺寸线相互交叉，可以用打断标注功能将其中的一个尺寸进行打断，打断后的尺寸还是一个整体，只是显示时是断开的。步骤如下：

① 单击【注释】标签下的【标注】选项卡中的【打断】按钮，如图 9-108 所示。

② 然后单击选中要进行打断的尺寸“25”，再按回车键或空格键即可完成打断操作，效果如图 9-109 所示。

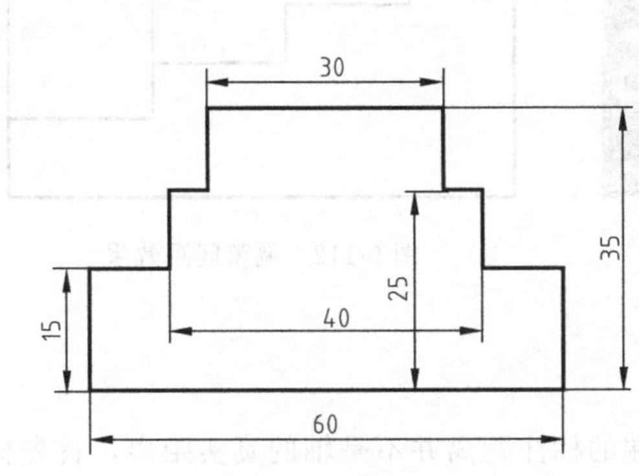

图 9-107 默认标注

图 9-108 【打断】按钮

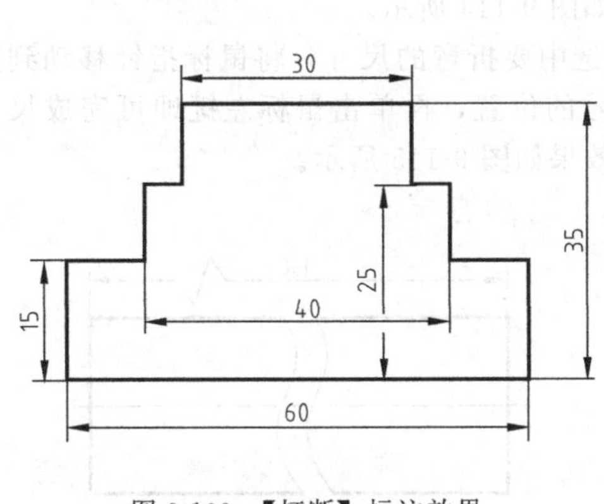

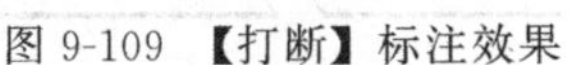

图 9-109 【打断】标注效果

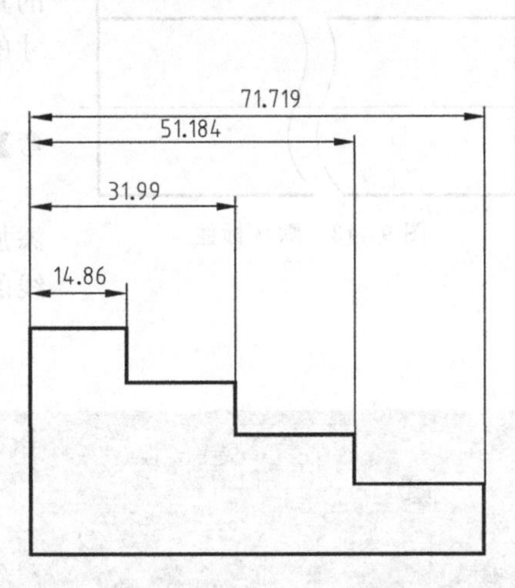

图 9-110 默认标注

9.4.5 调整标注间距

如图 9-110 所示的图形在同一个方向上有多个尺寸，往往在标注的时候各个标注的放置位置是随机的，标注之间的距离并不均匀，为了使图形规范美观可以用【调整间距】功能将各个尺寸之间的间距调整为统一大小。步骤如下：

① 单击【注释】标签下的【标注】选项卡中【调整间距】按钮，如图 9-111 所示。

② 单击选中一个基本尺寸“14.86”（即在调整间距过程中位置不动的一个尺寸），再单击选中其他的尺寸，然后按空格键确认选择，再输入尺寸之间的间距值“5”，按回车键完成

调整间距操作，效果如图 9-112 所示。

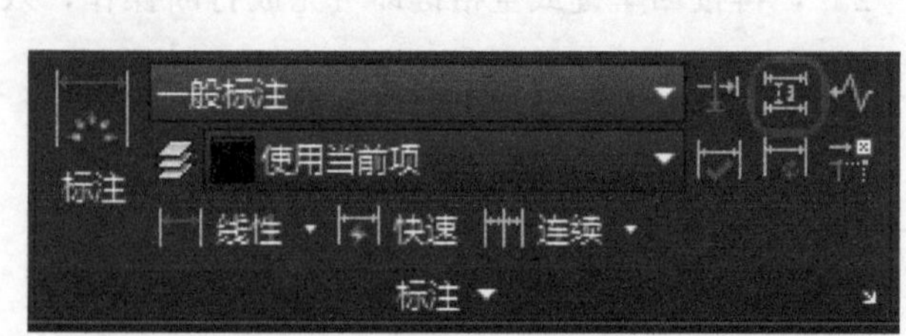

图 9-111 【调整间距】按钮

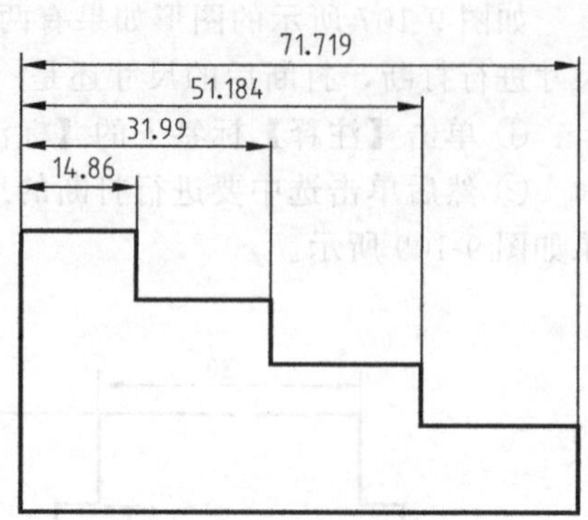

图 9-112 调整间距效果

9.4.6 折弯标注

如图 9-113 所示的图形为一个截断图，轴两端的标注距离并不是轴的真实距离，首先标注完成后双击标注的文字，将原有内容删除，输入轴的真实尺寸，然后在图形的空白区域单击鼠标完成尺寸的修改。此时还需要将尺寸线进行折弯。步骤如下：

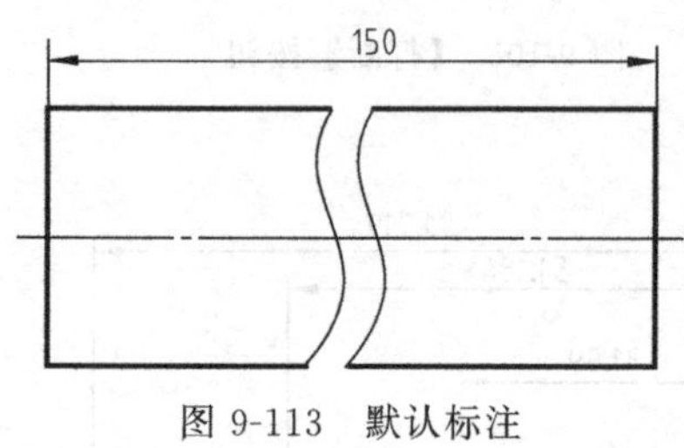

图 9-113 默认标注

① 单击【注释】标签下的【标注】选项卡中【折弯】按钮，如图 9-114 所示。

② 单击选中要折弯的尺寸，将鼠标指针移动到要添加折弯符号的位置，再单击鼠标左键即可完成尺寸线的折弯，效果如图 9-115 所示。

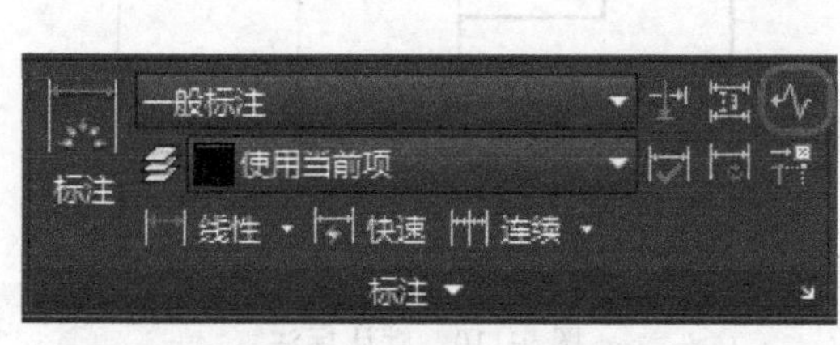

图 9-114 【折弯】按钮

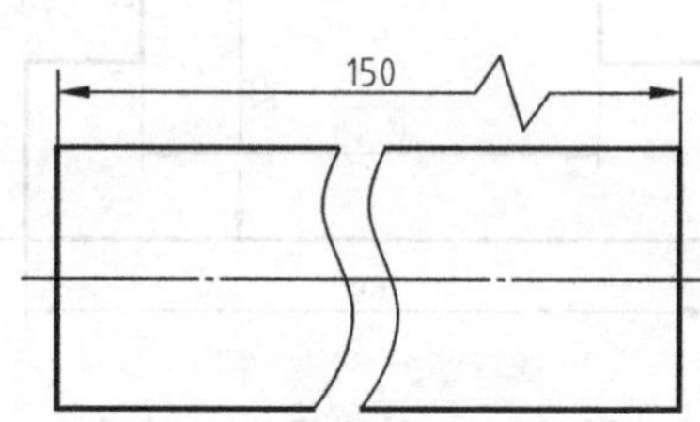

图 9-115 【折弯】效果

9.4.7 使用夹点编辑标注

可以使用夹点编辑的方法修改尺寸标注，步骤如下：

① 对于如图 9-116 所示的图形，单击左键选中该尺寸。

② 然后单击选中尺寸界线的夹点，如图 9-117 所示。

③ 移动鼠标为该夹点指定新的位置，最后单击左键确定新位置，如图 9-118 所示。

④ 在绘图区域空白处单击鼠标左键完成编辑，效果如图 9-119 所示。

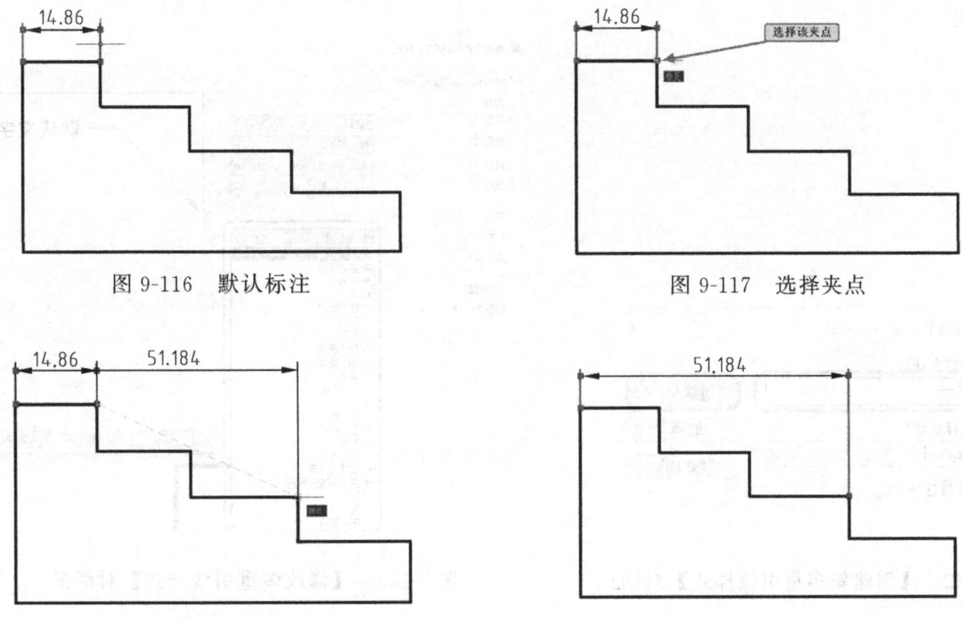

图 9-116　默认标注

图 9-117　选择夹点

图 9-118　调整夹点位置

图 9-119　编辑后效果

9.5　多重引线

使用【多重引线】命令可以引出文字注释、倒角标注、标注零件号和引出公差等。引线的标注样式由多重引线样式控制。

9.5.1　多重引线样式

通过【多重引线样式管理器】对话框可以设置多重引线的箭头、引线、文字等特征。设置步骤如下：

① 单击【注释】标签下的【引线】选项卡中向下的小箭头，如图 9-120 所示。系统弹出如图 9-121 所示的【多重引线样式管理器】。

② 单击选中列表中的“standard”，再单击【新建】按钮，系统弹出如图 9-122 所示的对话框，在【新样式名】中输入“样式一”，然后单击【继续】。

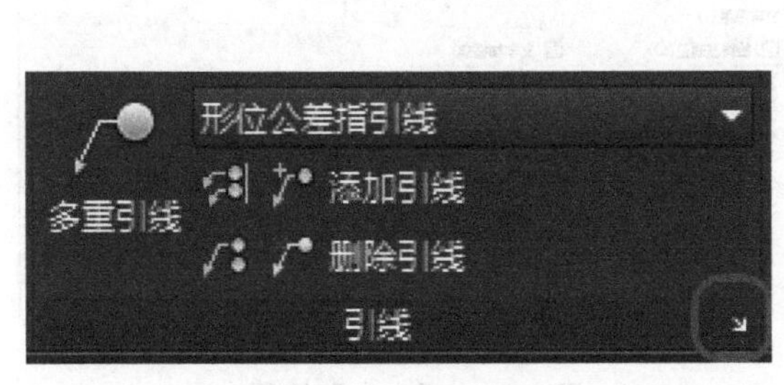

图 9-120　【引线】标签

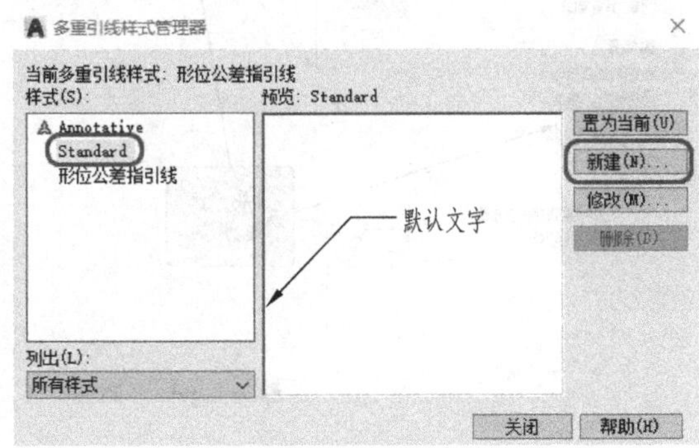

图 9-121　【多重引线样式管理器】

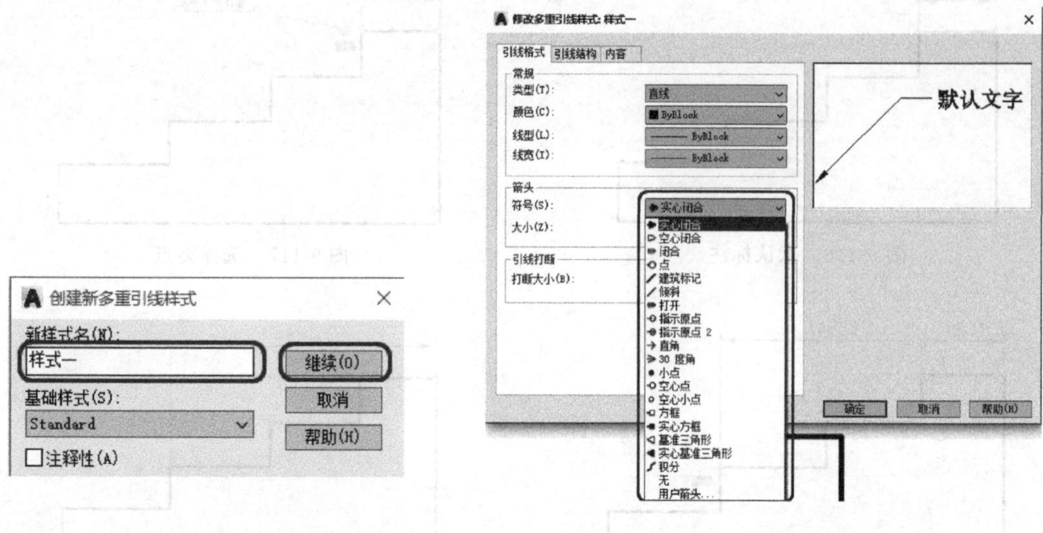

图 9-122　【创建新多重引线样式】对话框　　图 9-123　【修改多重引线样式】对话框

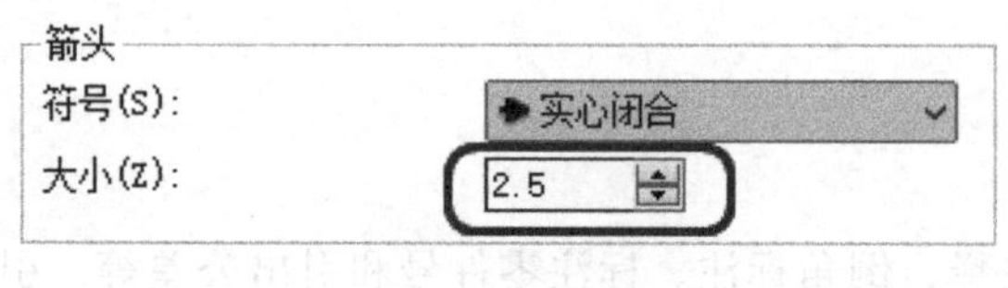

图 9-124　箭头大小

③ 在打开的【修改多重引线样式】对话框中有三个标签，其中【引线格式】标签中常需要修改的是箭头符号的类型，如图 9-123 所示，以及箭头的大小，如图 9-124 所示，一般实心闭合箭头的大小为 2.5。【引线结构】标签中需要修改的是【基线设置】中的【基线距离】，如图 9-125 所示。【内容】标签中需要修改的是【文字样式】和【引线连接】方式，如图 9-126 所示。

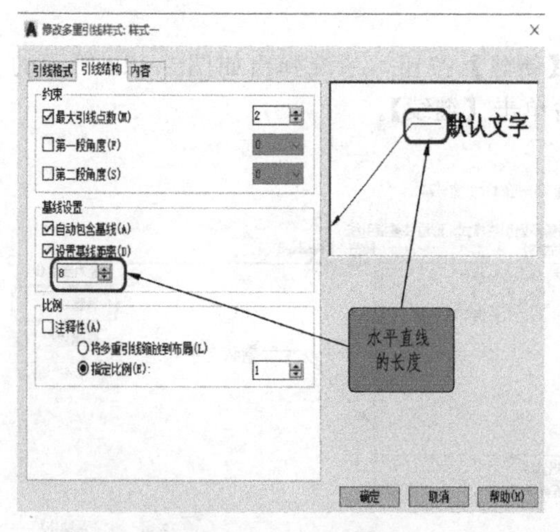

图 9-125　基线设置

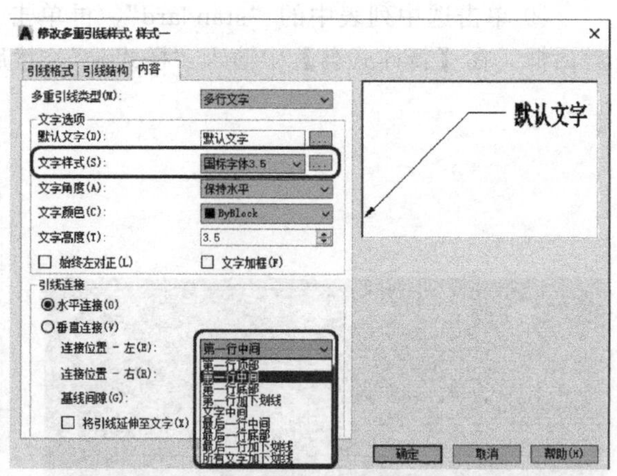

图 9-126　【内容】标签

9.5.2　实战训练：运用多重引线标注倒角

运用多重引线标注倒角

训练要求

学会运用【多重引线】完成倒角的标注。

实施步骤

① 单击【注释】标签下的【引线】选项卡中向下的小箭头，如图 9-120 所示。系统弹出如图 9-121 所示的【多重引线样式管理器】。然后单击选中列表中的“standard”，再单击【新建】按钮。系统弹出如图 9-127 所示的对话框，在【新样式名】中输入“倒角标注”，然后单击【继续】。

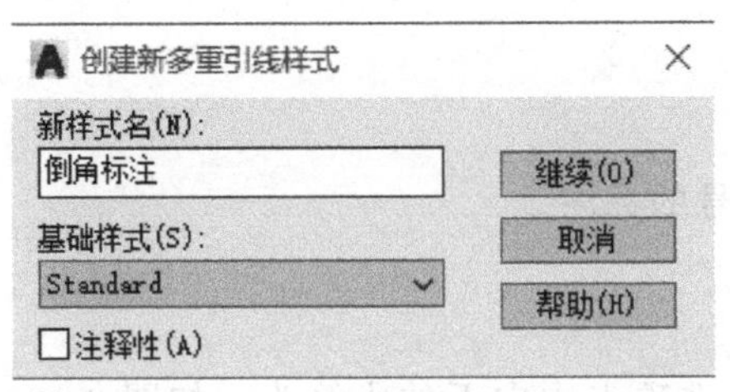

图 9-127　【创建新多重引线样式】

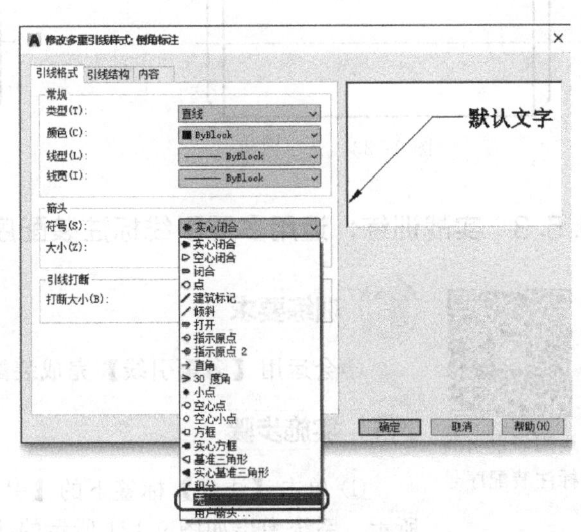

图 9-128　箭头类型

② 在打开的【修改多重引线样式】对话框中有三个标签，其中【引线格式】标签中修改箭头符号为“无”，如图 9-128 所示。【引线结构】标签中需要修改的是【基线设置】中的【基线距离】为“0.1”（该值尽量小但是系统不允许输入 0），如图 9-129 所示。【内容】标签中需要修改的是【文字样式】为“国标字体 3.5”和【引线连接】，方式为“第一行加下划线”，如图 9-130 所示。

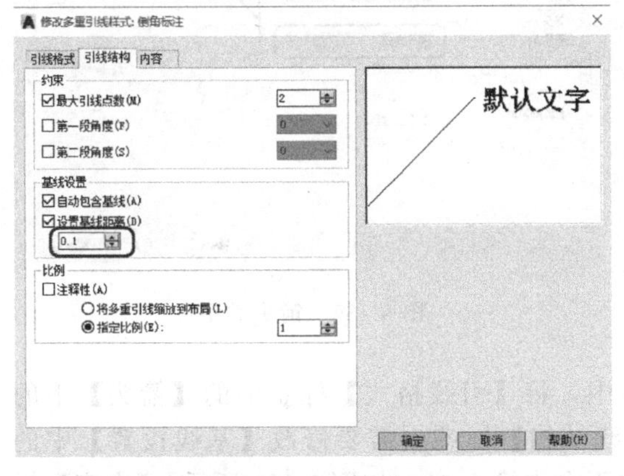

图 9-129　基线设置

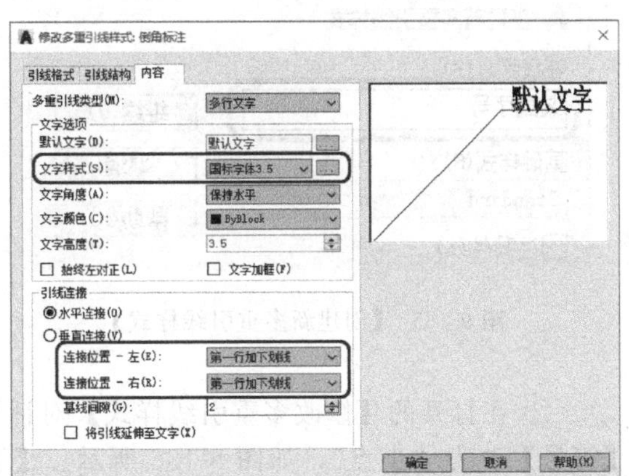

图 9-130　【内容】标签

③ 单击【多重引线】按钮，选中引线起点，如图 9-131 所示，移动鼠标单击左键指定引线第二点，如图 9-132 所示，然后系统让输入引线的文字，输入“C2”，如图 9-133 所示，最后在空白处单击鼠标左键，得到标注效果如图 9-134 所示。

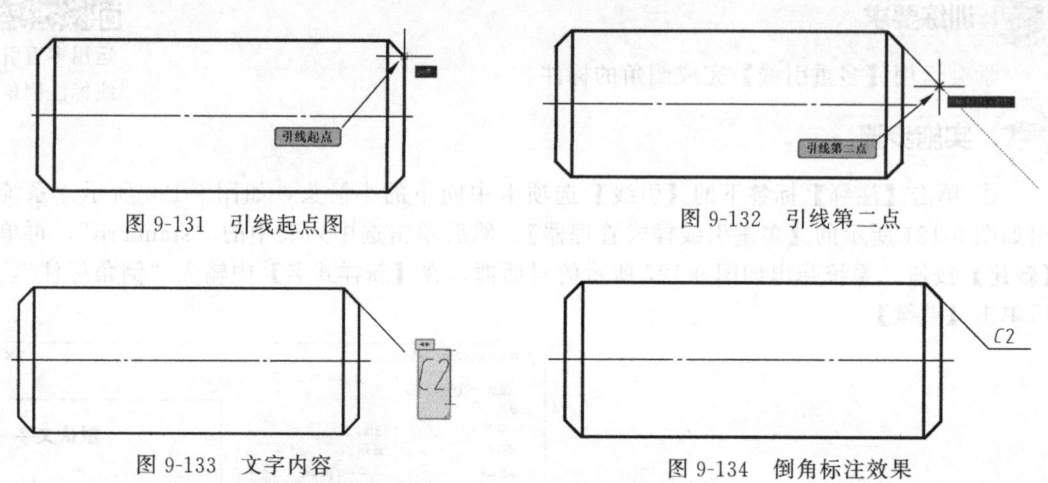

图 9-131　引线起点图

图 9-132　引线第二点

图 9-133　文字内容

图 9-134　倒角标注效果

9.5.3　实战训练：运用多重引线标注装配序号

运用多重引线标注装配序号

学会运用【多重引线】完成装配序号的标注。

① 单击【注释】标签下的【引线】选项卡中向下的小箭头，如图 9-120 所示。系统弹出如图 9-121 所示的【多重引线样式管理器】。然后单击选中列表中的“standard”，再单击【新建】按钮。系统弹出如图 9-135 所示的对话框，在【新样式名】中输入“装配序号”，然后单击【继续】。

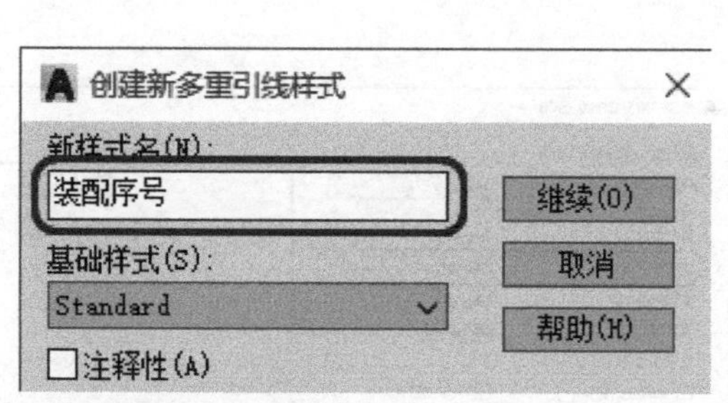

图 9-135　【创建新多重引线样式】

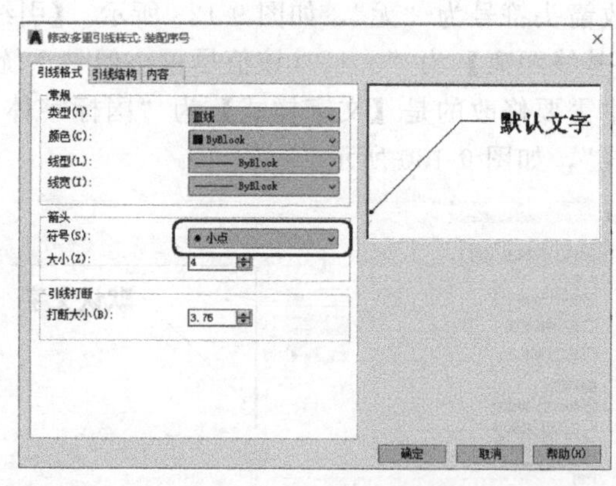

图 9-136　箭头类型

② 在打开的【修改多重引线样式】对话框中，将【引线格式】标签中的【箭头】下的【符号】改为“小点”，如图 9-136 所示。【引线结构】标签中需要修改【基线设置】中的【基线距离】为“0.1”(该值尽量小，但是系统不允许输入 0)，如图 9-129 所示。【内容】标

签中需要修改【文字样式】为“国标字体 3.5”和【引线连接】方式为“第一行加下划线”，如图 9-130 所示。

③ 单击【多重引线】按钮，选中引线起点，如图 9-137 所示，移动鼠标单击左键指定引线第二点，如图 9-138 所示，然后系统让输入引线的文字，输入“1”，如图 9-139 所示，最后在空白处单击鼠标左键，得到标注效果如图 9-140 所示。

重复上述过程多次即可完成所有序号的标注，效果如图 9-141 所示。

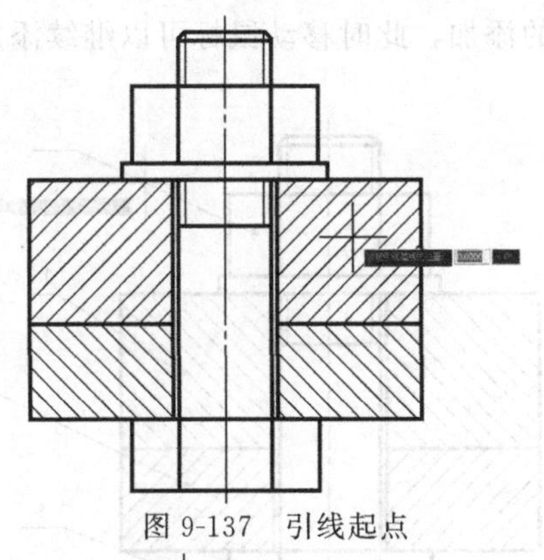

图 9-137　引线起点

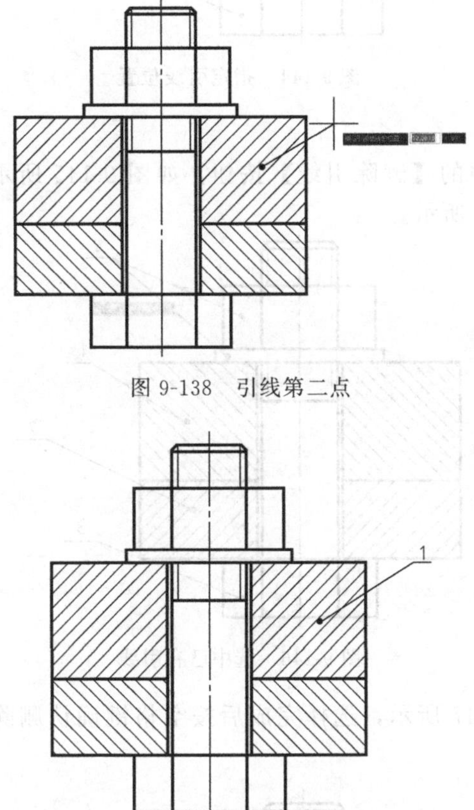

图 9-138　引线第二点

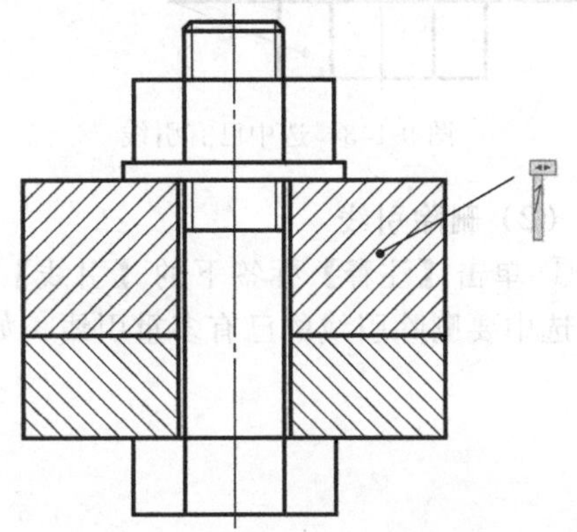

图 9-139　文字内容

图 9-140　装配序号标注效果（一）

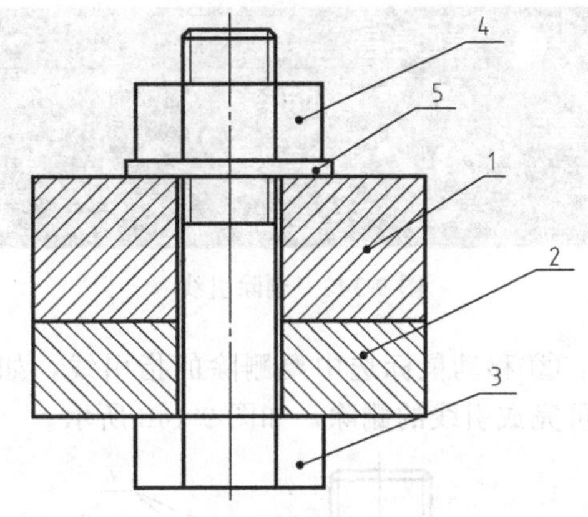

图 9-141　装配序号标注效果（二）

9.5.4　添加、删除多重引线

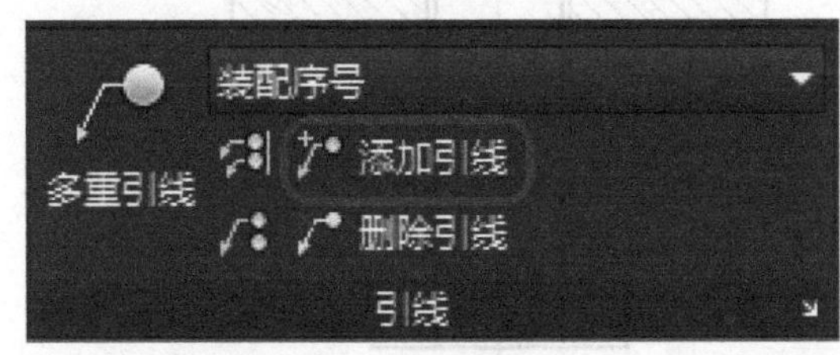

图 9-142　添加引线

（1）添加引线

① 单击【注释】标签下的【引线】选项卡中的【添加引线】按钮，如图 9-142 所示。单击选中要添加引线的已有多重引线，如图 9-143 所示。

② 移动鼠标确定指引线的位置，再单击鼠标左键，如图 9-144 所示，即可完成引

线的添加，此时移动鼠标可以继续添加引线，如需结束按【Esc】键即可。

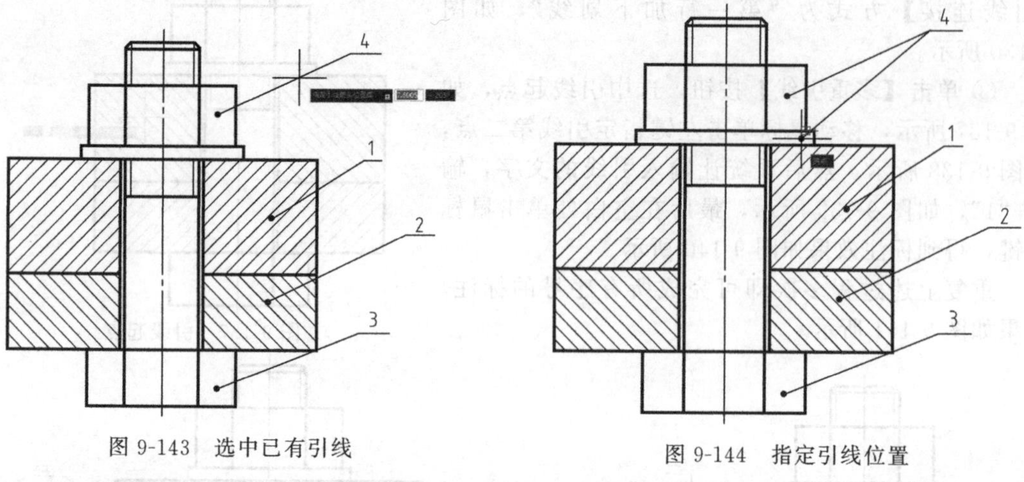

图 9-143　选中已有引线　　　　图 9-144　指定引线位置

（2）删除引线

① 单击【注释】标签下的【引线】选项卡中的【删除引线】按钮，如图 9-145 所示。单击选中要删除引线的已有多重引线，如图 9-146 所示。

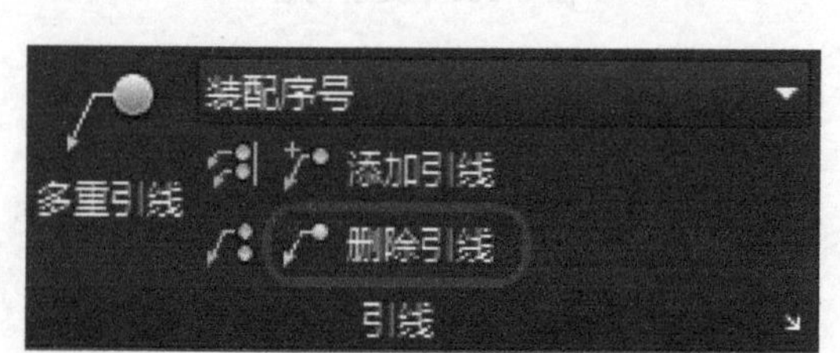

图 9-145　删除引线

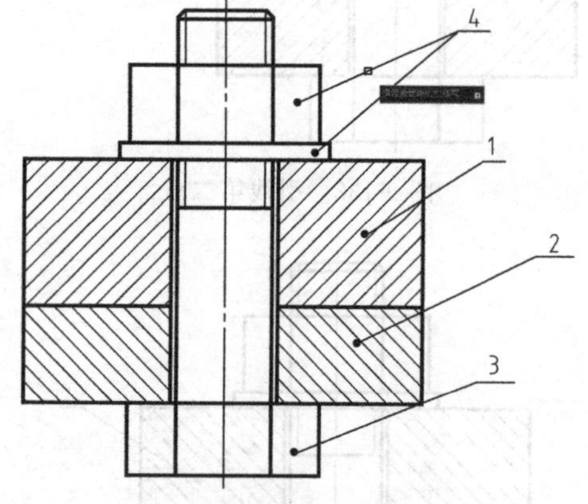

图 9-146　选中已有引线

② 移动鼠标选中要删除的指引线，如图 9-147 所示，选择完成后按空格键确认删除，即可完成引线的删除，如图 9-148 所示。

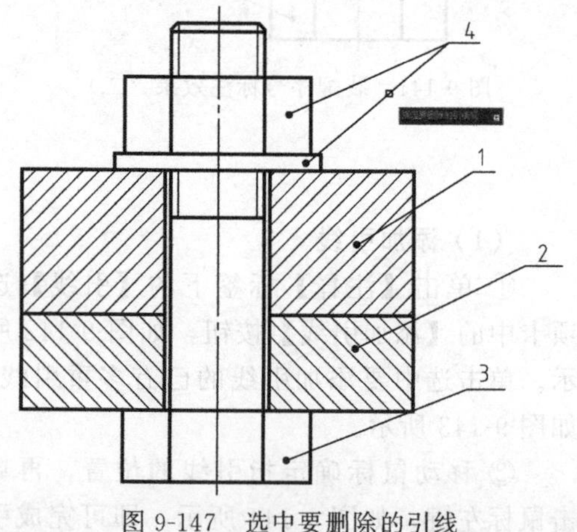

图 9-147　选中要删除的引线

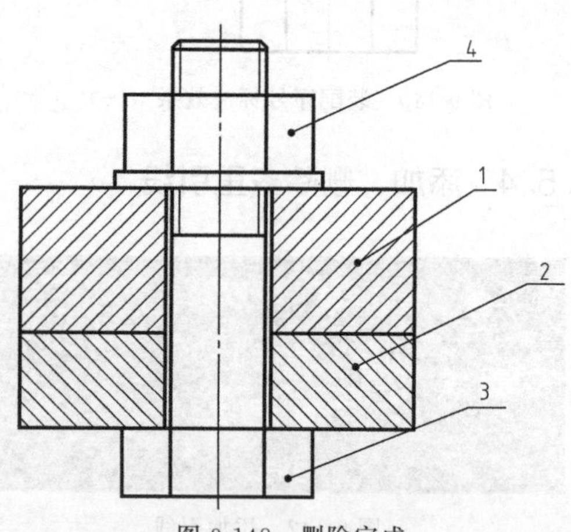

图 9-148　删除完成

9.5.5　对齐多重引线

对齐多重引线操作步骤如下：

① 单击【注释】标签下的【引线】选项卡中的【对齐】按钮，如图 9-149 所示。

② 选择要进行对齐的多重引线，序号 2、3、4，如图 9-150 所示，按空格键确认完成选择。

③ 系统提示选择要对齐到的多重引线，选择序号 1，如图 9-151 所示，移动鼠标如图示位置，然后单击鼠标左键即可将所有装配序号沿垂直方向对齐，最终效果如图 9-152 所示。

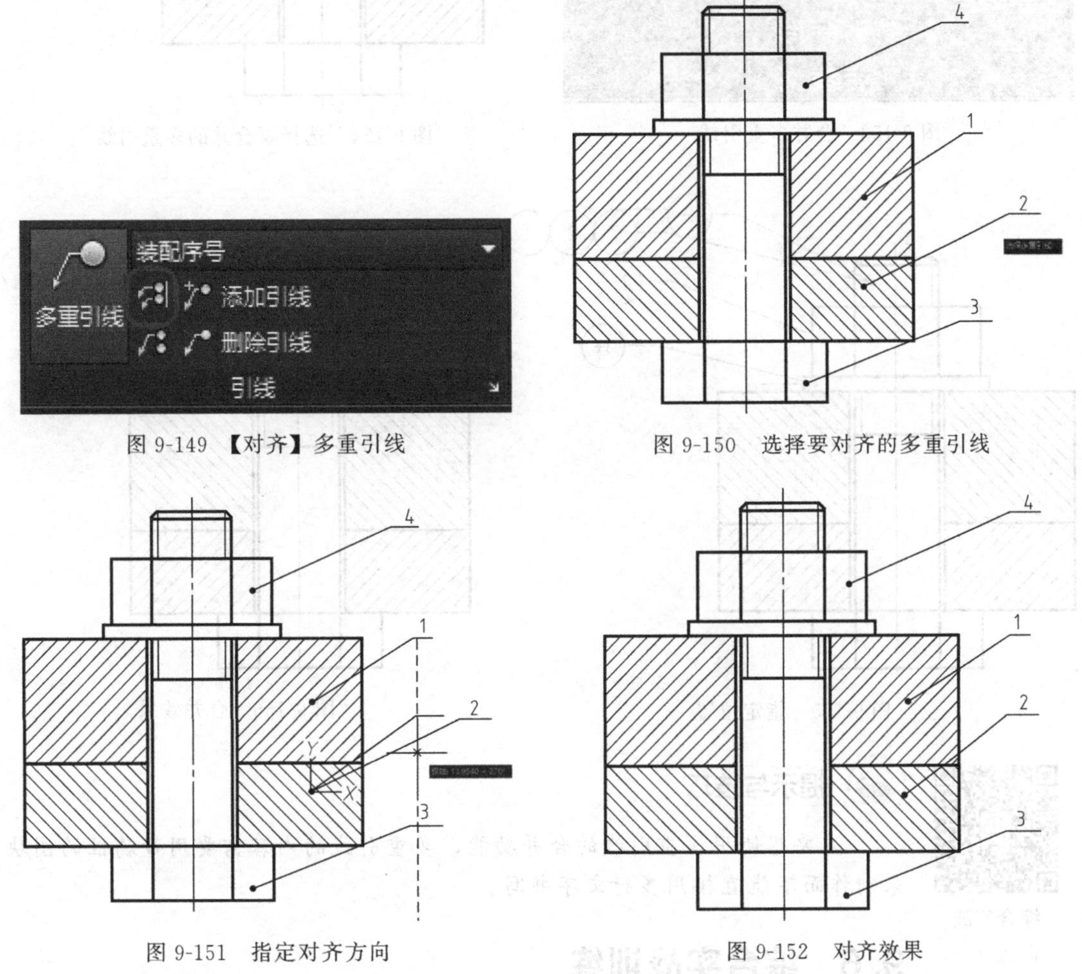

图 9-149　【对齐】多重引线

图 9-150　选择要对齐的多重引线

图 9-151　指定对齐方向

图 9-152　对齐效果

9.5.6　合并多重引线

合并多重引线操作步骤如下：

① 单击【注释】标签下的【引线】选项卡中的【合并】按钮，如图 9-153 所示。

② 选择要进行合并的多重引线，序号 1、2、3，如图 9-154 所示，按空格键确认完成选择。

③ 系统提示选择合并后引线的放置位置，如图 9-155 所示，然后单击鼠标左键即可将所有装配序号合并，合并效果如图 9-156 所示。

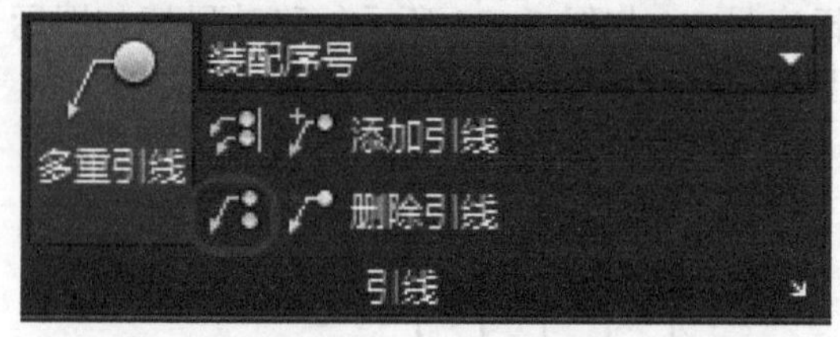

图 9-153 合并多重引线

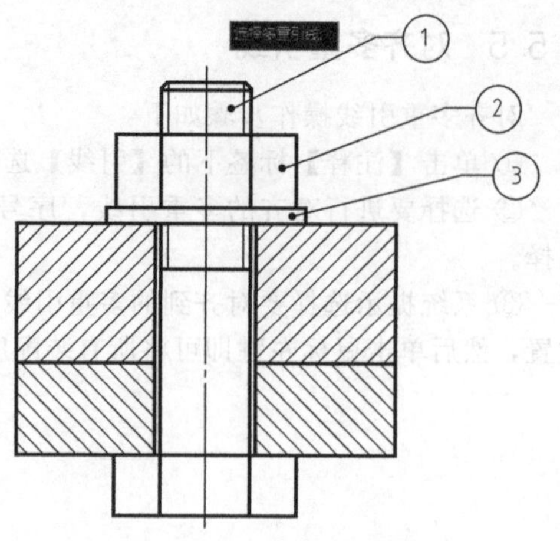

图 9-154 选择要合并的多重引线

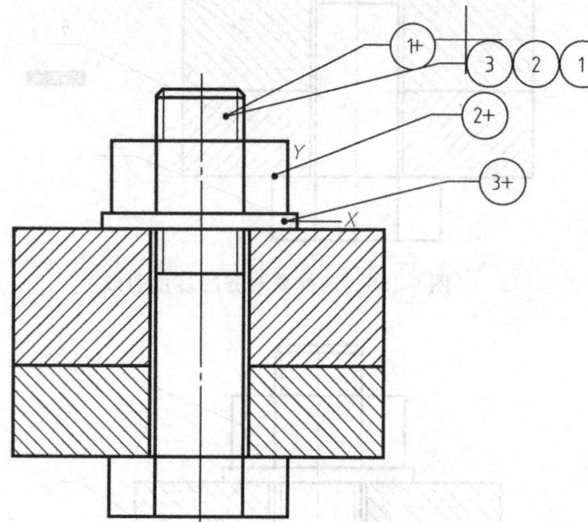

图 9-155 指定位置

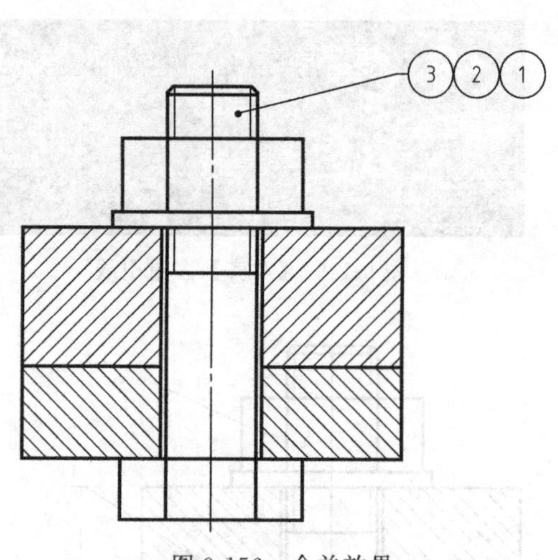

图 9-156 合并效果

综合实战训练（1）

提示与技巧

◇ 要想使用多重引线的合并功能，多重引线的内容需要用带属性的图块来制作而不能直接用多行文字书写。

9.6 综合实战训练

综合实战训练（2）

训练要求

完成如图 9-157 所示图形的尺寸标注。

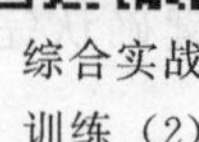

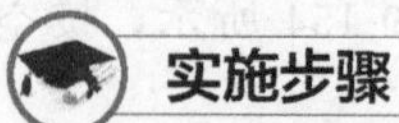

实施步骤

① 用“一般标注”样式标注线性尺寸，用“水平标注”样式标注显示为圆的直径和半径尺寸，用“直径标注”样式标注显示为非圆的直径尺寸。

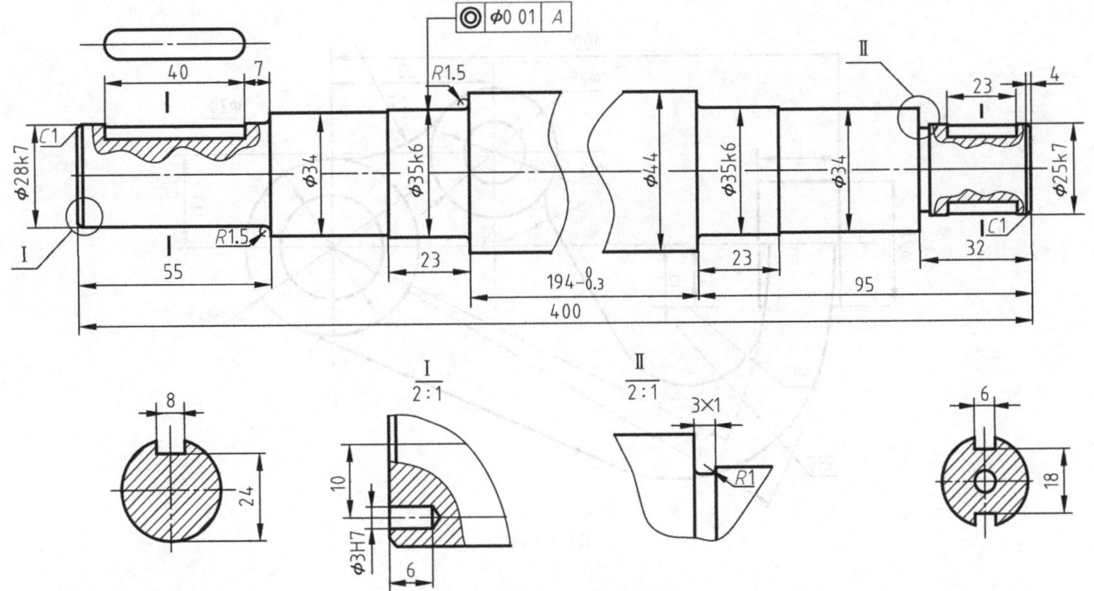

图 9-157　实战训练图形

② 为直径尺寸增加尺寸公差。

③ 标注形位公差。

④ 标注倒角及局部放大符号。

9.7 拓展练习

对如图 9-158～图 9-160 所示的图形进行尺寸标注。

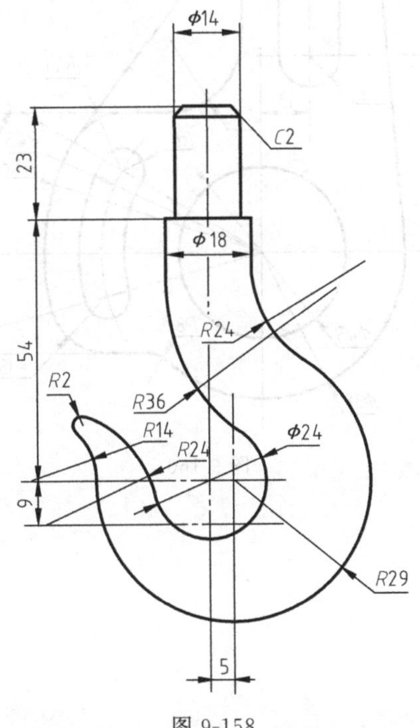

图 9-158

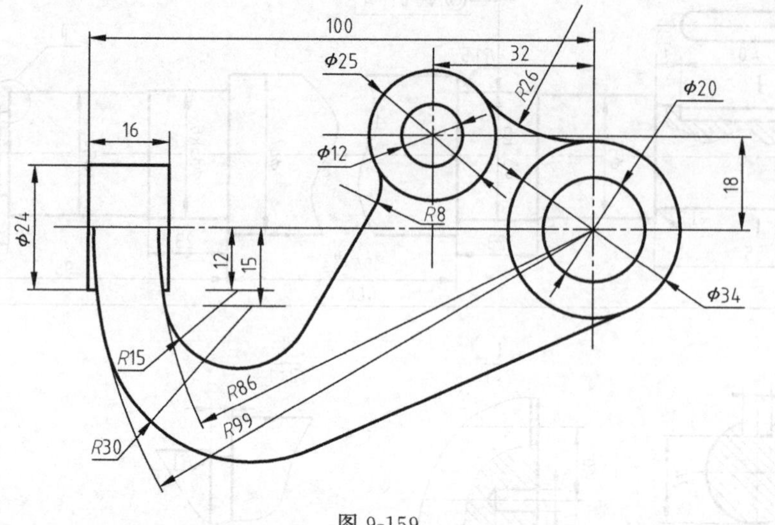
100
32
Φ25
R26
Φ20
16
Φ12
18
Φ24
R8
12
15
Φ34
R15
R86
R99
R30

图 9-159

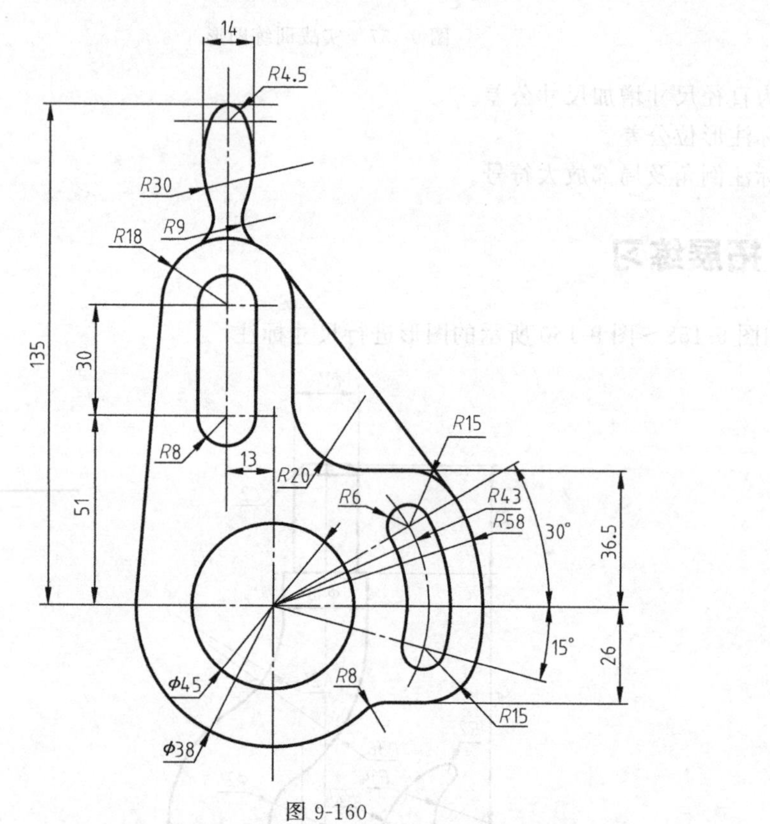
14
R4.5
R30
R9
R18
135
30
R8
13
R20
51
R15
R6
R43
R58
30°
36.5
15°
26
Φ45
R8
R15
Φ38

图 9-160

第10章 样板文件制作

在应用 AutoCAD 进行图形绘制时，如果每次都要对绘图环境进行设置就会大大降低绘图效率，在 AutoCAD 中提供了一种样板文件，可以将符合国标的所有设置都保存到这个样板文件中，在新建图纸的时候就可以将这个样板文件作为基础新建文件，这样所有的设置就都保留在了新文件当中。

制作样板文件，首先要新建一个空文件然后进行相应的设置，包括图层设置、文字样式设置、标注样式设置、图框的绘制及标题栏的绘制，本章以 A3 图纸为例来讲解样板文件的制作过程。

10.1 图层设置

10.1.1 新建图层

通过菜单【格式】|【图层】如图 10-1 所示，或单击【默认】标签下的【图层特性】按钮如图 10-2 所示，系统弹出如图 10-3 所示的【图层特性管理器】对话框。单击【新建】按

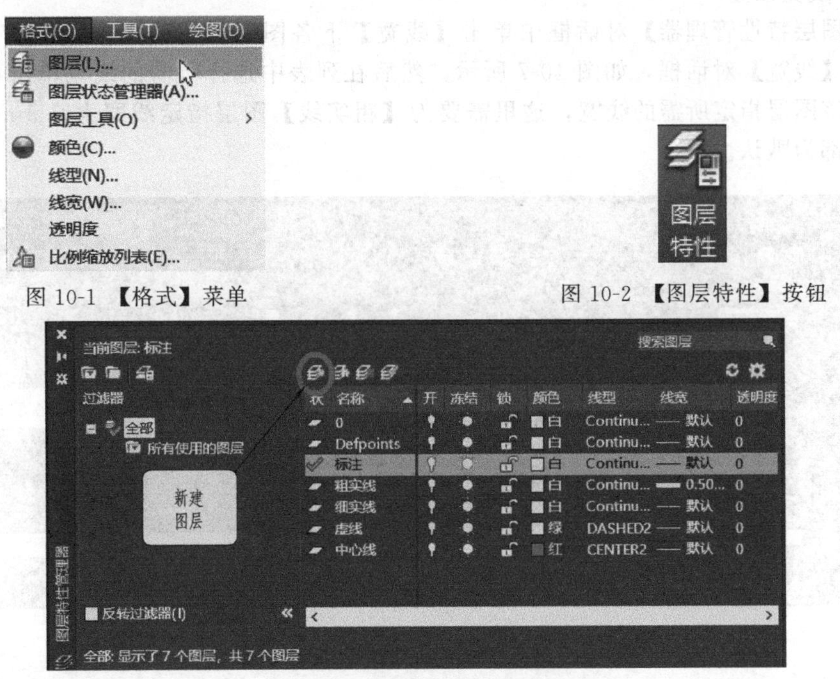

图 10-1 【格式】菜单

图 10-2 【图层特性】按钮

图 10-3 【图层特性管理器】

钮，在图层列表中会出现一个新的图层，并且图层的名称处于可重命名的状态，此时可以给图层输入一个新的名称，样板文件需要新建五个图层分别是【标注】、【粗实线】、【细实线】、【虚线】和【中心线】。

10.1.2 图层设置

（1）线型设置

在【图层特性管理器】对话框中单击【线型】下的英文单词“Continuous”，系统弹出如图 10-4 所示的【选择线型】对话框，此时在对话框中列出了已经加载好的线型，单击【加载】按钮打开【加载或重载线型】对话框，如图 10-5 所示。在对话框的列表中选中所需的线型单击【确定】按钮，即可将该线型加载到【已加载的线型】的列表中，然后在列表中选中刚才加载进来的线型再单击【确定】按钮，即可完成该图层线型的指定。

分别为【中心线】图层指定“CENTER2”线型，为【虚线】图层指定“DASHED2”线型。

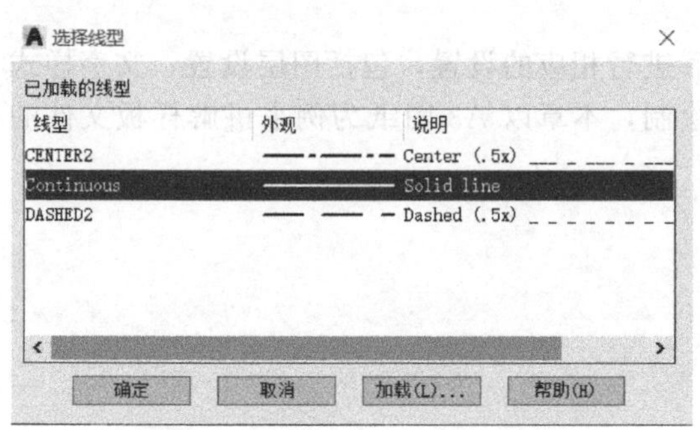

图 10-4 【选择线型】对话框

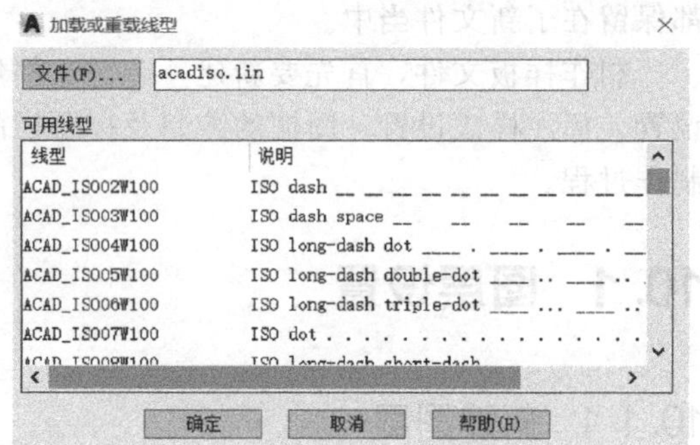

图 10-5 【加载或重载线型】对话框

（2）线宽设置

在【图层特性管理器】对话框中单击【线宽】下各图层对应的位置，如图 10-6 所示。系统弹出【线宽】对话框，如图 10-7 所示，然后在列表中选择所需的线宽单击【确定】按钮即可为该图层指定所需的线宽，这里需要为【粗实线】图层指定线宽为 0.5mm，其他图层的线宽都为默认。

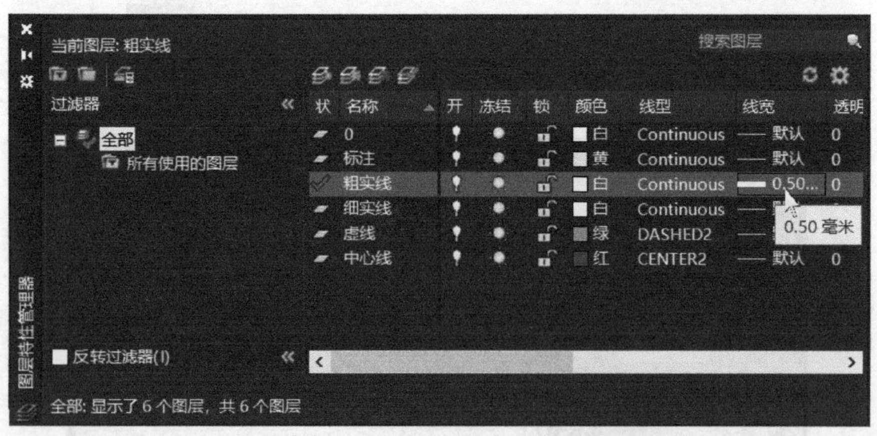

图 10-6 设置线宽

（3）颜色设置

在【图层特性管理器】对话框中单击【颜色】下各图层对应的位置。系统弹出【选择颜色】对话框，如图 10-8 所示，然后在对话框中选择所需的颜色单击【确定】按钮，即可为该图层指定所需的颜色。在指定图层颜色时优先选择【索引颜色】里面的颜色，这里需要为【标注】图层指定黄色，为【虚线】图层指定绿色，为【中心线】图层指定红色，其余图层用白色。

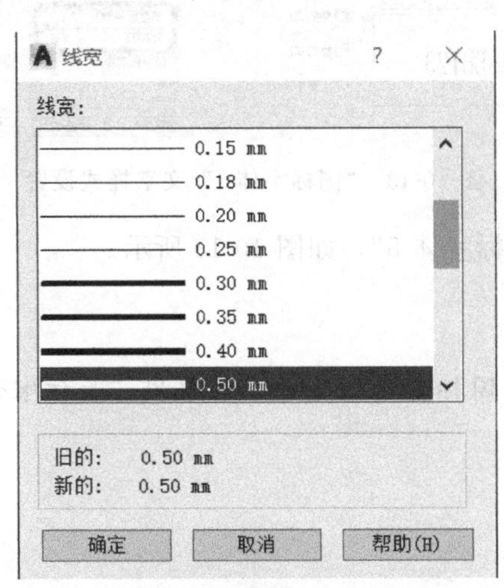

图 10-7　【线宽】对话框

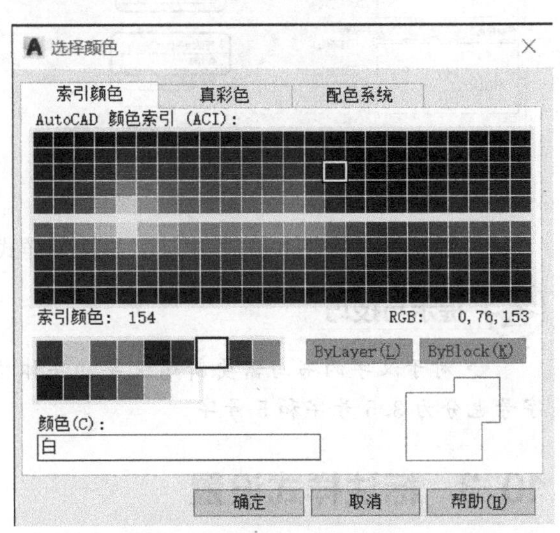

图 10-8　【选择颜色】对话框

10.2　文字样式设置

设置【文字样式】，步骤如下所示：

① 单击【注释】标签下的【文字】选项卡中的小箭头，如图 10-9 所示，系统弹出如图 10-10 所示的【文字样式】对话框。

② 在【文字样式】对话框中选中“Standard”然后单击【新建】按钮，系统弹出如图 10-11 所示的【新建文字样式】对话框，输入名称“国标字体 3.5”，然后单击【确定】按钮。

③ 按照如图 10-12 所示的设置对字体进行设置。

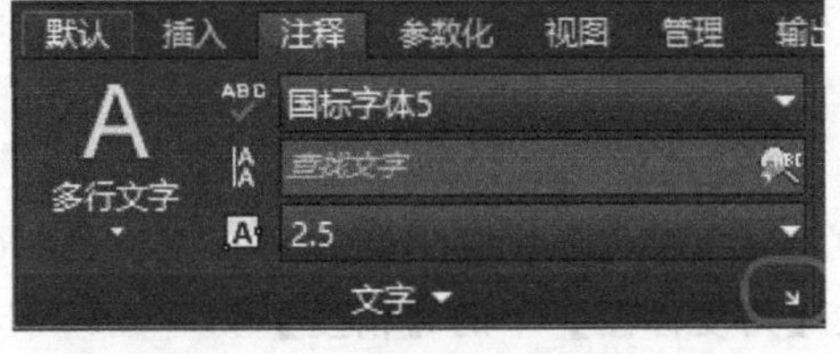

图 10-9　【文字】选项卡

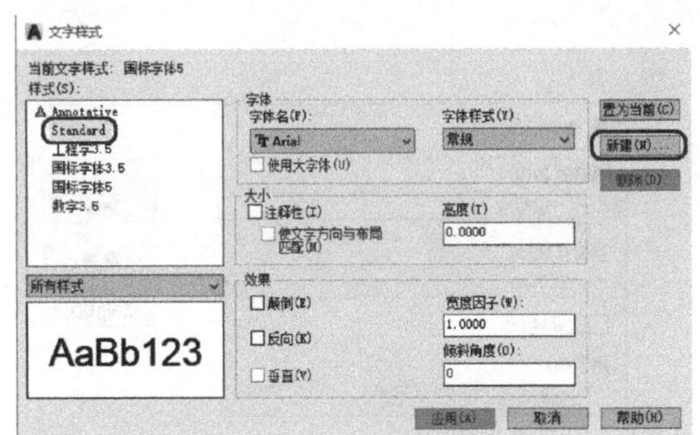

图 10-10　【文字样式】对话框

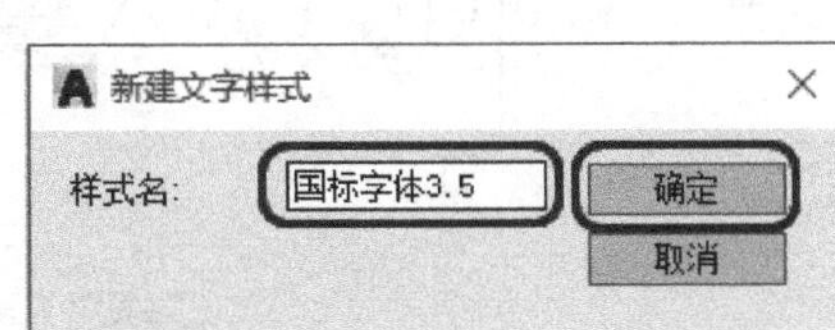

图 10-11　【新建文字样式】对话框

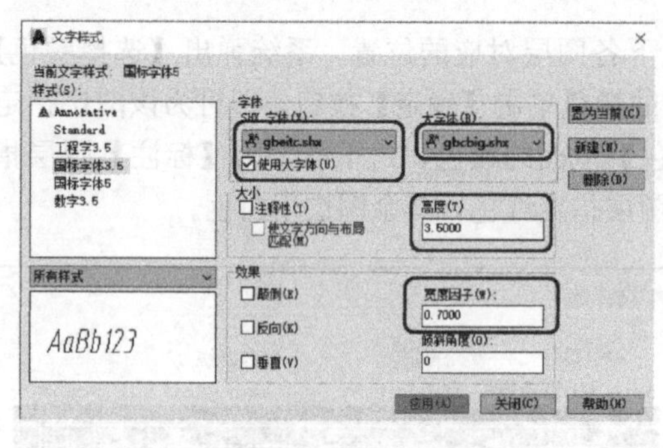

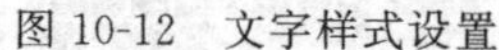

图 10-12　文字样式设置

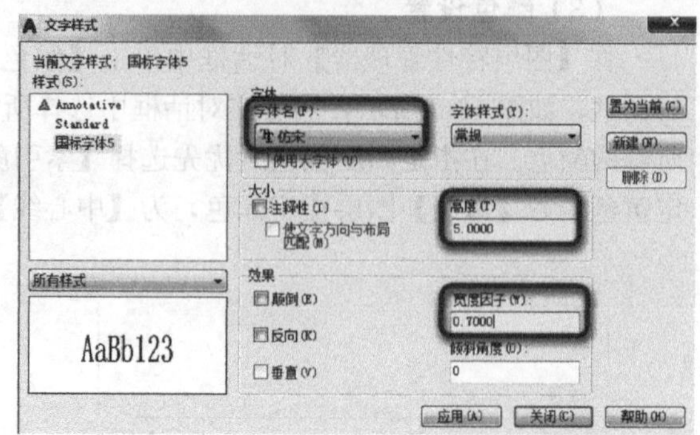

图 10-13　“国标字体 5” 文字样式设置

④ 按照上述方法再次新建汉字的文字样式“国标字体 5”，如图 10-13 所示。

提示与技巧

◇ 对于汉字的书写需要新建汉字的字体样式，国标要求汉字的书写要用“长仿宋体”，字号也分为 3.5 号字和 5 号字。

10.3 标注样式设置

设置【标注样式】，步骤如下所示：

① 单击【注释】标签下的【标注】选项卡中的小箭头，如图 10-14 所示，系统弹出如图 10-15 所示的【标注样式管理器】，选中样式列表中的“ISO-25”，再单击【新建】按钮，系统弹出如图 10-16 所示的对话框，在新样式名称中输入“一般标注”，然后单击【继续】按钮，系统弹出如图 10-17 所示的对话框。

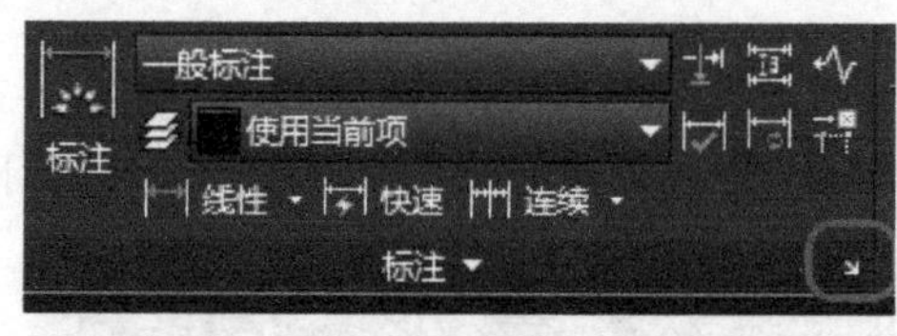

图 10-14　【标注】选项卡

② 在该对话框中的【线】标签中修改【基线间距】为“5”，【起点偏移量】为“0”。在该对话框中的【文字】标签中修改【文字样式】为“国标字体 3.5”，如图 10-18 所示。在该对话框中的【主单位】标签中修改【精度】为“0.000”，修改【小数分割符】为“.（句点）”，修改【角度标注】中的【精度】为“0.000”，并且勾选【后续】消零，如图 10-19 所示。

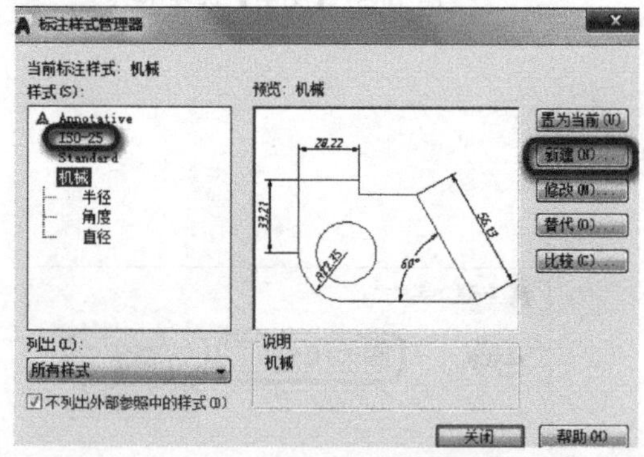

图 10-15　【标注样式管理器】

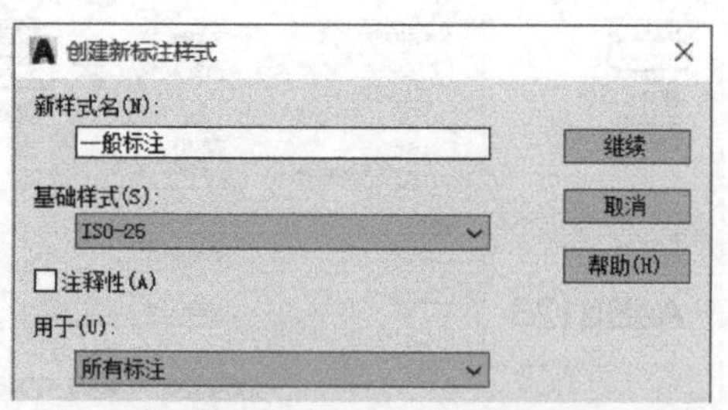

图 10-16　创建新的标注样式

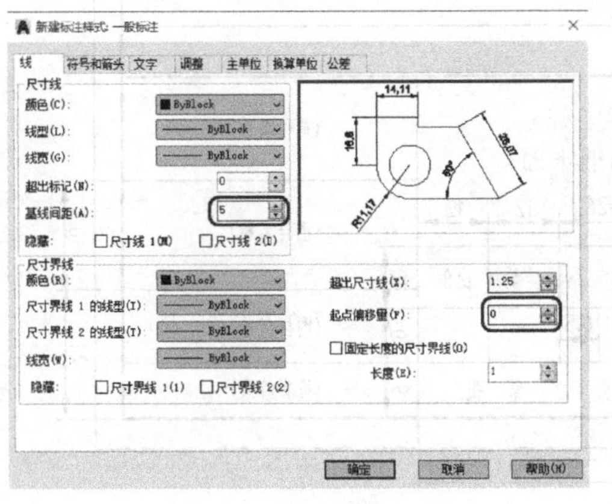

图 10-17　【线】标签

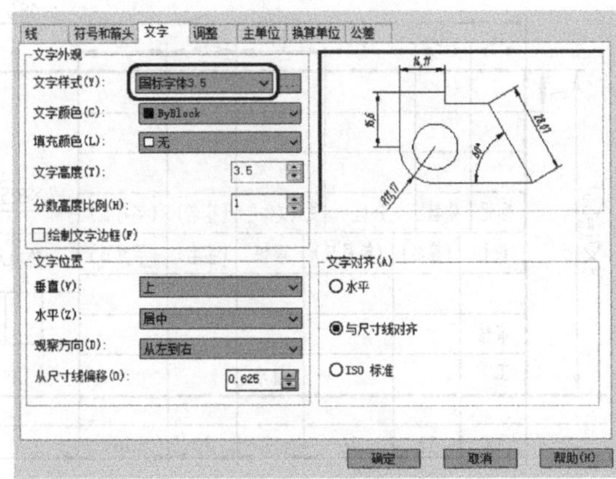

图 10-18　【文字】标签

最终标注效果如图 10-20 所示。这样得到的标注效果就是符合国标要求的标注效果，要想标注出符合国标要求的图形，还需要新建“水平标注”“直径标注”“单边直径标注”“度分秒标注”，详细方法请查看第 9 章的内容。

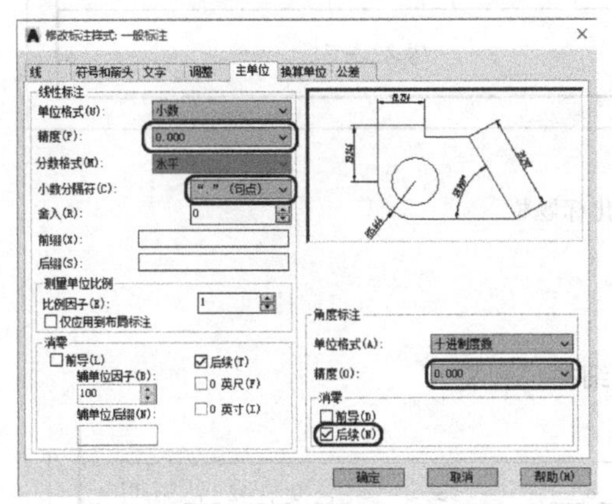

图 10-19　【主单位】标签

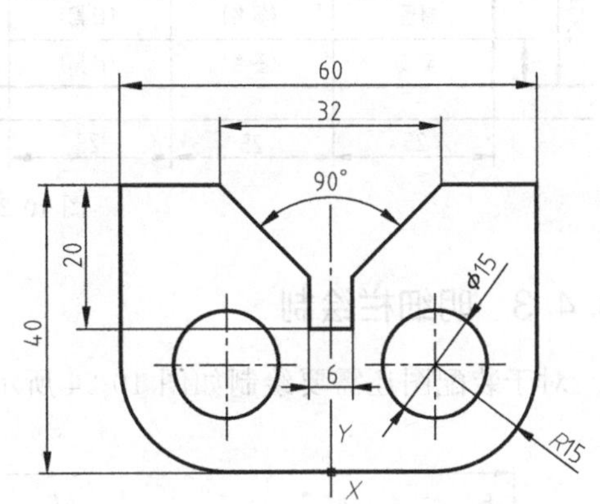

图 10-20　最终标注效果

10.4　图框、标题栏和明细栏的绘制

10.4.1　图框绘制

绘制如图 10-21 所示的 A3 图纸的图框，外框为细实线，内框为粗实线。

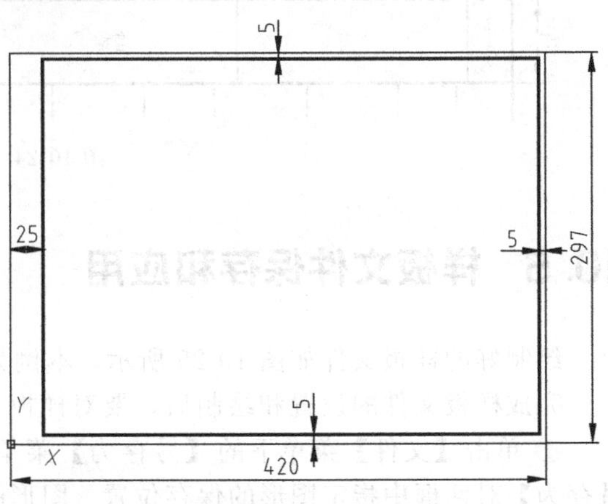

图 10-21　A3 图框

10.4.2　标题栏绘制

常用的标题栏有两种，一种是国标规定的通用标题栏，另一种是学校用的简化标题栏，在绘图过程中根据实际情况选择一种标题栏即可。绘制如图 10-22 所示的国标标题栏和如图 10-23 所示的简化标题栏。

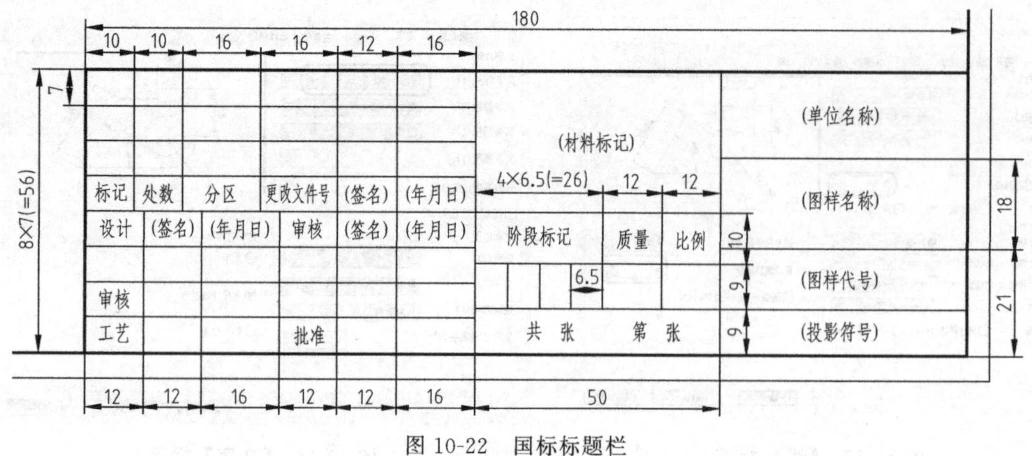

图 10-22　国标标题栏

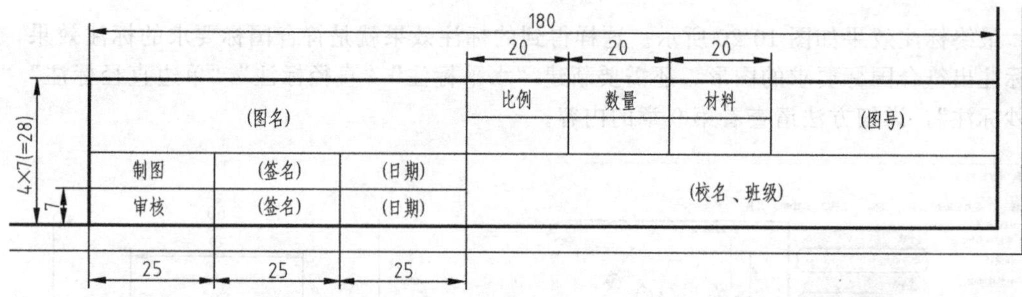

图 10-23　简化标题栏

10.4.3　明细栏绘制

对于装配图还需要绘制如图 10-24 所示的明细栏。

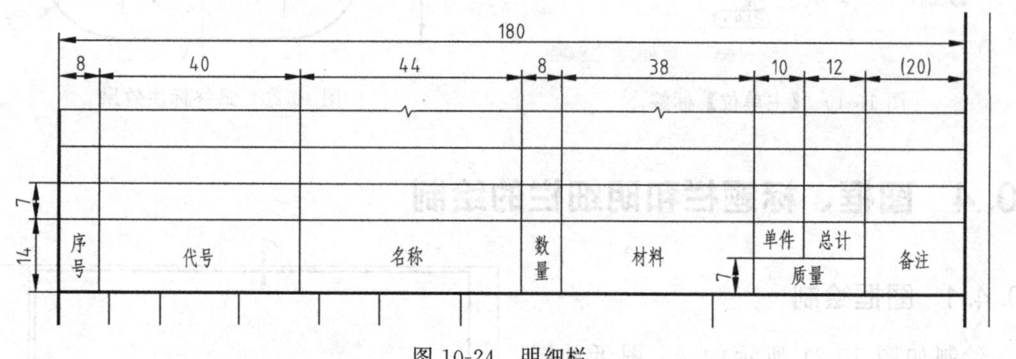

图 10-24　明细栏

10.5　样板文件保存和应用

绘制好的样板文件如图 10-25 所示，本例为 A3 装配图纸的样板文件。

完成样板文件的设置和绘制后，要对样板文件进行保存。

① 单击【文件】菜单下的【另存为】菜单项，如图 10-26 所示，在系统弹出的【图形另存为】对话框中指定图形的保存位置、图形的名称和图形的文件类型，如图 10-27 所示。

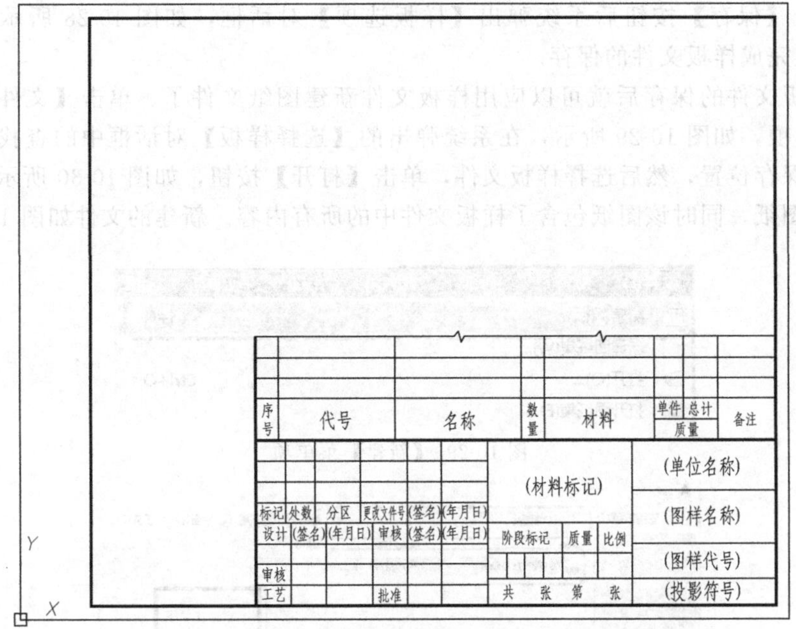

图 10-25 A3 装配图纸样板文件

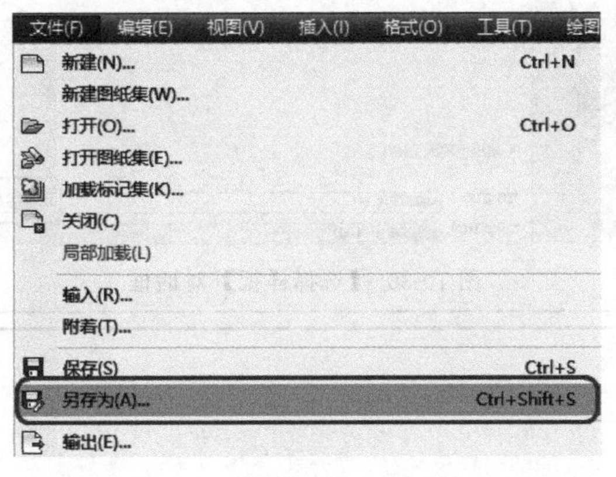

图 10-26 【另存为】菜单项

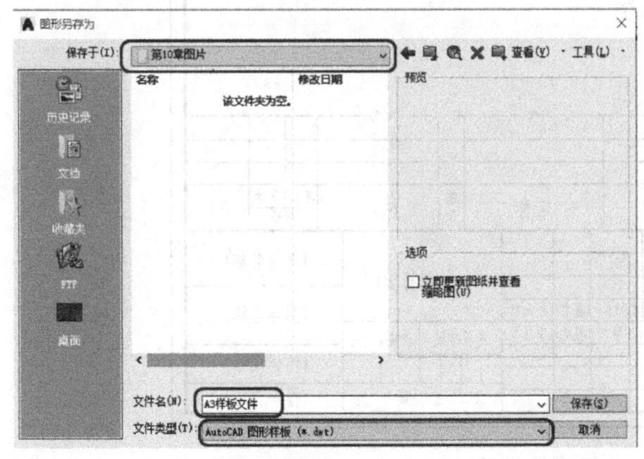

图 10-27 【图形另存为】对话框

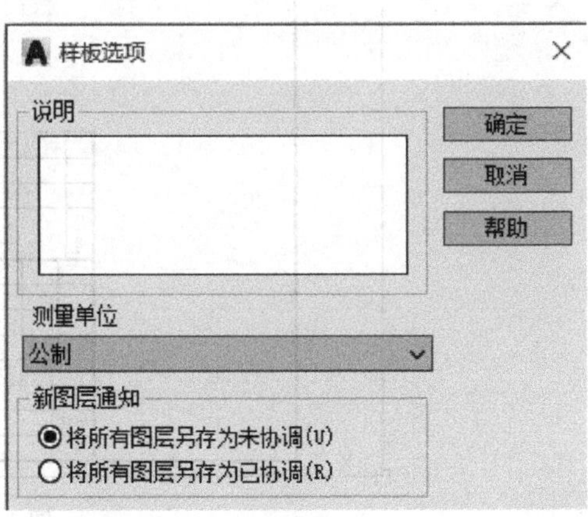

图 10-28 【样板选项】对话框

② 单击【保存】按钮后系统弹出【样板选项】对话框，如图 10-28 所示，然后单击【确定】按钮完成样板文件的保存。

完成样板文件的保存后就可以应用样板文件新建图纸文件了。单击【文件】菜单下的【新建】菜单项，如图 10-29 所示，在系统弹出的【选择样板】对话框中的查找范围处找到样板文件的保存位置，然后选择样板文件，单击【打开】按钮，如图 10-30 所示，此时系统会新建一张图纸，同时该图纸包含了样板文件中的所有内容。新建的文件如图 10-31 所示。

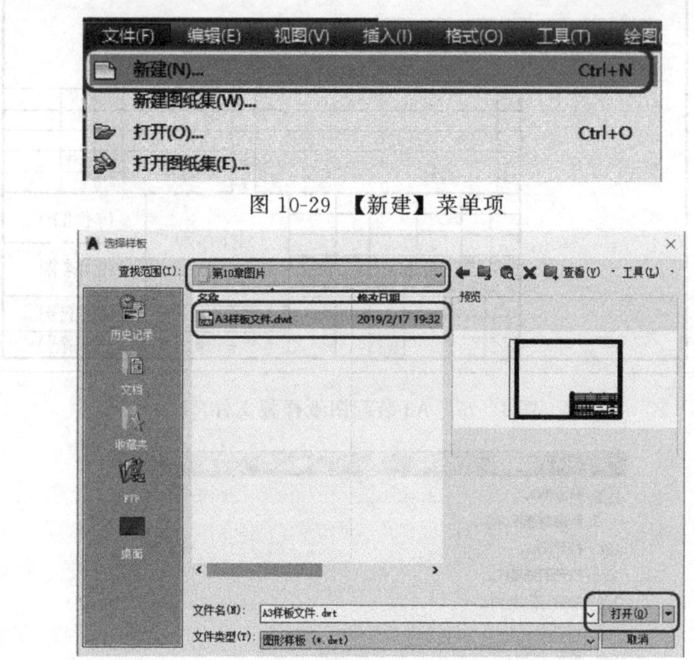

图 10-29 【新建】菜单项

图 10-30 【选择样板】对话框

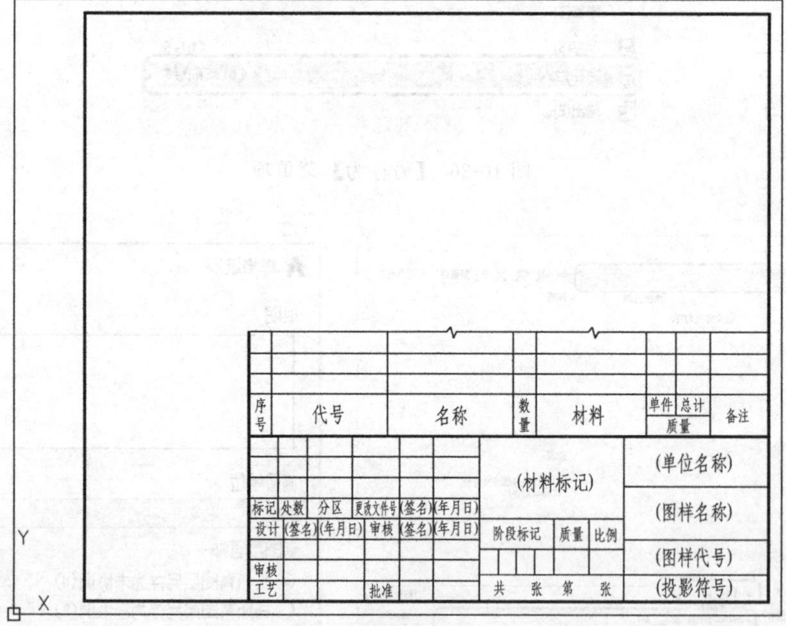

图 10-31 新建的文件

第11章 创建与使用图块

11.1 创建图块

在 AutoCAD 中，为了方便用户对某些特定图形对象集合进行操作，可以将这些对象定义成一个“块”，即将这些对象组合成一个整体。将若干对象定义为一个块后，AutoCAD 将把图块作为一个单一的对象来处理，用户单击图块上的任何一个地方，整个块被选中并呈现高亮显示。用户可以方便地对块进行删除、复制、移动及镜像等许多操作。实际绘图时，灵活地应用块将会给绘图过程带来很多的方便。

图块的主要作用有以下几点：

◆ 用户可以将那些经常用到且形式固定的图形定义为图块，以后绘图时就可以直接调用这些块，这样就可以避免许多重复性劳动，节省时间，提高绘图的效率和质量。例如，在绘图过程中，把各种标准件图形做成图块，统一存放在特定的文件夹中（即建立图形库），使用时随时插入。

◆ 形式固定的图形定义为块后，再以块的形式将其插入到图中可以明显地节省存储空间。由于用户在绘图时，包括各种设置在内的所有图形对象的信息均作为图形的一部分存储起来，这样会使图形文件变得很大，而图形定义为图块后进行的多次插入操作，AutoCAD 每次存储的只是块的信息，不会将块内对象的构成信息重复存储，从而节省了空间。

◆ 定义了块后，可以方便地对图形进行修改。对块定义进行修改后，所有插入到图形中的该块将自动进行修改，这样既可以减少错误又可以提高效率。

◆ 块还可以具有属性，通过对块属性的编辑可适应不同图形的需要。

11.1.1 创建内部图块

内部图块是指创建的图块保存在定义该图块的图形中，只能在当前图形中应用，而不能插入到其他图形中。

（1）命令执行方式

➢ 工具栏：单击【块】工具栏中的【创建】按钮。

➢ 菜单栏：选择【绘图】菜单中的【块】|【创建】命令。

➢ 命令行：输入 BLOCK（B）并按 Enter 键。

（2）操作过程说明

执行【创建】命令后，屏幕弹出如图 11-1 所示的【块定义】对话框。

【块定义】对话框中主要选项的含义如下：

图 11-1 【块定义】对话框

◆ 名称下拉列表：用于输入块名称，还可以在下拉列表框中选择已有的块。

◆ 基点：块被插入时的基准点，也是块在插入过程中旋转或缩放的基点，用户可以直接在 X、Y、Z 文本框中输入，也可以单击【拾取点】按钮，选择块上的任意一点或图形中任一点作为基点，但实际中为了块的应用方便，应根据块的结构将块的中心、左下角或其他特征点作为基点，默认的基点为坐标原点。

◆ 对象：设置组成块的对象。其中，单击【选择对象】按钮，可以切换到绘图窗口选择组成块的各对象；单击【快速选择】按钮，可以在弹出的【快速选择】对话框设置所选择对象的过滤条件；选择【保留】单选按钮，创建块后仍在绘图窗口中保留组成块的各对象；选择【转换为块】单选按钮，创建块后将组成块的各对象保留并把它们转换为块；选择【删除】单选按钮，创建块后删除绘图窗口上组成块的原对象。

◆ 方式：设置组成块的对象显示方式。选择【注释性】复选框，可以将对象设置成注释性对象；选择【按统一比例缩放】复选框，设置对象是否按统一的比例进行缩放；选择【允许分解】复选框，设置对象是否允许被分解。

◆ 设置：设置块的基本属性。单击【超链接】按钮，将弹出【插入超链接】对话框，在该对话框中可以插入超链接文档。

◆ 说明：用来输入当前块的说明部分。

◇ 在实际定义块时，块中可以包含其他的块，称作“块嵌套”，即当使用 BLOCK 命令将若干个对象组合成一个单一对象时，被选定的对象本身可以是块，块嵌套对于层数没有限制。

块定义过程如下：

在【名称】栏输入一个块名；在【基点】栏内，用鼠标左键单击【拾取点】按钮（此时对话框暂时关闭），从屏幕上指定插入基点，或从 X、Y、Z 文本框中输入基点的坐标；从【对象】栏单击【选择对象】按钮（此时对话框暂时关闭），从屏幕上选择将要定义成块的对象；然后单击【确定】按钮，块定义即完成。上述的“输入块名”“指定插入基点”“选择对象”的顺序可以任意选择。

11.1.2　创建外部图块

由于块定义方法创建的块为内部块，只能在存储定义的图形文件中使用，一旦退出系统，所定义的块就会消失。而创建外部图块是将当前图形中的块或图形写成图形文件，它与内部图块的区别是：创建的图块作为独立文件保存，可以插入到任何图形中去，并可以对图块进行打开和编辑。

创建外部图块的命令是【写块】。

（1）命令执行方式

> 功能区：在【插入】选项卡中单击【块定义】面板上的【写块】按钮。

> 命令行：输入 WBLOCK 或 W 并按 Enter 键。

（2）操作过程说明

执行这一命令后，弹出【写块】对话框，如图 11-2 所示。

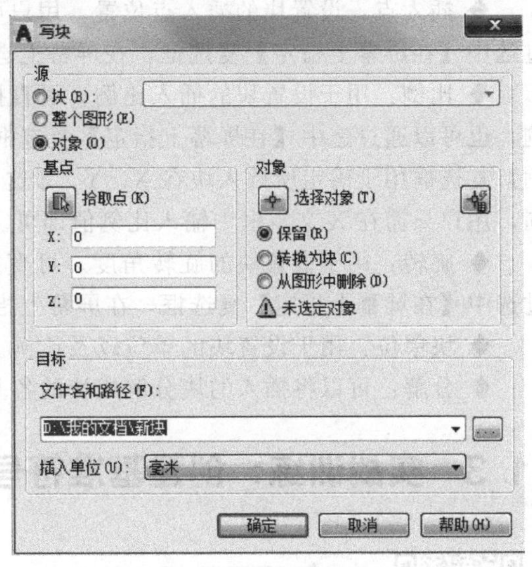

图 11-2　【写块】对话框

在【源】选项组中选择块对象的来源：选中【块】单选按钮可以用当前文件中的内部块创建一个外部块；选中【整个图形】单选按钮则将当前整个图形输出为外部块；选中【对象】单选按钮则由用户选择指定的对象作为块对象。

11.2　插入图块

创建内部块或外部块之后，可以在绘图过程中随时插入这些图块，插入过程中可以设置插入比例和旋转角度等。

（1）命令执行方式

> 工具栏：单击【块】工具栏中的【插入块】按钮。

> 菜单栏：选择【插入】｜【块】命令。

> 命令行：输入 INSERT 并按 Enter 键。

（2）操作过程说明

执行这一命令后，弹出【插入】对话框，如图 11-3 所示。

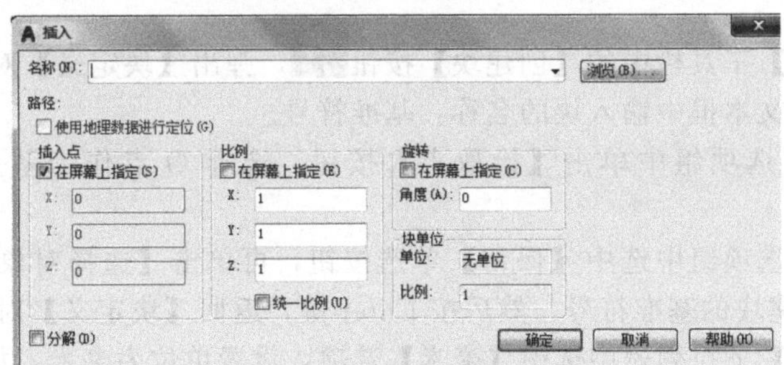

图 11-3　【插入】对话框

【插入】对话框中主要选项的含义如下：

◆ 名称下拉列表：用于选择图块或图形的名称，也可以单击其后的【浏览】按钮，弹出【打开图形文件】对话框，选择保存的块和外部图形。

◆ 插入点：设置块的插入点位置。用户可以直接在 X、Y、Z 文本框中输入，也可以通过选中【在屏幕上指定】复选框，在屏幕上选择插入点。

◆ 比例：用于设置块的插入比例。可直接在 X、Y、Z 文本框中输入块在 3 个方向的比例，也可以通过选中【在屏幕上指定】复选框，在屏幕上指定比例。该选项组中的【统一比例】复选框用于确定所插入块在 X、Y、Z 这 3 个方向的插入比例是否相同，选中时表示相同，用户只需在 X 文本框中输入比例值即可。

◆ 旋转：用于设置块的旋转角度。可直接在【角度】文本框中输入角度值，也可以通过选中【在屏幕上指定】复选框，在屏幕上指定旋转角度。

◆ 块单位：用于设置块的单位以及比例。

◆ 分解：可以将插入的块分解成块的各基本对象。

11.3 实战训练：创建基准符号图块

实战训练

绘制基准符号并创建成图块。

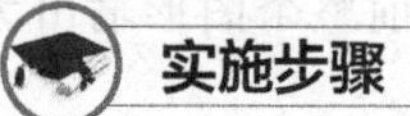

① 基准符号绘制。根据机械制图国家标准的规定，基准的尺寸如图 11-4 所示。绘制好基准符号后在矩形框输入基准代号“A”，如图 11-5 所示。

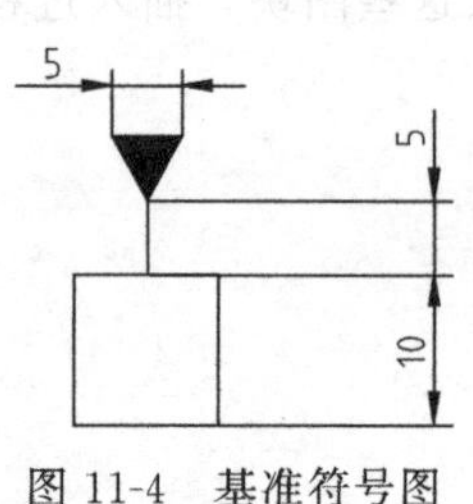

图 11-4 基准符号图

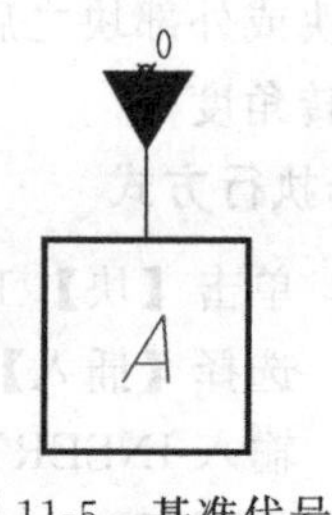

图 11-5 基准代号

② 单击【绘图】工具栏中的【创建块】按钮，弹出【块定义】对话框。

③ 在【名称】文本框中输入块的名称：基准符号。

④ 在【基点】选项组中单击【拾取点】按钮，选择 O 点作为基点位置，如图 11-5 所示。

⑤ 在【对象】选项组中选中【保留】单选按钮，再单击【选择对象】按钮，切换到绘图窗口，选择要创建块的基准符号，然后按 Enter 键，返回【块定义】对话框。

⑥ 在【块单位】下拉列表中选中【毫米】选项，设置单位为毫米，如图 11-6 所示。

⑦ 设置完毕，单击【确定】按钮保存设置。

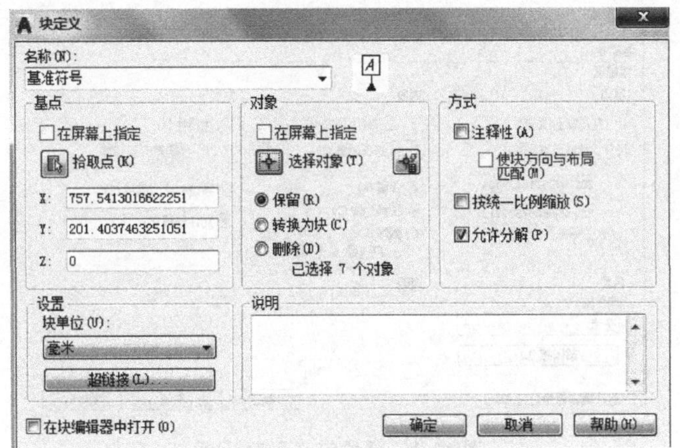

图 11-6 【块定义】对话框

11.4 实战训练：创建并插入粗糙度符号图块

训练要求

实战训练

绘制粗糙度符号，创建成图块并插入图中。

实施步骤

① 单击【绘图】工具栏中的【直线】按钮，在绘图区空白位置绘制如图 11-7 和图 11-8 所示的素材图形和粗糙度符号。根据机械制图国家标准规定，表面粗糙度的尺寸是由字体高度决定的，图中“h”表示字体高度。

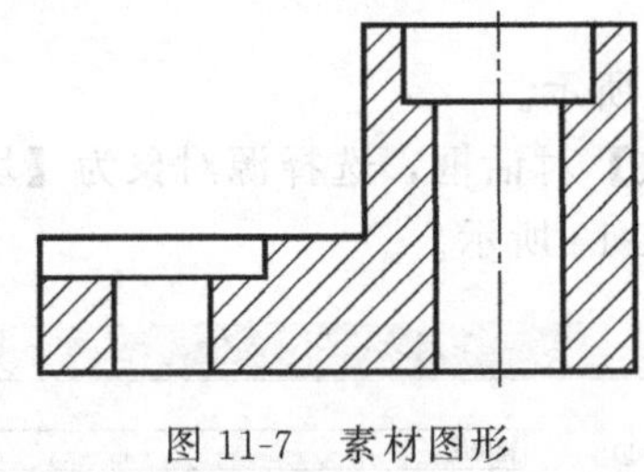

图 11-7 素材图形

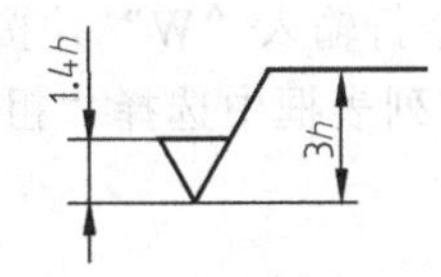

图 11-8 粗糙度符号

② 在命令行中输入 B 并按 Enter 键，弹出【块定义】对话框，输入块名称为“粗糙度”，然后单击【基点】选项组下的【指定点】按钮，回到绘图区，指定如图 11-9 所示的端点作为块的基点。

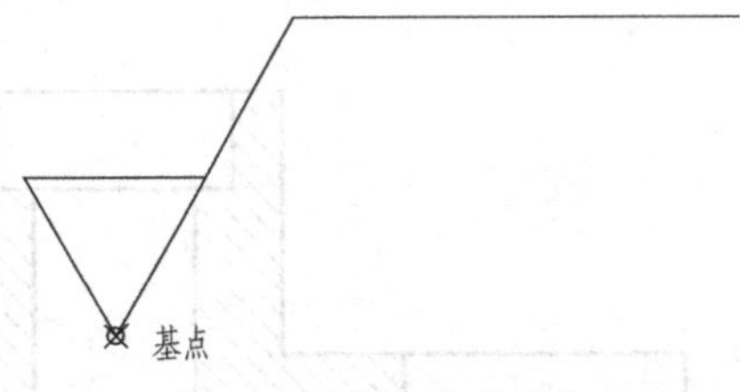

图 11-9 指定块的基点

③ 回到【块定义】对话框，单击【对象】选项组下的【选择对象】按钮，回到绘图区，框选整个粗糙度符号作为块对象，按 Enter 键回到对话框，在【方式】选项组中选中【按统一比例缩放】和【允许分解】两个复选框，如图 11-10 所示。

④ 单击【块定义】对话框中的【确定】按钮，即创建了粗糙度内部块。

⑤ 在命令行输入“I”并按 Enter 键，弹出【插入】对话框，并自动选择了创建的粗糙度图块作为插入对象，在【旋转】选项组中输入旋转角度为 90°，如图 11-11 所示。

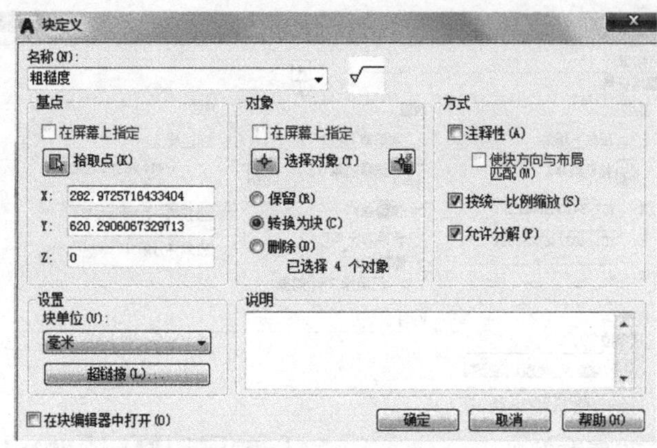

图 11-10 【块定义】对话框

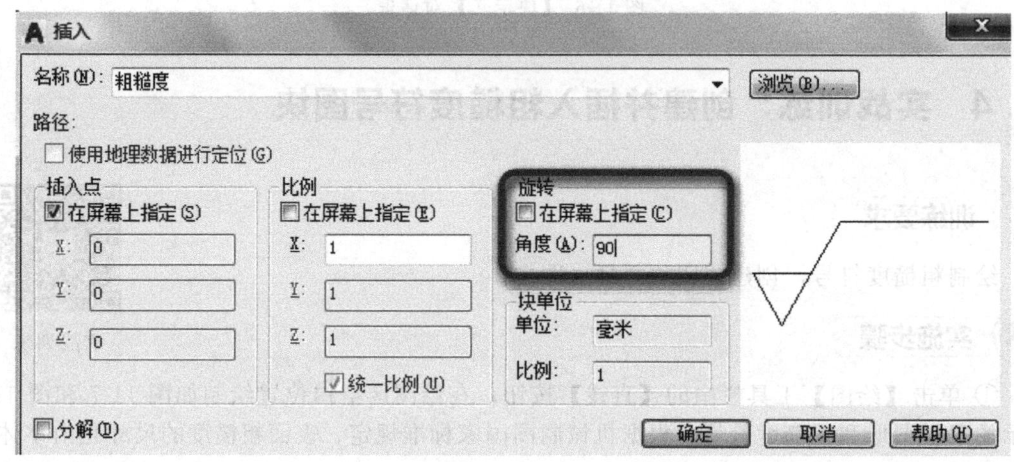

图 11-11 设置旋转角度

⑥ 单击对话框中的【确定】按钮，结果如图 11-12 所示。

⑦ 在命令行输入“W”并按 Enter 键，弹出【写块】对话框，选择源对象为【块】，然后在右侧下拉列表框中选择“粗糙度”内部块，如图 11-13 所示。

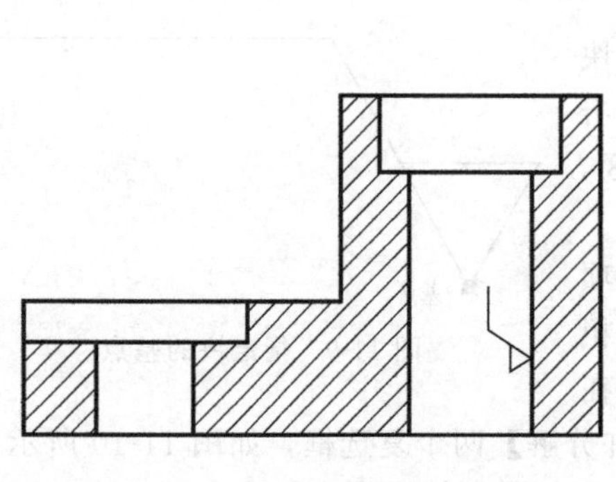

图 11-12 插入的粗糙度图块

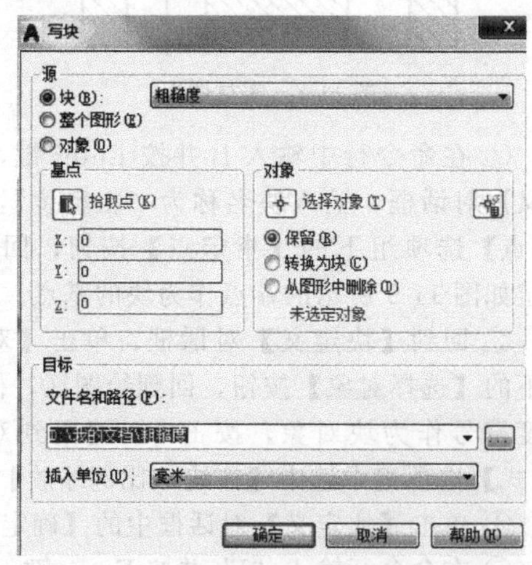

图 11-13 选择块对象

⑧ 在【目标】选项组中选择合适的路径和文件名，单击对话框中的【确定】按钮，即将粗糙度符号输出为外部块，储存在指定目录下。

11.5　图块属性

图块包含的信息可以分为两类：图形信息和非图形信息。块属性指的是图块的非图形信息，例如创建一个粗糙度符号块，除了包含符号图形，还需要有数值输入的功能，块属性即能实现数值或文本输入的功能。块属性一般在创建块之前进行定义，创建块时，将属性定义和图形一并添加到块对象中。

11.5.1　定义图块属性

定义图块属性在【属性定义】对话框中进行。

（1）命令执行方式

- 菜单栏：选择【绘图】|【块】|【属性定义】命令。
- 命令行：输入 ATTDEF 或 ATT 并按 Enter 键。

（2）操作过程说明

执行这一命令后，弹出【属性定义】对话框，如图 11-14 所示。

该对话框中主要选项的含义如下：

◆ 模式：用于设置属性模式，包括【不可见】、【固定】、【验证】、【预设】、【锁定位置】和【多行】6 个复选框，利用复选框可设置相应的属性值。

◆ 属性：用于设置属性数据，包括【标记】、【提示】、【默认】3 个文本框。

◆ 插入点：该选项组用于指定图块属性的位置，若选择【在屏幕上指定】复选框，则在绘图区中指定插入点，用户可以直接在 X、Y、Z 文本框中输入坐标值确定插入点。

◆ 文字设置：该选项组用于设置属性文字的对正、样式、高度和旋转。其中包括【对正】、【文字样式】、【文字高度】、【旋转】和【边界宽度】5 个选项。

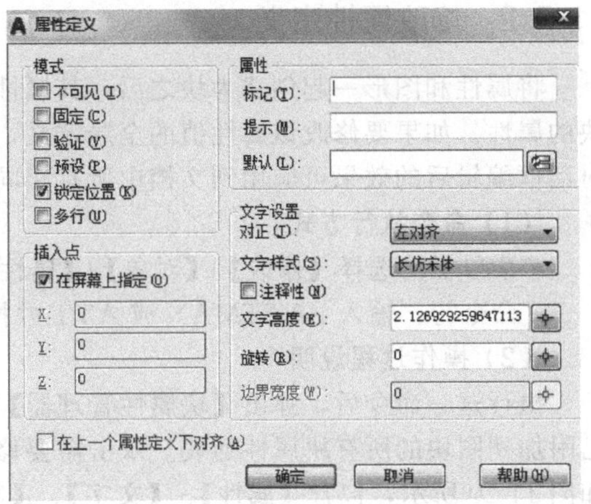

图 11-14　【属性定义】对话框

◆ 在上一个属性定义下对齐：选中该复选框，将属性标记直接置于定义的上一个属性的下面。若之前没有创建属性定义，则此复选框不可用。

【实例】创建粗糙度数值属性定义。

① 绘制粗糙度图形，如图 11-15 所示。

② 选择【绘图】|【块】|【属性定义】命令，弹出【属性定义】对话框，在【属性】选项组中输入各属性值，如图 11-16 所示。

创建粗糙度数值

③ 单击【确定】按钮，生成属性的预览，如图 11-17 所示，在粗糙度符号上放置该属性。

④ 在命令行中输入 B 并按 Enter 键，将粗糙度符号和属性值一并创建为块。创建为块之后，属性显示其默认值，如图 11-18 所示。

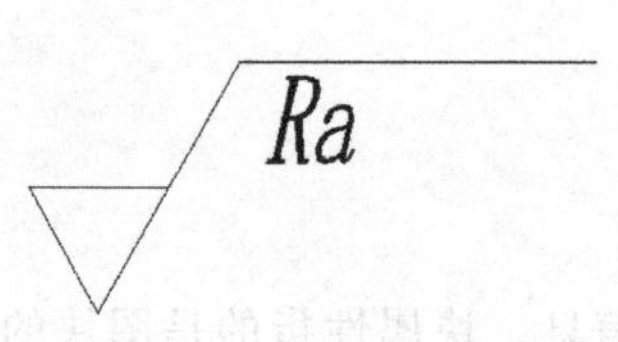

图 11-15　粗糙度图形

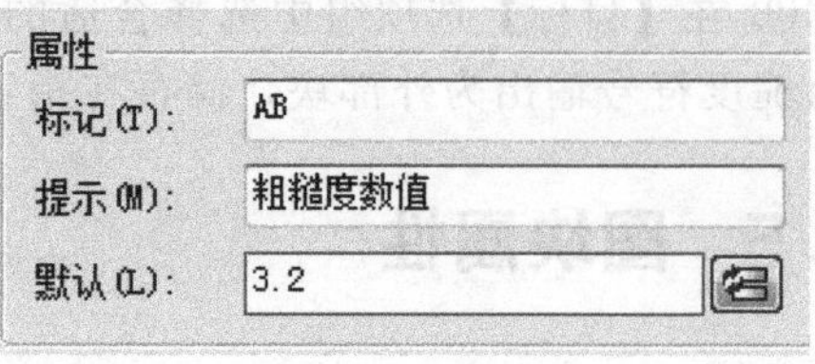

图 11-16　定义属性值

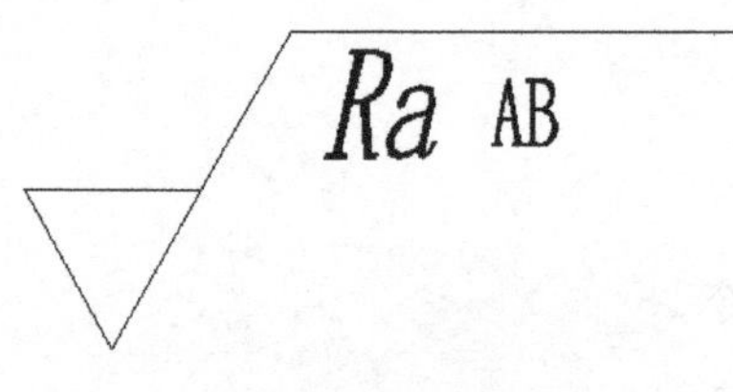

图 11-17　属性预览

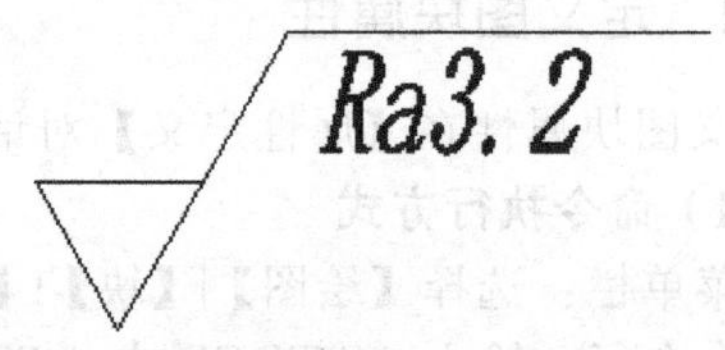

图 11-18　带有属性的粗糙度图块

11.5.2　修改属性定义

将属性和图形一起创建为块之后，其属性值可通过双击修改，但这种方式只能修改单个块的属性。如果要修改该属性值的全局定义，则需要使用【块属性管理器】对话框，通过该对话框编辑后的效果可应用到文档中所有相同的图块中。

（1）命令执行方式

➤ 菜单栏：选择【修改】|【对象】|【属性】|【块属性管理器】命令。

➤ 命令行：输入 BATTMAN 或 ATT 并按 Enter 键。

（2）操作过程说明

执行这一命令后，弹出【块属性管理器】对话框，如图 11-19 所示。该对话框中显示了已附加到图块的所有块属性列表。双击需要修改的属性项，可以弹出【编辑属性】对话框，如图 11-20 所示，包含【属性】、【文字】、【特性】3 个选项卡，可修改属性定义、文字样式、图层特性等。

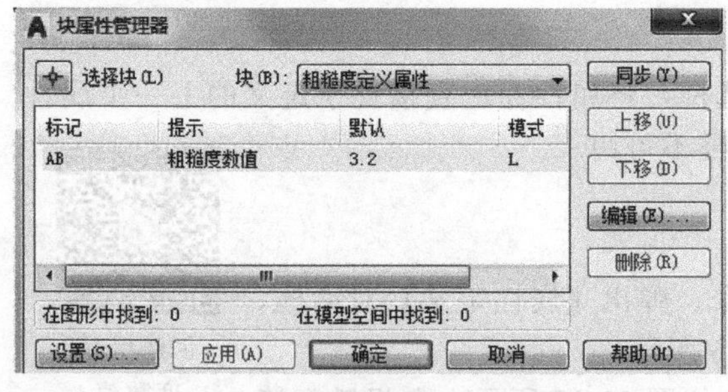

图 11-19　【块属性管理器】对话框

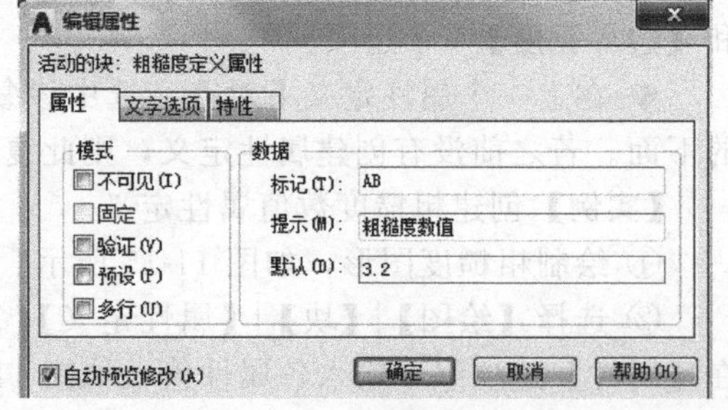

图 11-20　【编辑属性】对话框

在【块属性管理器】对话框中选中某属性项，然后单击【删除】按钮，可以从块属性定义中删除该属性项，对块属性定义修改完成后，单击【同步】按钮，可以更新使用该属性的所有的块。

11.6 图块编辑

11.6.1 设置插入点

在创建图块时，可以为图块设置插入点，这样在插入时就可以直接捕捉基点插入。如果创建时没有指定插入基点，插入时系统默认的插入点为该图的坐标原点，这样往往会给绘图带来不便。此时可以使用【基点】命令为图块指定新的插入基点。

（1）命令执行方式

- 菜单栏：选择【绘图】|【块】|【基点】命令。
- 命令行：输入 BASE 并按 Enter 键。

（2）操作过程说明

执行该命令后，可以根据命令行提示输入基点坐标或用鼠标直接在绘图窗口中指定。

11.6.2 重命名图块

对创建的图块进行重命名的方法有很多种，如果是外部图块文件，可直接在保存目录中对该图块文件进行重命名；如果是内部图块，方法如下：

（1）命令执行方式

- 菜单栏：选择【格式】|【重命名】命令。
- 命令行：输入 REN 并按 Enter 键。

（2）操作过程说明

执行该命令后，弹出如图 11-21 所示的【重命名】对话框。

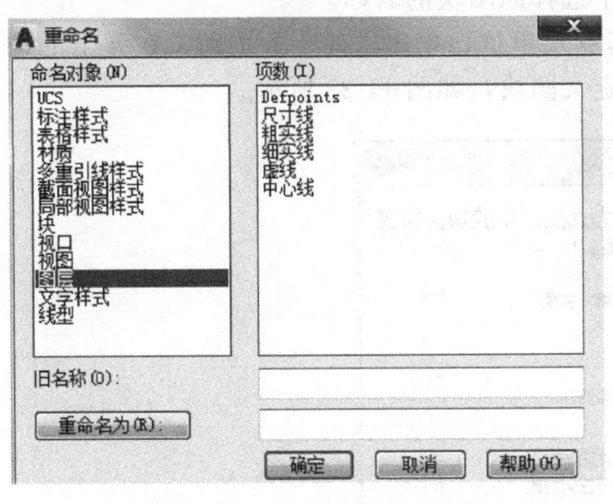

图 11-21 【重命名】对话框

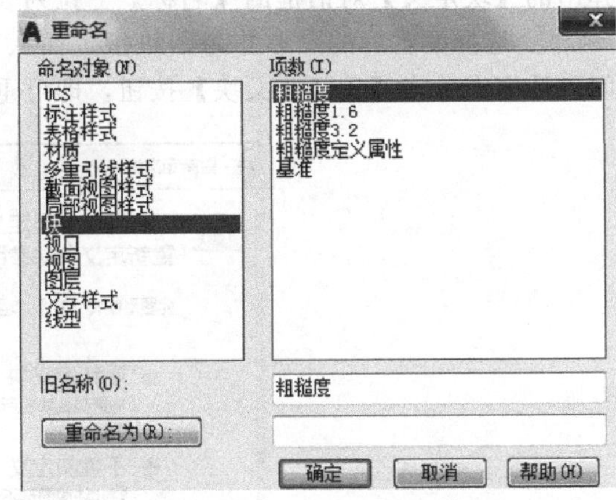

图 11-22 重新输入名称

在【命名对象】列表框中选择【块】选项，在【项数】列表框中立即显示出当前图形文件中所有的内部块。而后在【项数】列表框中选择要修改的图块选项，在【旧名称】文本框中便自动显示该图块的名称，在【重命名为】按钮后面的文本框中输入新名称，然后单击【重命名为】按钮确认操作，如图 11-22 所示。

最后单击【确定】按钮关闭【重命名】对话框即可。如果需要重命名多个图块名称，可在该对话框中继续选择要重命名的图块，进行重命名操作，单击【确定】按钮关闭对话框。

11.6.3 分解图块

由于图块是一个整体，AutoCAD 不能对块进行局部修改，因此要修改图块必须先用【分解】命令将其分解。

（1）命令执行方式

- 工具栏：单击【修改】工具栏中的【分解】按钮。
- 菜单栏：选择【修改】|【分解】命令。
- 命令行：输入 EXPLODE 并按 Enter 键。

（2）操作过程说明

执行这一命令后，选择要分解的块对象，按 Enter 键，选中的块即被分解。

提示与技巧

◇ 块分解以后，具有相同 X、Y、Z 比例的块将转化为各原始对象，具有不同 X、Y、Z 比例的块可能分解成未知的对象。由于定义块和插入块时的环境差异，在某些情况下，分解后块中对象的颜色、线型和图层可能会发生变化。

◇ 多重插入的图块不能被分解。

11.6.4 重定义图块

通过对图块的重定义，可以更新所有与之关联的块实例，实现自动修改，其方法与定义图块的方法基本相同，具体操作步骤如下。

① 使用【分解】命令将当前图形中需要重新定义的图块分解为由单个元素组成的对象。

② 对分解后的图块组成元素进行编辑。完成编辑后，再重新执行【块定义】命令，在弹出的【块定义】对话框的【名称】下拉列表中选择原图块的名称。

③ 选择编辑后的图形并为图块指定插入基点及单位，单击【确定】按钮，在弹出的询问对话框中单击【重新定义块】按钮，即可重定义图块，如图 11-23 所示。

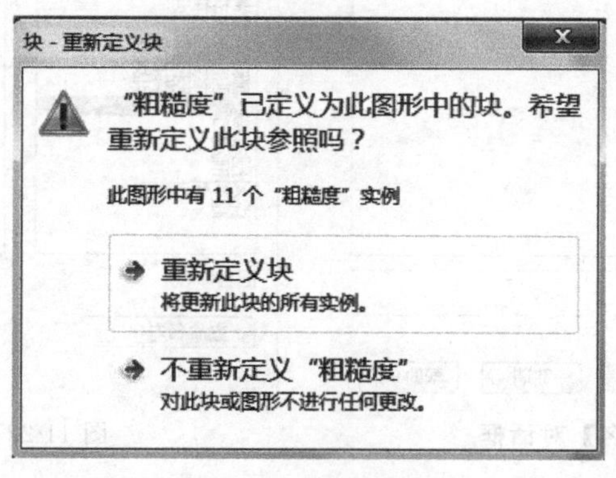

图 11-23　重定义图块

第12章 零件图绘制

机器是由零件装配而成的，零件的结构形状千差万别，根据它们在机器或部件中的作用，可以大体将其分为轴套类、盘盖类、叉架类和箱体类 4 种类型。

零件图主要包括用于表达零件结构形状的一组视图，确定零件各部分结构形状大小和相对位置的一组尺寸，零件加工制造、检验和使用时应达到的尺寸公差、形状公差、几何公差、表面结构要求和零件的表面处理及热处理等的技术要求，以及用于填写零件名称、材料、图样编号、比例、制图人和审核人姓名和日期等信息的标题栏图框。本章将以实例分别介绍这 4 类典型零件的零件图绘制方法和过程，以及齿轮、标准件、常用件的绘制方法。

12.1 轴套类零件绘制

轴类零件结构及画法简介：

轴的主要功用是支承传动零件，传递运动和扭矩。轴类零件的主体是同轴回转体（如圆柱体、圆锥体等）构成的阶梯状结构。轴上常加工有键槽、轴肩、倒角、中心孔、螺纹、退刀槽或砂轮越程槽等结构。视图表达上根据国家标准，通常将轴线水平放置（按加工位置）的位置作为主视图位置，一般只用一个基本视图——主视图（采用不剖或局部剖）表示，轴上的一些细部结构通常采用断面图、局部视图、局部剖视图和局部放大图等表达方法表示。

轴零件图绘制 1

实战训练：轴零件图的绘制

轴零件图绘制 2

按照图 12-1 所示，完成轴的零件图。要求在读懂图形的基础上完成以下任务：

① 配置绘图环境。

② 完成轴零件图的绘制。

③ 标注尺寸。

④ 标注尺寸公差及形位公差。

⑤ 标注表面粗糙度。

⑥ 标注文字。

轴零件图绘制 3

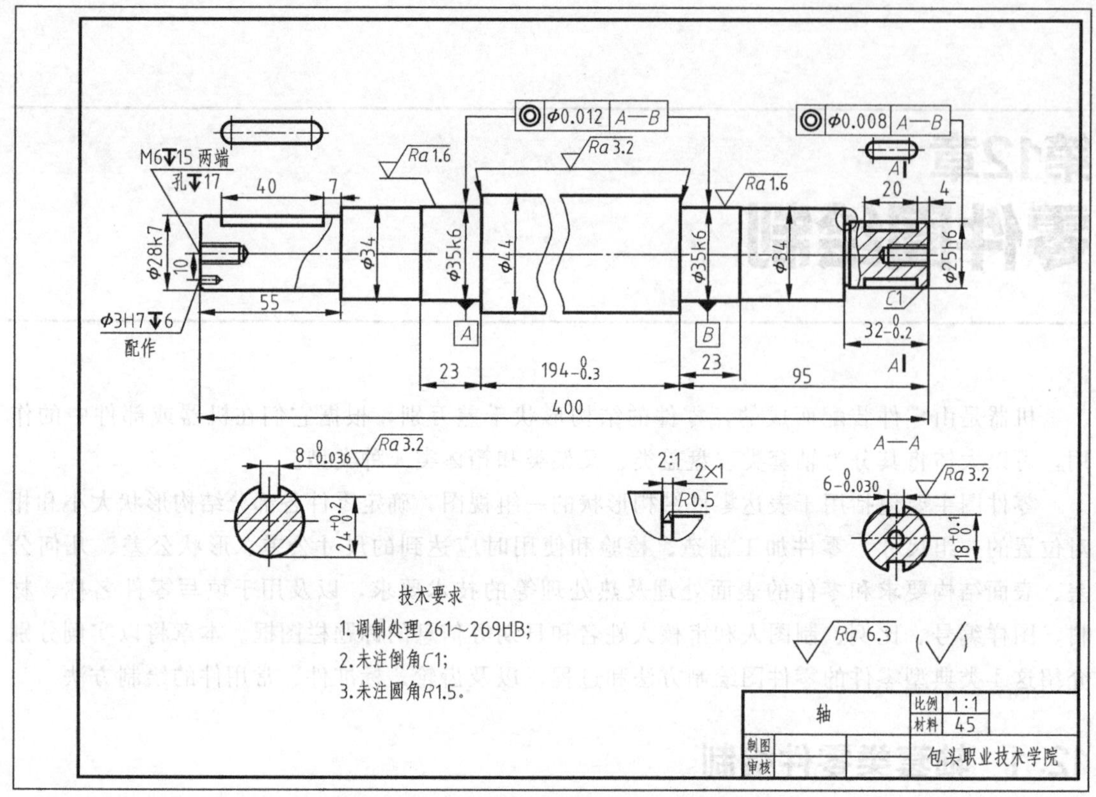

图 12-1　轴零件图

实施步骤

（1）配置绘图环境

新建文件，选择样板文件 GB-A3. dwt，另存为“轴 . dwg”文件；如果没有 A3 样板文件则参照第 10 章内容创建，以备后期绘制零件图时使用。

（2）绘制轴零件图

① 图形分析　根据所给轴零件图可知，该零件采用了主视图、2 个断面图、2 个键槽局部视图和 1 个局部放大图表达，由于 $\phi 44$ 轴段为等径变化且长度较长，采用了断开画法；该轴的径向基准为轴中心线，轴向基准为 $\phi 44$ 右端面。

② 绘制主视图

a. 将【中心线】图层置为当前，调用【直线】命令，绘制中心线；

b. 切换到【粗实线】图层，调用【直线】命令，绘制轴的轮廓线，如图 12-2 所示；

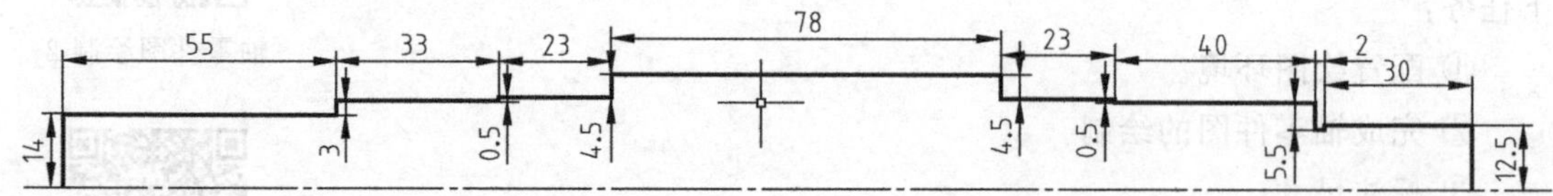

图 12-2　绘制轴的轮廓线

c. 调用【延伸】命令，进一步完成轴的轮廓，如图 12-3 所示；

d. 调用【镜像】命令，以水平中心线作为镜像线，镜像图形，结果如图 12-4 所示；

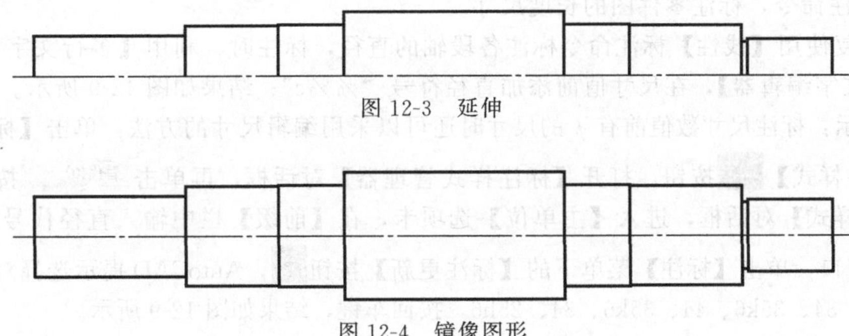

图 12-3　延伸

图 12-4　镜像图形

e. 绘制两端倒角、两端螺纹中心孔、定位销孔及 ϕ25h6、ϕ28k7 轴段键槽，如图 12-5 所示；

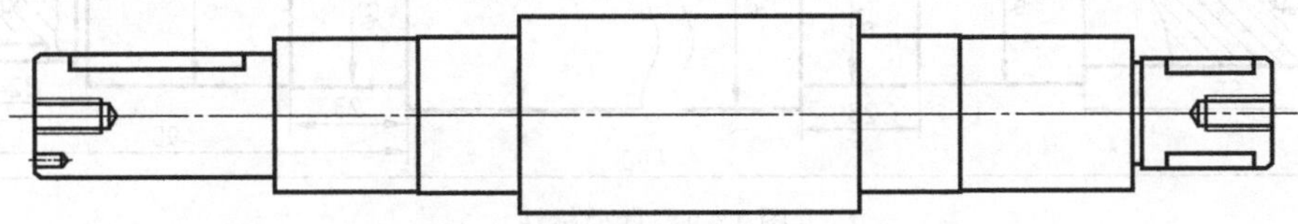

图 12-5　轴上中心孔、键槽等的绘制

f. 切换到【细实线】图层，调用【样条曲线】命令，绘制波浪线，然后修剪掉多余轮廓线，如图 12-6 所示。

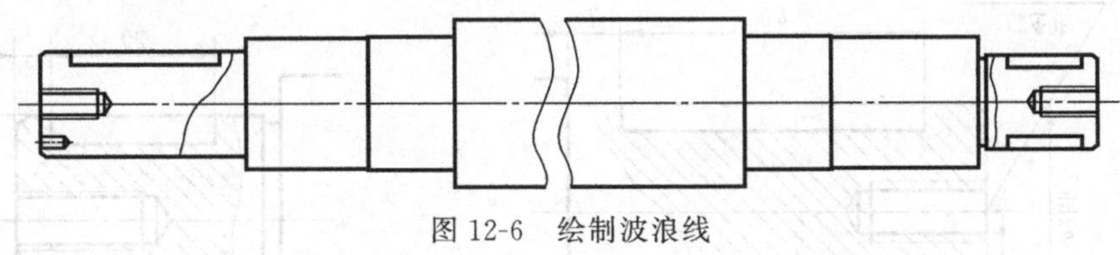

图 12-6　绘制波浪线

③ 绘制键槽局部视图及 ϕ25h6、ϕ28k7 轴段键槽部分断面图　调用【圆】、【直线】、【修剪】等命令绘制键槽局部视图及断面图，并用【图案填充】绘制剖面线，如图 12-7 所示。

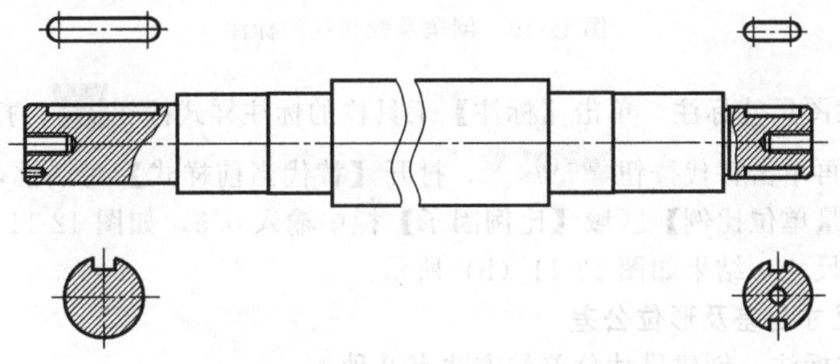

图 12-7　绘制了局部视图及断面图的轴

④ 绘制退刀槽局部放大图　调用【复制】命令，复制需要局部放大部分的图形，再调用【缩放】命令，将图形按要求放大，如图 12-8 所示。

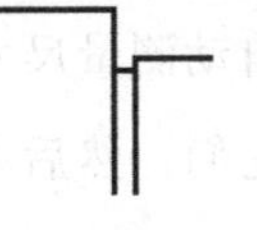

(a) 复制图形

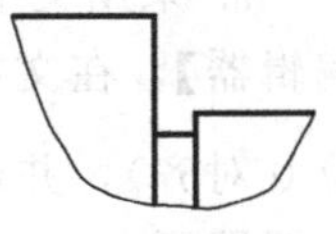

(b) 局部放大图形

图 12-8　退刀槽局部放大图

(3) 标注尺寸

① 切换到【尺寸线层】，调用【标注】工具栏中的

【线性】标注命令，标注零件图的长度尺寸。

② 重复使用【线性】标注命令标注各段轴的直径，标注时，利用【多行文字（M）】选项打开【文字编辑器】，在尺寸值前添加直径符号“%%c”；结果如图 12-9 所示。

◇ 提示：标注尺寸数值前有 ϕ 的尺寸时还可以采用编辑尺寸的方法：单击【标注】工具栏的【标注样式】按钮，打开【标注样式管理器】对话框，再单击 替代(O)... 按钮，打开【替代当前样式】对话框，进入【主单位】选项卡，在【前缀】栏中输入直径代号“%%c”。返回图形窗口，单击【标注】菜单下的【标注更新】按钮，AutoCAD 提示选择对象，选择尺寸 28k7、34、35k6、44、35k6、34、25h6，按回车键，结果如图 12-9 所示。

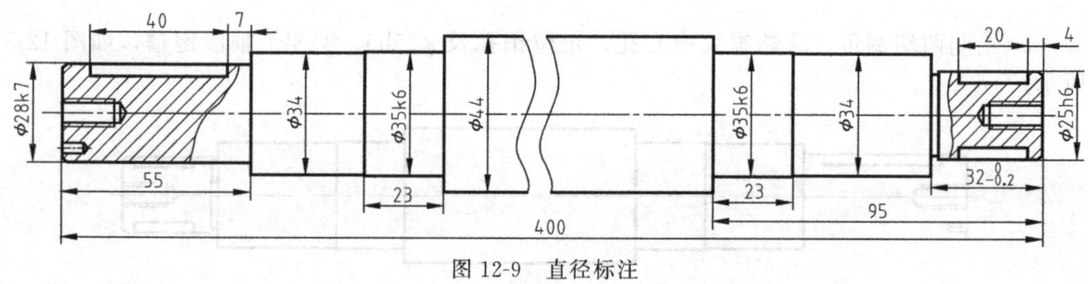

图 12-9　直径标注

③ 倒角及螺纹孔等的标注　先设置多重引线样式，具体参照第 9 章内容，而后标注轴上倒角、螺纹孔等的尺寸。结果如图 12-10 所示。

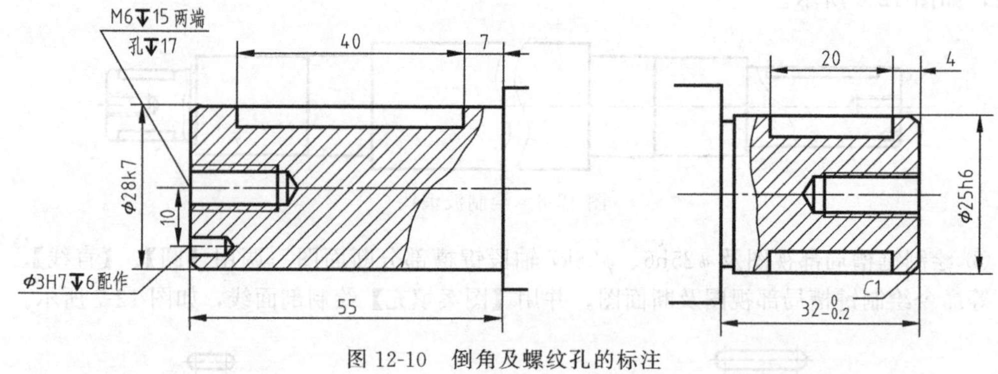

图 12-10　倒角及螺纹孔的标注

④ 局部放大图尺寸标注　单击【标注】工具栏的标注样式按钮，打开【标注样式管理器】对话框，再单击替代按钮 替代(O)... ，打开【替代当前样式】对话框，进入【主单位】选项卡，在【测量单位比例】区域【比例因子】栏中输入 0.5，如图 12-11（a）所示，返回图形窗口，标注尺寸，结果如图 12-11（b）所示。

（4）标注尺寸公差及形位公差

① 尺寸公差标注　创建尺寸公差的方法有 2 种：

a. 采用文字堆叠方式标注尺寸公差。标注时，利用【多行文字（M）】选项打开【文字编辑器】，在文本框自动测量尺寸后输入“空格 0^+0.2”（输入空格是为了使上、下偏差个位 0 对齐），并选中它们，然后在【选项】中选择【堆叠】按钮，单击左键，指定放置位置即可。

b. 利用【特性】修改的方式标注尺寸公差。例如标注 $32_{-0.2}^{\ 0}$：选中尺寸 32，单击鼠标右键，打开【特性】对话框，如图 12-12 所示，在【显示公差】下拉列表中选择【极限偏差】，在

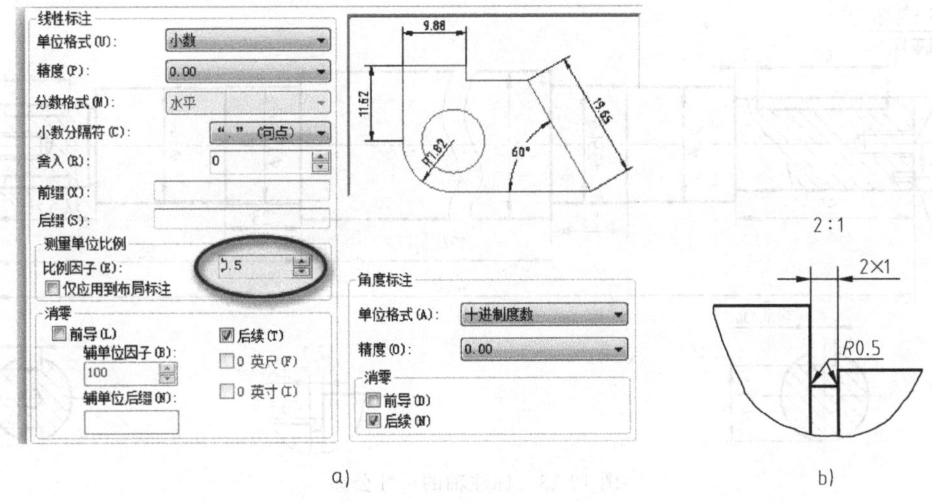

图 12-11　局部放大图尺寸标注

【公差精度】下拉列表中选择“0.000”，在【公差下偏差】、【公差上偏差】数值框中分别输入 0.2、0，在【公差文字高度】数值框输入 0.6，按回车键确认，结果如图 12-13 所示。

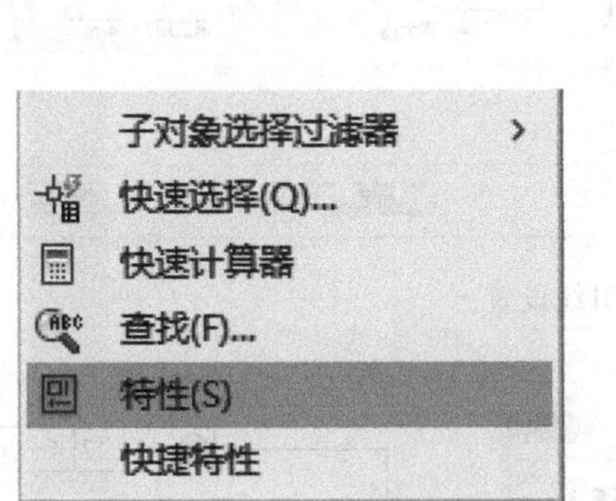

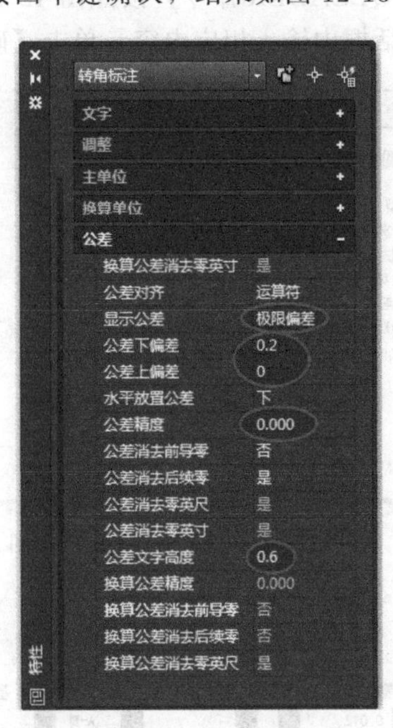

图 12-12　利用【特性】对话框标注尺寸公差

提示与技巧

◇AutoCAD 约定上偏差的值为正或零，下偏差的值为负或零。如所标注的下偏差为负时，不需要标注负号，如果下偏差为正，则输入负号；如果上偏差为正，不需要标注数字前的正号，如果上偏差为负，则输入负号。另外，为了使偏差的“0”对齐，在“0”前输入一个空格；如果偏差一正一负，则在正偏差前加一个空格。

② 形位公差标注

a. 形位公差框格标注　标注形位公差可执行 TOLERANCE 命令（或者单击【标注】工

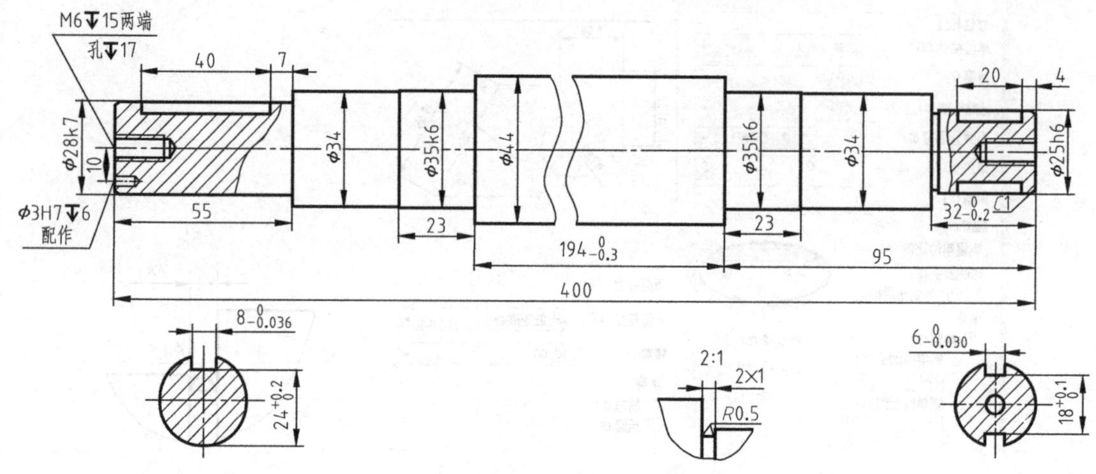

图 12-13　标注轴的尺寸公差

具栏的 按钮）及 QLEADER 命令，前者只能产生公差框格，而后者既能形成公差框格又能形成标注引线。

执行 QLEADER 命令，按照图 12-14 所示进行引线设置，单击确定，在弹出的【形位公差】对话框中输入相应内容，单击【确定】按钮，结构如图 12-15 所示。

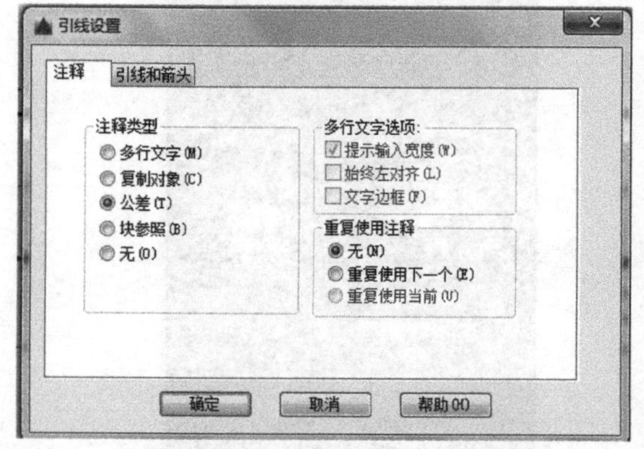

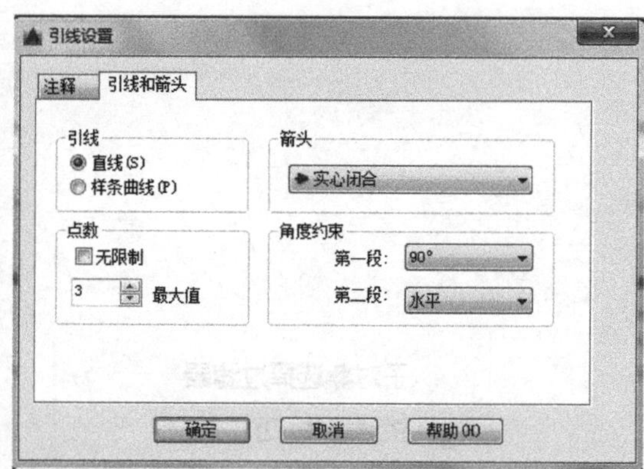

图 12-14　引线设置

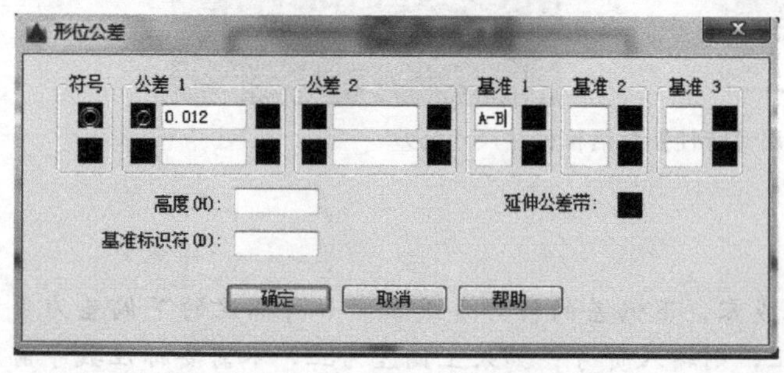

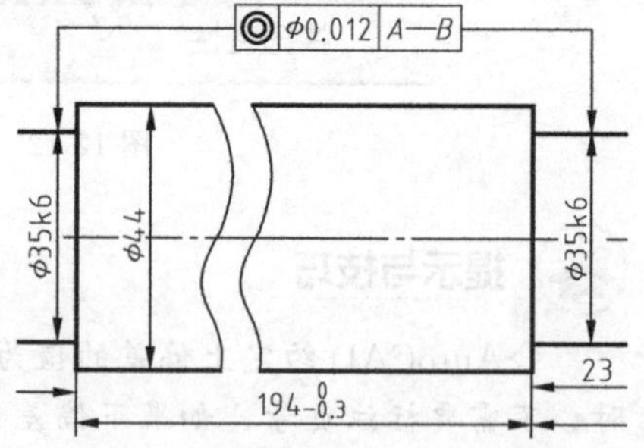

图 12-15　形位公差标注

b. 形位公差基准符号的标注　将形位公差基准符号定义成带属性的块来进行插入标注，基准符号的图块制作请参照第 11 章内容。

（5）标注表面粗糙度

由于零件上许多表面都有表面精度的要求，所以表面粗糙度符号在标注时会被反复使用，因此一般先将表面粗糙度符号制成图块，标注时插入已定义的图块即可。表面粗糙度图块的制作请参照第 11 章。

（6）标注文字

① 标题栏文字标注　将【文字】层设为当前层，调用【单行文字】命令，填写轴零件标题栏。

② 技术要求标注　调用【多行文字】命令标注技术要求。

提示与技巧

◇由于绘图时是采用的样板文件，所以文字样式是已经设置好的，关于文字样式的设置参照本书第 8 章内容。

◇用 DTEXT 命令可以形成多行文字（多个单行），但它不是真正的多行文字，而是多个独立对象的组合。而用 MTEXT 命令生成的文字段落（多行文字）可以由任意数目的文字组成，所有的文字构成一个单独的实体。MTEXT 命令可以创建复杂的文字说明，用户可以指定文本分布的宽度，但文字沿竖直方向可以无限延伸。此外，用户还能设置多行文字中单个字符或某一部分文字的属性（包括文本的字体、倾斜角度和高度）。

训练小结

◇轴类零件表达方案比较简单，一般轴线水平放置，采用局部剖主视图表达零件的内外结构形状；轴上通常会有键槽、孔等结构，采用局部放大图、断面图等表达。

◇轴类零件主视图绘制时尽量利用其对称性，结合直线的绘制方法直接绘出零件主视图的一半轮廓，然后利用延伸和镜像命令完成主视图。尽量不要采用偏移命令绘制轮廓，这种方法在绘图过程中线条较多，修剪时会由于整张页面过于凌乱甚至无法辨认需要修剪的对象。

◇绘制局部放大图时尽量不要采用直接绘制的方法，该方法效率极低；建议将局部放大部分在图上选择并且复制到合适的位置，利用【缩放】命令按照放大倍数放大，修剪多余线条。

◇表面粗糙度标注时采用创建粗糙度图块然后插入的方式，可提高绘图效率。

12.2　盘盖类零件绘制

端盖零件图的绘制（1）

盘盖类零件结构及画法简介：

盘盖类零件包括各类手轮、法兰盘、端盖、阀盖、齿轮等零件，在机械工程中的运用也比较广泛，其作用主要是轴向定位、防尘和密封等。这类零件的基本形状是扁平的盘状，主要结构大体上有回转体，通常还带有各种形状的凸缘、均布的圆孔和肋等局部结构。在视图选择时，其主视图按形状特征和加工位置选择，轴线水平放置，且将其作全剖或半剖视图，以表达内部结构形状。除主视图外，用左（或右）视图表达零件上沿圆周分布孔、槽、轮辐及肋等结构。对于零件上一些小的结构，可选取局部视图、局部剖视图、断面图及局部放大图来表示。

端盖零件图的绘制（2）

实战训练：端盖零件图的绘制

训练要求

端盖零件图的绘制（3）

按照图 12-16 所示，完成端盖的零件图。要求在读懂图形的基础上完成以下任务：

① 配置绘图环境。

② 完成端盖图形的绘制。

③ 标注尺寸。

④ 标注尺寸公差及形位公差。

⑤ 标注表面粗糙度。

⑥ 标注文字。

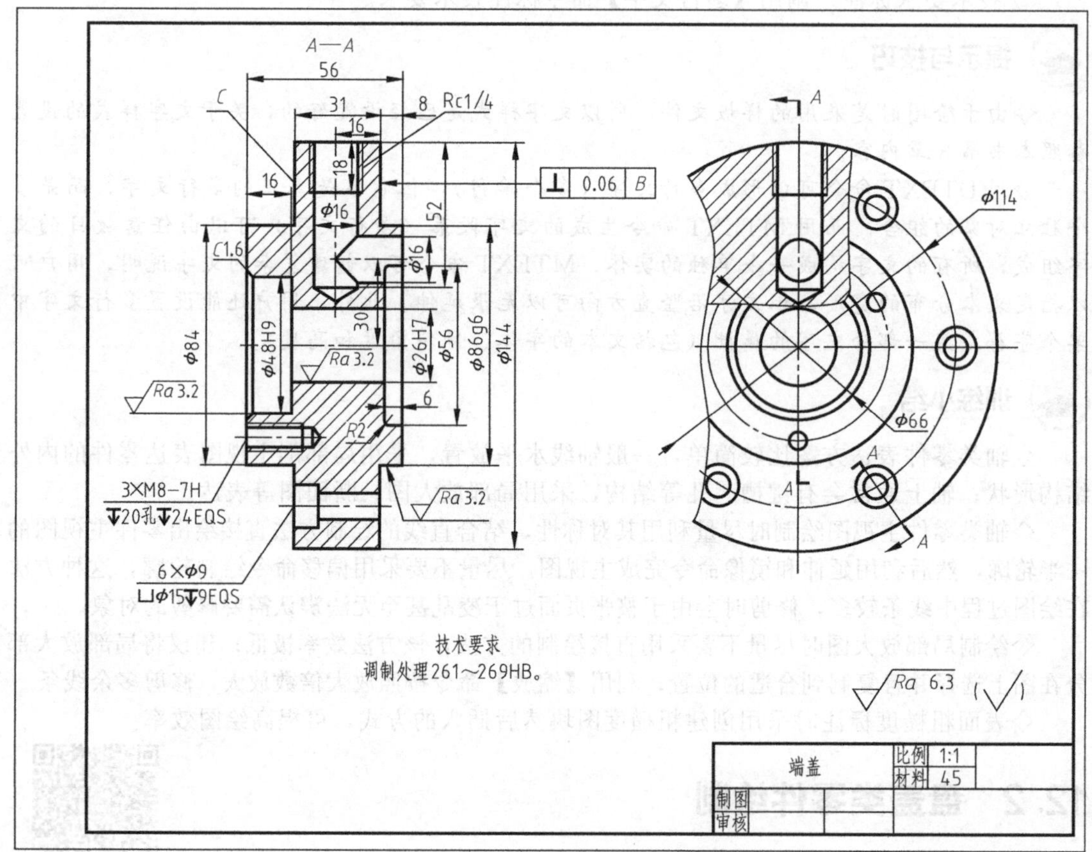

图 12-16　端盖零件图

实施步骤

（1）配置绘图环境

打开新建文件，选择样板文件 GB-A3. dwt，另存为“端盖 . dwg”文件。

（2）绘制端盖零件图

① 图形分析　根据所给端盖零件图可知，其主视图为采用两相交剖切平面剖得的全剖视图，左视图采用局部剖视图表达；端盖宽度和高度方向的主要基准是回转轴线，长度方向的主要基准是经过加工的右端面，定形尺寸和定位尺寸都比较明显。

② 图形绘制

a. 绘制主、左视图轴线及中心线　将【中心线】图层置为当前，调用【直线】、【圆】命令进行绘制，结果如图 12-17 所示。

b. 绘制主视图

第 1 步：绘制主视图内、外主要轮廓。将【粗实线】图层置为当前，调用【直线】命令进行绘制连续线段，结果如图 12-18 所示。

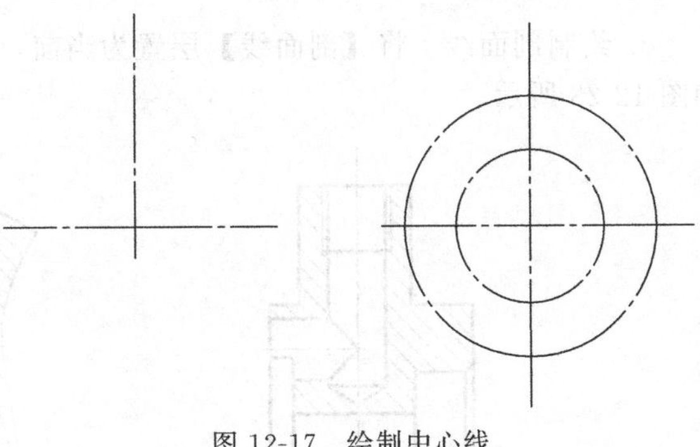

图 12-17　绘制中心线

第 2 步：绘制主视图油孔、沉孔及螺钉孔并倒角。调用【直线】命令，从左视图 $\phi114$ 和 $\phi66$ 最下限点向左追踪，绘制沉孔和螺钉孔中心线。切换到【粗实线】层，调用【直线】命令绘制沉孔和螺钉孔。调用【直线】命令绘制油孔和 $\phi16$ 孔轮廓，注意两孔相交部分为等径光孔相贯，相贯线为相交直线。调用【倒角】命令，绘制端盖内孔左端倒角，结果如图 12-19 所示。

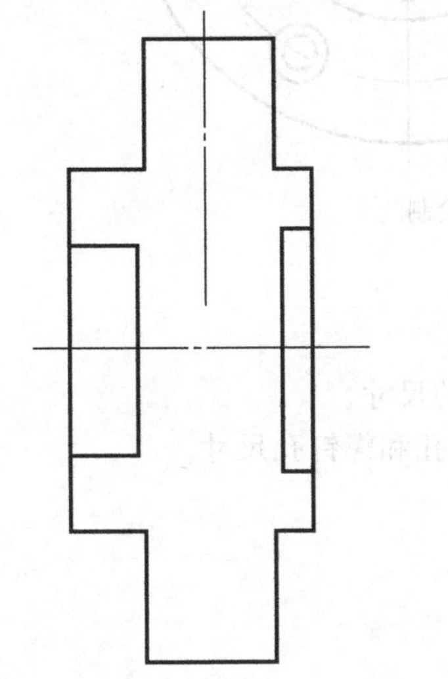

图 12-18　绘制主视图内外主要轮廓

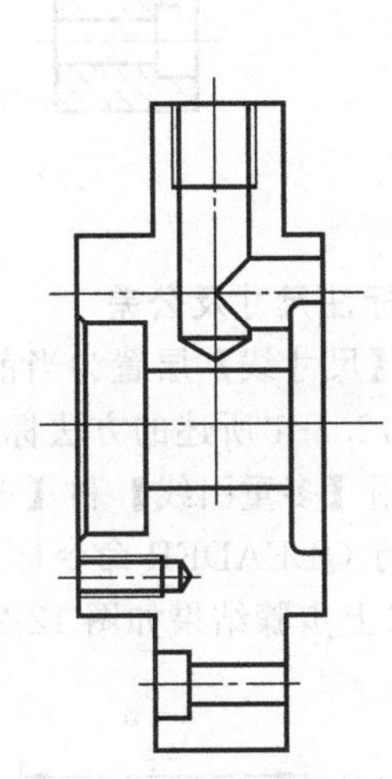

图 12-19　绘制内部细部结构

c. 绘制左视图

第 1 步：调用【圆】命令，绘制左视图轮廓，如图 12-20 所示。

第 2 步：调用【环形阵列】命令，完成 6 个沉孔和 3 个螺纹孔在圆周上的均布，如图 12-21 所示。

第 3 步：调用【直线】和【圆】命令，绘制油孔局部剖视图；调用【样条曲线】命令绘制波浪线；调用【修剪】命令，将多余图线修剪，结果如图 12-22 所示。

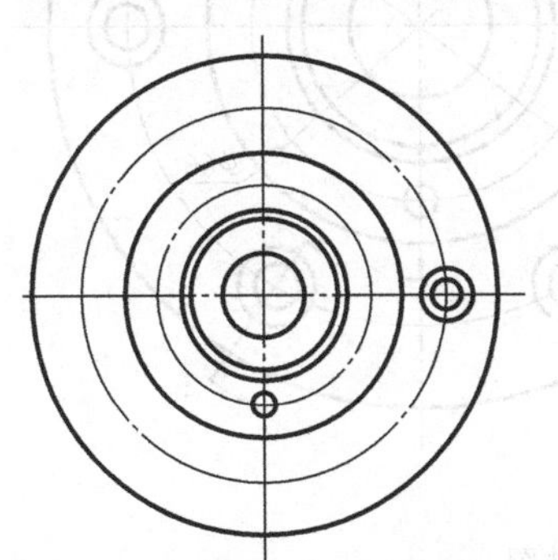

图 12-20　绘制左视图轮廓

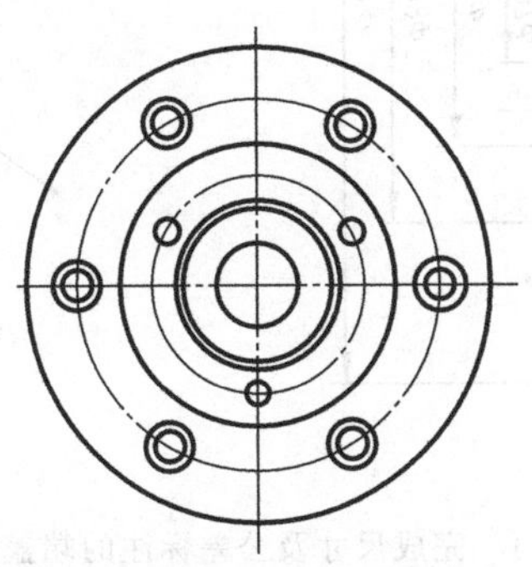

图 12-21　阵列沉孔和螺纹孔

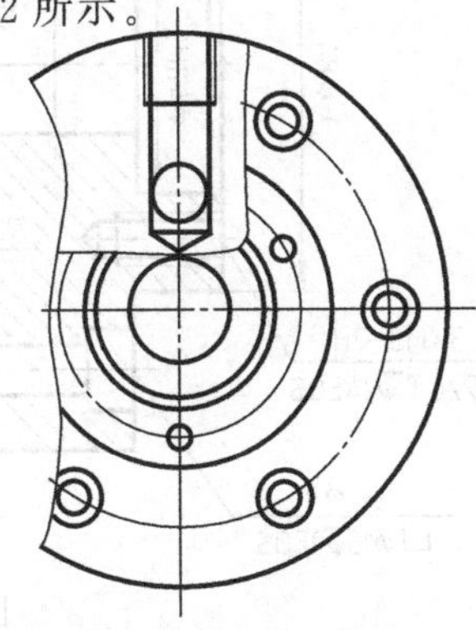

图 12-22　端盖左视图

d. 绘制剖面线 将【剖面线】层置为当前，调用【图案填充】命令完成剖面线的绘制，如图 12-23 所示。

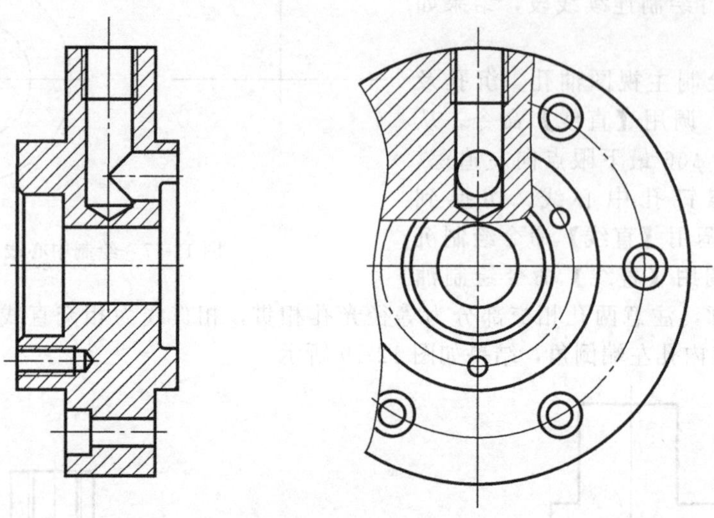

图 12-23 剖面线的绘制

（3）标注尺寸及公差

① 将【尺寸线】层置为当前图层。

② 按 12.1.1 所述的方法标注基本尺寸和带公差的尺寸。

③ 调用【多重引线】和【多行文字】命令标注沉孔和螺钉孔尺寸。

④ 执行 QLEADER 命令标注形位公差框格。

完成以上步骤结果如图 12-24 所示。

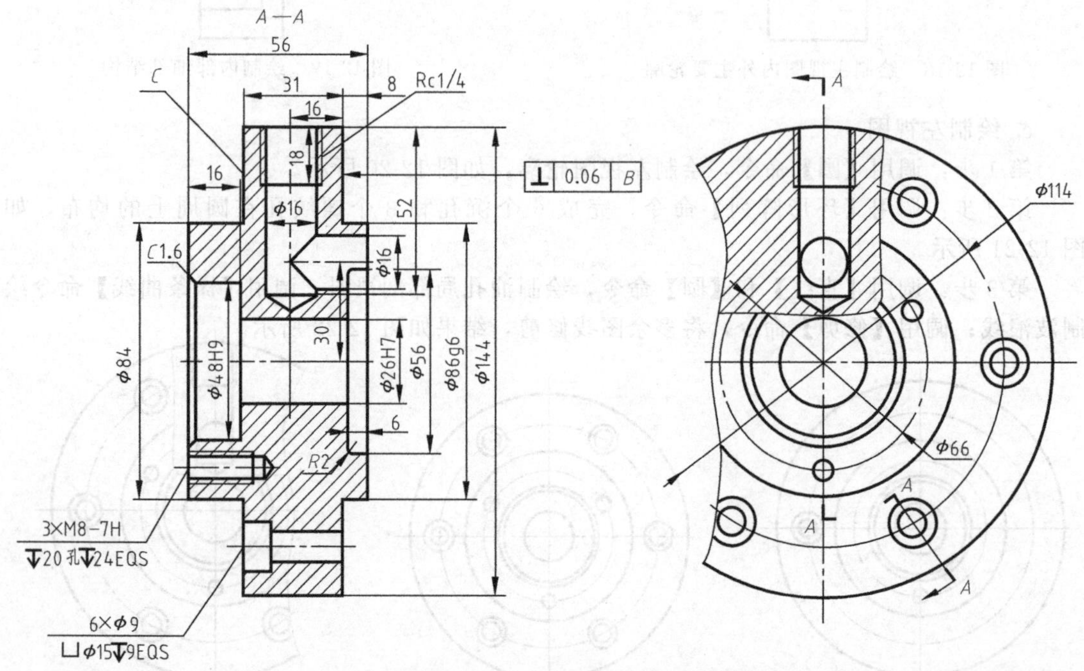

图 12-24 完成尺寸及公差标注的端盖零件图

（4）标注表面粗糙度

创建粗糙度图块，结合【多重引线】命令将图块插入到指定位置。结果如图 12-25 所示。

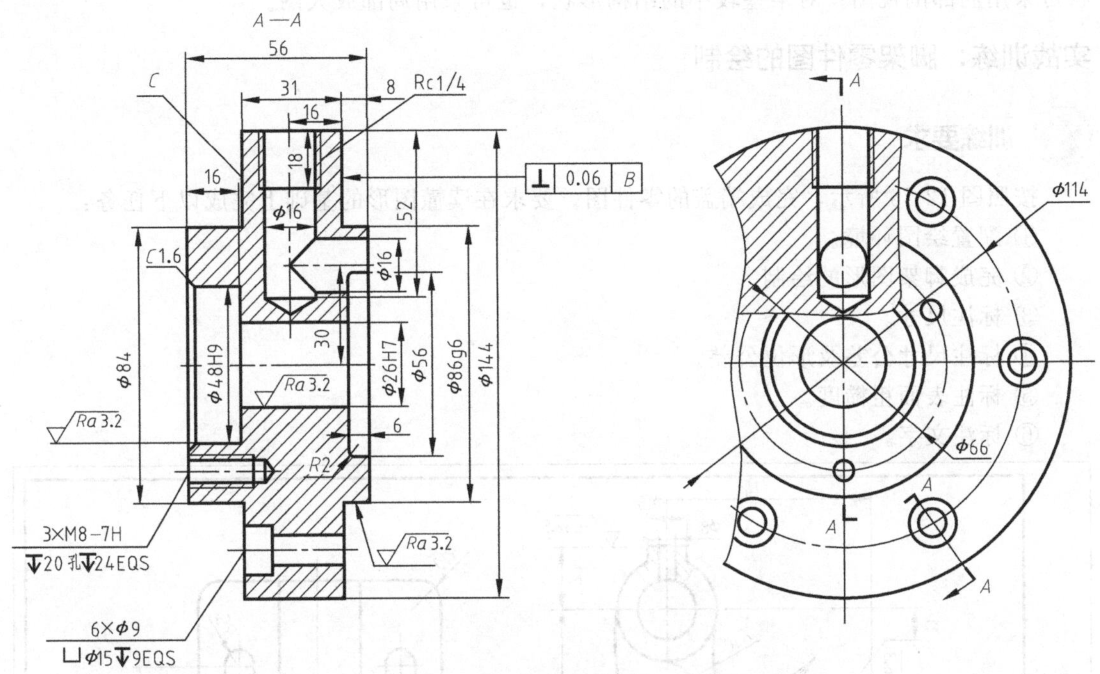

图 12-25　插入表面粗糙度后的端盖零件图

（5）标注注释文字

将【粗实线】层设置为当前层，调用【直线】命令绘制剖切符号，采用【多行文字】命令书写字母和剖视图名称并编写技术要求；双击样板标题栏中需要修改的文字，在【文字编辑器】中完成文字的修改，从而完成整个零件图的绘制。

训练小结

◇盘盖类零件多数为同轴回转体，一般采用两个视图表达。主视图轴线水平放置，采用全剖、半剖或局部剖来表达，再采用左（或右）视图表达其径向分布孔的情况。

◇盘盖类零件径向主要基准为轴线，轴向主要基准为大的端面。绘图时首先绘制零件的主要基准，然后再绘制主视图和左视图；画出一个图后，要利用“高平齐”的特点画另一个视图，以减少尺寸输入；对于对称图形，先画出一半，然后镜像生成另一半。

12.3　叉架类零件绘制

叉架类零件结构及画法简介：

叉架类零件包括各种用途的拨叉、连杆和支架等。拨叉主要用在机床等各种机器上的操纵机构上，操纵机器、调节速度；支架主要起支撑和连接的作用。这类零件一般由支撑、工作和连接 3 部分组成。连接部分多为肋板结构且形状弯曲、扭斜较多。支撑部分和工作部分细部的结构也较多，如凸台、凹坑、圆孔、螺孔、油孔等。

由于叉架类零件的加工工序较多，加工位置经常变化，选主视图时主要按形状特征和工作位置（或自然位置）确定。叉架类零件一般都是铸件，形状结构较为复杂，一般需要用两个或两个以上的基本视图。由于它的某些结构形状不平行于基本投影面，为了表达零件上的弯曲或扭斜结构，还常采用斜视图、斜剖视图和断面图等表示。对零件上的一些内部结构形状可采用局部剖视图；对某些较小的结构形状，也可采用局部放大图。

实战训练：脚架零件图的绘制

训练要求

按照图 12-26 所示，完成端盖的零件图。要求在读懂图形的基础上完成以下任务：

① 配置绘图环境。

② 完成脚架图形的绘制。

③ 标注尺寸。

④ 标注尺寸公差及形位公差。

⑤ 标注表面粗糙度。

⑥ 标注文字。

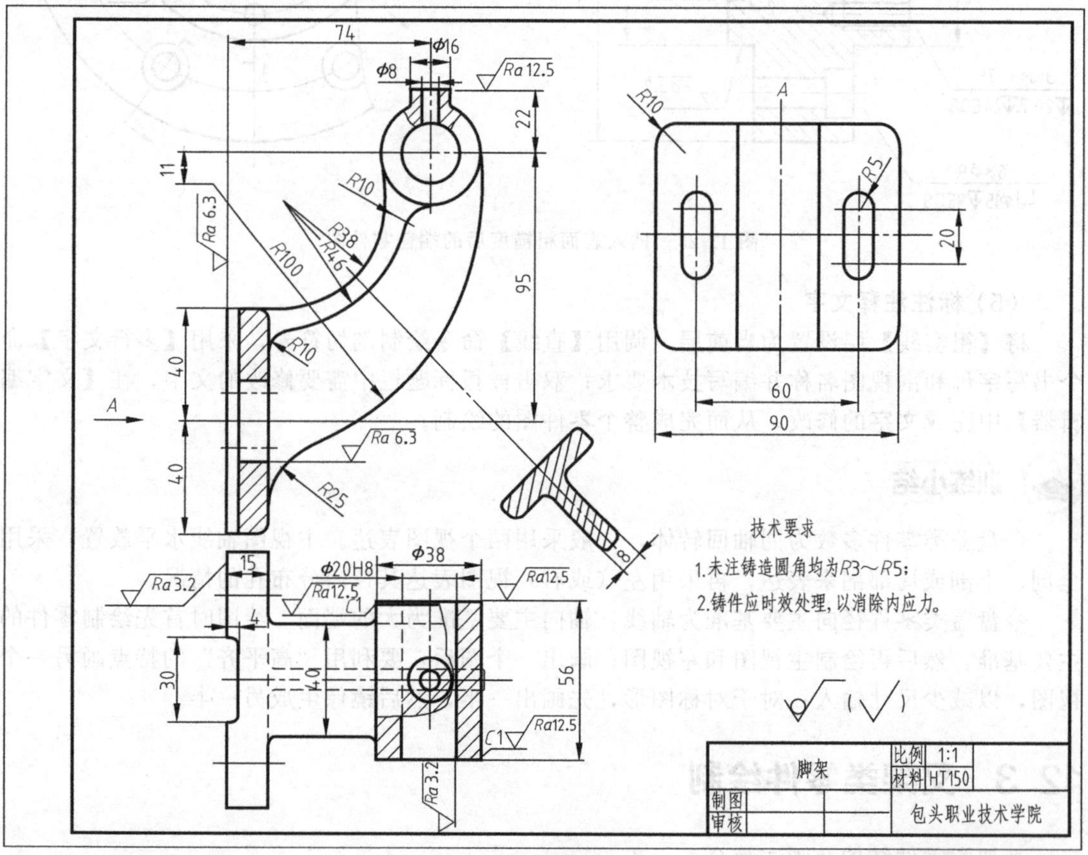

技术要求

1.未注铸造圆角均为R3～R5；

2.铸件应时效处理，以消除内应力。

脚架	比例	1:1
	材料	HT150
制图		包头职业技术学院
审核		

图 12-26　脚架零件图

脚手架零件图的绘制（1）

脚手架零件图的绘制（2）

脚手架零件图的绘制（3）

实施步骤

（1）配置绘图环境

打开新建文件，选择样板文件 GB-A3. dwt，另存为“脚架 . dwg”文件。

（2）绘制脚架零件图

① 图形分析　根据所给脚架零件图可知，该零件长度、宽度、高度方向的主要基准为孔的中心线、对称平面和较大的加工平面。脚架的定位尺寸较多，一般要求标注出孔中心线间的距离，或者孔中心线到平面的距离、平面到平面的距离。定形尺寸一般都采用形体分析法标注尺寸，便于制作模具。内外结构形状要注意保持一致，起模斜度、圆角也要标注出来。

② 图形绘制

a. 绘制主、俯视图的主要基准线　分别将【中心线】层和【粗实线】层置为当前，调用【直线】命令进行绘制，结果如图 12-27 所示。

b. 绘制主视图

第 1 步：绘制支撑板轮廓。将【粗实线】层置为当前，调用【圆】命令，绘制 $\phi20$、$\phi38$ 圆；调用【偏移】命令，将 $\phi38$ 圆向内偏移 1，绘制倒角圆；调用【直线】命令，绘制支撑板轮廓。

第 2 步：绘制连接板轮廓。调用【直线】、【圆角】、【偏移】命令，绘制连接板轮廓。步骤如图 12-28 所示。

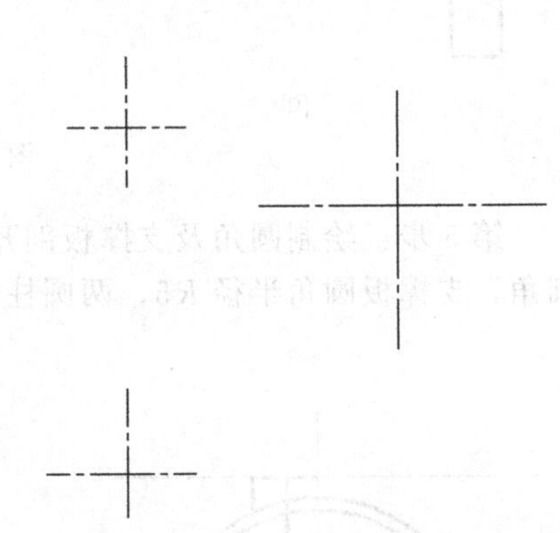

图 12-27　绘制脚架基准线

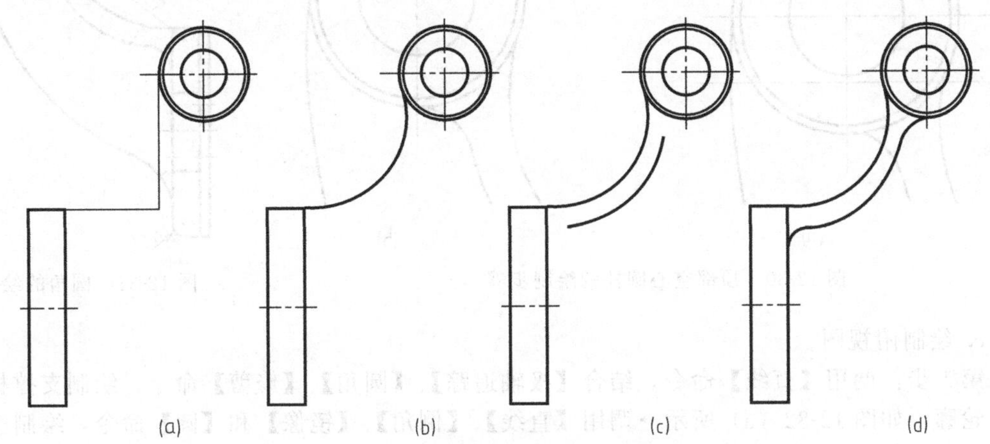

图 12-28　连接板轮廓绘制步骤

第 3 步：绘制肋板轮廓。将圆水平中心线向下偏移 11→根据 R100 圆弧与 $\phi38$ 圆的内连接关系，以 $\phi38$ 圆的圆心为圆心，以（$R100 \sim R19$）为半径画圆，与偏移线交于一点，以该点为圆心，100 为半径画圆→根据 $R25$ 圆弧与 $R100$ 和支撑板右端面的相切关系，调用【圆】命令，选择【相切、相切、半径】，作出 $R25$ 圆。调用【修剪】、【删除】命令，清理多余图线，步骤如图 12-29 所示。

第 4 步：绘制顶部空心圆柱轮廓。调用【直线】、【偏移】命令绘制顶部空心圆柱的一半，再调用【镜像】命令完成另一半→切换到【细实线】层，调用【样条曲线】命令绘制波浪线→调用【修剪】命令完成顶部空心圆柱轮廓，步骤如图 12-30 所示。

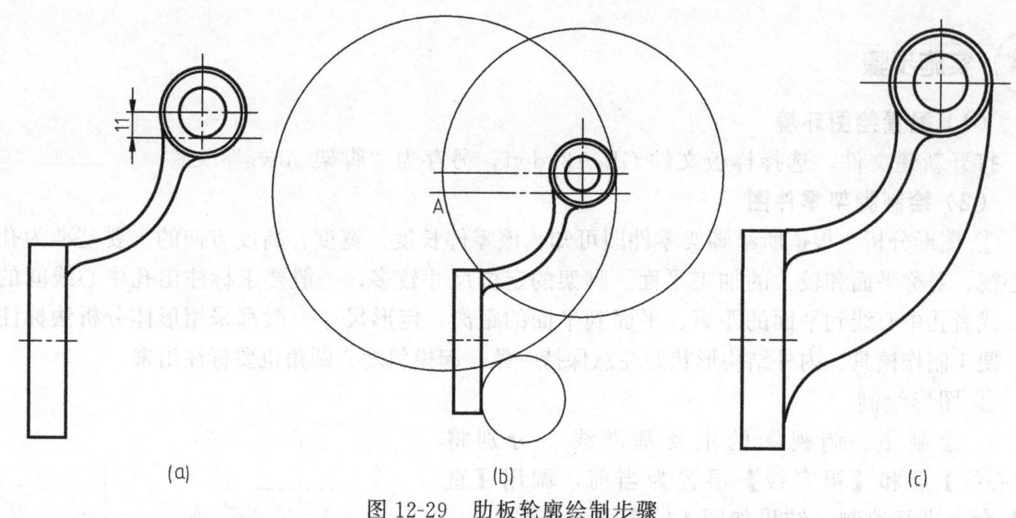

图 12-29 肋板轮廓绘制步骤

第 5 步：绘制圆角及支撑板剖开后轮廓。调用【圆角】命令结合夹点操作绘制 4 处铸造圆角，支撑板圆角半径 $R5$，两圆柱相交处圆角半径 $R3$，结果如图 12-31 所示。

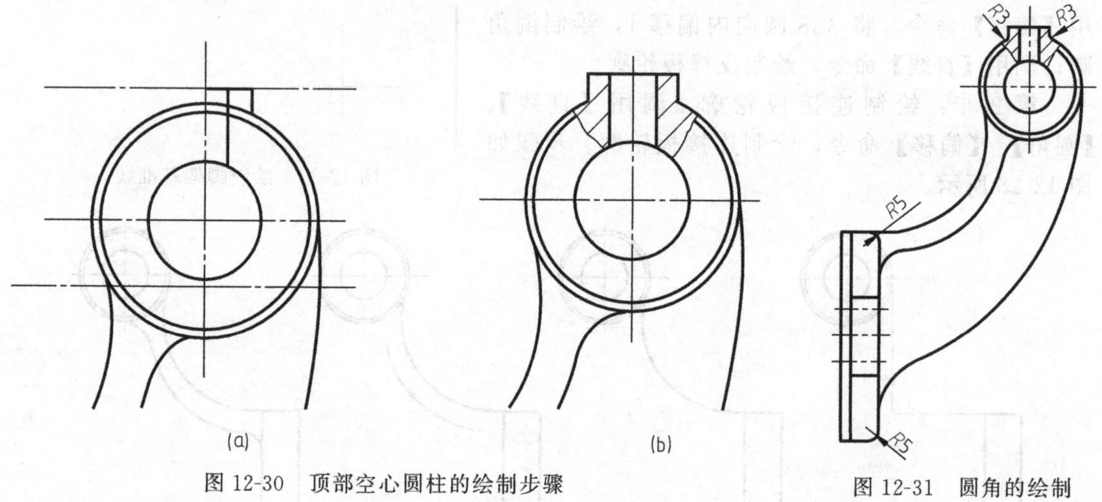

图 12-30 顶部空心圆柱的绘制步骤

图 12-31 圆角的绘制

c. 绘制俯视图

第 1 步：调用【直线】命令，结合【极轴追踪】、【圆角】、【修剪】命令，绘制支撑板俯视图轮廓，如图 12-32（a）所示→调用【直线】、【倒角】、【镜像】和【圆】命令，绘制空心

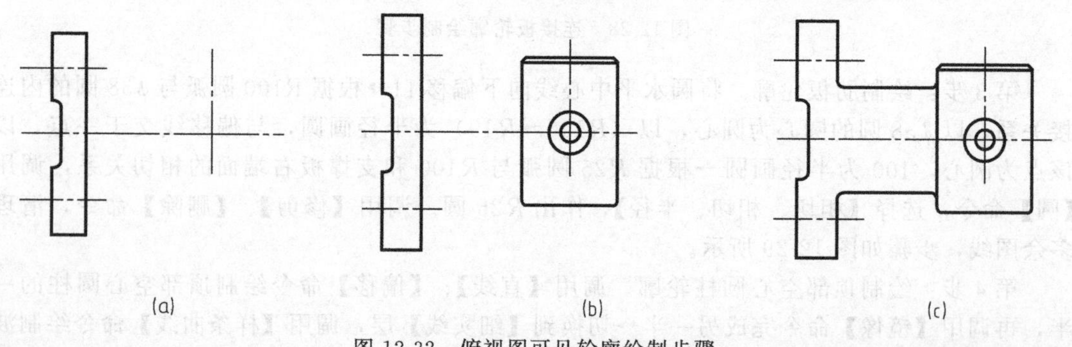

图 12-32 俯视图可见轮廓绘制步骤

圆柱俯视图轮廓，如图 12-32（b）所示→调用【直线】、【圆角】、【修剪】命令绘制连接板俯视图轮廓，如图 12-32（c）所示。

第 2 步：将【细实线】层置为当前，调用【样条曲线】命令，绘制波浪线，如图 12-33 所示。

第 3 步：将【虚线】层置为当前，调用【直线】、【修剪】和【圆角】命令，绘制不可见轮廓线，如图 12-34 所示。

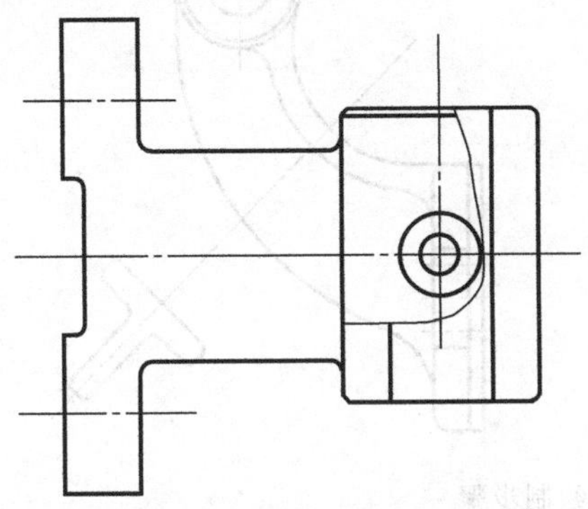

图 12-33　样条曲线的绘制图

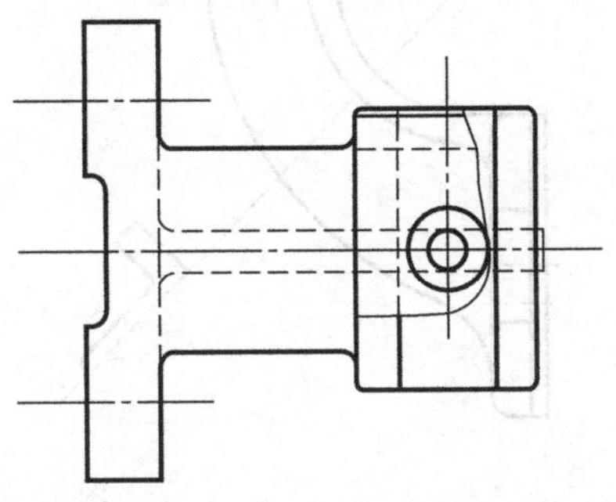

图 12-34　俯视图不可见轮廓线的绘制

第 4 步：肋板与空心圆柱相交处俯视图轮廓画法如图 12-35 所示，俯视图肋板可见部分长度与主视图 R100 圆弧左象限点 A 在长度方向对正。

d. 绘制局部视图　调用【矩形】命令绘制带圆角的矩形，并将其移动到指定位置，结果如图 12-36（a）所示→调用【偏移】命令，将水平中心线向上、向下各偏移 10，垂直中心线向右偏移 30，如图 12-36（b）所示→调用【直线】、【圆】、【修剪】命令，绘制环形槽及通槽，并利用夹点操作，修改点画线长度，如图 12-36（c）所示→调用【镜像】命令，完成局部视图绘制，如图 12-36（d）所示。

e. 绘制断面图　将【中心线】层置为当前，设【极轴追踪】增量为 45°，调用【直线】命令，自主视图 $R38$ 圆心处向右下 315°画直线→切换到【粗实线】层，调用【粗实线】命令，结合【45°极轴追踪】及【圆角】、【镜像】命令绘制断面图轮廓，绘制步骤如图 12-37 所示。

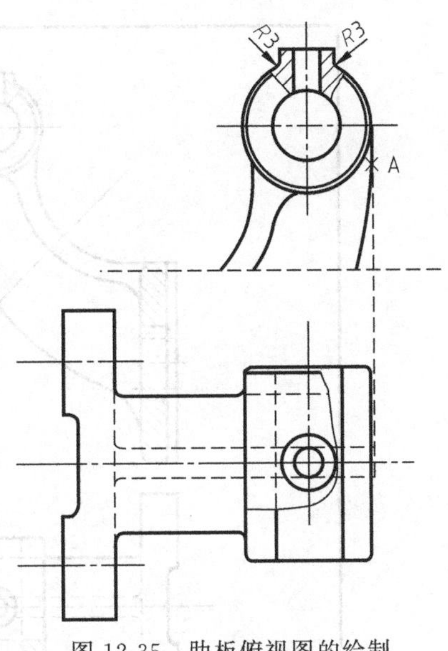

图 12-35　肋板俯视图的绘制

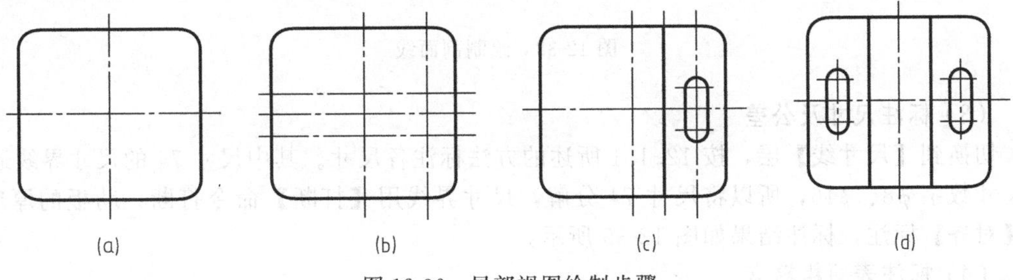

图 12-36　局部视图绘制步骤

f. 绘制剖面线　将【剖面线】层置为当前，调用【图案填充】命令，绘制主、俯视图，局部剖视图剖面线→将图案填充中的【角度】设为 30°，绘制断面图剖面线，结果如图 12-38 所示。

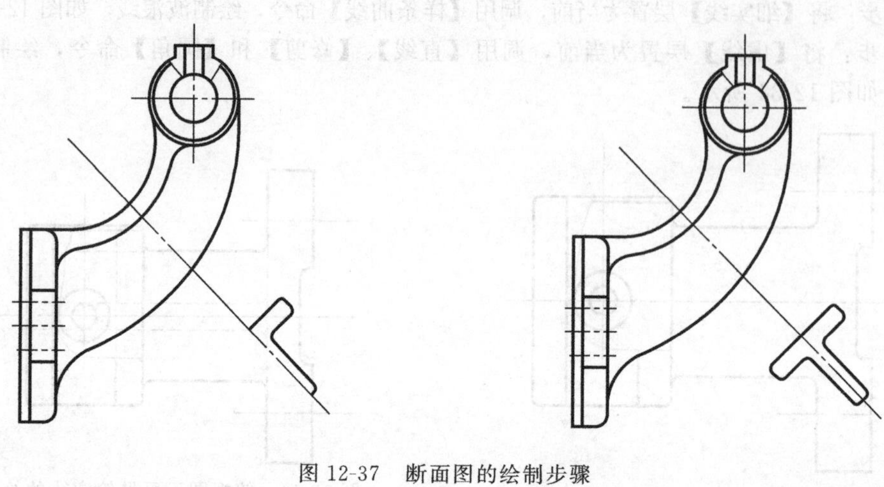

图 12-37 断面图的绘制步骤

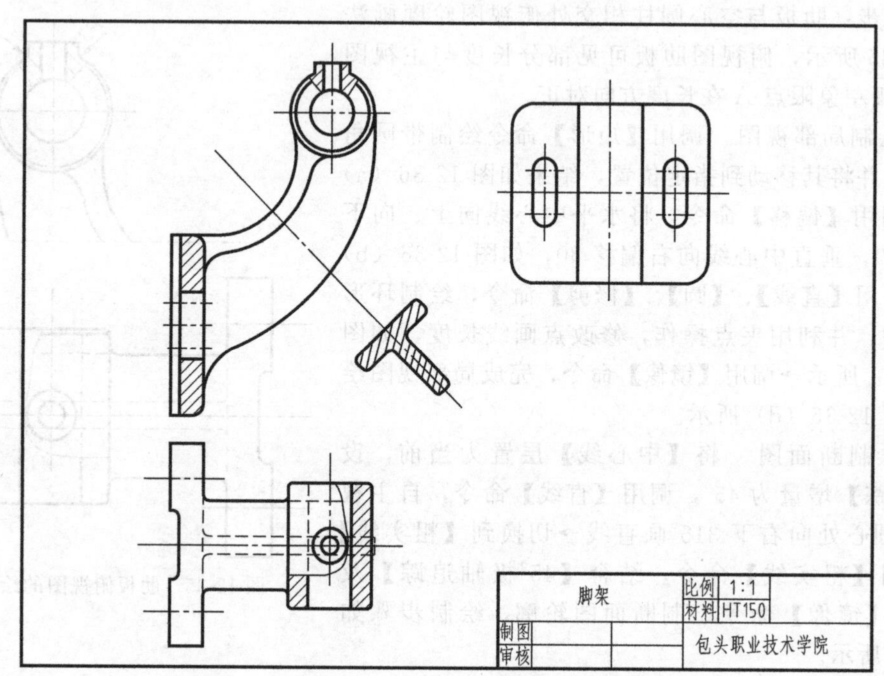

图 12-38 绘制剖面线

(3) 标注尺寸及公差

切换到【尺寸线】层，按 12.1.1 所述的方法标注各尺寸。其中尺寸 74 的尺寸界线通过了尺寸数字 $\phi8$、$\phi16$，所以将尺寸 74 分解，尺寸界线用【打断】命令打断；肋板的厚度 8 用【对齐】标注，标注结果如图 12-39 所示。

(4) 标注表面粗糙度

创建粗糙度图块，结合【多重引线】命令，将图块插入到指定位置。结果如图 12-40 所示。

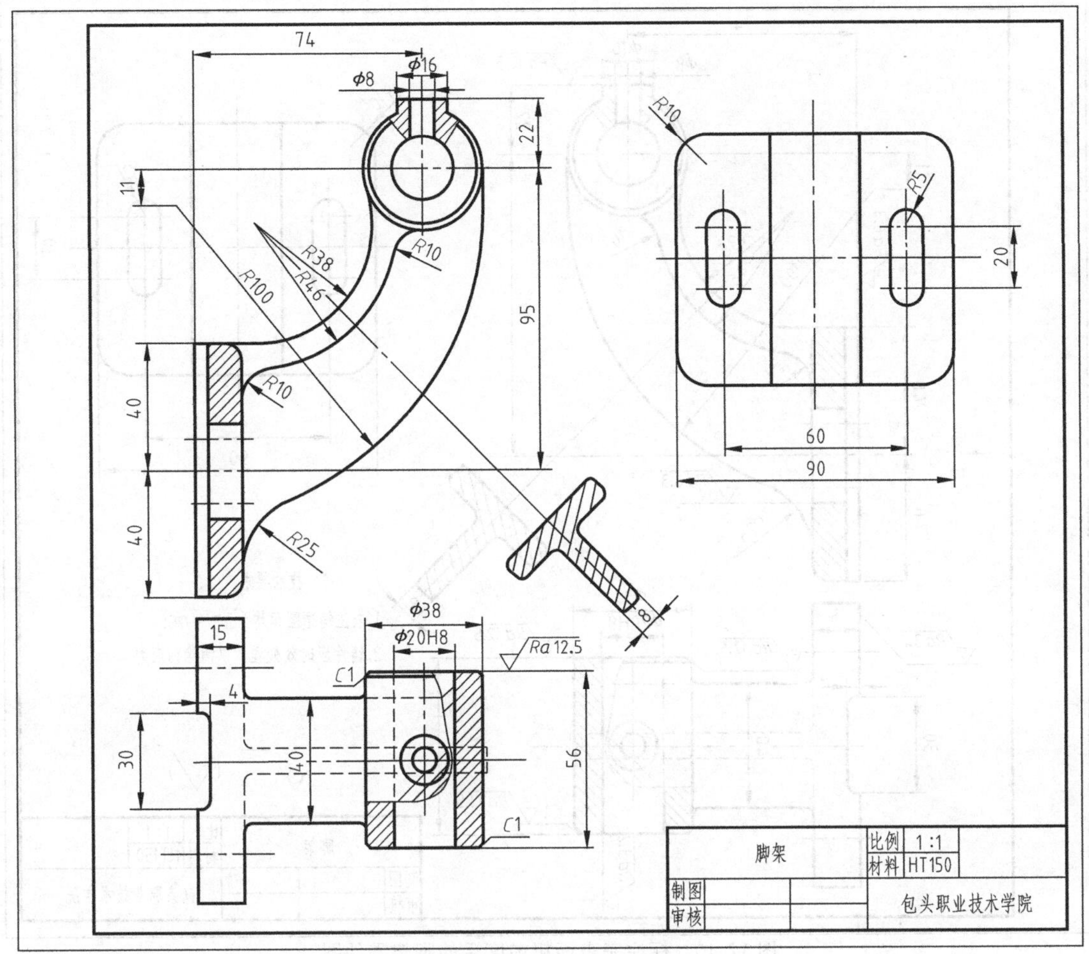

图 12-39　标注完尺寸的图形

（5）标注注释文字

调用【多重引线】、【多行文字】命令标注局部视图，注写技术要求；双击样板标题栏中需要修改的文字，在【文字编辑器】中完成文字的修改，从而完成整个零件图的绘制。

训练小结

◇ 叉架类零件图一般采用多个视图表达，视图之间及每个结构在不同视图上的投影要保证对应关系，所以在绘图过程中要根据“长对正、高平齐、宽相等”的制图原则，综合运用软件的绘图、编辑命令及对象捕捉、极轴追踪、正交、图层管理、显示控制等各类作图工具，快速、准确绘图。

◇ 叉架类零件主要由工作、连接和支撑三部分组成，画图关键是按部分绘制，化整为零、化繁为简。一般先绘制工作部分，然后绘制支撑部分，最后绘制连接部分。当用多个视图表示零件形状时，不一定要从主视图画起，应当从反映主体端面实形的视图画起。

◇ 根据作图需要适时关闭/打开相应的图层和使用表面粗糙度图块可以提高绘图效率。例如，绘制剖面线以前要先关闭中心线层，以免中心线干扰选择填充边界；对螺纹孔的剖视图填充剖面线时关闭细实线层，选择填充边界后再打开，可快速实现剖面线按照要求穿越内螺纹的大径线。

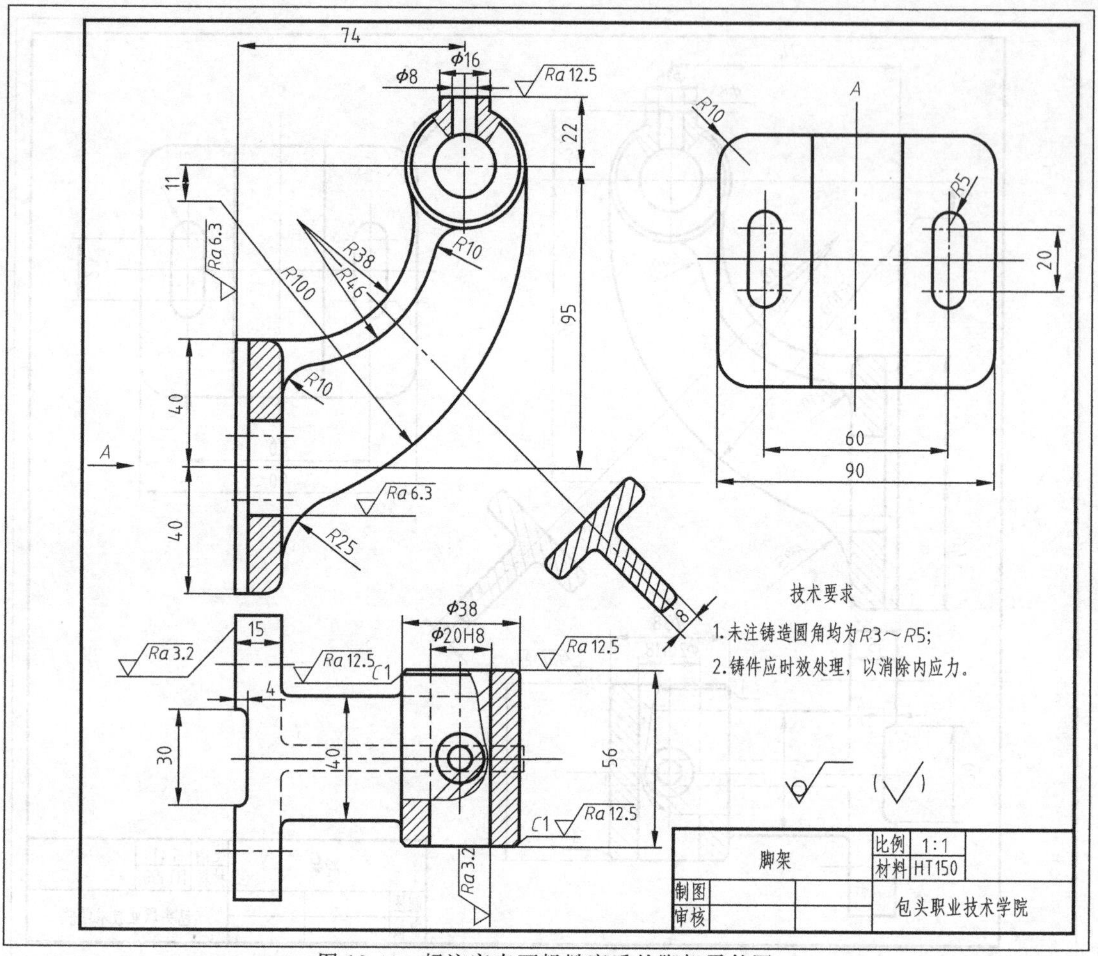

图 12-40　标注完表面粗糙度后的脚架零件图

12.4　箱体类零件绘制

箱体类零件结构及画法简介：

箱体类零件是用来安装支撑机器部件，或者容纳气体、液体介质的壳体零件，运用比较广泛，包括各种箱体、壳体、泵体、阀座等。箱体零件大多为铸件，一般起支撑、容纳、定位和密封等作用。

箱体类零件多数经过较多工序制造而成，各工序的加工位置不尽相同，因而主视图主要按形状特征和工作位置确定。箱体类零件结构形状一般都较复杂，常需要用三个以上的基本视图进行表达。对内部结构形状采用剖视图表示。如果内、外部结构形状都较复杂，且投影并不重叠时，也可采用局部剖视图；重叠时，外部结构形状和内部结构形状应分别表达；对局部的外、内部结构形状可采用局部剖视图、局部视图和断面图来表示。

阀体零件图的绘制（1）

实战训练：阀体零件图的绘制

阀体零件图的绘制（2）

按照图 12-41 所示，完成阀体的零件图。要求在读懂图形的基础上完成

以下任务：

① 配置绘图环境。

② 完成阀体图形的绘制。

③ 标注尺寸。

④ 标注尺寸公差及形位公差。

⑤ 标注表面粗糙度。

⑥ 标注文字。

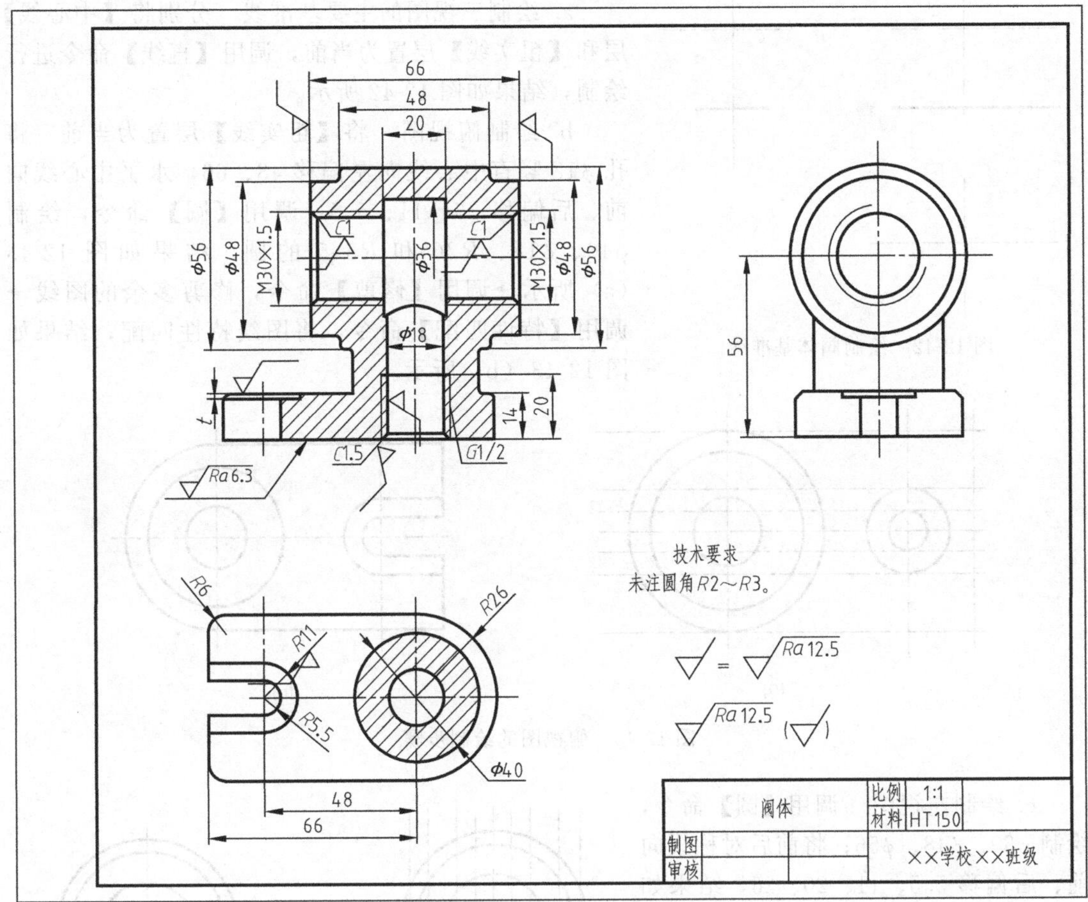

图 12-41　阀体零件图

实施步骤

（1）配置绘图环境

打开新建文件，选择样板文件 GB-A3. dwt，另存为“阀体 . dwg”文件。

（2）绘制阀体零件图

① 图形分析　根据所给阀体零件图可知，该零件主视图采用了全剖视图，以表达阀体的内部结构，并反映中间支撑板和底板的上下、左右位置关系；左视图主要表达了该零件前后外部形状、中间肋板和底板的结构关系，以及底板上安装孔的结构；俯视图采用剖视图表达了阀体底座与上部的连接关系。箱体类零件的长度、宽度和高度方向的主要基准线采用孔的中心线、对称平面和较大的加工平面。

如图 12-41 所示，阀体高度方向的主要基准线是轴孔的轴线，直接标注出轴孔的中心线至底面的高 56，以此确定底板下表面的位置；长度方向的主要基准线是 $\phi18$ 孔的轴线，以此确定底座左端面的位置尺寸 66，还可以确定 U 形孔 R5.5 中心位置 48；宽度方向的主要基准线是阀体前后对称平面，以尺寸 R26 确定阀体的宽度和底板安装孔的中心位置。箱体类零件的定位尺寸更多，各孔中心线间的距离一定要直接标注出来，定形尺寸仍用形体分析法标注。

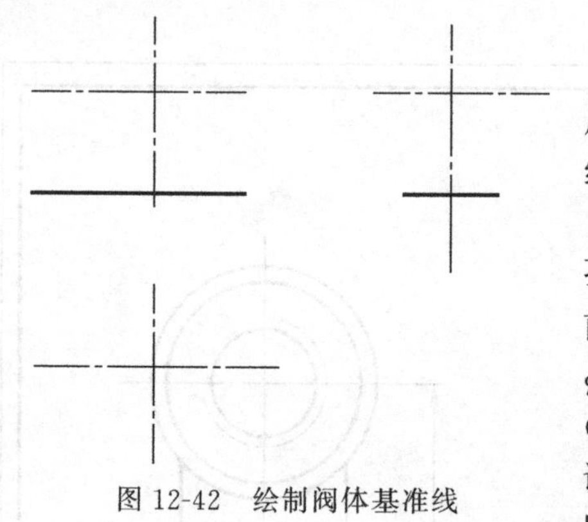

图 12-42 绘制阀体基准线

② 图形绘制

a. 绘制三视图的主要基准线　分别将【中心线】层和【粗实线】层置为当前，调用【直线】命令进行绘制，结果如图 12-42 所示。

b. 绘制俯视图　将【粗实线】层置为当前。将孔 $\phi18$ 竖直中心线向左偏移 48、66，水平中心线向前、后偏移 26、11、5.5；调用【圆】命令，绘制 $\phi40$、$\phi18$、$R26$ 和 $R5.5$ 的圆，结果如图 12-43（a）所示→调用【修剪】命令，修剪多余的图线→调用【特性匹配】命令，将图线特性匹配，结果如图 12-43（b）所示。

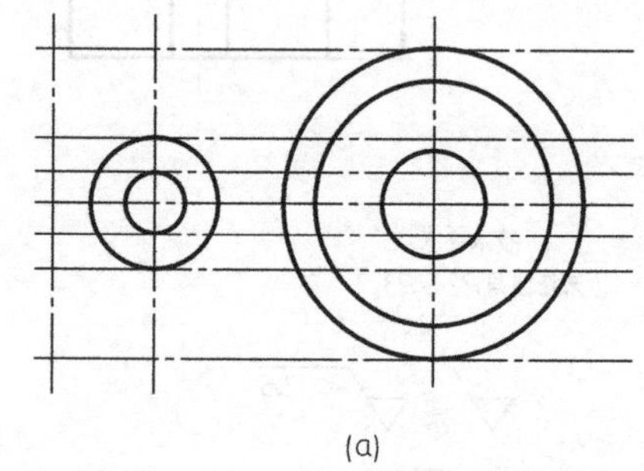

(a)

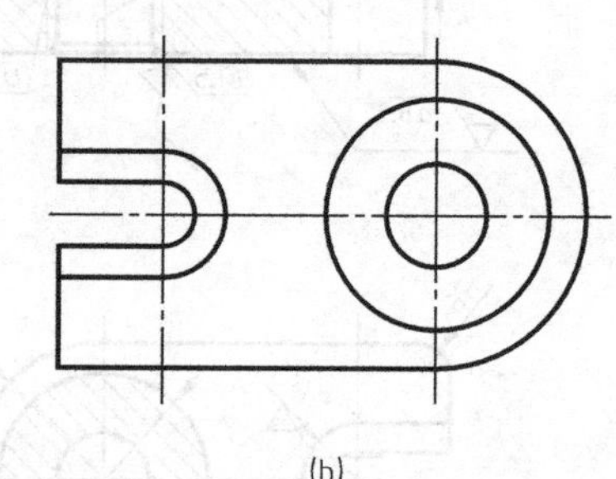

(b)

图 12-43 俯视图的绘制步骤

c. 绘制左视图　调用【圆】命令，绘制 $\phi30$、$\phi48$、$\phi56$；将前后对称线向前、后偏移 5.5、11、20、26，结果如图 12-44（a）所示→修剪多余的图线，将图线特性匹配，结果如图 12-44（b）所示。

d. 绘制主视图　打开【极轴追踪】，调用【直线】、【偏移】、【圆】、【修剪】等命令，绘制阀体主视图外、内轮廓及相贯线，完成主视图，如图 12-45 所示。

注意：$\phi36$ 和 $\phi18$ 两光孔的相贯线用简化画法绘制。

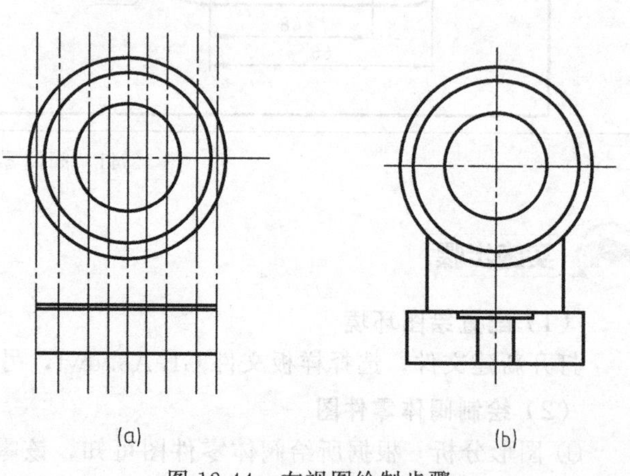

(a)　　(b)

图 12-44 左视图绘制步骤

e. 倒圆角、绘制剖面线　调用【圆角】命令，绘制三视图圆角→将【剖面线】层置为当前，调用【图案填充】命令，绘制主、俯视图剖面线，结果如图 12-46 所示。

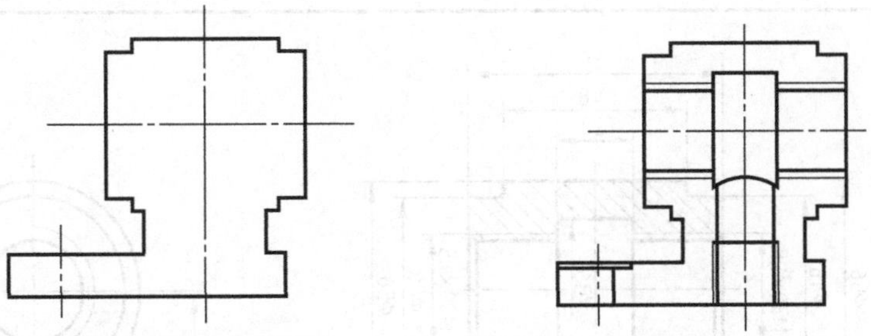

(a) 外轮廓的绘制　　(b) 内轮廓的绘制

图 12-45　主视图绘制步骤

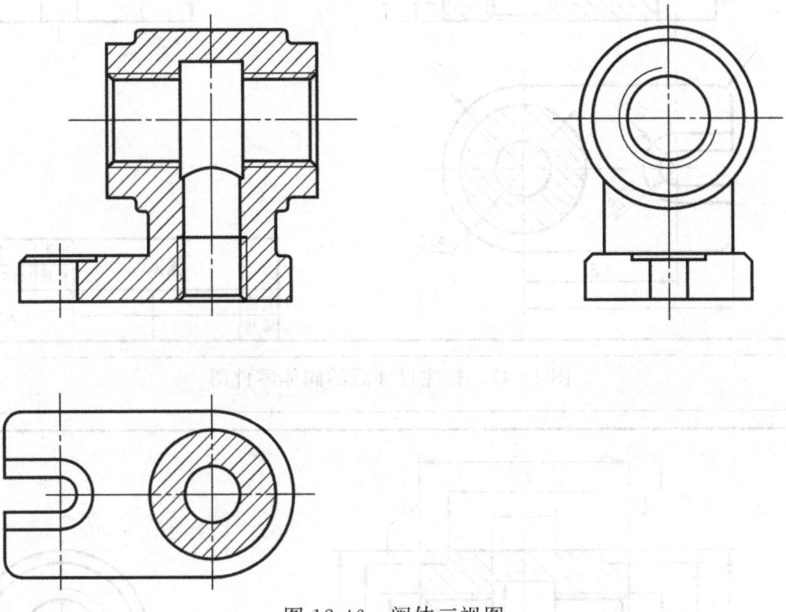

图 12-46　阀体三视图

（3）标注尺寸

切换到【尺寸线】层，按 12.1.1 所述的方法标注各尺寸。标注结果如图 12-47 所示。

（4）标注表面粗糙度

创建粗糙度图块，结合【多重引线】命令将图块插入到指定位置。结果如图 12-48 所示。

（5）标注注释文字

调用【多行文字】命令，注写技术要求及其他文字→双击样板标题栏中需要修改的文字，在【文字编辑器】中完成文字的修改，从而完成整个零件图的绘制。

◇ 箱体类零件图是各类零件中最复杂的一种，一般采用多个视图表达，视图之间及每个结构在不同视图上的投影要保证对应关系，如果一条线一条线地画，很难提高效率，也容易出错。所以在绘图过程中，根据“长对正、高平齐、宽相等”的制图规则，综合运用软件正交、极轴追踪、对象捕捉、图层管理、显示控制等各类作图工具，做好形体分析，将整个零件划分为几个部分，然后以每一个部分为基本单元，使用绘图、编辑命令进行快速、准确的绘图。

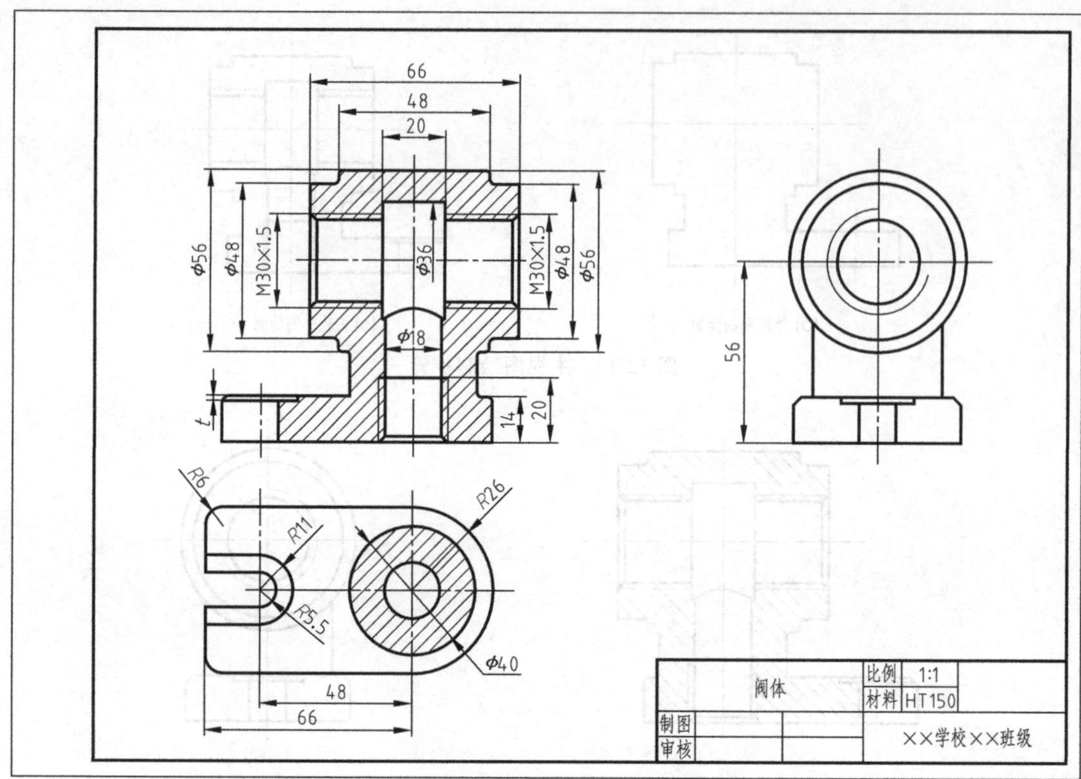

图 12-47　标注尺寸后的阀体零件图

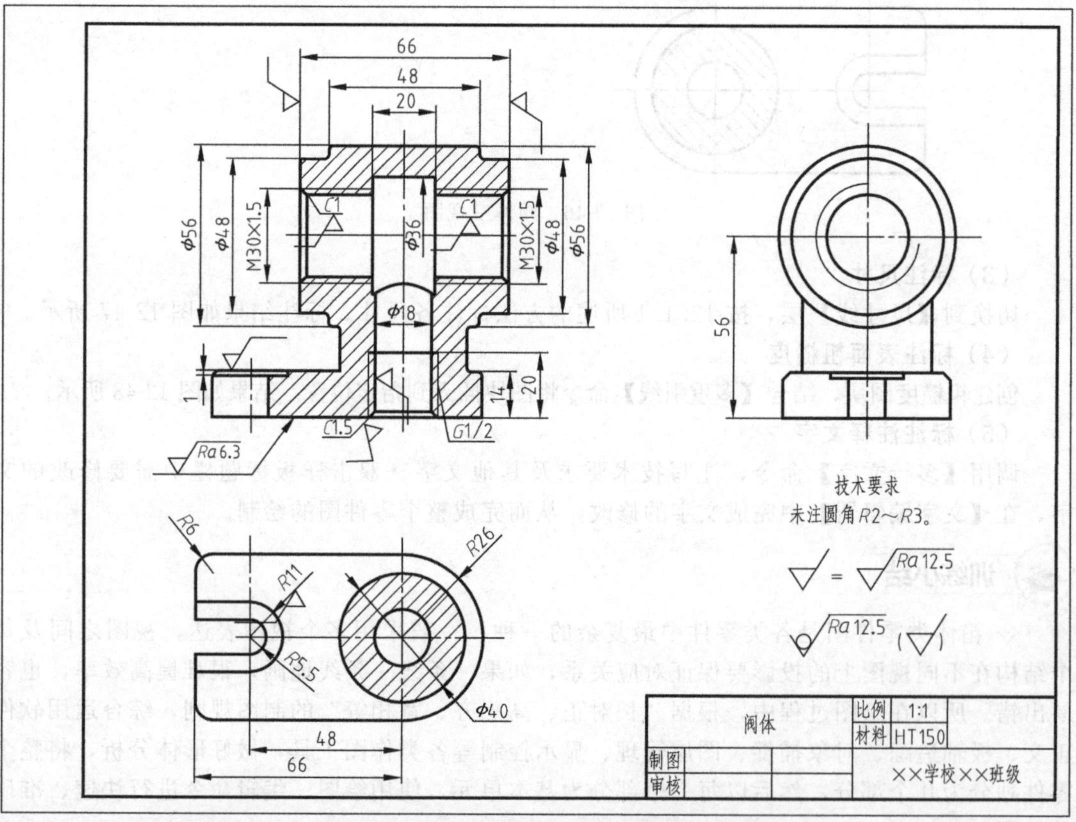

66
48
20
φ56
φ48
M30×1.5
C1
φ36
C1
M30×1.5
φ48
φ56
φ18
56
1
14
20
C1.5
G1/2
Ra 6.3

技术要求

未注圆角 $R2\sim R3$。

= Ra 12.5

Ra 12.5 ( )

R6
R11
R26
R5.5
φ40
48
66

阀体		比例	1:1
		材料	HT150
制图		××学校××班级	
审核			

图 12-48　标注表面粗糙度后的阀体零件图

◇ 为减少尺寸输入，避免重复分析和计算尺寸，最好利用投影规律，以基本体为单元，将有该基本体投影的视图一起画，画完基本体以后，再用【修剪】、【延伸】等命令修改结合部位的图线。

12.5 标准件和常用件绘制

标准件：指结构、尺寸、画法、标记等各方面已经完全标准化，并由专业厂生产的常用零件，狭义上就是指标准化的紧固件，如螺母、螺钉、螺柱等。

常用件：指应用广泛，某些部分的结构形状和尺寸已有统一标准的零件，这些在制图中都有规定的表示法，如齿轮等。

12.5.1 六角螺母

（1）六角螺母简介

六角螺母与螺栓、螺钉配合使用，起连接紧固机件作用。六角螺母有规定的形状和尺寸关系，如图 12-49 为六角螺母的尺寸参数标准，随着机械行业的发展，标准也处于不断变化中。

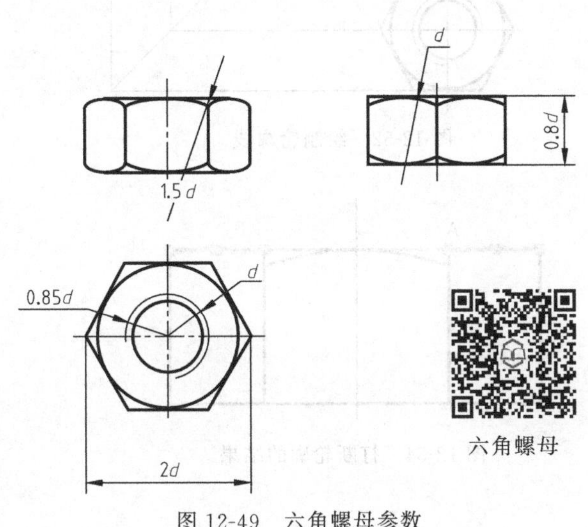

图 12-49 六角螺母参数

（2）绘制六角螺母

① 单击【新建】按钮，在【选择样板】对话框中选择 A4.dwt 样板文件，单击【打开】按钮打开文件。

② 将【中心线】图层设置为当前图层。单击【绘图】工具栏中的【直线】命令，绘制中心线，如图 12-50 所示。

③ 切换到【轮廓线】图层，执行【圆】和【正多边形】命令，绘制俯视图，如图 12-51 所示。

图 12-50 绘制中心线　　图 12-51 绘制俯视图

④ 根据三视图基本准则“长对正、高平齐、宽相等”绘制主视图和左视图轮廓线，如图 12-52 所示。

⑤ 执行【圆】命令，绘制与直线 AB 相切、半径为 15 的圆，绘制与直线 CD 相切、半径为 10 的圆；再执行【修剪】命令，修剪图形，结果如图 12-53 所示。

⑥ 单击【修改】工具栏中的【打断于点】命令，将轮廓线在 A、B 两点打断，如图 12-54 所示。

⑦ 执行【直线】命令，绘制通过 $R15$ 圆弧两端的水平直线，如图 12-55 所示。执行【圆弧】命令，以水平直线与轮廓线的交点作为圆弧起点、终点，轮廓线的中点作为圆弧的中点，绘制圆弧，最后修剪图形，结果如图 12-56 所示。

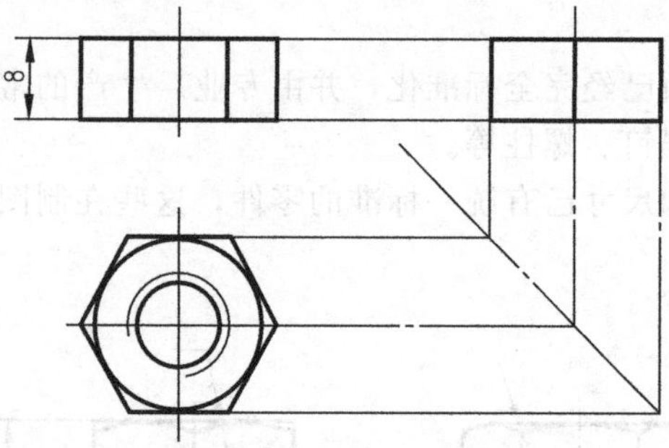

图 12-52 绘制轮廓线

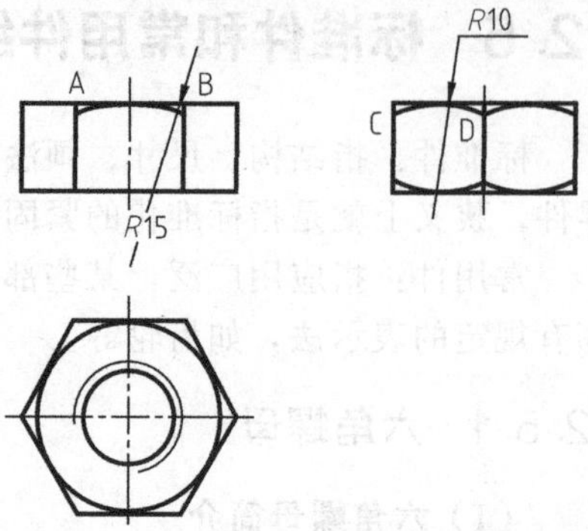

图 12-53 绘制圆

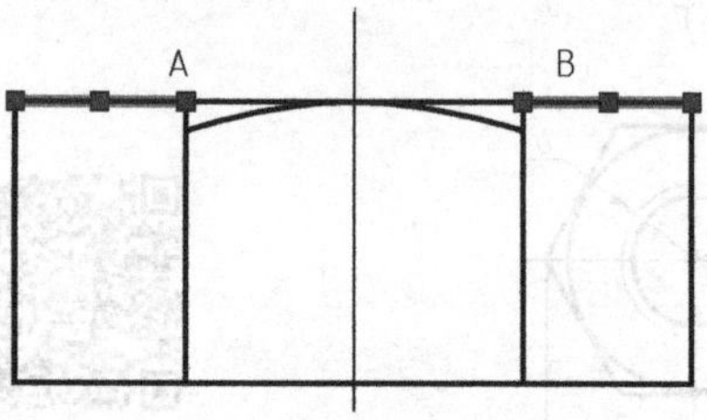

图 12-54 打断轮廓的结果

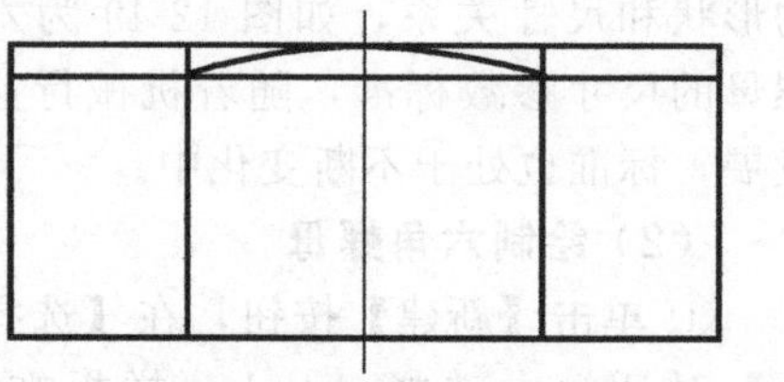

图 12-55 绘制直线

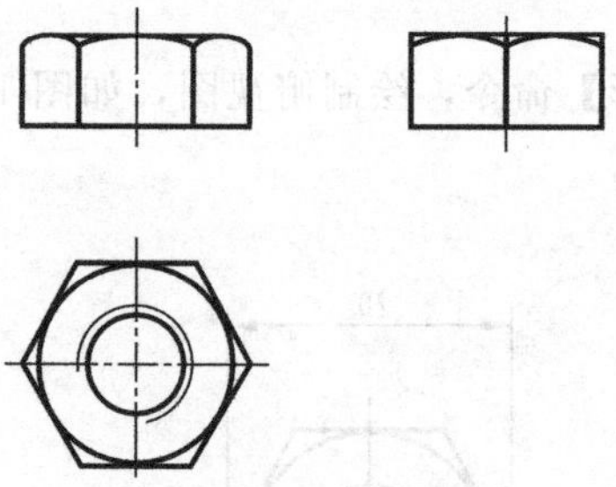

图 12-56 绘制圆弧

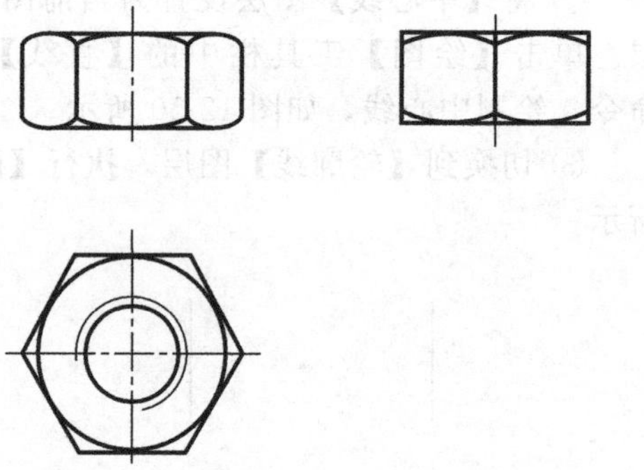

图 12-57 绘制结果

⑧ 镜像图形。执行【镜像命令】，以主视图水平中线作为镜像线，镜像图形，同样的方法镜像左视图，结果如图 12-57 所示。

⑨ 选择【文件】|【保存】命令，保存文件，完成绘制。

12.5.2 六角头螺栓

六角头螺栓

（1）六角头螺栓简介

六角头螺栓也称为外六角螺栓，其头部为六角形的外螺纹扣件，使用扳手转动。依照 ASME B18.2.1 标准，六角头螺钉较一般的大六角螺栓的头高和杆长公差小，因此六角头螺钉适合安装在所有六角螺栓可以使用的地方，也包含大六角螺栓太大而不能使用的地方。

（2）绘制六角头螺栓

由于六角头螺栓具有回转结构，因此使用 2 个基本视图即可表达其结构。

① 单击【新建】按钮，在【选择样板】对话框中选择 A4.dwt 样板文件，单击【打开】按钮打开文件。

② 将【中心线】图层设置为当前图层。执行【直线】命令，绘制主视图和左视图上的中心线，如图 12-58 所示。

③ 切换到【轮廓线】图层，执行【圆】和【正多边形】命令，绘制左视图，如图 12-59 所示。

图 12-58　绘制中心线　　　　图 12-59　绘制左视图

④ 执行【偏移】命令，将主视图中心线向上偏移；然后执行【直线】命令，根据三视图绘制基本准则“长对正、高平齐、宽相等”绘制主视图的轮廓线，如图 12-60 所示。

⑤ 执行【圆弧】命令，按照六角螺母中圆弧的绘制方法，绘制螺栓头部的圆弧；然后执行【修剪】命令修剪图形，结果如图 12-61 所示。

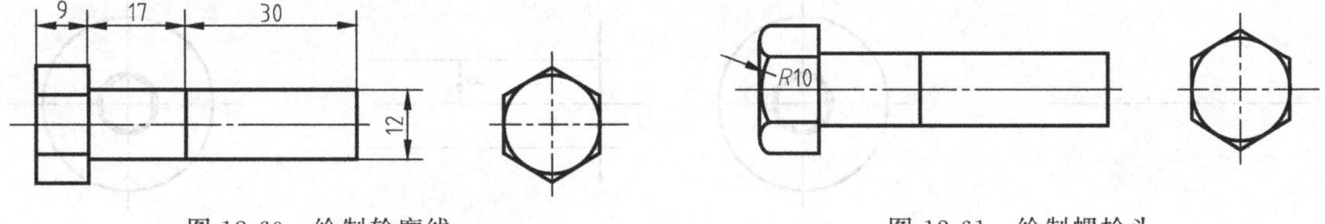

图 12-60　绘制轮廓线　　　　图 12-61　绘制螺栓头

⑥ 执行【倒角】命令，为螺栓倒角，如图 12-62 所示。

⑦ 完善图形。执行【直线】命令，绘制连接线；然后切换到【细实线】图层，绘制螺纹小径线，如图 12-63 所示。

⑧ 选择【文件】|【保存】命令，保存文件，完成绘制。

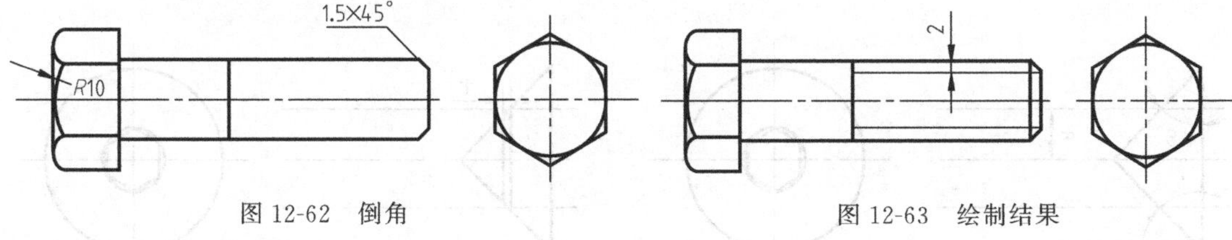

图 12-62　倒角　　　　图 12-63　绘制结果

12.5.3　沉头螺栓

沉头螺栓

（1）沉头螺栓简介

沉头螺栓，其头部是一个 90°的锥体，和常见的木螺丝类似，头部有工具拧紧槽，有一字形、十字形、内六角形等。在连接件安装孔的表面上，加工有一个 90°的锥形圆窝，沉头螺栓的头部在此圆窝内，和连接件的表面平齐。在一些场合也有使用半圆头沉头螺栓，这种螺栓比较美观，用于表面可以允许少许突出的零件。

（2）绘制沉头螺栓

由于沉头螺栓具有回转结构，因此使用 2 个基本视图即可表达其结构。

① 单击【新建】按钮，在【选择样板】对话框中选择 A4. dwt 样板文件，单击【打开】按钮打开文件。

② 将【中心线】图层设置为当前图层。执行【直线】命令，绘制中心线，如图 12-64 所示。

③ 切换到【轮廓线】图层，执行【圆】命令，以中心线交点为圆心，分别绘制 R5、R15 的圆，如图 12-65 所示。

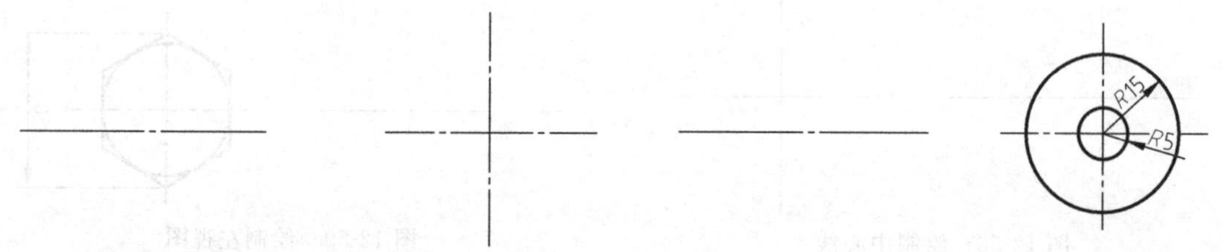

图 12-64　绘制中心线　　图 12-65　绘制圆

④ 执行【正多边形】命令，在 $R5$ 的圆中绘制内接正 6 边形，如图 12-66 所示。

⑤ 执行【偏移】命令，将水平中心线向上、下各偏移 8；然后执行【直线】命令，根据“高平齐”的原则，绘制最左端垂直轮廓，如图 12-67 所示。

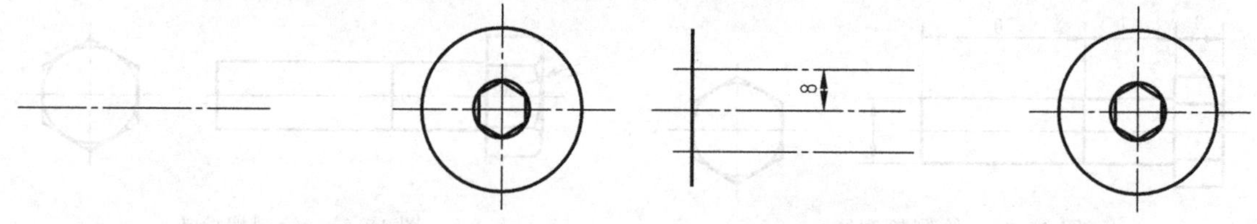

图 12-66　绘制正多边形　　图 12-67　绘制最左端垂直轮廓

⑥ 按 F10 键开启极轴追踪，设置追踪角为 45°，执行【直线】命令，绘制倾斜直线，如图 12-68 所示。

⑦ 执行【直线】命令，连接中心线与倾斜直线的交点；然后执行【偏移】命令，将连接线向右偏移 1，如图 12-69 所示。

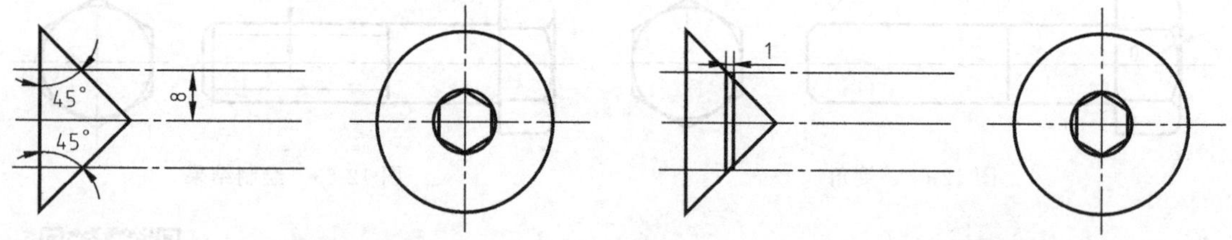

图 12-68　绘制 45°直线　　图 12-69　绘制连接线

⑧ 执行【偏移】命令，将最左端基准线向右偏移 45。将【细实线】层置为当前，然后执行【直线】命令，绘制螺纹线。如图 12-70 所示。

⑨ 执行【修剪】命令，修剪图形。然后执行【特性匹配】命令，匹配偏移后的中心线为【轮廓线】，匹配连接线为【细实线】，结果如图 12-71 所示。

⑩ 执行【偏移】命令，将左侧轮廓向右偏移 5，切换到【虚线】图层，根据“高平齐”原则，绘制沉头的主视图，结果如图 12-72 所示。

⑪ 执行【圆弧】命令，绘制圆弧，然后删除偏移线，结果如图 12-73 所示。

⑫ 执行【直线】命令，绘制交点与两圆弧的切线，结果如图 12-74 所示。

⑬ 单击【保存】命令，保存文件，完成绘制。

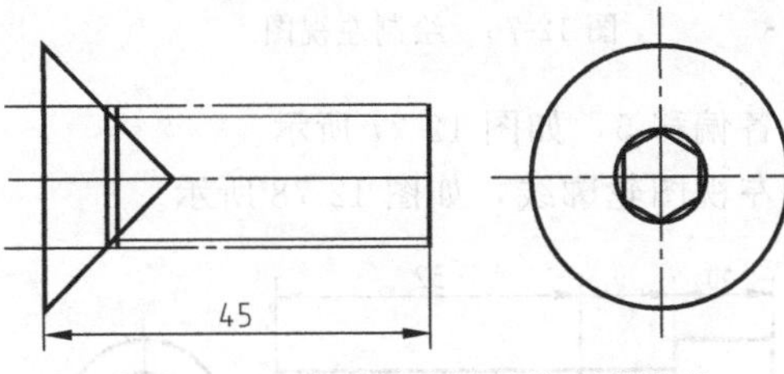

图 12-70　偏移轮廓线并绘制螺纹线

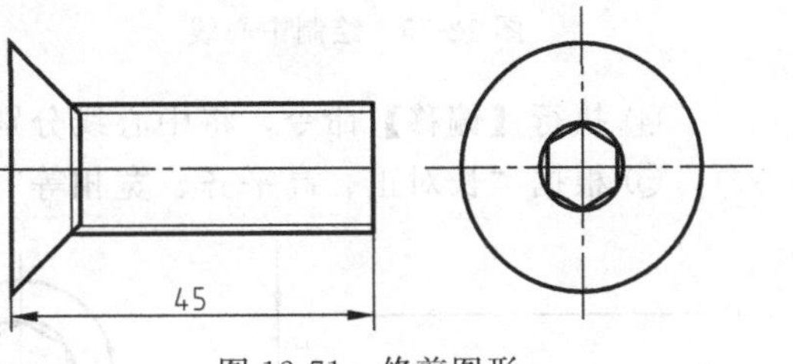

图 12-71　修剪图形

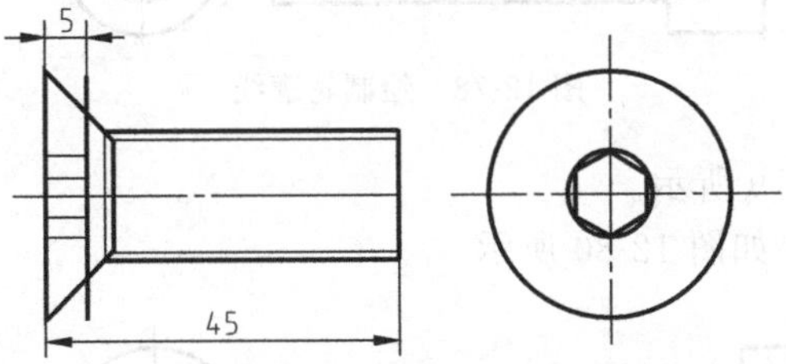

图 12-72　绘制沉头

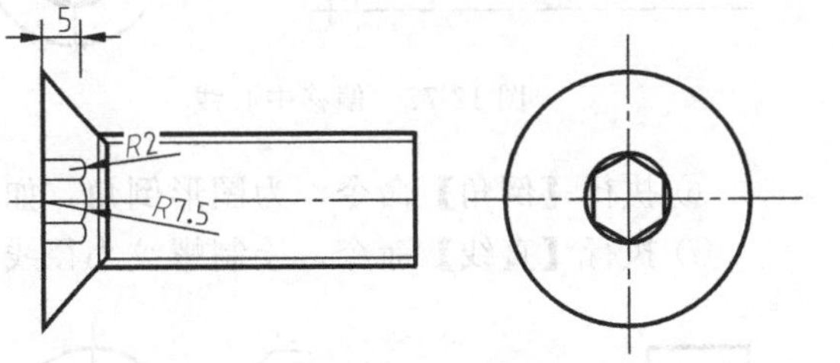

图 12-73　绘制圆弧

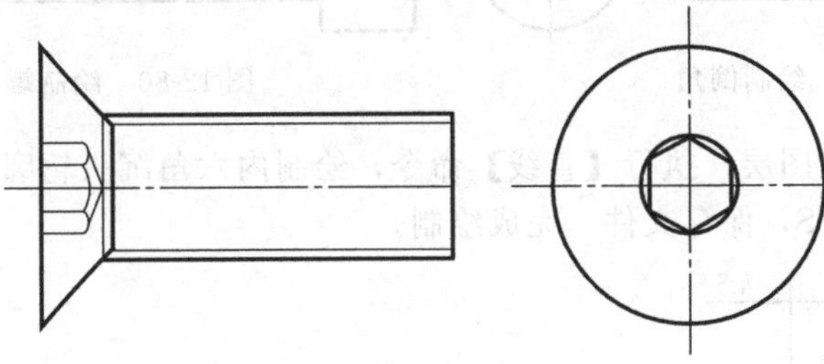

图 12-74　绘制结果

12.5.4　内六角圆柱头螺钉

内六角圆柱头螺钉

（1）内六角圆柱头螺钉简介

内六角圆柱头螺钉也称为内六角螺栓、杯头螺丝、内六角螺钉。常用的内六角圆柱头螺钉按强度分为 4.8 级、8.8 级、10.9 级、12.9 级；按材质分有不锈钢和铁材质。其用途与沉头螺钉相似，钉头埋入机件中，连接强度较大，但须用相应规格的内六角扳手装拆螺钉。一般用于各种机床及其附件上。

（2）绘制内六角圆柱头螺钉

① 单击【新建】按钮，在【选择样板】对话框中选择 A4.dwt 样板文件，单击【打开】按钮打开文件。

② 将【中心线】图层设置为当前图层。执行【直线】命令，绘制中心线，如图 12-75 所示。

③ 切换到【轮廓线】图层，执行【圆】命令和【正多边形】命令，绘制左视图，如图 12-76 所示。

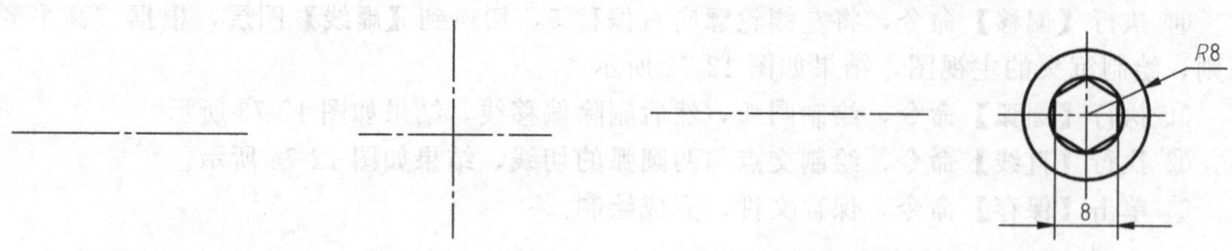

图 12-75　绘制中心线　　　　图 12-76　绘制左视图

④ 执行【偏移】命令，将中心线分别向上、下各偏移 5，如图 12-77 所示。

⑤ 根据“长对正、高平齐、宽相等”原则绘制左视图轮廓线，如图 12-78 所示。

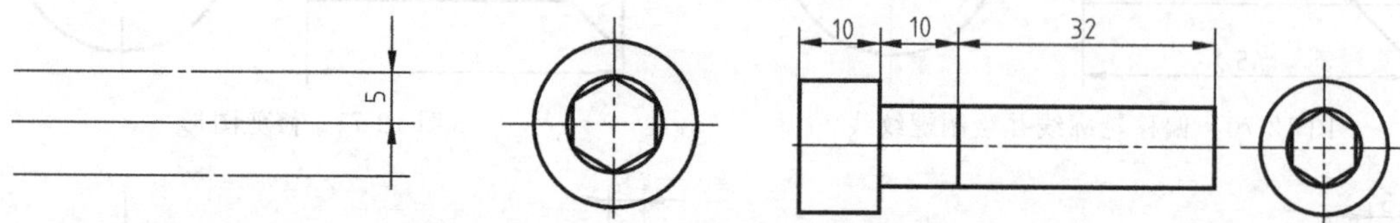

图 12-77　偏移中心线　　　　图 12-78　绘制轮廓线

⑥ 执行【倒角】命令，为图形倒角，如图 12-79 所示。

⑦ 执行【直线】命令，绘制螺纹小径线，结果如图 12-80 所示。

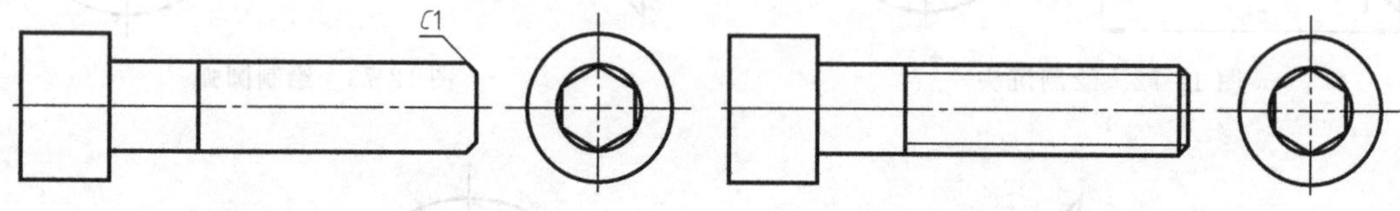

图 12-79　绘制倒角　　　　图 12-80　绘制螺纹小径线

⑧ 切换到【虚线】图层，执行【直线】命令，绘制内六角沉头轮廓，如图 12-81 所示。

⑨ 按快捷键 Ctrl＋S，保存文件，完成绘制。

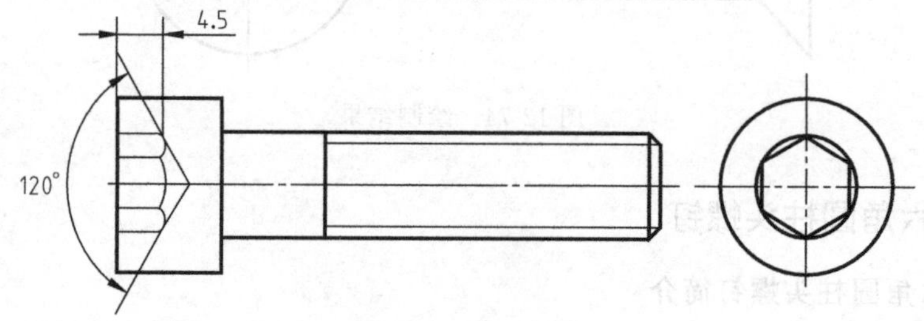

图 12-81　绘制沉头

螺纹圆柱销

12.5.5　圆柱销

（1）圆柱销简介

圆柱销主要用于定位，也可用于连接，它依靠过盈配合固定在销孔内，通常不受载荷或者受很小的载荷，数量不少于两个，分布在被连接件整体结构的对称方向上，相距越远越好，销在每一被连接件内的长度约为小直径的 1～2 倍。圆柱销又可分为普通圆柱销、内螺纹圆柱销、螺纹圆柱销、带孔销、弹性圆柱销等几种。

（2）绘制螺纹圆柱销

① 单击【新建】按钮，在【选择样板】对话框中选择 A4. dwt 样板文件，单击【打开】

按钮打开文件。

② 将【中心线】图层设置为当前图层。执行【直线】命令，绘制一条水平中心线，切换到【轮廓线】图层，绘制外轮廓，结果如图 12-82 所示。

③ 执行【倒角】命令，为图形倒角 2×45°，如图 12-83 所示。

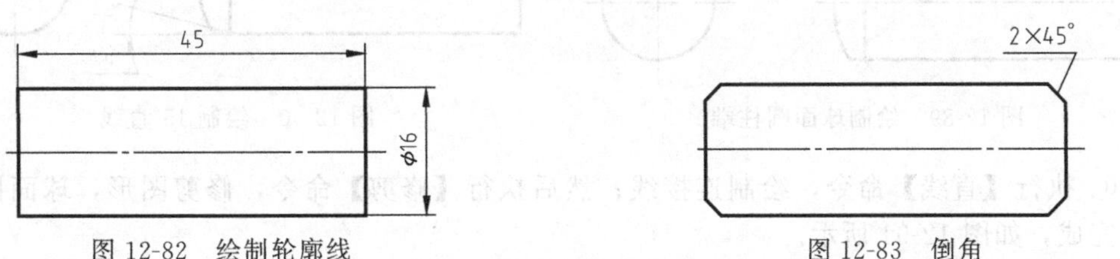

图 12-82　绘制轮廓线　　图 12-83　倒角

④ 执行【直线】命令，绘制连接线，如图 12-84 所示。

⑤ 执行【直线】命令，绘制螺纹以及圆柱销顶端，将螺纹线转换到【细实线】图层，如图 12-85 所示。

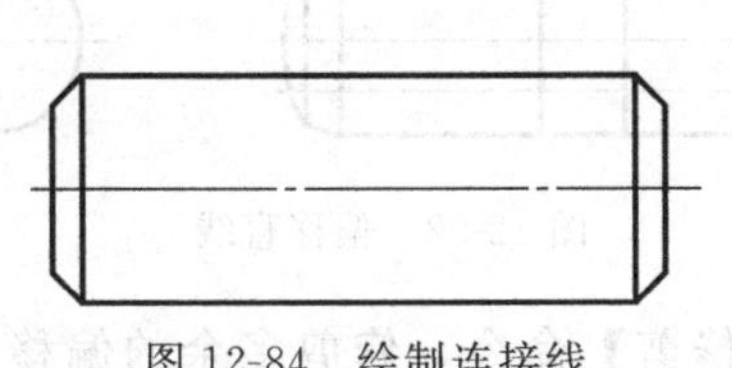

图 12-84　绘制连接线

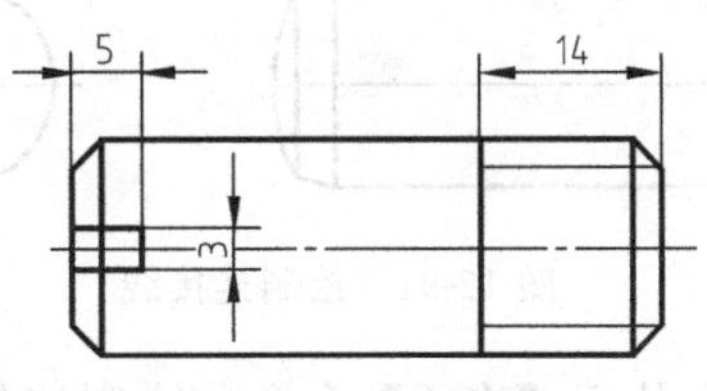

图 12-85　绘制螺纹

⑥ 执行【直线】命令，使用临时捕捉中的【自】命令，捕捉距离为 4 的点，绘制直线，如图 12-86 所示。

⑦ 按快捷键 Ctrl＋S，保存文件，完成螺纹圆柱销的绘制。

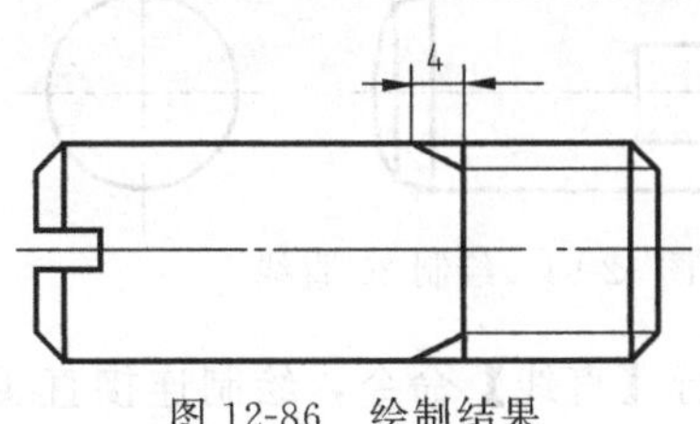

图 12-86　绘制结果

（3）绘制内螺纹圆柱销

内螺纹圆柱销

① 单击【新建】按钮，在【选择样板】对话框中选择 A4. dwt 样板文件，单击【打开】按钮打开文件。

② 将【中心线】图层设置为当前图层。执行【直线】命令，绘制主视图和左视图的中心线，结果如图 12-87 所示。

③ 切换到【轮廓线】图层，执行【直线】命令，绘制圆柱销外轮廓，根据“高平齐”的原则绘制左视图外轮廓，如图 12-88 所示。

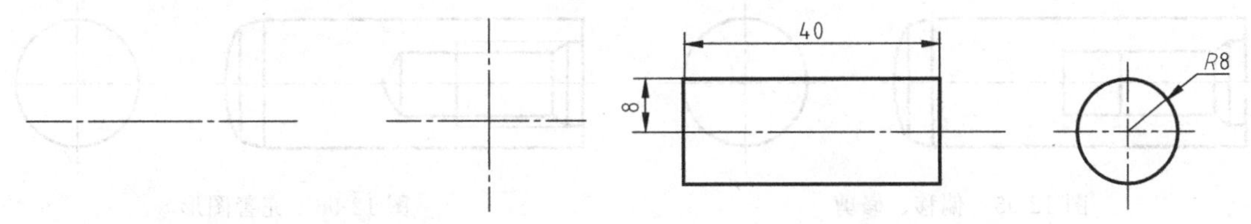

图 12-87　绘制中心线　　图 12-88　绘制轮廓线

④ 执行【偏移】命令，将主视图右边线向左偏移 4.6；执行【圆】命令，绘制圆心在中心线上且与右边线相切、半径为 16 的圆；然后执行【修剪】命令，修剪图形，结果如图 12-89 所示。

⑤ 开启【极轴追踪】，设置追踪角为 15°。执行【直线】命令，以偏移直线与轮廓线的

交点为起点，绘制与水平线夹角为 15°的直线，如图 12-90 所示。

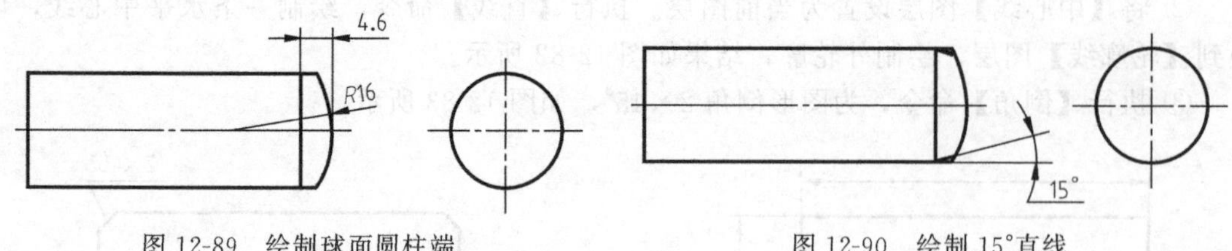

图 12-89　绘制球面圆柱端　　　　图 12-90　绘制 15°直线

⑥ 执行【直线】命令，绘制连接线；然后执行【修剪】命令，修剪图形，球面圆柱端绘制完成，如图 12-91 所示。

⑦ 执行【偏移】命令，将水平中心线向上、下各偏移 4，将主视图左边线向右各偏移 4，16，23，结果如图 12-92 所示。

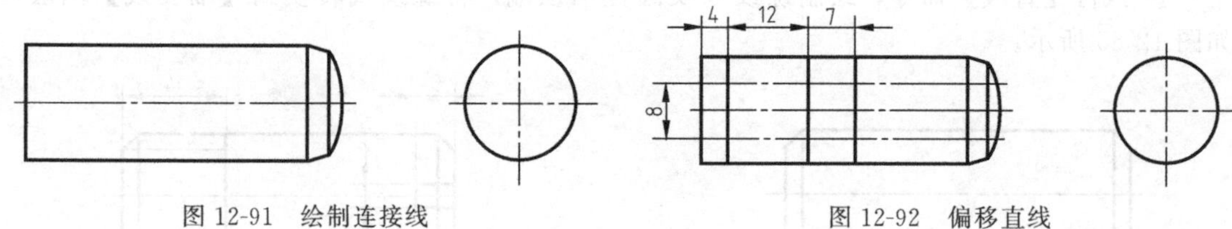

图 12-91　绘制连接线　　　　图 12-92　偏移直线

⑧ 执行【直线】命令，绘制连接线；然后执行【修剪】命令，修剪多余的偏移直线，如图 12-93 所示。

⑨ 开启极轴追踪，设置追踪角为 60°。执行【直线】命令，绘制与水平线夹角为 30°的直线，如图 12-94 所示。

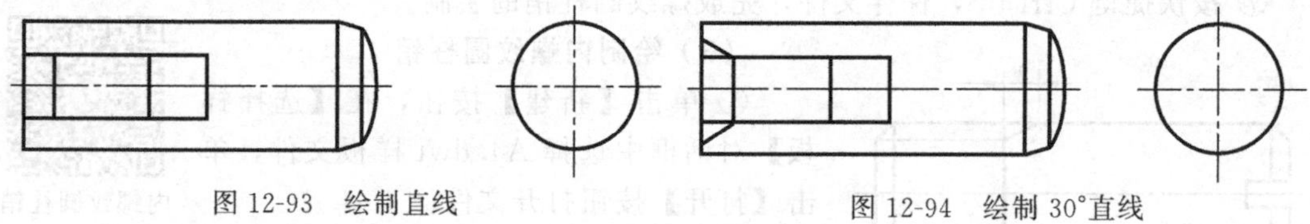

图 12-93　绘制直线　　　　图 12-94　绘制 30°直线

⑩ 执行【偏移】命令，将左边线向右偏移 2；然后执行【直线】命令，绘制连接直线；执行【修剪】命令，修剪图形，结果如图 12-95 所示。

⑪ 切换到【细实线】层，执行【直线】命令，绘制螺纹大径线；然后执行【延伸】命令，延伸螺纹的终止线，结果如图 12-96 所示。

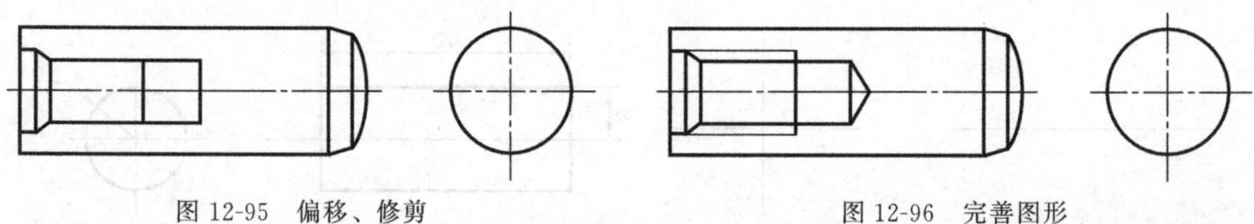

图 12-95　偏移、修剪　　　　图 12-96　完善图形

⑫ 执行【样条曲线】命令，绘制样条曲线；然后执行【图案填充】命令，填充剖面线，结果如图 12-97 所示。

⑬ 执行【圆】命令，根据三视图“高平齐”的原则，绘制左视图上的螺纹轮廓；然后调用【修剪】命令，修剪螺纹大径线，并将小径线切换到【轮廓线】图层，结果如图 12-98 所示。

⑭ 按快捷键 Ctrl＋S，保存文件，完成内螺纹圆柱销的绘制。

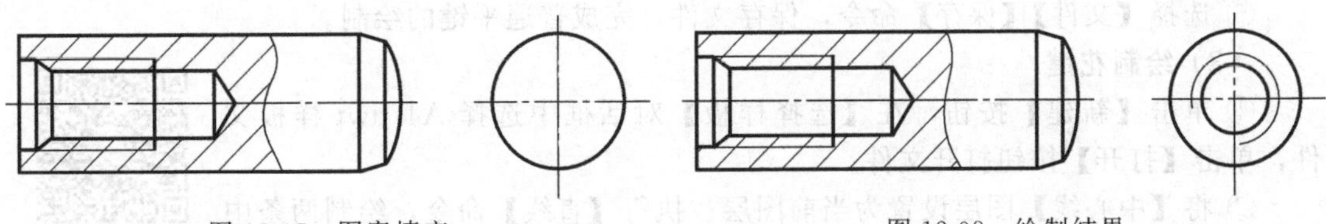

图 12-97　图案填充　　　　图 12-98　绘制结果

12.5.6　键

（1）键简介

键主要用作轴和轴上零件之间的轴向固定以传递扭矩，有些键还可以实现轴上零件的轴向固定或轴向移动，如减速器中齿轮与轴的连接。键分为平键、半圆键、楔键、切向键和花键等。

平键：平键的两侧是工作面，上表面与轮毂槽底之间留有间隙，其定心性能好，装拆方便。平键有普通平键、导向平键和滑键 3 种。

花键：花键是在轴和轮毂孔轴向均布多个键齿构成的。花键连接为多齿工作，工作面为齿侧面，其承载能力高，对中性和导向性好，对轴和毂的强度削弱小，适用于定心精度要求高、载荷大和经常滑移的静连接和动连接，如变速器中，滑动齿轮与轴的连接。按齿形不同，花键可分为矩形花键、三角形花键和渐开线花键等。

（2）绘制普通平键

① 单击【新建】按钮，在【选择样板】对话框中选择 A4. dwt 样板文件，单击【打开】按钮打开文件。

② 将【中心线】图层设置为当前图层，执行【直线】命令，绘制俯视图中心线，而后切换到【轮廓线】图层，按照“长对正、高平齐、宽相等”的原则，绘制主视图、俯视图、左视图的轮廓，如图 12-99 所示。

③ 执行【圆角】命令，将俯视图矩形的 4 个角倒圆角，半径为 $R5$，结果如图 12-100 所示。

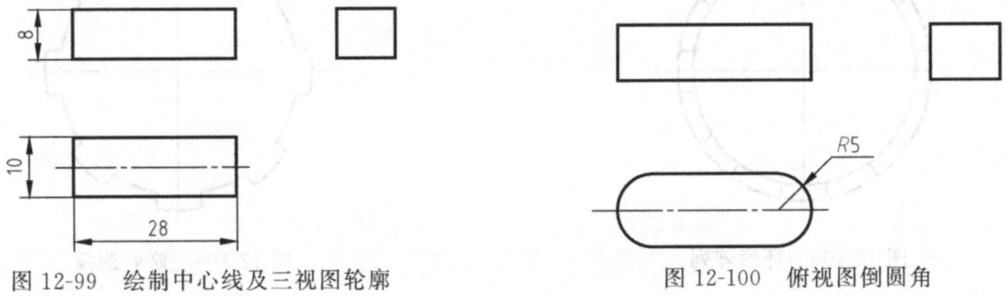

图 12-99　绘制中心线及三视图轮廓　　　　图 12-100　俯视图倒圆角

④ 执行【倒斜角】命令，绘制平键斜角的三视图，如图 12-101 所示。

⑤ 执行【图案填充】命令，填充左视图，结果如图 12-102 所示。

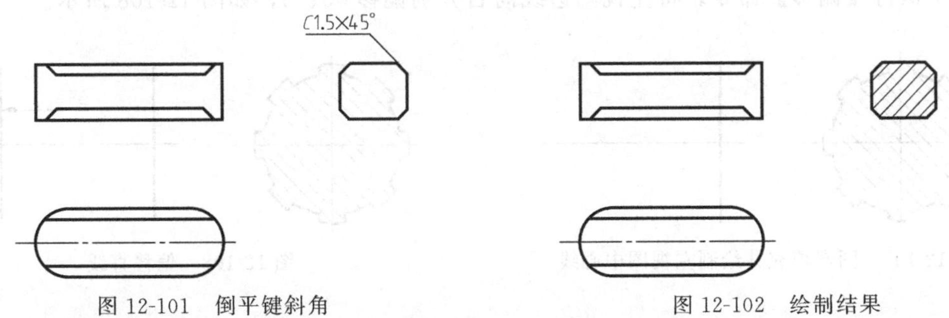

图 12-101　倒平键斜角　　　　图 12-102　绘制结果

⑥ 选择【文件】|【保存】命令，保存文件，完成普通平键的绘制。

（3）绘制花键

花键

① 单击【新建】按钮，在【选择样板】对话框中选择 A4.dwt 样板文件，单击【打开】按钮打开文件。

② 将【中心线】图层设置为当前图层。执行【直线】命令，绘制两条中心线，而后切换到【轮廓线】图层，执行【圆】命令，以中心线交点为圆心绘制半径为 16、18 的两个圆，如图 12-103 所示。

③ 执行【偏移】命令，将竖直中心线向左、右偏移 3，而后【修剪】，剪去多余的线条，再将偏移线转换到【轮廓线】图层，结果如图 12-104 所示。

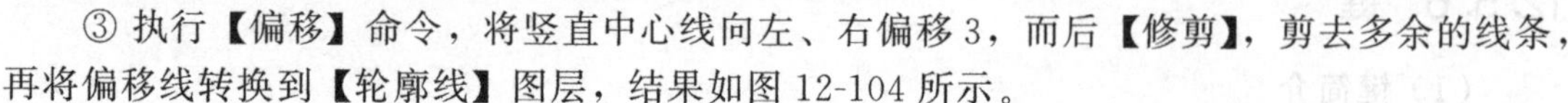

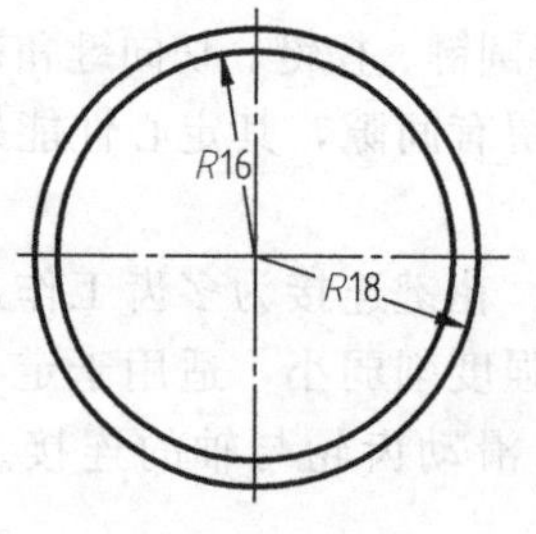

图 12-103　绘制中心线及圆

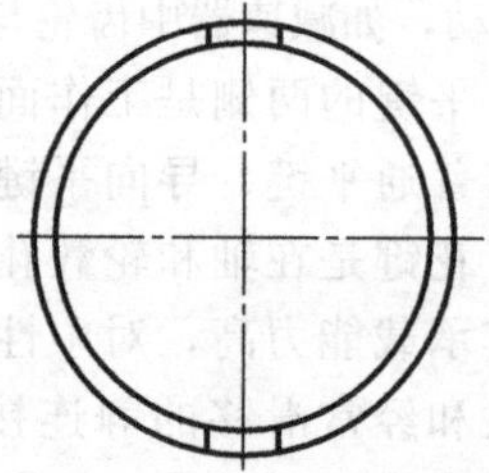

图 12-104　偏移直线并修剪

④ 单击【修改】工具栏中的【环形阵列】命令，选择上一步修剪出的直线作为阵列对象，选择中心线的交点作为阵列中心点，项目数为 8，结果如图 12-105 所示。

⑤ 执行【修剪】命令，修剪多余圆弧，如图 12-106 所示。

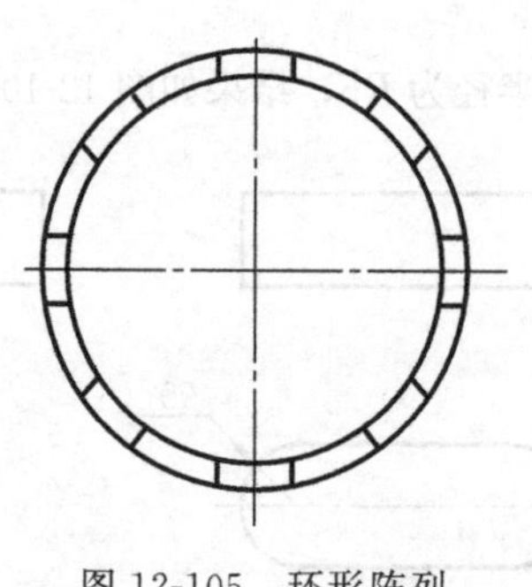

图 12-105　环形阵列

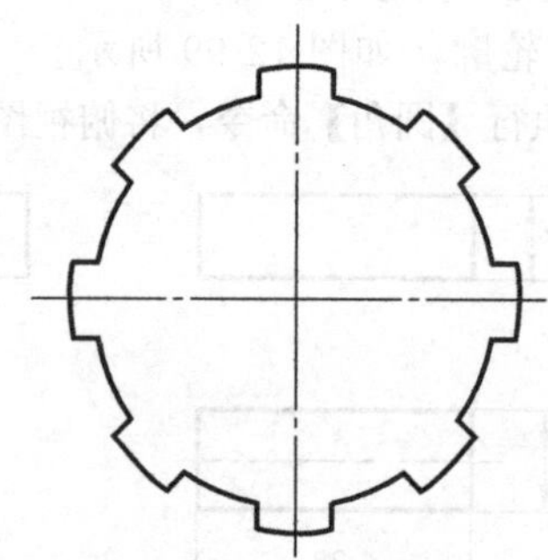

图 12-106　修剪圆弧

⑥ 执行【图案填充】命令，填充图案，而后执行【直线】命令，绘制左视图中心线，并根据“高平齐”的原则绘制左视图边线，结果如图 12-107 所示。

⑦ 执行【偏移】命令，将左视图边线向右分别偏移 35、5，如图 12-108 所示。

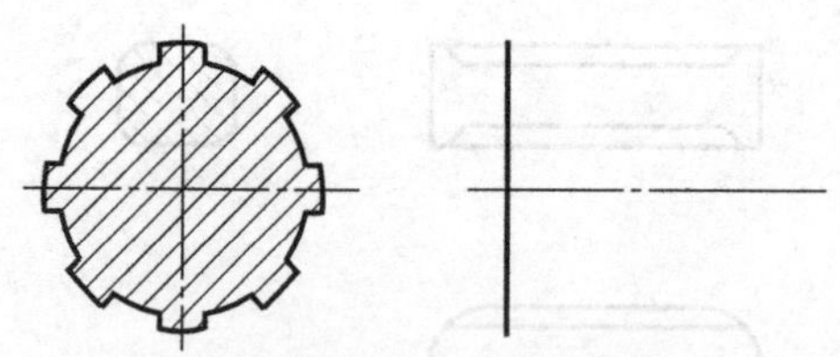

图 12-107　图案填充并绘制左视图中心线

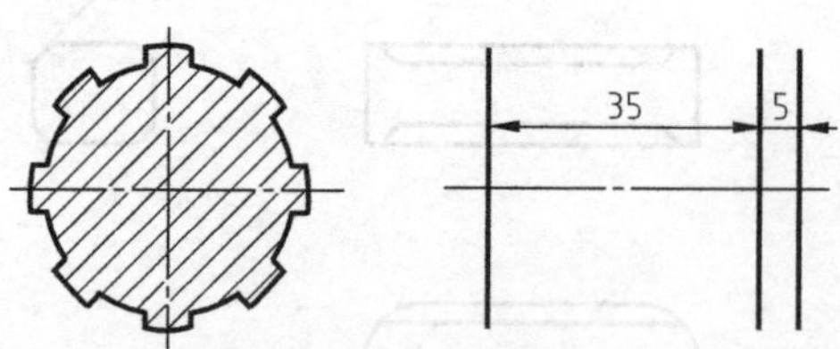

图 12-108　偏移直线

⑧ 执行【直线】命令，根据“高平齐”原则，绘制水平轮廓线，并倒角，结果如图 12-109 所示。

⑨ 执行【直线】命令，连接交点；执行【修剪】命令修剪图形，将内部线条转换到【细实线】图层，结果如图 12-110 所示。

⑩ 执行【样条曲线拟合】命令，绘制断面边界，如图 12-111 所示。

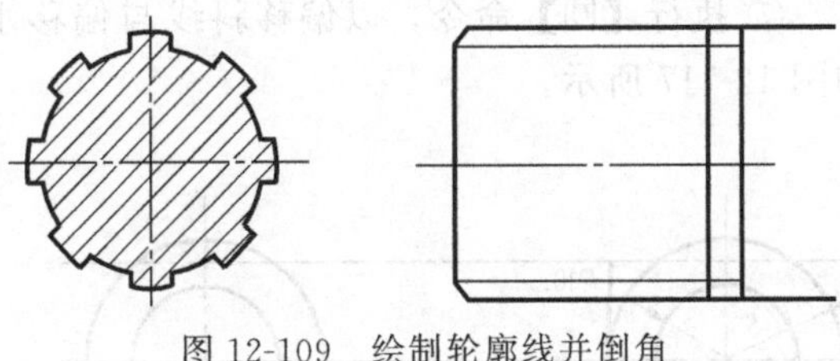

图 12-109　绘制轮廓线并倒角

⑪ 选择【文件】|【保存】命令，保存文件，完成花键的绘制。

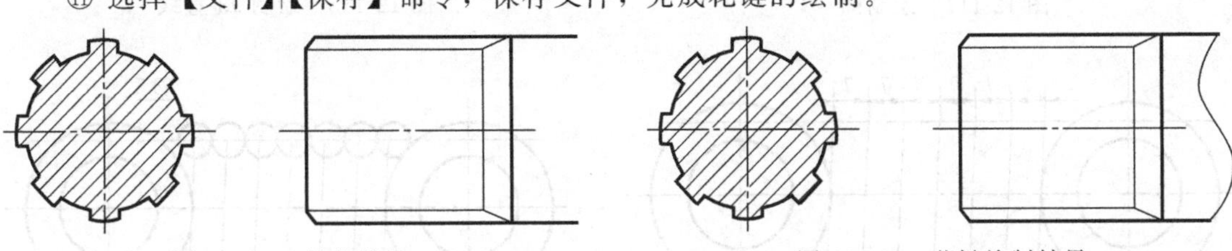

图 12-110　转换结果　　图 12-111　花键绘制结果

12.5.7 弹簧

弹簧

（1）弹簧简介

弹簧是指利用材料的弹性和结构特点，使变形与载荷之间保持特定关系的一种弹性元件，一般用弹簧钢制成。弹簧用于控制机件的运动、缓和冲击或震动、储蓄能量、测量力的大小等，广泛用于机器、仪表中。弹簧的种类复杂多样，按形状分为螺旋弹簧、涡卷弹簧、板弹簧等。

（2）绘制弹簧

① 单击【新建】按钮，在【选择样板】对话框中选择 A4. dwt 样板文件，单击【打开】按钮打开文件。

② 将【中心线】图层设置为当前。执行【直线】命令，绘制中心线，如图 12-112 所示。

③ 执行【偏移】命令，将中心线向上、下各偏移 14，结果如图 12-113 所示。

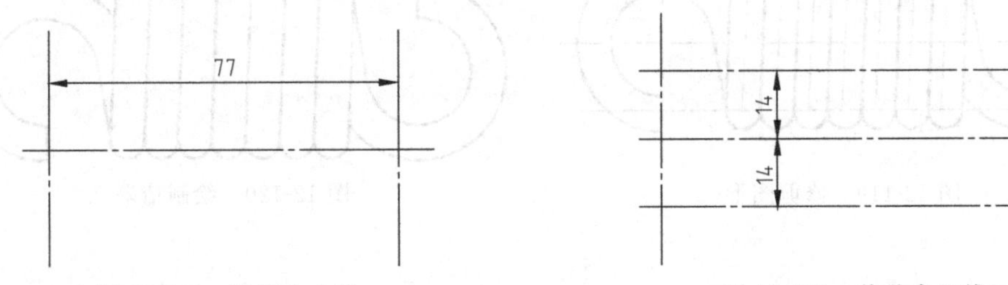

图 12-112　绘制中心线　　图 12-113　偏移中心线

④ 执行【圆】命令，以中心线交点为圆心绘制半径为 10.5、17.5 的圆，结果如图 12-114 所示。

⑤ 开启【极轴追踪】，设置追踪角为 93°。执行【直线】命令，绘制与水平线呈 93°的直线，如图 12-115 所示。

⑥ 将上一步绘制的直线转换到【中心线】图层，执行【偏移】命令，偏移直线，结果如图 12-116 所示。

⑦ 执行【圆】命令，以偏移斜线与偏移水平线的交点为圆心，绘制半径为 3.5 的圆，如图 12-117 所示。

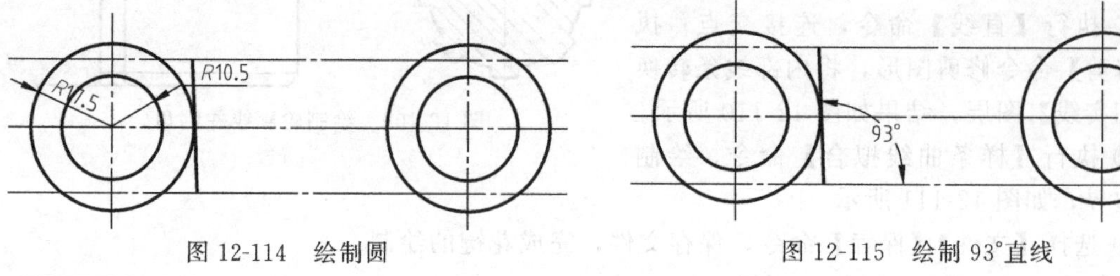

图 12-114　绘制圆　　　图 12-115　绘制 93°直线

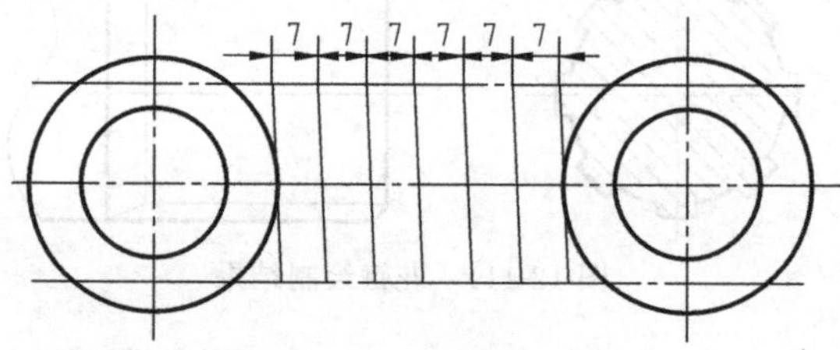

图 12-116　偏移直线

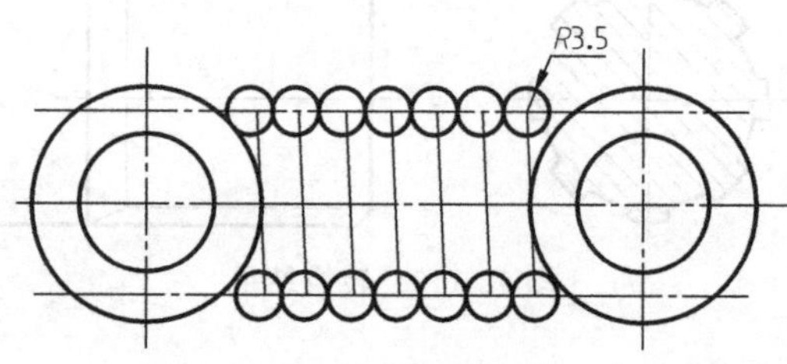

图 12-117　绘制圆

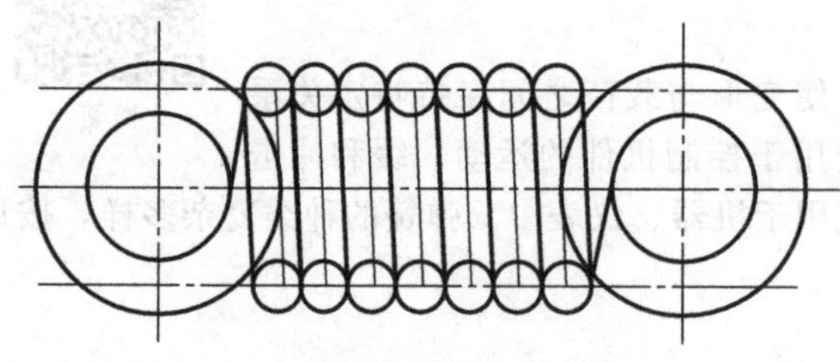

图 12-118　绘制公切线

⑧ 执行【直线】命令，使用临时捕捉【切点】命令，绘制圆的公切线，结果如图 12-118 所示。

⑨ 执行【修剪】命令，修剪图形，结果如图 12-119 所示。

⑩ 执行【直线】命令，绘制连接线，然后删除多余的中心线，结果如图 12-120 所示。

⑪ 选择【文件】|【保存】命令，保存文件，完成弹簧的绘制。

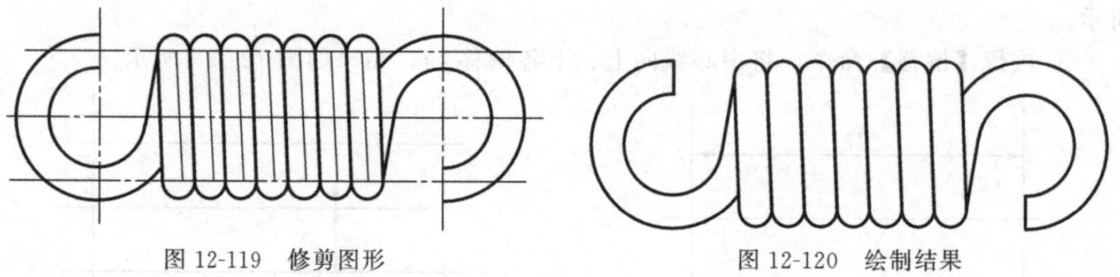

图 12-119　修剪图形　　　图 12-120　绘制结果

12.6　齿轮绘制

齿轮零件结构及画法简介：

齿轮是广泛用于机器或部件中的传动零件，它不仅可以用于传递动力，还可以传递运动，改变转速和回转方向。齿轮传动瞬时传动比恒定不变，机械效率高，寿命长，工作可靠性高，结构紧凑，适用的圆周速度和功率范围较广。常用齿轮包括圆柱齿轮、锥齿轮、涡轮、蜗杆等。

国标规定，在单个齿轮图样中一般用两个视图来表示齿轮的结构形状，其中在齿轮轴线平行于投影面的视图中，可采用外形视图或剖视图来表示。相互啮合的两圆柱齿轮，分度圆相切，用点画线绘制，从动齿轮齿根圆粗实线绘制，主动齿轮齿顶圆粗实线绘制，从动齿轮齿顶圆虚线绘制，主动齿轮齿根圆粗实线绘制，齿顶线与另一齿轮齿根线之间有 0.25mm 间隙。

实战训练：齿轮零件图的绘制

训练要求

按照图 12-121 所示，完成齿轮的零件图。要求在读懂图形的基础上完成以下任务：

① 配置绘图环境。
② 完成齿轮图形的绘制。
③ 标注尺寸及尺寸公差。
④ 标注形位公差及基准。
⑤ 标注表面粗糙度。
⑥ 绘制齿轮参数表。
⑦ 标注文字。

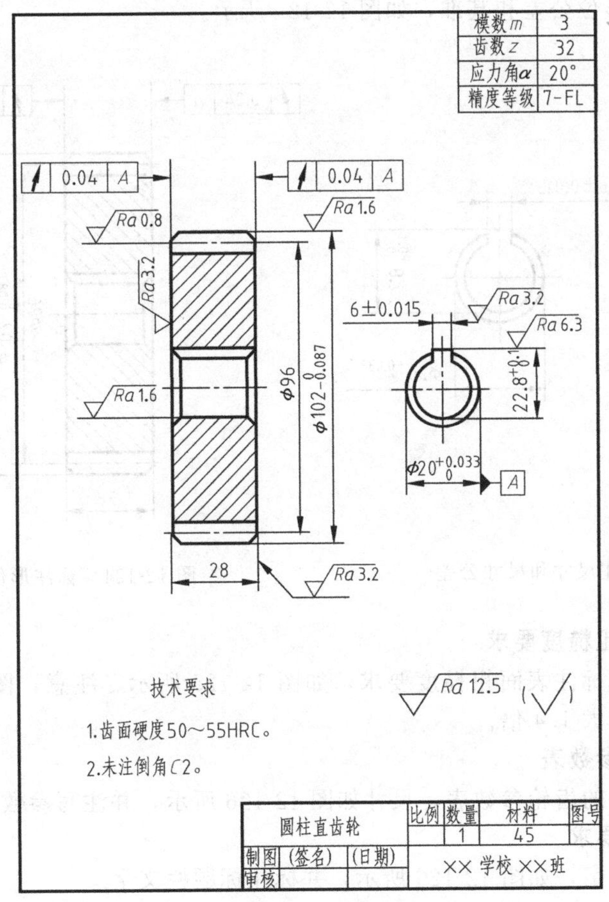

图 12-121　圆柱直齿轮零件图

实施步骤

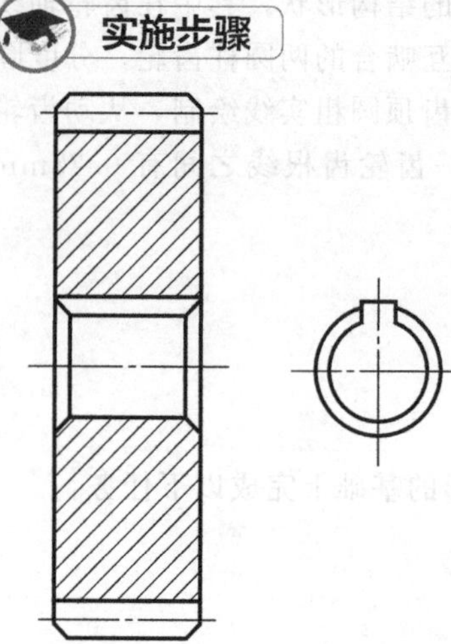
图 12-122 齿轮零件绘制视图

（1）配置绘图环境

打开新建文件，选择样板文件 GB-A4.dwt，另存为“圆柱直齿轮.dwg”文件。

（2）绘制视图

① 先画左视图（键槽结构的图线通过偏移中心线、再修剪圆和偏移线获得）。

② 接着绘制主视图。使用【直线】、【偏移】、【修剪】等命令，绘制出主视图的大致轮廓。主视图键槽结构处的图线可以利用【对象捕捉追踪】功能从左视图画线，经【修剪】操作得到。最后使用【倒角】命令，绘制出齿顶圆和轴孔处的倒角结构。完成的齿轮零件视图如图 12-122 所示。

（3）标注尺寸和尺寸公差

标注齿轮零件尺寸和尺寸公差，如图 12-123 所示。

（4）标注形位公差及基准

标注齿轮零件形位公差和基准，如图 12-124 所示。

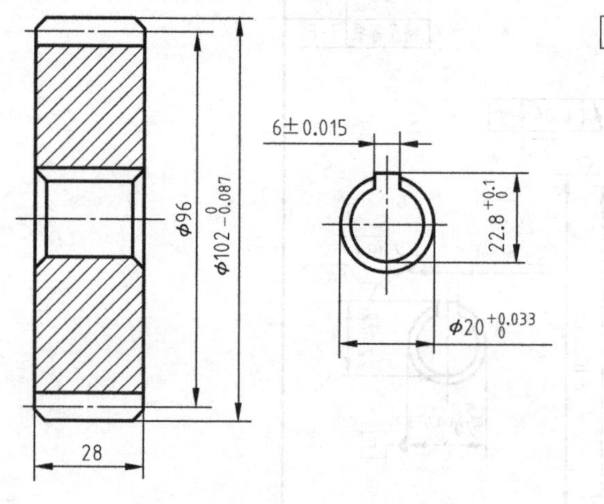

图 12-123 标注尺寸和尺寸公差

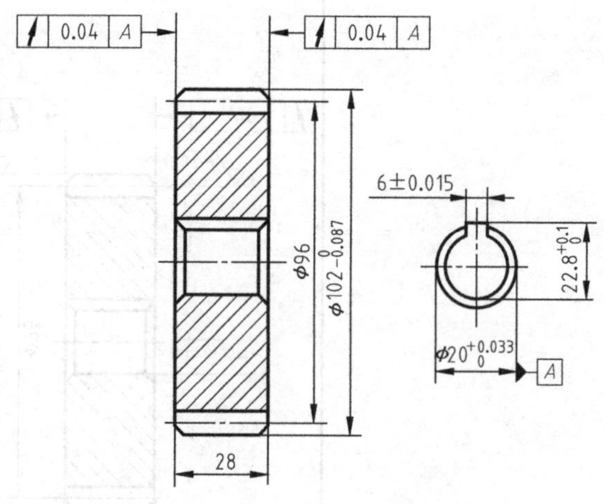

图 12-124 标注形位公差和基准

（5）标注表面粗糙度要求

用插入块的方式标注表面粗糙度要求，如图 12-125 所示。注意，图形右下角的符号应比视图上标注的符号大 1.4 倍。

（6）绘制齿轮参数表

绘制图框右上角的齿轮参数表，尺寸如图 12-126 所示，并注写参数及数值。

（7）标注技术要求

书写技术要求文字，如图 12-126 所示，并标注标题栏文字。

（8）保存文件

检查图形，保存文件。

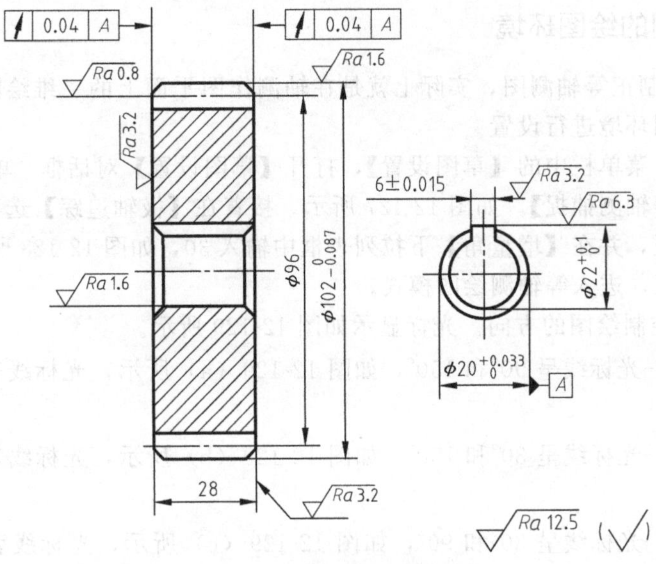

图 12-125　标注表面粗糙度要求

模数 m	3
齿数 z	32
应力角 α	20°
精度等级	7-FL

8×4=32　25　20

技术要求

1.齿面硬度50～55HRC。

2.未注倒角C2。

图 12-126　标注齿轮参数及技术要求

12.7　轴测图绘制

轴测投影图是用平行投影法在一个投影面上得到的，能反映物体长、宽、高的投影。轴测投影富有立体感，比多面正投影图在反映直观形象上更加清晰易懂。轴测投影分为正轴测投影和斜轴测投影。这里介绍正轴测投影中的一种，即正等测投影。

轴测图的特点：

▲ 物体上相互平行的直线在轴测投影中仍然平行；空间上平行于某坐标的线段在轴测图上仍平行于相应的轴测轴。

▲ 空间上平行于某坐标的线段，其轴测投影与原线段长度之比，等于相应的轴向伸缩系数。

▲ 物体上不平行于坐标轴的直线，可根据坐标法确定其两端点然后连线画出。

▲ 物体上不平行轴测投影面的平面图形，在轴测图中变成原形的类似形，如圆变成椭圆，正方形变成平行四边形。

由以上特点可知，若已知轴测各轴向伸缩系数，即可绘制出平行于轴测轴的各线段长度。

12.7.1 轴测图的绘图环境

AutoCAD 绘制正等轴测图，实际上就是在轴测作图平面上的二维绘图。在绘制轴测图之前，需要对绘图环境进行设置。

单击【工具】菜单栏中的【草图设置】，打开【草图设置】对话框，单击【捕捉和栅格】选项卡，选择【等轴测捕捉】，如图 12-127 所示。接着在【极轴追踪】选项卡中选择【启用极轴追踪】复选框，并在【增量角】下拉列表框中输入 30，如图 12-128 所示。单击【确定】按钮，回到绘图区，进入等轴测绘图模式。

按＜F5＞键控制绘图的方向。光标显示如图 12-129 所示。

⅄ 左平面——光标线呈 90°和 150°，如图 12-129（a）所示，光标线表示的平面平行于 YOZ 平面。

⅄ 上平面——光标线呈 30°和 150°，如图 12-129（b）所示，光标线表示的平面平行于 XOY 平面。

⅄ 右平面——光标线呈 30°和 90°，如图 12-129（c）所示，光标线表示的平面平行于 XOZ 平面。

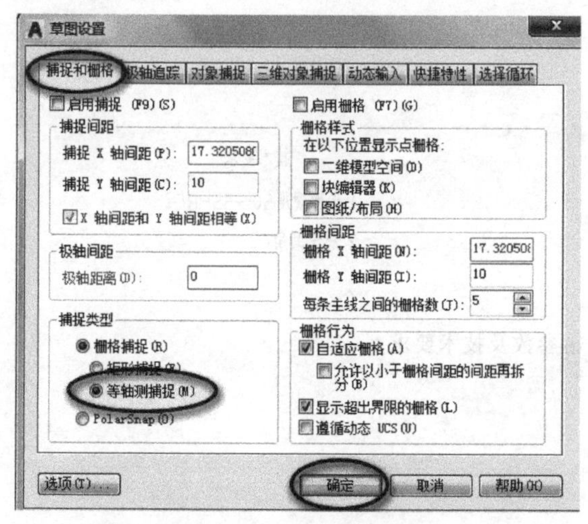

图 12-127 【草图设置】对话框中的【捕捉和栅格】选项卡

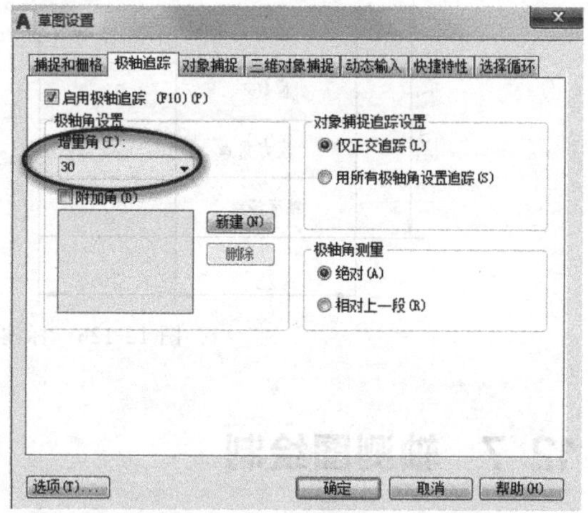

图 12-128 【草图设置】对话框中的【极轴追踪】选项卡

12.7.2 绘制正等轴测图

【实例】绘制图 12-130 所示的立方体的正等轴测图。

立方体的正等轴测图

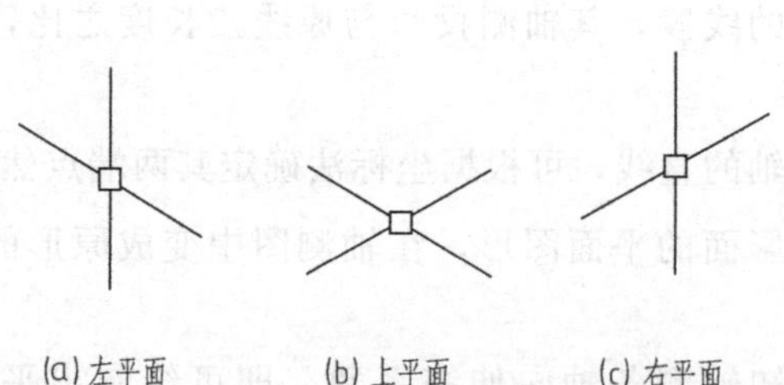

图 12-129 等轴测绘图模式光标显示

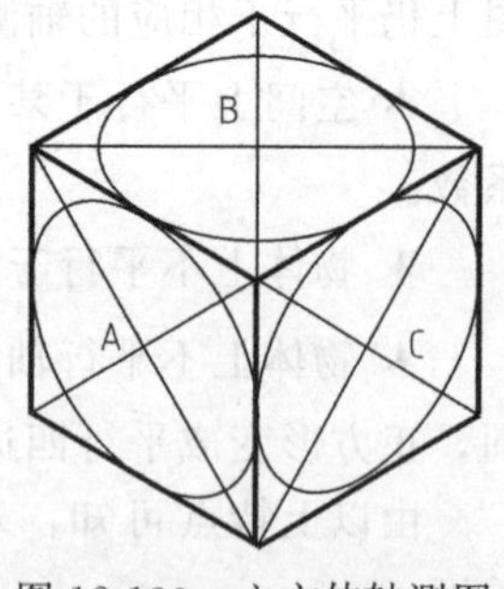

图 12-130 立方体轴测图

绘图步骤

（1）绘制上平面

结果如图 12-131（a）所示。

命令：L↙　　　　//执行【直线】命令并按 Enter 键

指定第一个点：　　　　//在绘图区内任意指定一点 A

指定下一点或[放弃(U)]：100↙　　　　//打开正交模式，将光标拉向 B 的方向，输入长度值

指定下一点或[放弃(U)]：100↙　　　　//将光标拉向 C 的方向，输入宽度值

指定下一点或[闭合(C)/放弃(U)]：100↙　　　　//将光标拉向 D 的方向，输入长度值

指定下一点或[闭合(C)/放弃(U)]：　　　　//捕捉 A 点闭合

指定下一点或[闭合(C)/放弃(U)]：　　　　//按 Enter 键结束上平面的绘制

（2）绘制左平面

结果如图 12-131（b）所示。

命令：L↙　　　　//按 F5 将光标切换到等轴测左视，执行【直线】命令并按 Enter 键

指定第一个点：　　　　//捕捉第一点 A

指定下一点或[放弃(U)]：100↙　　　　//将光标拉向 E 的方向，输入高度值

指定下一点或[放弃(U)]：100↙　　　　//将光标拉向 F 的方向，输入宽度值

指定下一点或[闭合(C)/放弃(U)]：　　　　//捕捉 D 点，结束绘制

（3）绘制右平面

结果如图 12-131（c）所示。

命令：L↙　　　　//按 F5 将光标切换到等轴测右视，执行【直线】命令并按 Enter 键

指定第一个点：　　　　//捕捉点 F

指定下一点或[放弃(U)]：100↙　　　　//将光标拉向 G 的方向，输入长度值

指定下一点或[闭合(C)/放弃(U)]：　　　　//捕捉 C 点，结束绘制

（4）绘制立方体表面的圆

圆的轴测图是一个椭圆，正等轴测圆绘图步骤如下：

① 确定等轴测圆的圆心　分别在 3 个平面绘制菱形的对角线，其交点 A、B、C 即为等轴测圆的圆心，如图 12-132 所示。

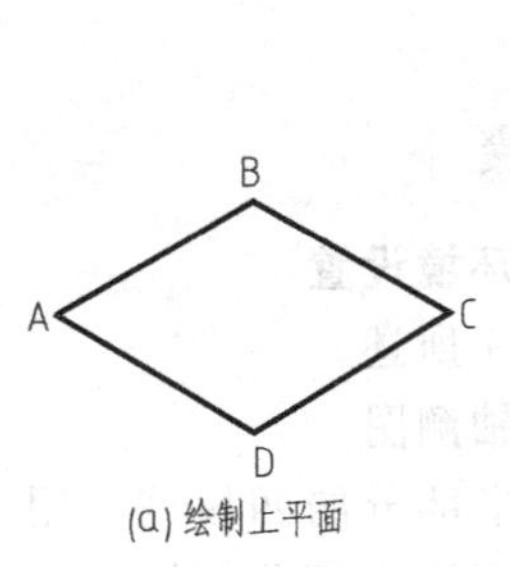

(a) 绘制上平面

(b) 绘制左平面

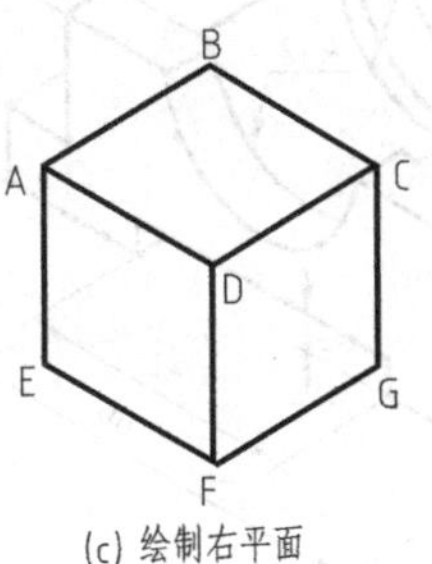

(c) 绘制右平面

图 12-131　绘制立方体轴测图

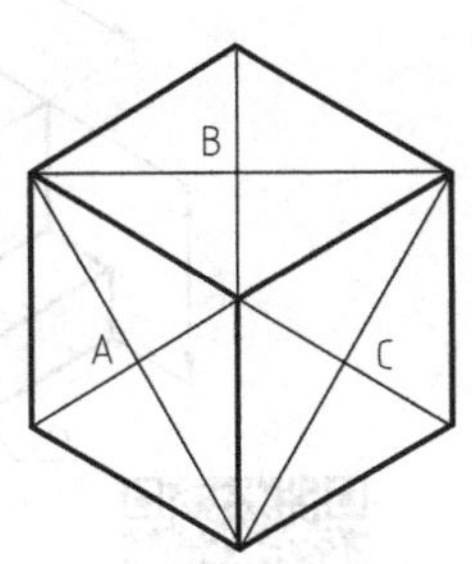

图 12-132　确定 3 个等轴测圆的圆心

② 绘制上平面等轴测圆

命令:单击【绘图】|【椭圆】|【轴、端点】　　//按 F5 将光标切换到等轴测俯视
指定椭圆轴的端点或［圆弧（A）/中心点（C）/等轴测圆（I）］: I↙　　//输入 I
指定等轴测圆的圆心:　　//捕捉 A 点
指定等轴测圆的半径或［直径（D）］:　　//捕捉椭圆与菱形的切点

③ 绘制左平面等轴测圆

命令:单击【绘图】|【椭圆】|【轴、端点】　　//按 F5 将光标切换到等轴测左视
指定椭圆轴的端点或［圆弧（A）/中心点（C）/等轴测圆（I）］: I↙　　//输入 I
指定等轴测圆的圆心:　　//捕捉 B 点
指定等轴测圆的半径或［直径（D）］:　　//捕捉椭圆与菱形的切点

④ 绘制右平面等轴测圆

命令:单击【绘图】|【椭圆】|【轴、端点】　　//按 F5 将光标切换到等轴测右视
指定椭圆轴的端点或［圆弧（A）/中心点（C）/等轴测圆（I）］: I↙　　//输入 I
指定等轴测圆的圆心:　　//捕捉 C 点
指定等轴测圆的半径或［直径（D）］:　　//捕捉椭圆与菱形的切点

绘制结果如图 12-133 所示。

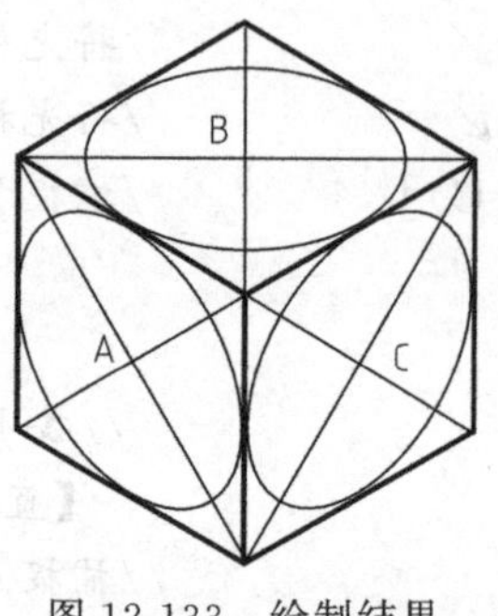

图 12-133　绘制结果

12.8　实战训练：绘制组合体的正等轴测图并标注

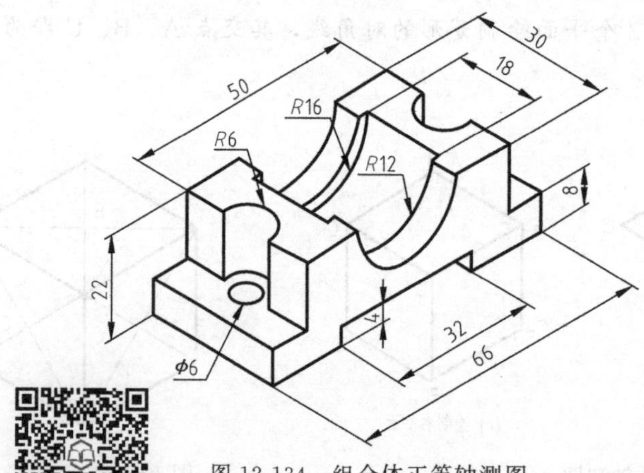

图 12-134　组合体正等轴测图

组合体正等轴测图绘制

训练要求

绘制如图 12-134 所示的正等轴测图。

实施步骤

（1）绘图环境设置

参照 12.7.1 所述。

（2）绘制轴测图

① 绘制下半部分的四棱柱。用【直线】命令绘制下半部分四棱柱的边框线，如图 12-135（a）所示。

② 绘制上半部分的四棱柱。用【直线】命令绘制上半部分四棱柱的边

框线，再进行修剪，结果如图 12-135（b）所示。

③ 绘制底部的矩形凹槽。用【直线】命令绘制下半部分凹槽的边框线，再进行修剪，结果如图 12-135（c）所示。

④ 绘制上半部分的半圆形凹槽。用【椭圆】、【复制】、【修剪】命令绘制零件上半部分的半圆形凹槽，如图 12-135（d）所示。

⑤ 绘制左右两边的圆孔和半圆形凹槽。用【椭圆】、【复制】、【修剪】命令绘制零件左右两边的半圆形凹槽和圆孔，如图 12-135（e）所示。

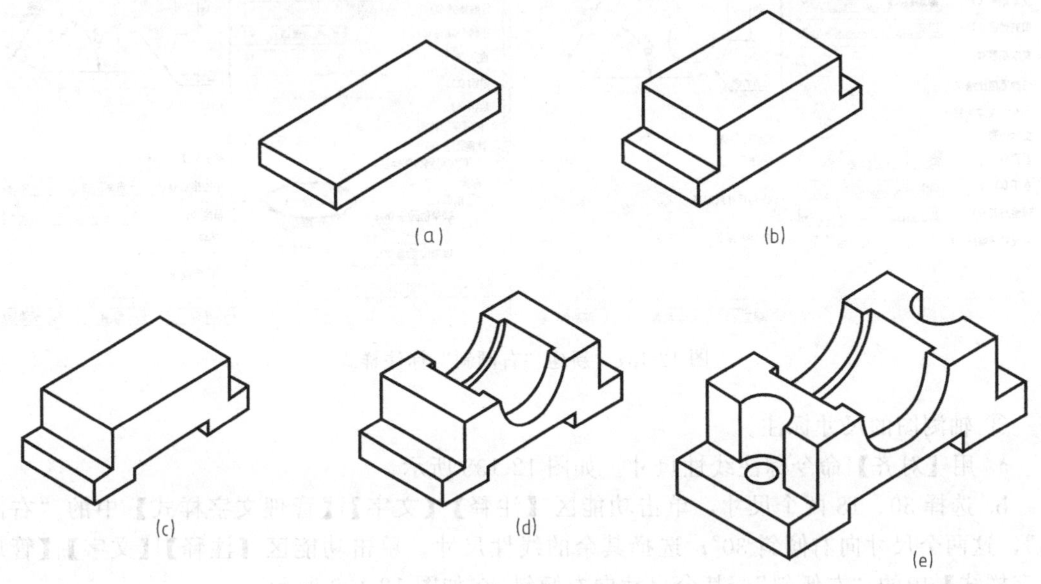

图 12-135　轴测图绘制步骤

（3）轴测图尺寸标注

组合体正等轴测图标注

轴测图尺寸标注一般按照以下步骤进行：

① 设置文字样式。参照第 8 章所述新建“右倾斜”文字样式，字体设置为 gbeitc. shx，文字高度设置为 3，倾斜角度设置为 30°，如图 12-136 所示；重复以上操作创建倾斜角度为−30°，其他选项与“右倾斜”字体一致的“左倾斜”文字样式。

② 设置标注样式。参照第 9 章所述新建“右倾斜”标注样式，其中【文字样式】选上

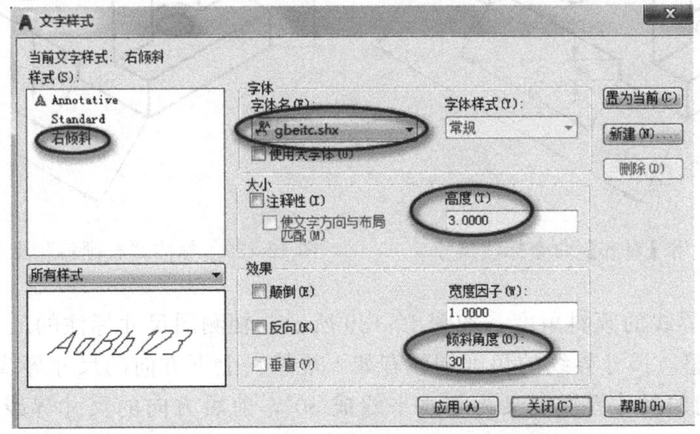

图 12-136　新建“右倾斜”文字样式对话框

一步新建的“右倾斜”文字样式，【主单位】选项卡下，【消零】选项组中【后续】消零，如图 12-137 所示。重复以上操作，新建“左倾斜”标注样式，将其中的【文字样式】设置为“左倾斜”，其他设置同“右倾斜”。

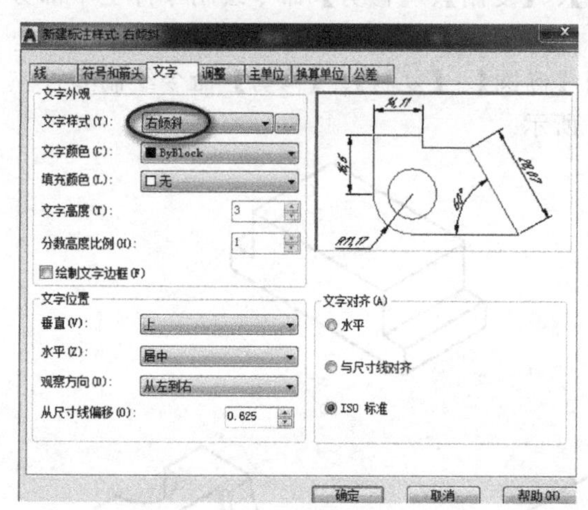

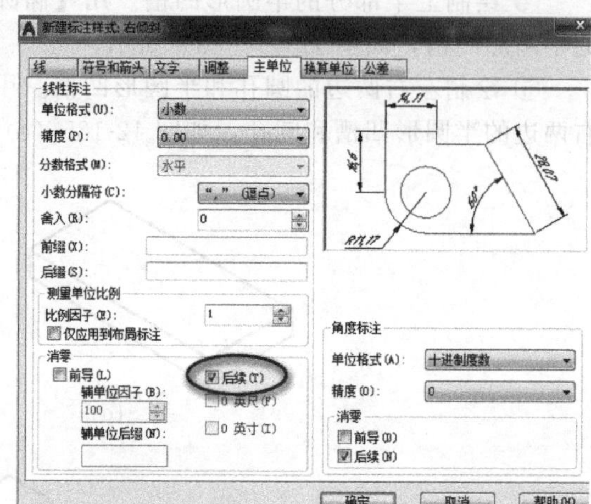

图 12-137　新建“右倾斜”标注样式

③ 轴测图的尺寸标注。

a. 用【对齐】命令标注线性尺寸。如图 12-138 所示。

b. 选择 30、18 两个尺寸，单击功能区【注释】|【文字】|【管理文字样式】中的“右倾斜”，这两个尺寸向右倾斜 30°；选择其余的线性尺寸，单击功能区【注释】|【文字】|【管理文字样式】中的“左倾斜”，其余尺寸向左倾斜 30°如图 12-139 所示。

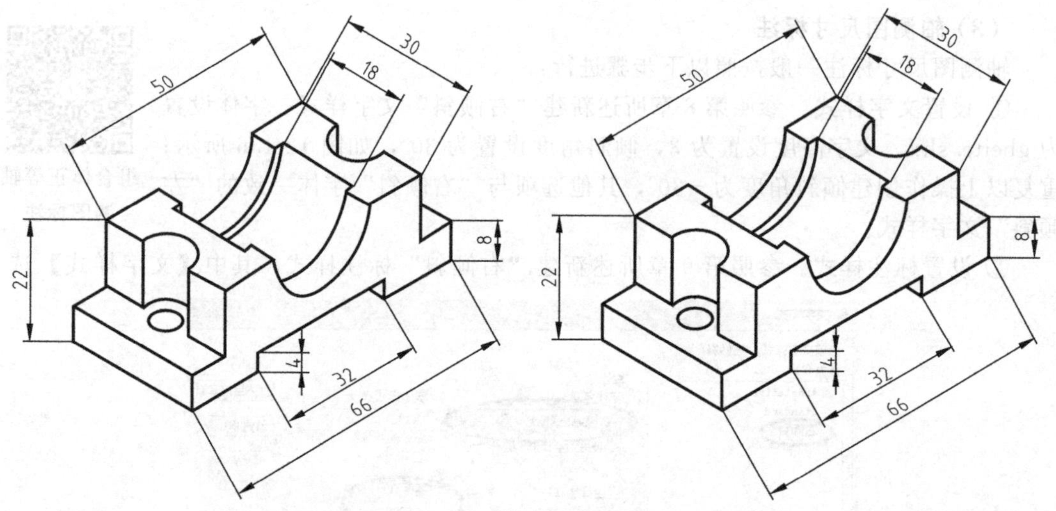

图 12-138　用【对齐】命令标注尺寸　　　　图 12-139　标注“右倾斜”及“左倾斜”尺寸

c. 调整尺寸界线的倾斜角度。如图 12-139 所示，轴测图尺寸标注的尺寸界线并不伏贴，需要对其进行调整。尺寸界线的角度调整有如下规律：上下方向的尺寸界线定义为与水平线成 90°，左右方向的尺寸界线定义为与水平线成 30°，前后方向的尺寸界线定义为与水平线成 150°，尺寸界线定义的方向如图 12-140 所示。

具体步骤如下：

第 1 步：选择需要将尺寸界线沿左右方向放置的尺寸标注，单击功能区【注释】|【标注】|【倾斜】命令，输入倾斜角度 30°，按 Enter 键，30、18、22、8、4 这 5 个尺寸的尺寸界线被放置伏贴，如图 12-141 所示。

第 2 步：选择需要将尺寸界线沿前后放置的尺寸标注，单击功能区【注释】|【标注】|【倾斜】命令，输入倾斜角度 150°，按 Enter 键，50、32、66 这 3 个尺寸标注的尺寸界线被放置伏贴，如图 12-142 所示。

d. 引线标注径向尺寸。单击功能区【注释】面板下【多重引线样式】，打开【多重引线样式管理器】对话框，新建“轴测图标注”样式，3 个标签页的设置如图 12-143～图 12-145 所示。

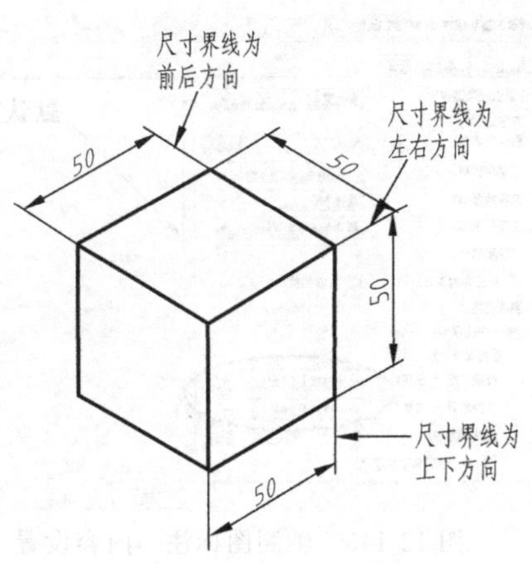

图 12-140　尺寸界限定义的方向

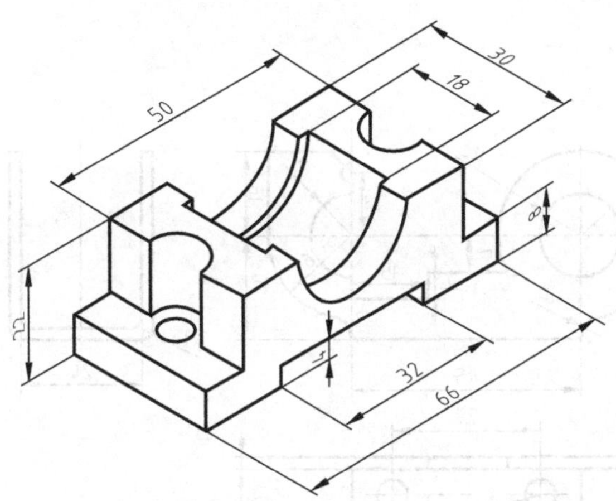

图 12-141　调整尺寸界线为左右方向的标注

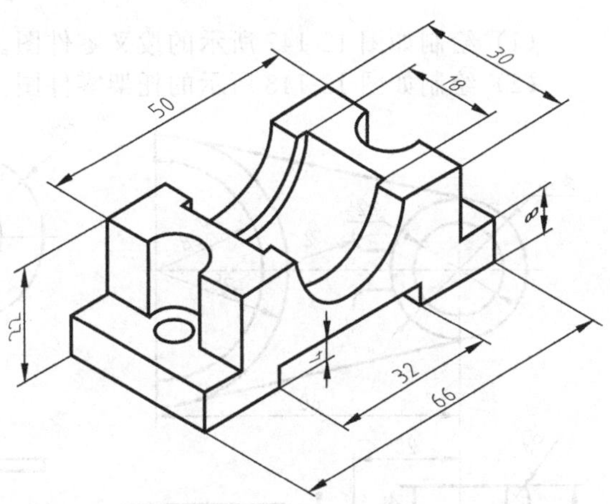

图 12-142　调整尺寸界线为前后方向的标注

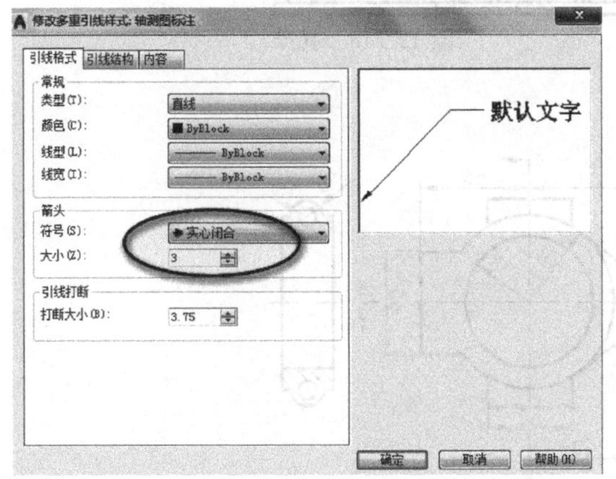

图 12-143　轴测图标注—引线格式设置

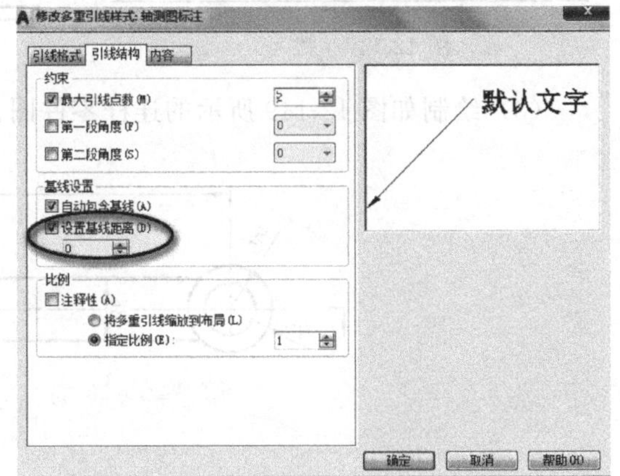

图 12-144　轴测图标注—引线结构设置

单击功能区【注释】|【引线】|【多重引线】命令，选择需要标注的圆和圆弧进行标注，标注结果如图 12-146 所示。

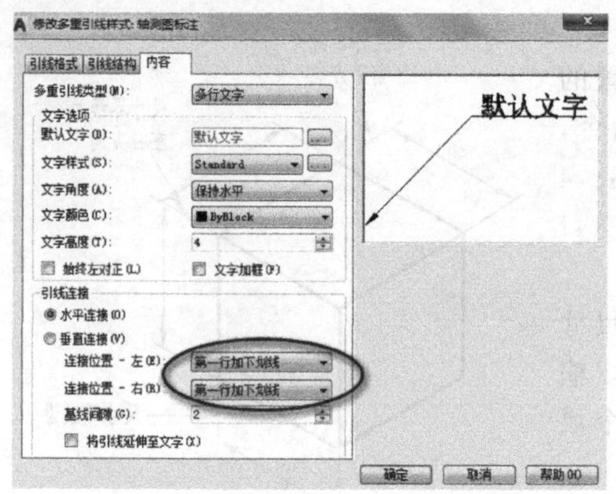

图 12-145　轴测图标注—内容设置

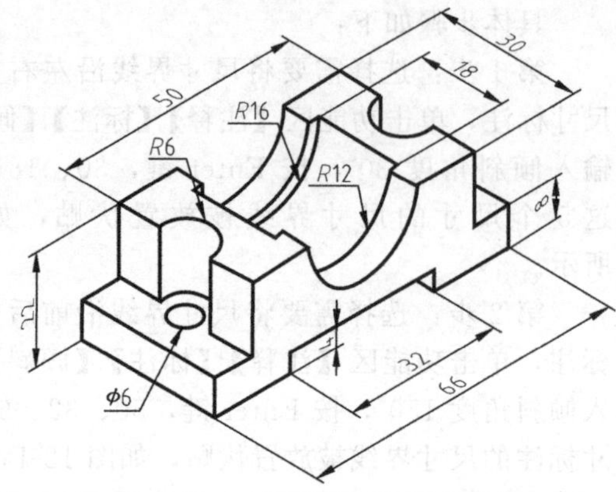

图 12-146　用引线标注径向尺寸

12.9　拓展练习

（1）绘制如图 12-147 所示的拨叉零件图。

（2）绘制如图 12-148 所示的托架零件图。

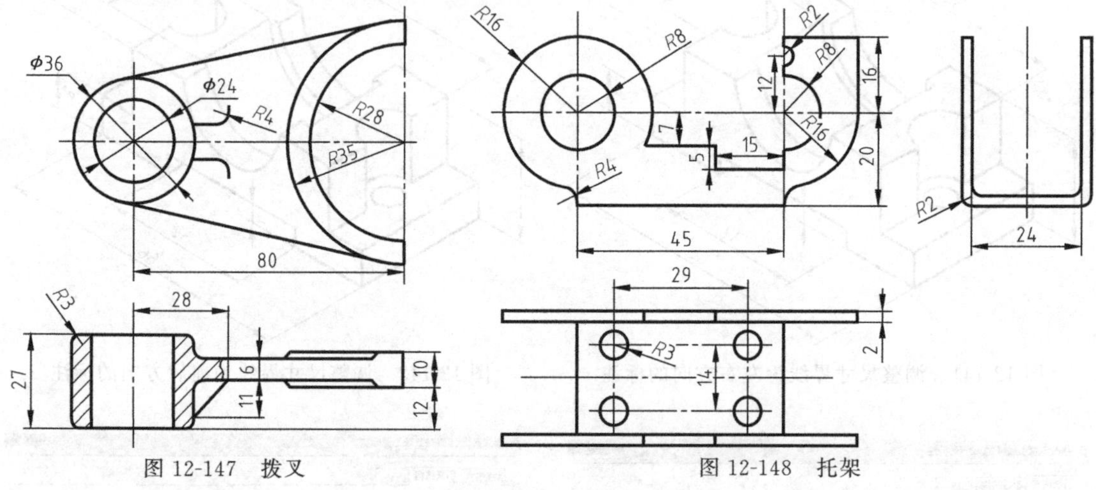

图 12-147　拨叉

图 12-148　托架

（3）绘制如图 12-149 所示的连杆零件图。

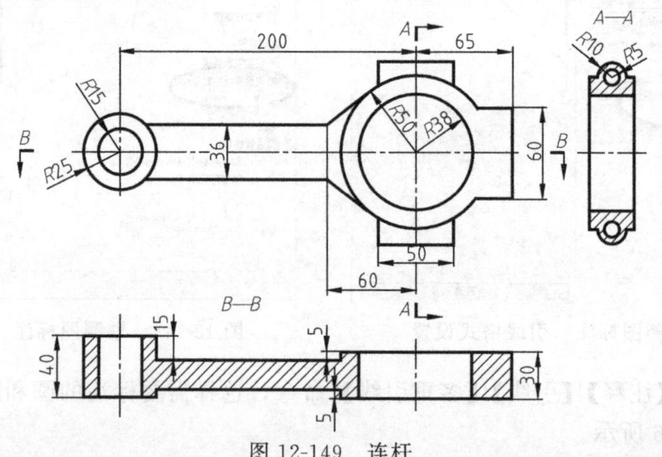

图 12-149　连杆

(4) 绘制如图 12-150 所示的涡轮箱体零件图。

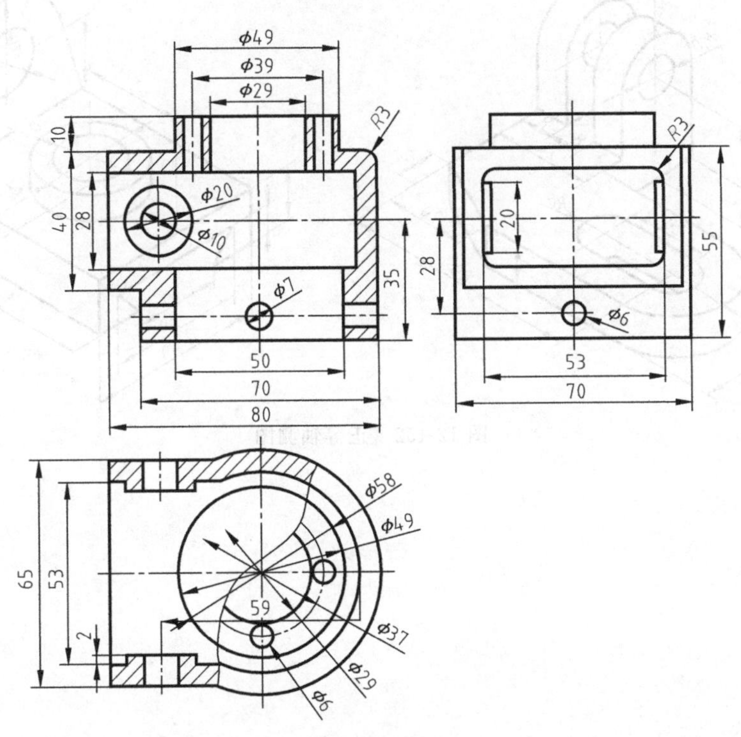

图 12-150　涡轮箱体

(5) 绘制如图 12-151 所示的轴承座零件图。

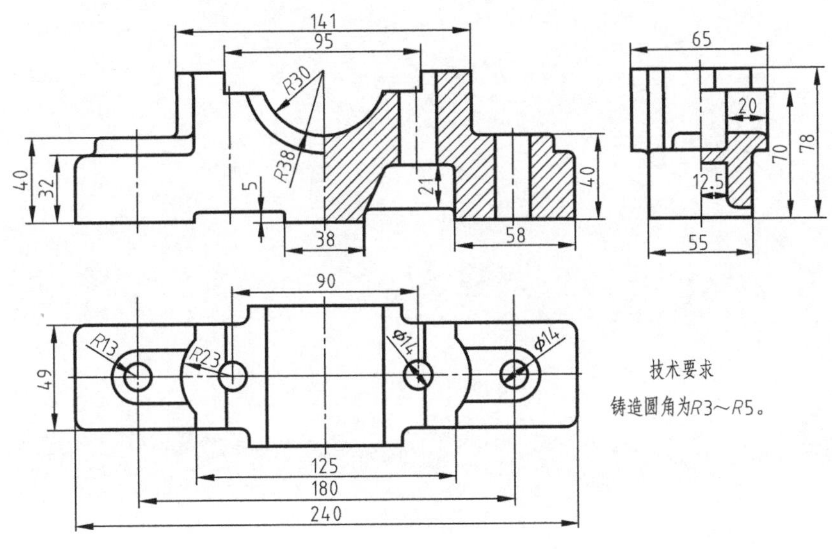

图 12-151　轴承座

(6) 绘制如图 12-152 所示的正等轴测图。

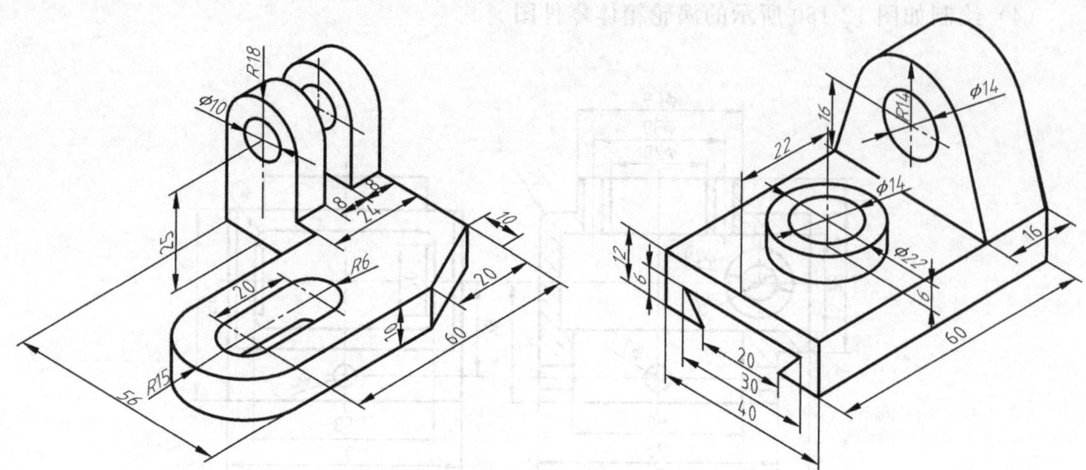

图 12-152　正等轴测图

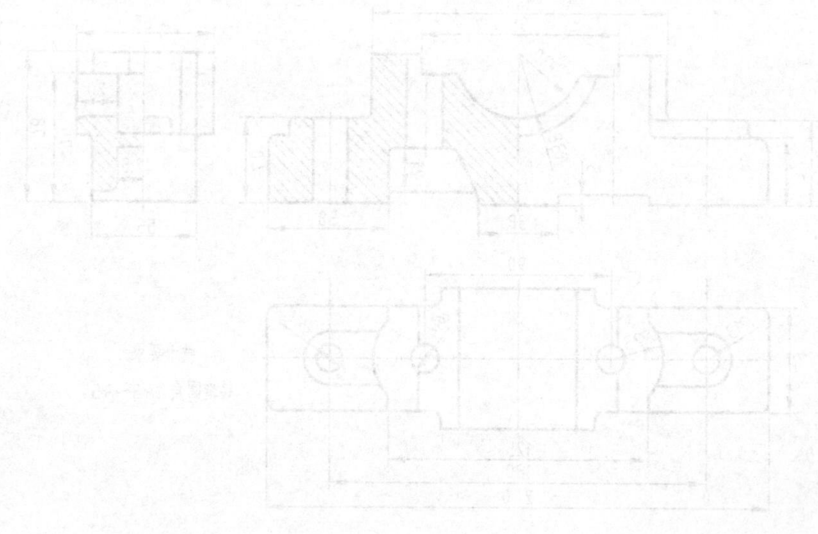

第13章
装配图绘制

装配图是生产中的重要技术文件之一，它表示机器或者部件的结构形状、装配关系、工作原理和技术要求等，通过装配图表达各零件的作用、主要结构形状及它们之间的相对位置和连接方式。装配图的内容是由一组视图、必要的尺寸、技术要求、零件序号、标题栏和明细栏组成。绘制装配图除了机件表达方法，还要了解装配图的规定画法和特殊画法，具体可参考机械制图教材。

13.1 装配图的绘制方法

13.1.1 拼装法

拼装法有两种方式，一种是以已画出的零件图为基础创建图块，根据零件间的装配关系直接调用图块，经编辑整理后绘出装配图；另一种是先选择所需要的视图，然后进行复制操作，在另一个视图中采用“粘贴为块”调入，通过编辑整理“块视图”也可以拼绘出装配图。

拼装法要求先有零件图或者先绘制零件图，再根据装配关系拼装成装配图，因此，在测绘时经常采用拼装法。

13.1.2 直接绘制法

直接绘制法用在没有已绘制零件图的基础上，根据装配关系，按照由内到外或者由外到内的顺序依次绘制，先绘制主要零件，再添加次要零件，逐步完成装配图的绘制。机械产品的设计开发一般是先绘制装配图，再绘制零件图，装配图采用直接绘制法。

13.2 实战训练：拼装法绘制顶尖座装配图

实施步骤

（1）绘制顶尖、底座、调节螺母及螺钉的零件图

具体表达方法详见图 13-1～图 13-4 所示。

（2）创建零件图块文件

① 打开顶尖零件图，在图层工具栏上将【尺寸线】和【文本】图层关闭、锁住，如图 13-5 所示，得到的顶尖图形如图 13-6 所示。

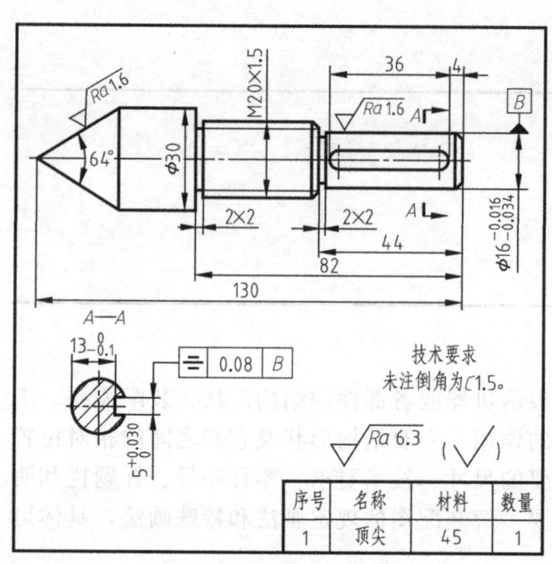

图 13-1 顶尖零件图

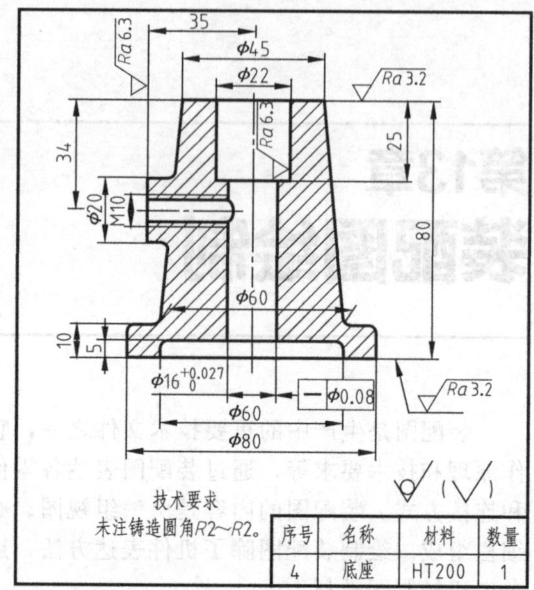

图 13-2 底座零件图

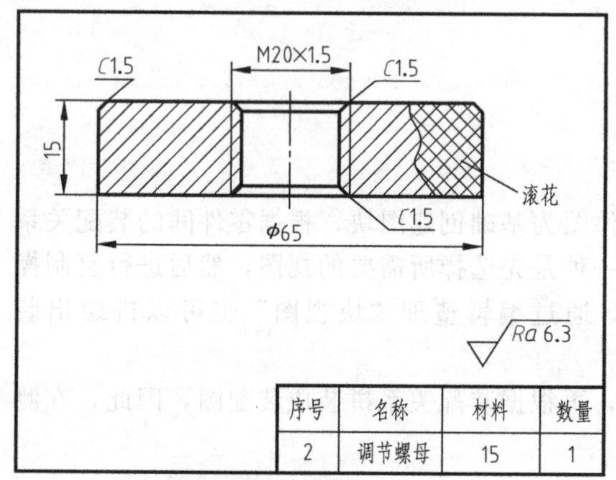

图 13-3 调节螺母零件图

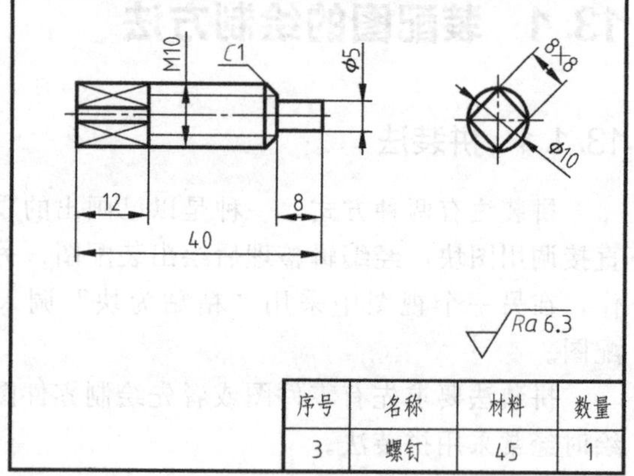

图 13-4 螺钉零件图

图 13-5 关闭、锁住图层

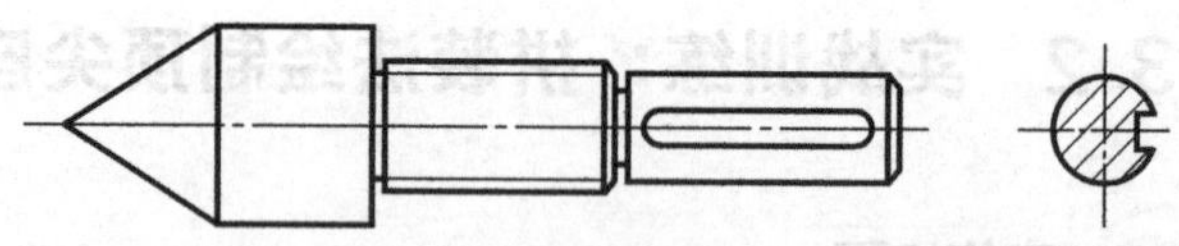
图 13-6 关闭、锁住图层后得到的顶尖图形

② 创建块文件。WBLOCK 命令可以将块或图形对象以文件的形式写入磁盘，并可作为块插入到其他图形中。

键盘输入 WBLOCK 命令并回车后，系统弹出【写块】对话框，如图 13-7 所示。注意，选择对象时应该选择顶尖零件的主视图；基点的位置不要任意点取，通常选取有利于拼绘装配图的插入交点作为基点，如图 13-7、图 13-8 所示的基点。最后点击【浏览】按钮，指定图块文件的保存路径和文件名。

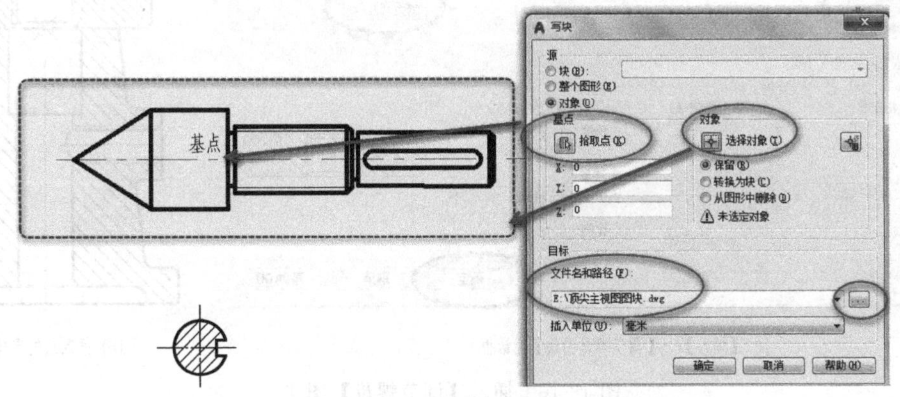

图 13-7　在【写块】对话框中选取基点

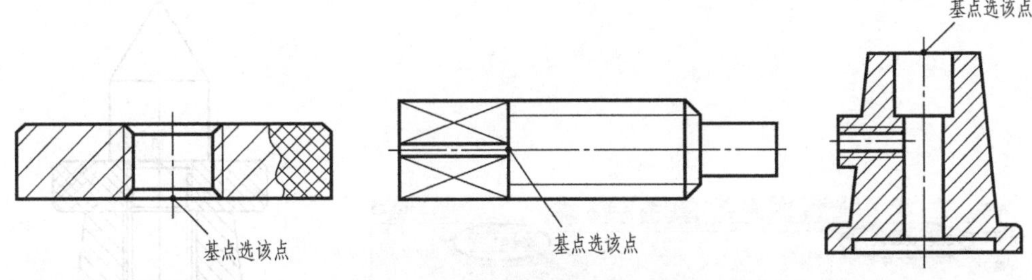

图 13-8　各零件图块基点的选取

按照上述方法，分别创建出【顶尖主视图图块】、【底座图块】、【调节螺母图块】和【螺钉图块】这 4 个图块文件。

（3）打开文件

打开已有的 A4 样板图，另存为“顶尖座装配图 . dwg”文件。

（4）拼绘装配图

① 用块插入的方法拼绘装配图。按装配顺序逐一插入各零件视图块，如底座图块、调节螺母块、顶尖图块（插入的旋转角度应设置为－90°）和螺钉图块。注意，插入点必须放置在正确的位置上，如放置位置不正确，则应使用【移动】命令将图块摆放好。图 13-9～图 13-12 所示为插入图块文件的过程。

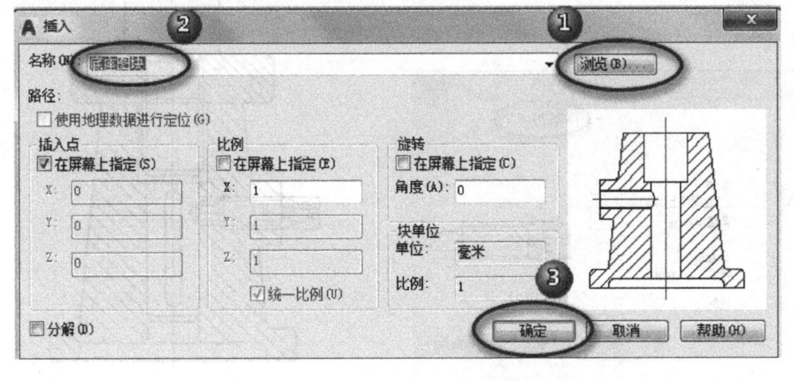

(a)【插入】—【底座图块】对话框　　　　(b) 底座图块

图 13-9　插入【底座】图块

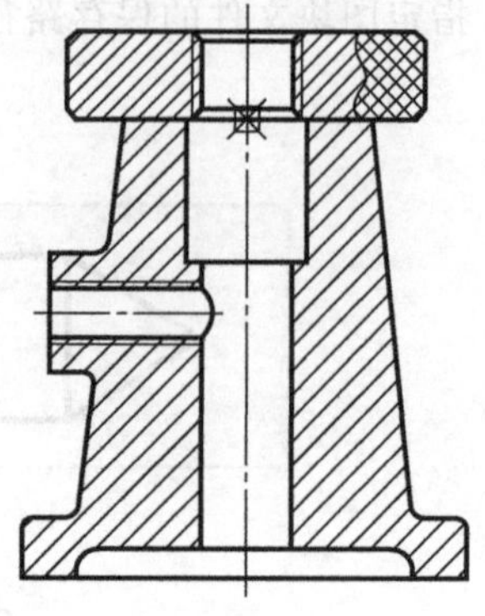

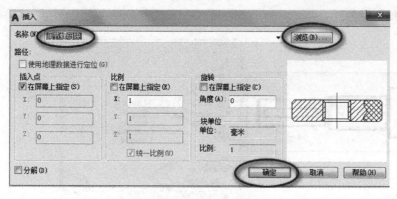

(a)【插入】—【调节螺母图块】对话框　　(b) 插入点的选择

图 13-10　插入【调节螺母】图块

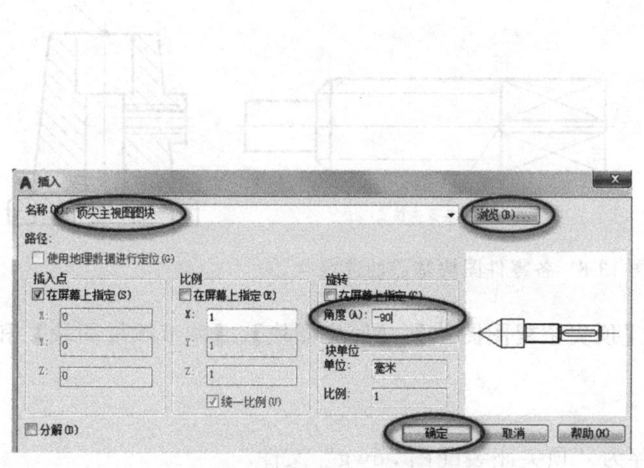

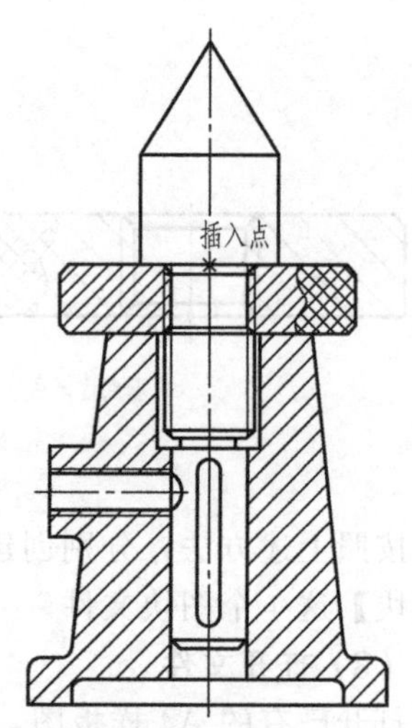

(a)【插入】—【顶尖主视图图块】对话框　　(b) 图形旋转插入，选择插入点

图 13-11　插入【顶尖主视图】图块

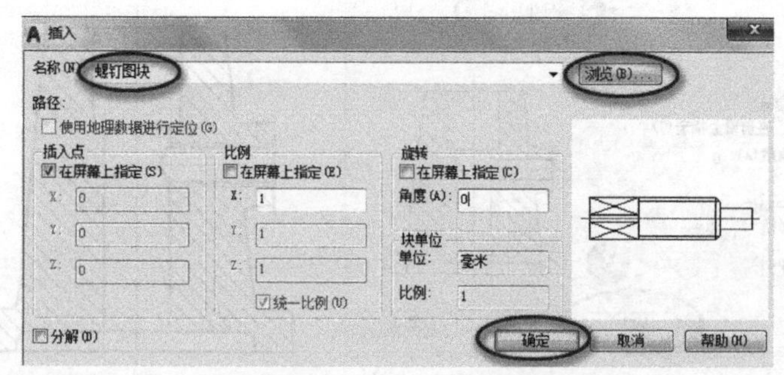

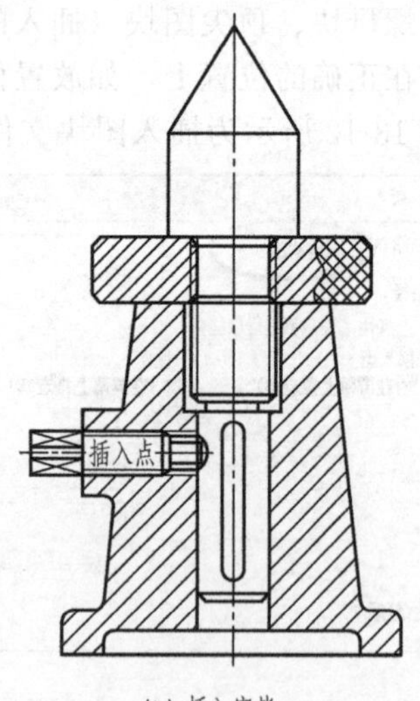

(a)【插入】—【螺钉图块】对话框　　(b) 插入完毕

图 13-12　插入【螺钉】图块

② 编辑图形。通过插入零件图块得到的装配图，其图线画法存在不少错误（如图 13-13 所示），需要修改，以符合我国制图国家标准的要求。编辑时要先把零件图块分解，再用【修剪】命令修剪多余的图线，同时补画缺漏的图线，重新调整剖面线的方向或间距。编辑后的正确图形如图 13-14 所示。

（5）标注装配图尺寸

调用【尺寸线】图层、根据装配图的要求，标注出必要的尺寸（如外形尺寸、规格尺寸、装配尺寸、安装尺寸和其他重要尺寸等），如图 13-15 所示。

（6）编写零件序号

为了使序号书写美观、排列整齐，我国制图国家标准要求零件序号要保证在同一水平线或垂直线上。因此先在装配图上（下）方或左（右）方画出一条辅助的水平线或垂直线，然后再编写序号。序号编写完成后，要把辅助直线删除，如图 13-16 所示。

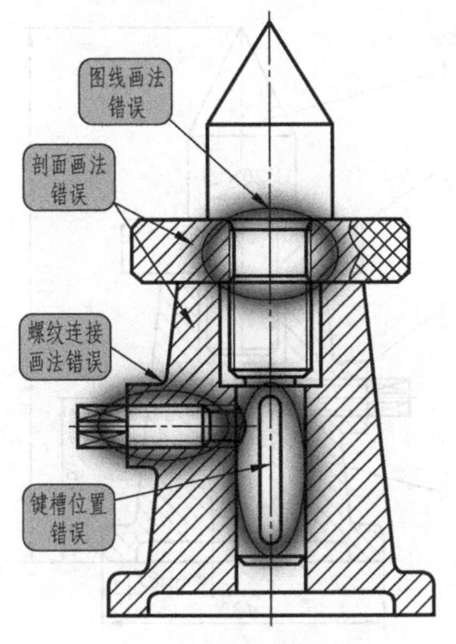

图 13-13 图形画法中的错误

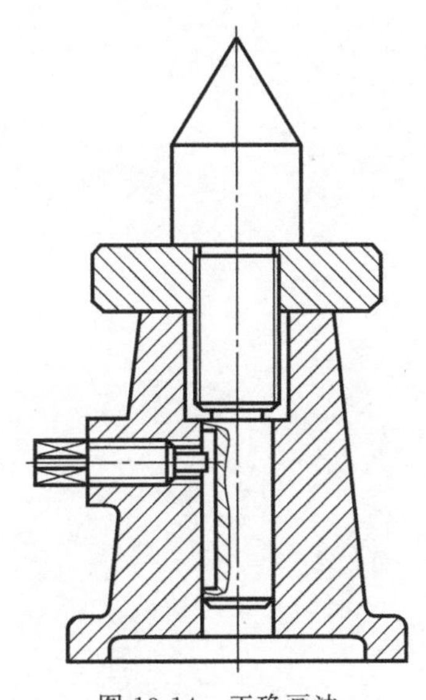

图 13-14 正确画法

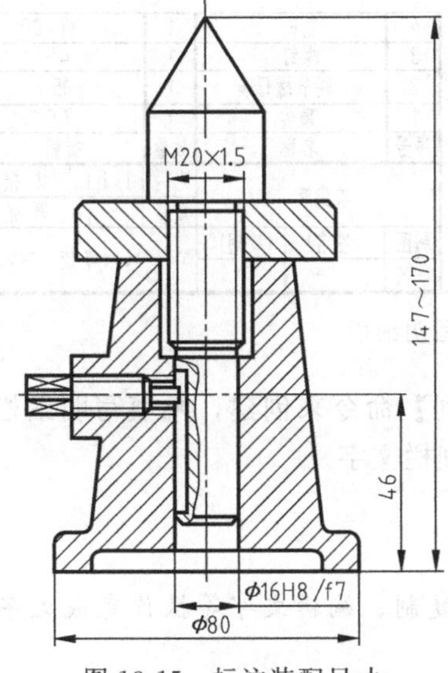

图 13-15 标注装配尺寸

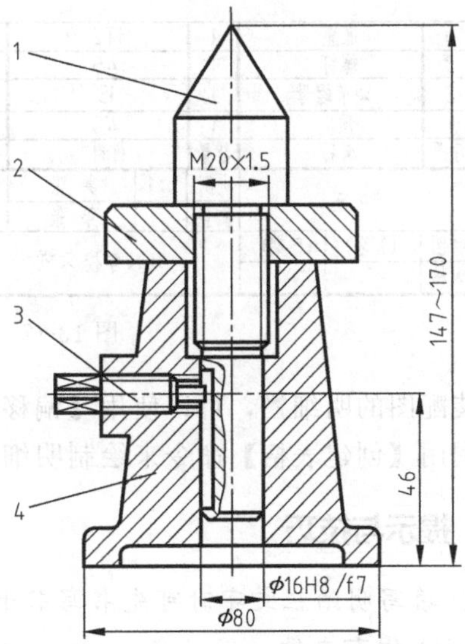

图 13-16 标注零件序号

编写零件序号的方法有以下两种。

方法 1：先用【单行文字】或【多行文字】命令逐一注写各序号，再用【直线】命令逐一绘制出连接零件序号和所指零件之间的指引线。

方法 2：用【多重引线】命令直接标注出指引线和序号，但标注前应先设置好多重引线样式。

如果零件数量较多，可以把零件序号创建成具有文字属性的图块，再使用块插入的方法在装配图中添加序号。

（7）填写标题栏、编写明细栏

装配图的标题栏内容和零件图的稍有不同，具体内容及完成结果参见图 13-17。

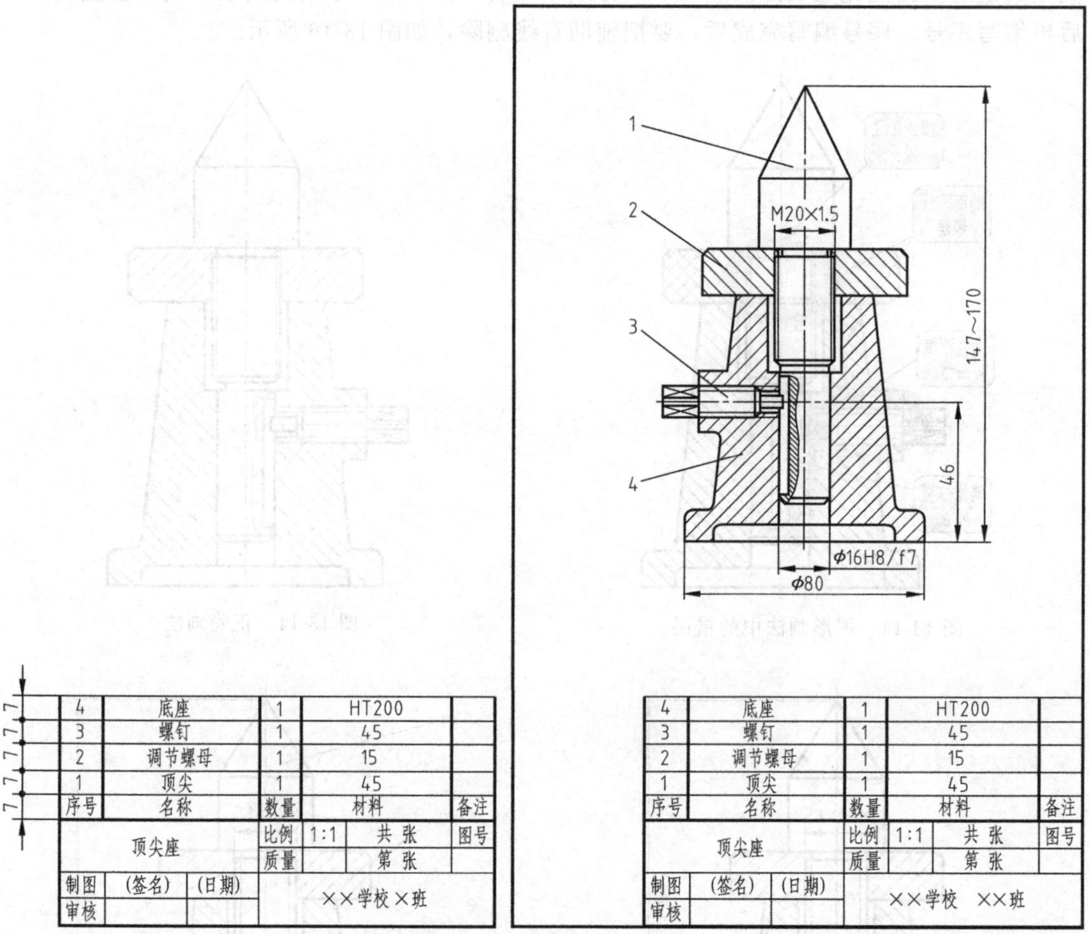

4	底座	1	HT200		
3	螺钉	1	45		
2	调节螺母	1	15		
1	顶尖	1	45		
序号	名称	数量	材料		备注
顶尖座		比例	1:1	共 张	图号
		质量		第 张	
制图	(签名)	(日期)	××学校×班		
审核					

4	底座	1	HT200		
3	螺钉	1	45		
2	调节螺母	1	15		
1	顶尖	1	45		
序号	名称	数量	材料		备注
顶尖座		比例	1:1	共 张	图号
		质量		第 张	
制图	(签名)	(日期)	××学校 ××班		
审核					

图 13-17 填写标题栏、编写明细栏

装配图的明细栏，可以使用【偏移】命令或【阵列】命令来创建，再填写明细栏文字。也可调用【创建表格】命令来绘制明细栏，并填写明细栏文字。

提示与技巧

◇ 填写明细栏文字时可先书写若干处文字，通过复制、编辑文字等操作完成文字注写。

（8）保存文件

选择文件的保存路径，保存文件，并退出系统。

13.3　实战训练：绘制推杆阀装配图

推杆阀安装在低压管路系统中，用以控制管路的“通”与“不通”。当推杆受外力作用向左移动时，钢球压缩弹簧，阀门被打开；当去掉外力时，钢球在弹簧作用下，将阀门关闭。推杆阀的装配示意图如图 13-18 所示。

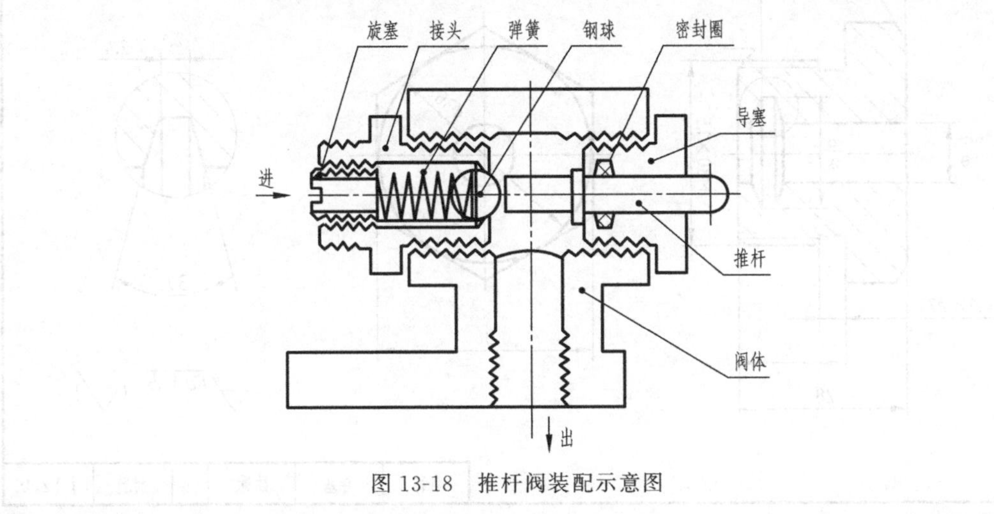

图 13-18　推杆阀装配示意图

训练要求

结合图 13-19～图 13-24 所示零件图的尺寸，根据推杆阀装配示意图绘制推杆阀的装配图。密封圈的材料为毛毡，无零件图；钢球直径为 14、材料为 45 钢，无零件图。

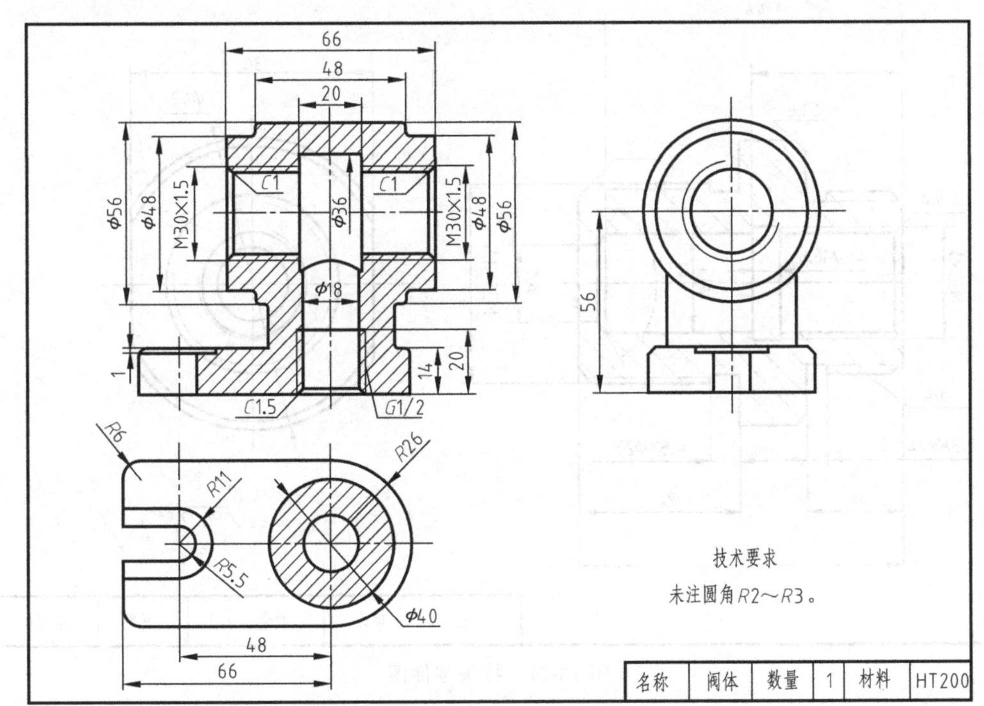

图 13-19　阀体零件图

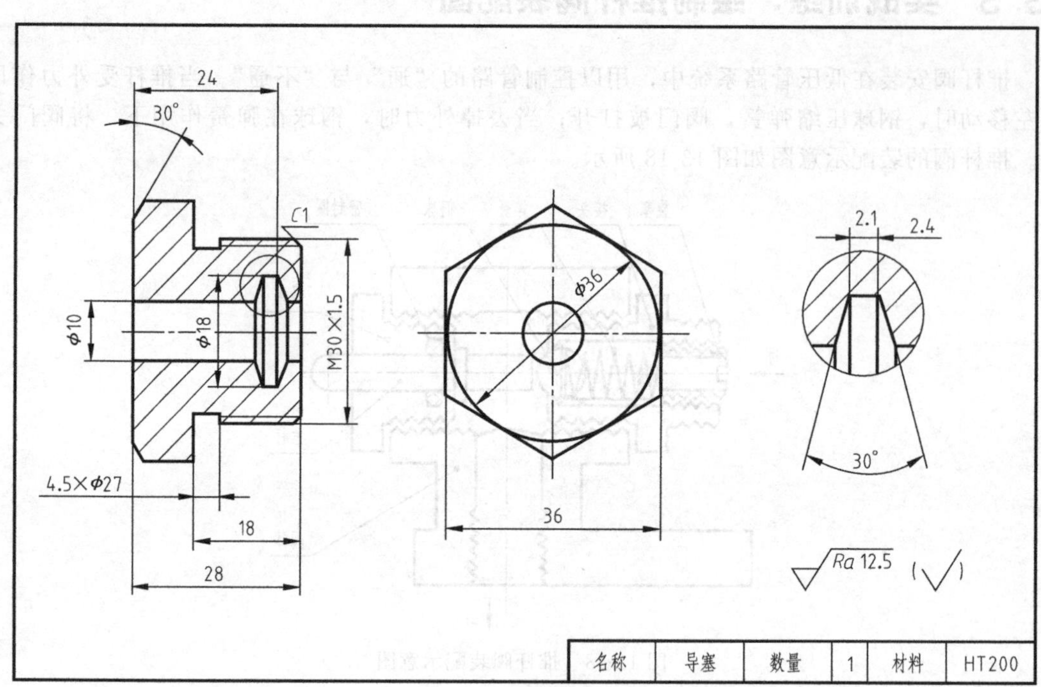

图 13-20 导塞零件图

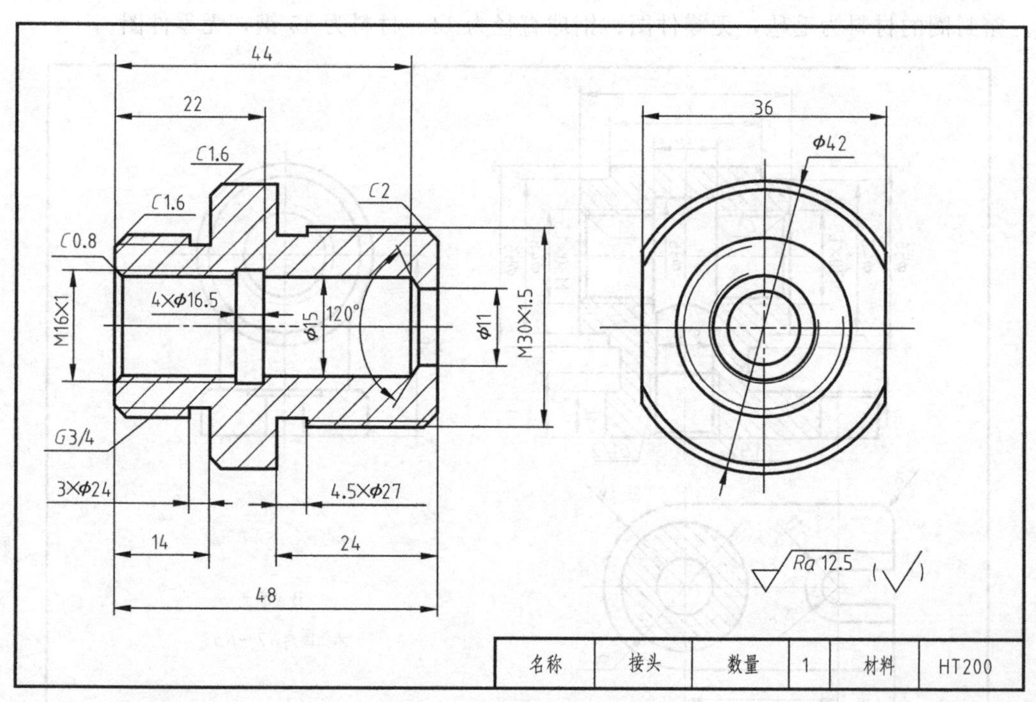

图 13-21 接头零件图

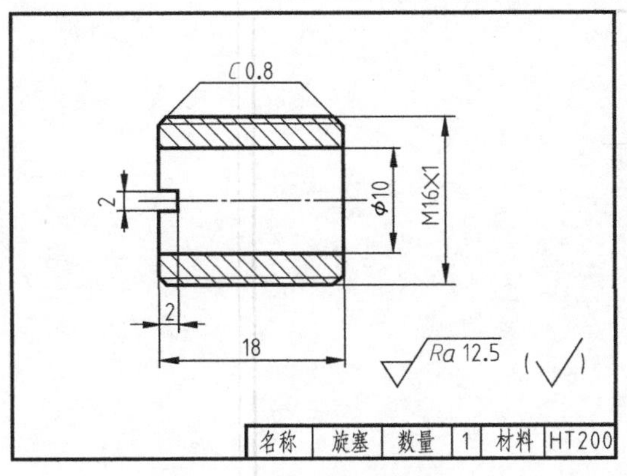

图 13-22　旋塞零件图

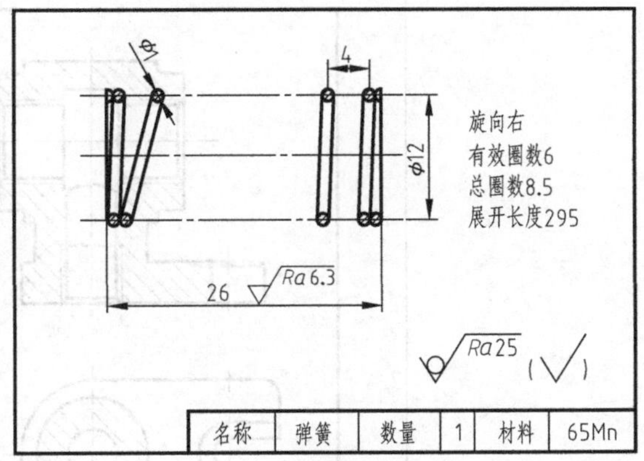

图 13-23　弹簧零件图

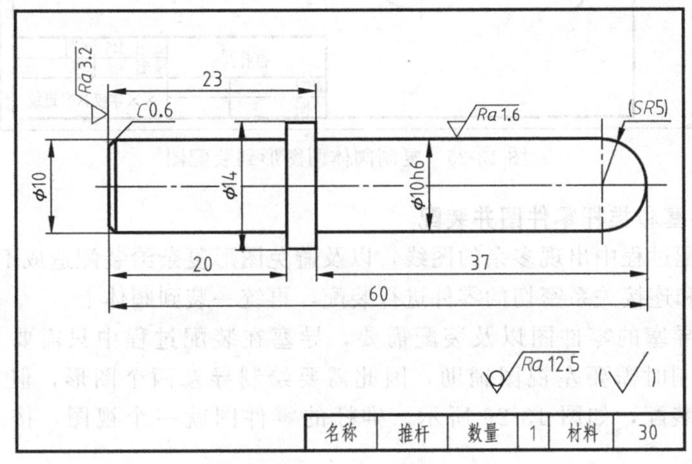

图 13-24　推杆零件图

实战分析

根据装配示意图得知该装配一共包含 8 个零件，其中 6 个零件有零件图，无零件图的钢球和密封圈结构简单，钢球给出了直径，密封圈可在装配完成后用图案填充表示。

推杆阀的工作原理简单，通过推杆控制管路的通与不通，其装配干线只有一条，即推杆轴线位置，所有的零件连接关系、安装都围绕这一装配干线。因此，主视图投影方向垂直于该装配干线，推杆阀底座水平放置，即和阀体零件图主视图位置一致；为了表达内部装配关系，装配图选择经过装配干线作全剖，即作全剖主视图；在此处推杆阀装配图和阀体零件图主俯位置表达方案一致，因此，阀体零件图主俯位置图形可直接用于装配图。

实施步骤

（1）设置绘图环境

新建文件，选择前面创建的 A3 样板文件，如果标题栏格式和前面建立的不一致，需要重新绘制。

（2）绘制阀体零件图

由于阀体零件的表达方案和装配图表达方案基本一致，故将阀体的主视和俯视位置的两个图形复制到装配文件里直接使用，如图 13-25 所示。

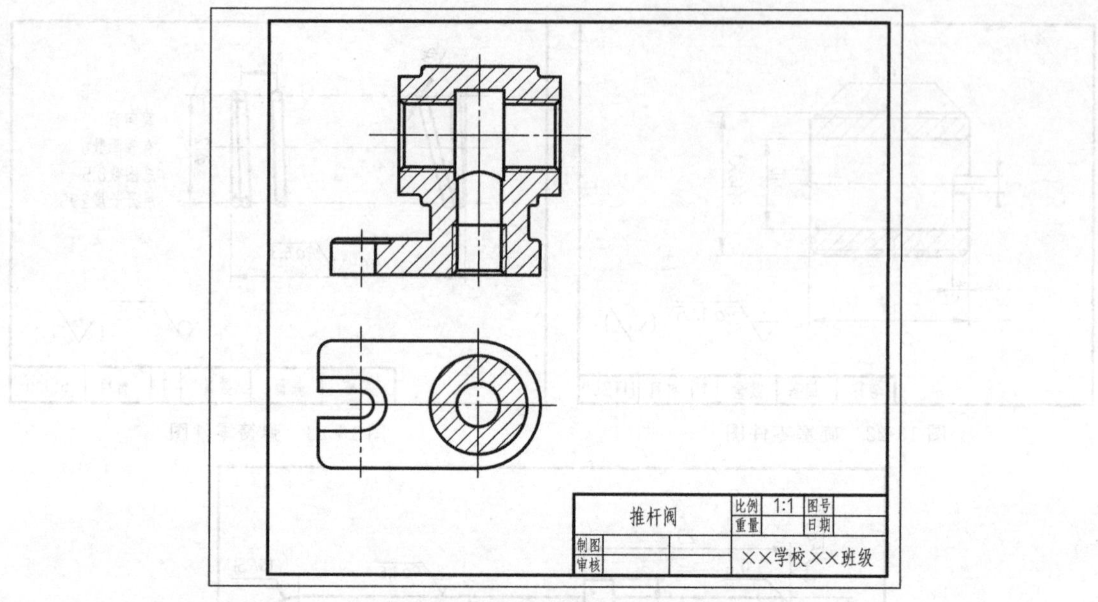

图 13-25　复制阀体两图形到装配图

（3）绘制导塞和推杆零件图并装配

为了减少装配过程中出现多余的图线，以及避免图形复杂给装配造成不必要的麻烦，可以先将装配关系和连接关系密切的零件进行装配，再统一装到阀体上。

根据推杆和导塞的零件图以及装配需要，导塞在装配过程中只需要主视位置的全剖视图即可，但绘制时需要左视图辅助，因此需要绘制导塞两个图形，但只需要主视位置的全剖视图进行装配，如图 13-26 所示。推杆的零件图就一个视图，按尺寸绘出，如图 13-27 所示。

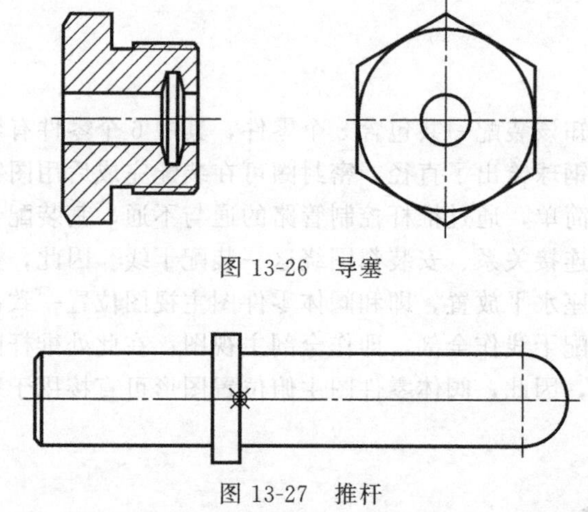

图 13-26　导塞

图 13-27　推杆

推杆属于杆类回转体零件，因此在装配图中，推杆按照不剖来绘制，推杆和导塞装配好后需要将推杆挡住的线修剪掉，为了避免拼装时出现定位错误，可先将推杆定义为块，块的基点选择如图 13-27 所示位置以方便定位。导塞全剖主视图需要旋转 180°和推杆装配，拼装后的结果如图 13-28（a）所示，圈住的线被推杆遮挡，需要删除或者修剪，修改后的结果如图 13-28（b）所示。

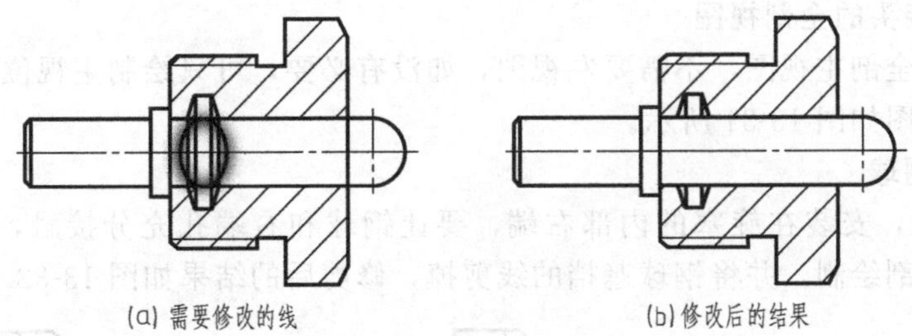

图 13-28 导塞和推杆装配

（4）密封圈的装配

密封圈无零件图，可直接对推杆和导塞之间的空隙进行图案填充。首先，把多余的线条删除，如图 13-29（a）所示，然后执行【图案填充】命令，填充效果如图 13-29（b）所示。

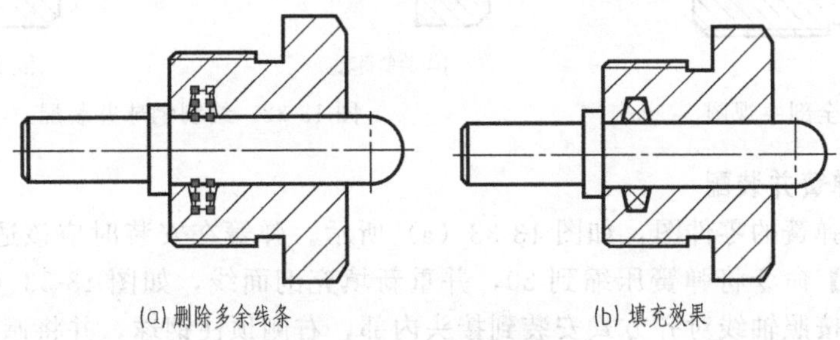

图 13-29 装密封圈

（5）将装配好的推杆、导塞和密封圈装配到阀体

推杆、导塞和密封圈的装配体可以看作一个子装配，将其先创建为一个块，然后安装到阀体上，位置确定好后再将其分解，该子装配会遮挡阀体的部分线条。需要将遮挡部分进行修改，如图 13-30（a）所示选中的线条。螺纹旋合部分是要重点修改的地方，在绘制零件图时要注意内外螺纹的大径、小径尺寸保持一致，装配在一起要使内外螺纹的大径与大径对齐、小径与小径对齐，如图 13-30（a）所示两个圆圈内的螺纹部分需要修改。最后由于采用剖视图，螺纹旋合部分按照外螺纹来绘制，导致螺纹旋合部分的剖面线有误，因此需要对修改好的封闭区域重新进行图案填充，在此处可将阀体的剖面线暂时不填充，因为其左侧也有螺纹连接，等左侧装配好后一起进行图案填充；此处导塞的图案填充区域没有变化，将多余线条修改好，将导塞的剖面线方向反向，防止和阀体剖面线方向相同，修改好的图形如图 13-30（b）所示。

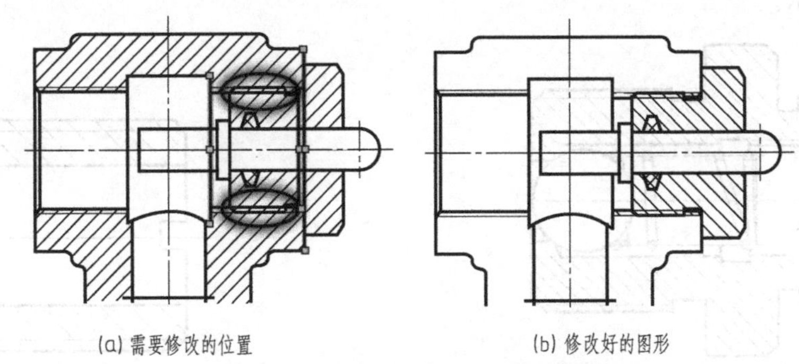

图 13-30 将右侧子装配拼装到阀体

（6）绘制接头的全剖视图

接头只需要全剖主视图，不需要左视图，如没有必要，可只绘制主视位置图形，绘制好的接头全剖主视图如图 13-31 所示。

（7）绘制钢球

钢球直径 14，安装在旋塞的内部右端，要让钢球和右端孔充分接触，如图 13-32（a）所示，钢球按不剖绘制，并将钢球遮挡的线剪掉，修剪后的结果如图 13-32（b）所示。

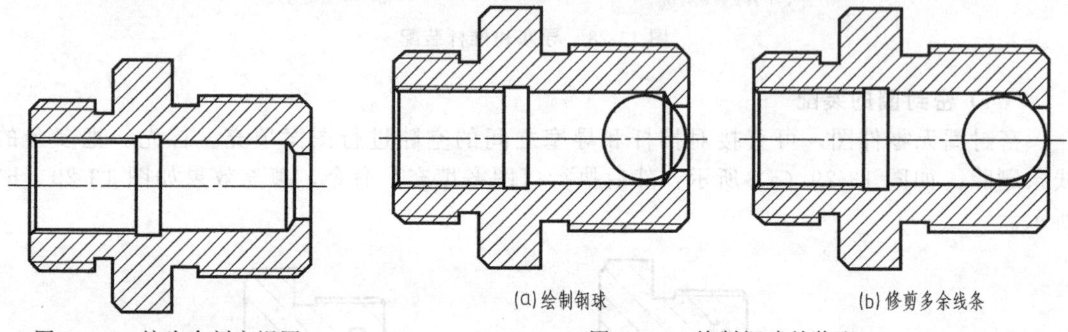

图 13-31　接头全剖主视图　　图 13-32　绘制钢球并装配

（8）绘制弹簧并装配

按要求绘制弹簧的零件图，如图 13-33（a）所示。弹簧在安装时应该适当压缩，因此，在此使用【拉伸】命令将弹簧压缩到 20，并重新填充剖面线，如图 13-33（b）所示。最后将压缩后的弹簧按照轴线对齐方式安装到接头内部，右侧顶柱钢球，并将遮挡接头的多余线条修剪掉，结果如图 13-34 所示。

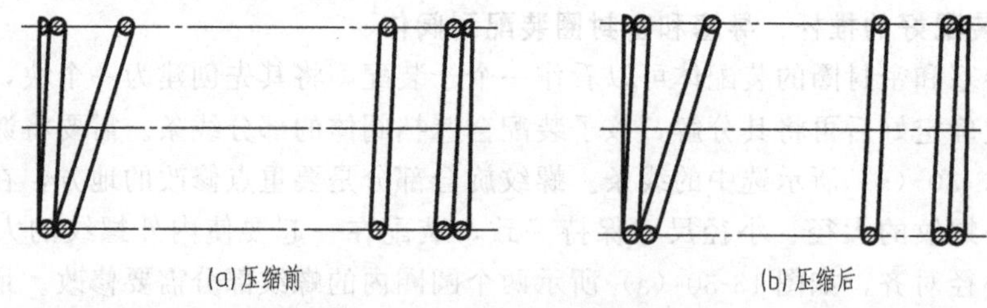

图 13-33　绘制弹簧的剖视图

（9）绘制旋塞并装配

绘制旋塞的全剖视图，如图 13-35 所示。将旋塞拼装到接头，右侧和弹簧靠紧，如图 13-36（a）所示，修剪拼接后的多余线条，并将修改后的接头重新进行图案填充，结果如图 13-36（b）所示。

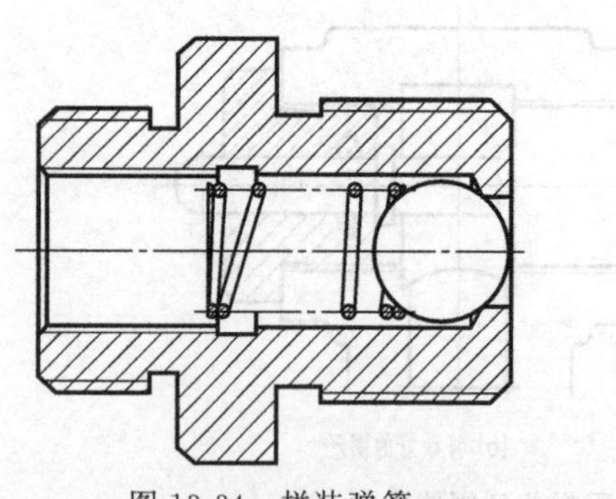

图 13-34　拼装弹簧

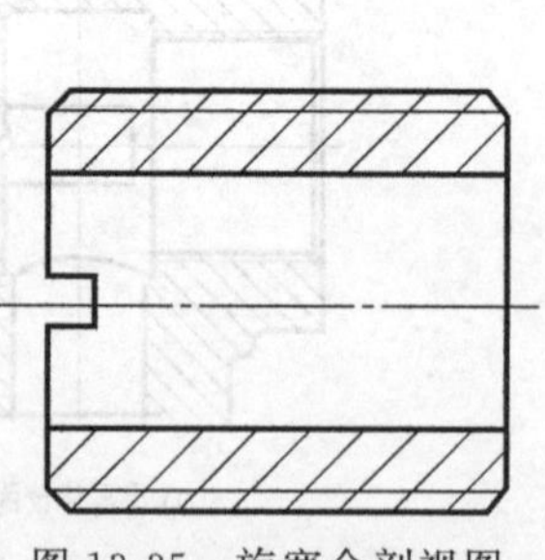

图 13-35　旋塞全剖视图

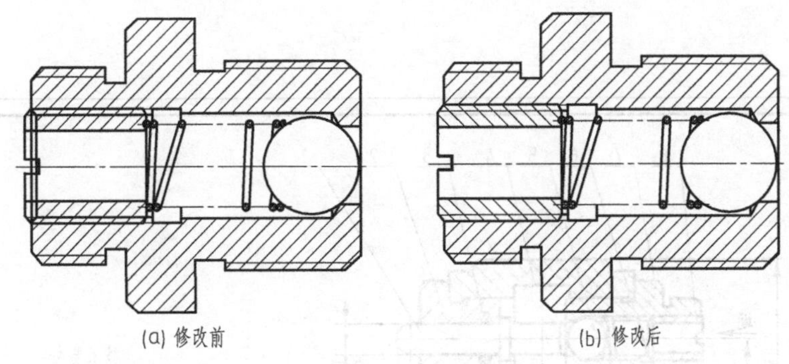

图 13-36　拼装旋塞

（10）将接头拼装到阀体

将拼装好的接头安装到阀体，如图 13-37（a）所示，修改相应线条，并将阀体重新进行图案填充，修改后的结果如图 13-37（b）所示。

（11）标注必要的尺寸

标注必要的尺寸，注释有关内容，如图 13-38 所示。

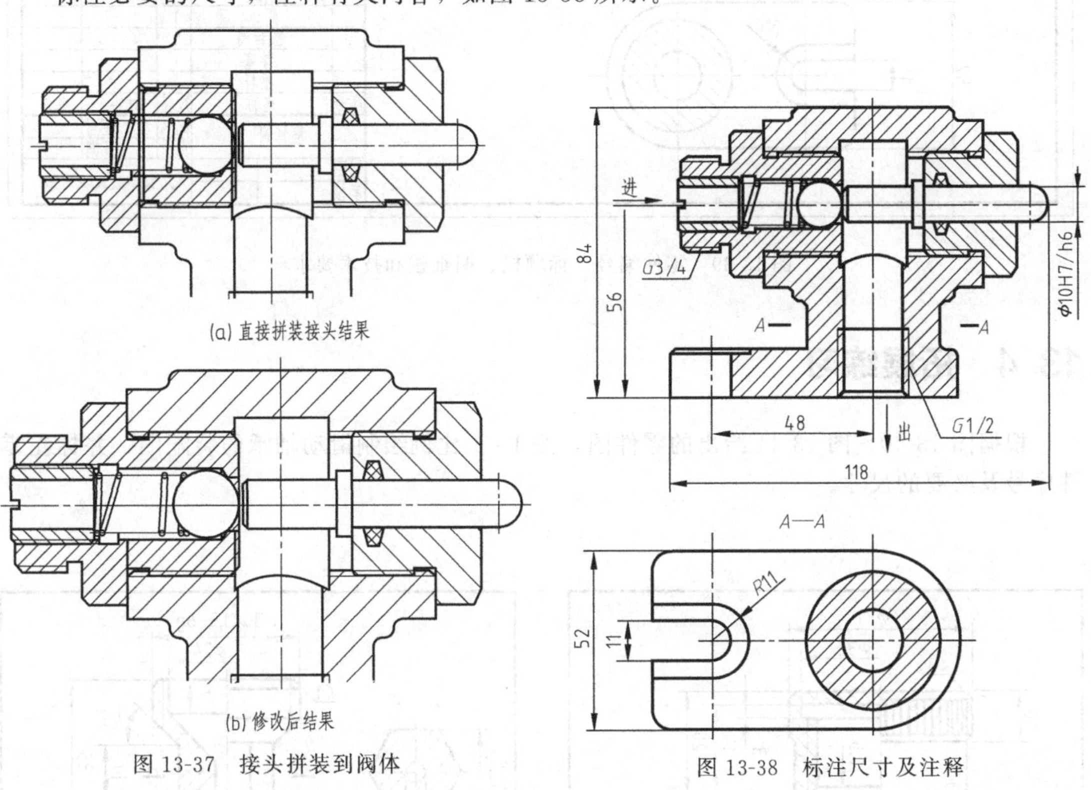

图 13-37　接头拼装到阀体

图 13-38　标注尺寸及注释

（12）零件编号、绘制标题栏和明细栏、注写技术要求

对零件按照顺时针或逆时针进行编号，要求序号排列整齐、样式统一，字体大小一致。按照要求绘制标题栏和明细栏并填写相关内容，有关技术要求根据实际情况注写，完成后的结果如图 13-39 所示。

（13）检查、调整和保存

最后检查一遍所绘制的装配图，对图线不规范或者漏掉的内容进行补充，检查无误后单击【保存】按钮，输入文件名，单击【确定】按钮存盘。

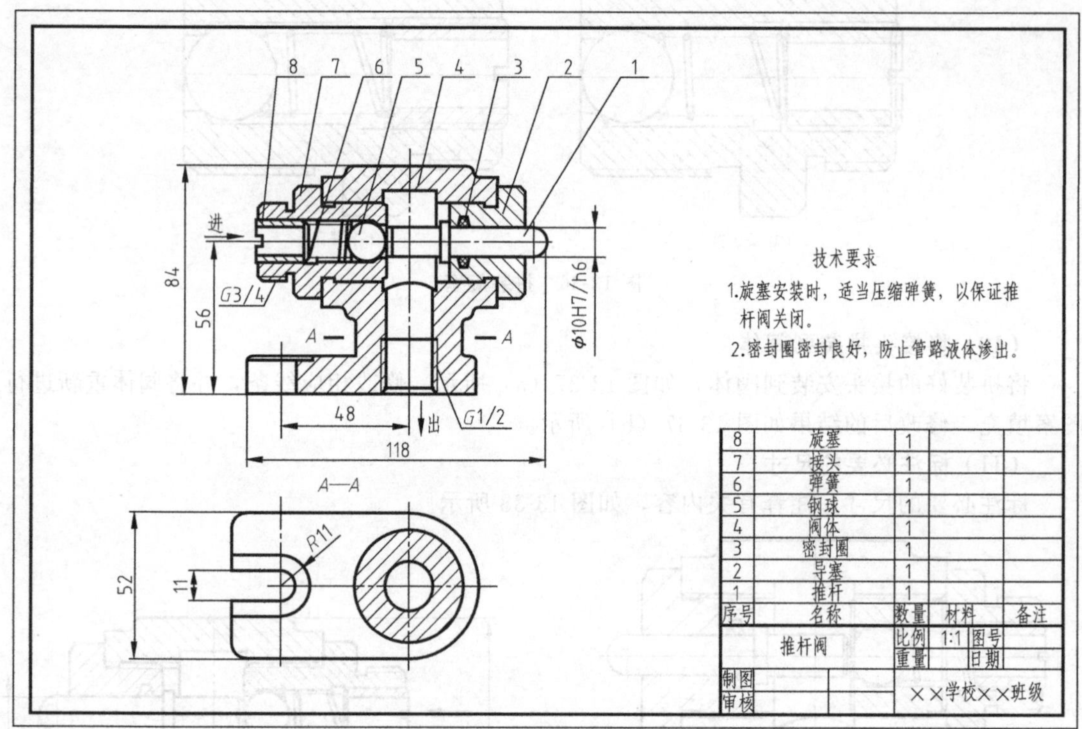

图 13-39　零件编号、标题栏、明细栏和技术要求

13.4　拓展练习

根据图 13-40～图 13-44 给出的零件图，按 1：1 比例绘制滑动轴承的装配图，并标注零件序号及必要的尺寸。

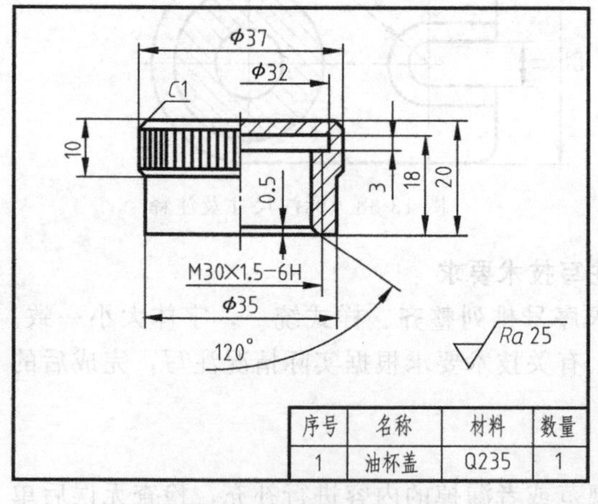

序号	名称	材料	数量
1	油杯盖	Q235	1

图 13-40　油杯盖零件图

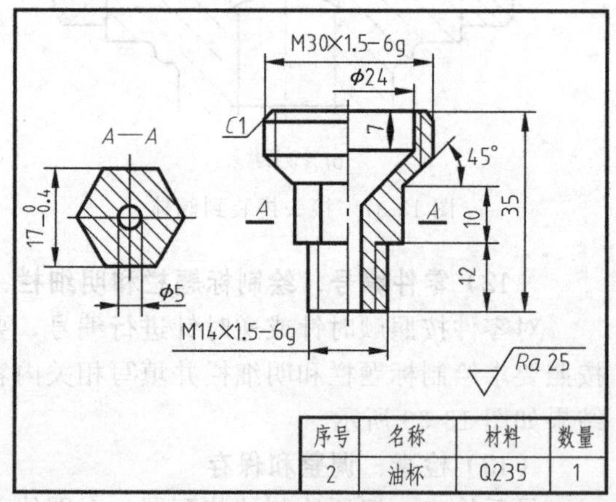

序号	名称	材料	数量
2	油杯	Q235	1

图 13-41　油杯零件图

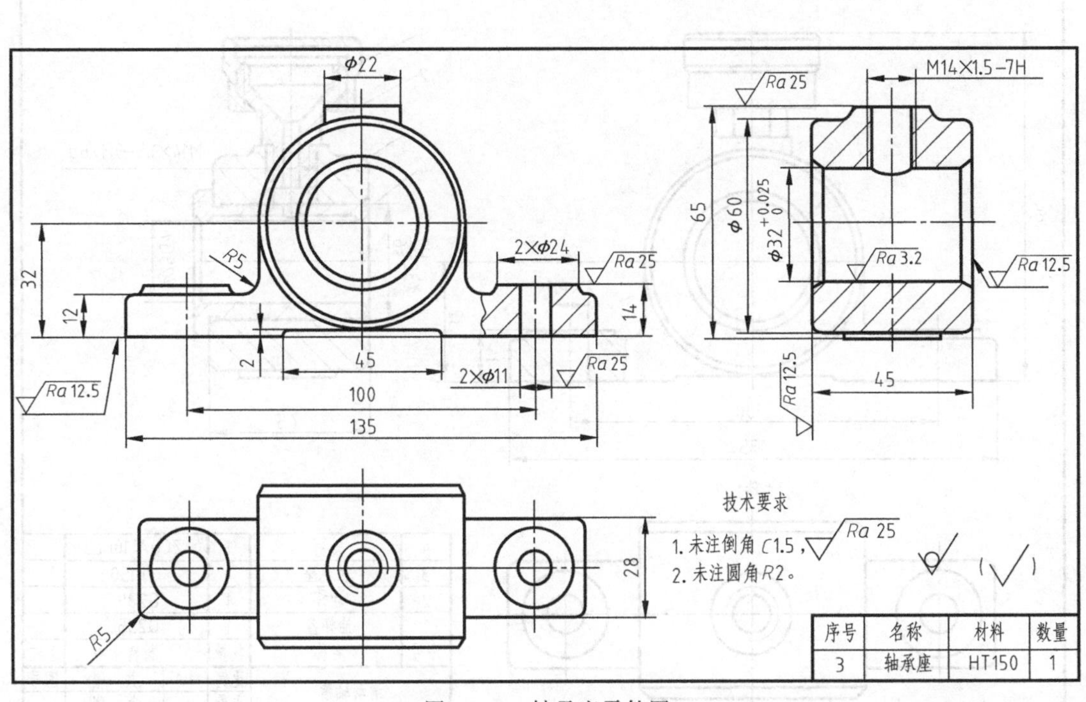

图 13-42 轴承座零件图

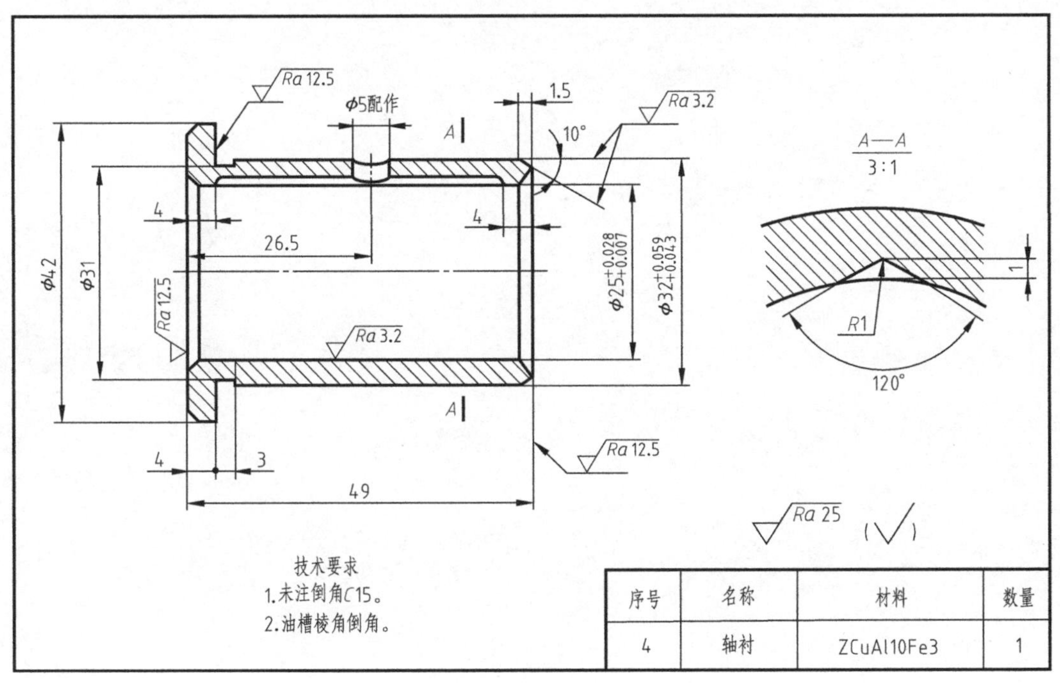

图 13-43 轴衬零件图

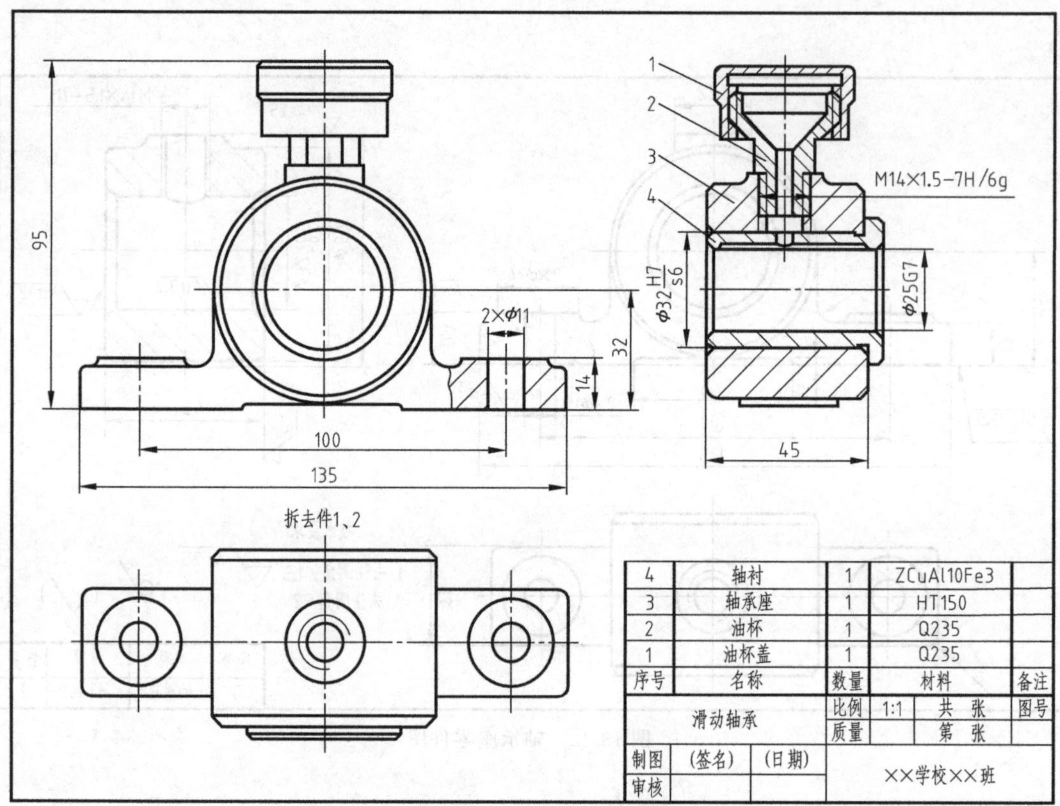

图 13-44 滑动轴承装配图

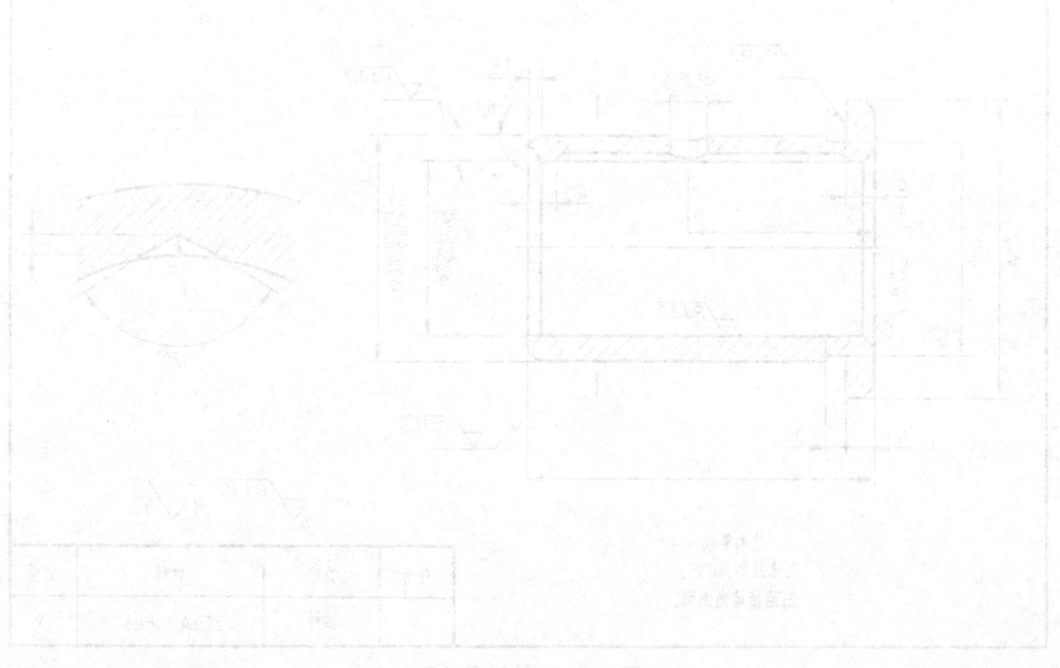

第14章 模型的打印

在完成图形的绘制以后，将其打印出符合制图国家标准的图样是使用软件绘图的最终目的，也是学习者要掌握的一项技能。初学者在学习 AutoCAD 时往往是重绘图，轻打印，本章将通过 2 个实例的打印训练，使读者熟悉 AutoCAD 设置打印的操作过程。

知识辨析：模型空间和图纸空间

AutoCAD2018 提供了两个并行的工作环境，即模型空间和图纸空间。系统默认的工作环境是模型空间，绘图通常是在模型空间进行的，而打印则通常是在图纸空间进行的。图纸空间即“布局空间”，它可以看作是即将要打印出来的图样页面。在模型空间也可以实现打印功能，但每次打印都要做选项设置，打印质量的稳定性较差，而在“布局空间”一旦设置好对应的选项，即可永久使用相同的打印设置。

在 AutoCAD2018 中，图形输出的基本流程如下：

① 在模型空间中按比例绘制完成图样。

② 转入图纸空间，进行布局设置，包括设置打印设备、纸张等。

③ 在图纸空间的布局内创建视口并调整，安排要输出的图样，调整合适的比例。

④ 移动视图、显示缩放以调整布局中的图形。

⑤ 打印预览，检查有无错误，如有则返回继续调整。

⑥ 打印出图。

14.1 在模型空间打印

14.1.1 添加和配置输出设备

（1）命令执行方式

➢ 菜单栏：单击【文件】菜单中的【绘图仪器管理器】。

➢ 命令行：输入 PLOTTERMANAGER 并按 Enter 键。

（2）操作过程说明

执行该命令后，屏幕弹出如图 14-1 所示的文件夹，双击【添加绘图仪向导】图标，开始添加打印机工作。

AutoCAD 先弹出【简介】对话框，单击【下一步】按钮，进入【添加绘图仪-开始】对话框，如图 14-2 所示，在【我的电脑】、【网络绘图仪服务器】、【系统打印机】中选择一种，并按照各个对话框中的提示内容添加用户绘图设备。

名称	修改日期	类型	大小
Plot Styles	2018/3/30 10:41	文件夹	
PMP Files	2018/3/30 10:41	文件夹	
AutoCAD PDF (General Documentatio...	2014/10/11 12:39	AutoCAD 绘图仪...	2 KB
AutoCAD PDF (High Quality Print)	2014/10/11 12:39	AutoCAD 绘图仪...	2 KB
AutoCAD PDF (Smallest File)	2014/10/11 12:39	AutoCAD 绘图仪...	2 KB
AutoCAD PDF (Web and Mobile)	2014/10/11 12:39	AutoCAD 绘图仪...	2 KB
Default Windows System Printer	2003/3/4 0:36	AutoCAD 绘图仪...	2 KB
DWF6 ePlot	2004/7/29 8:14	AutoCAD 绘图仪...	5 KB
DWFx ePlot (XPS Compatible)	2007/6/21 15:17	AutoCAD 绘图仪...	5 KB
DWG To PDF	2014/10/11 12:39	AutoCAD 绘图仪...	2 KB
PublishToWeb JPG	1999/12/8 1:53	AutoCAD 绘图仪...	1 KB
PublishToWeb PNG	2000/11/22 4:18	AutoCAD 绘图仪...	1 KB
添加绘图仪向导	2018/3/30 10:41	快捷方式	1 KB

图 14-1 【添加绘图仪向导】图标

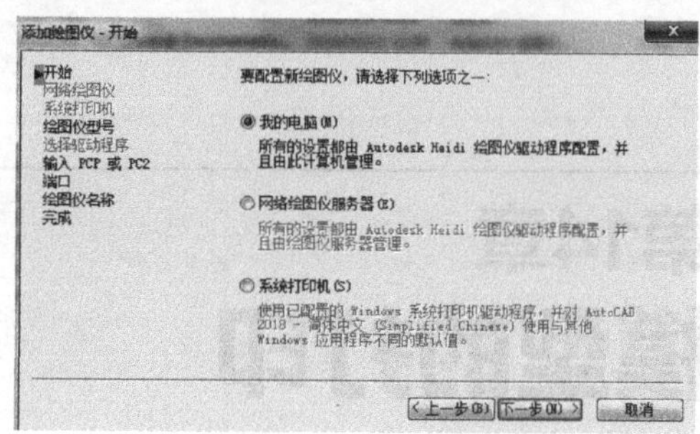

图 14-2 【添加绘图仪-开始】对话框

14.1.2 设定打印样式类型

AutoCAD 提供了两种打印样式：颜色打印样式和命名打印样式。设定方法如下：

（1）命令执行方式

➢ 菜单栏：单击【工具】菜单中的【选项】。

➢ 命令行：输入 OPTIONS 并按 Enter 键。

（2）操作过程说明

执行该命令后，弹出【选项】对话框，打开【打印和发布】选项卡，单击【打印样式表】设置按钮，在弹出的【打印样式表设置】对话框中选择【使用颜色相关打印样式】或【使用命名打印样式】，如图 14-3 所示。

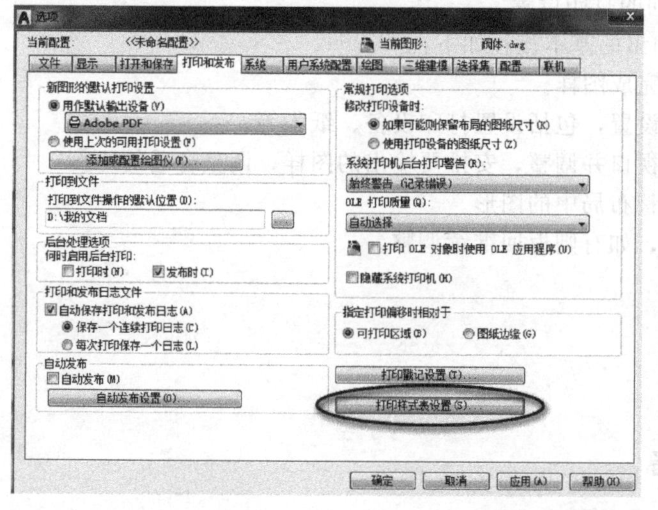

打印样式表设置
新图形的默认打印样式
使用颜色相关打印样式(D)
使用命名打印样式(N)
当前打印样式表设置
默认打印样式表(T):
无
图层 0 的默认打印样式(L):
ByColor
对象的默认打印样式(O):
ByColor
添加或编辑打印样式表(S)...
确定 取消 帮助(H)

图 14-3 设置打印样式

（3）打印样式的应用

打印样式可以附着于图形实体、图层、图块等对象，常用的方法是将新生成的对象设定为随层，而为每层指定打印样式。

当打印样式类型为颜色相关打印样式时，指定图层颜色的同时就设定了图层的打印样式。这时不能直接在层中编辑打印样式，只能通过改变图层颜色来改变打印参数。

当打印样式为命名打印样式时，在【图层管理器】中选定某图层，再直接单击打印样式即可改变并可编辑该层的打印样式。另外，对某一具体对象，还可以通过【特性】对话框修改对象的打印样式。

14.1.3　页面设置管理器

设置好打印样式后，对打印的页面也要进行设置，包括选择打印设备、纸张、图纸方向、打印区域及打印比例等。

（1）命令执行方式

- 菜单栏：单击【文件】菜单中的【页面设置管理器】。
- 命令行：输入 PAGESETUP 并按 Enter 键。

（2）操作过程说明

执行该命令后，弹出如图 14-4 所示对话框，单击【修改】按钮，进入【页面设置-模型】对话框，或单击【新建】按钮，在弹出的【新建页面设置】对话框中输入名称，单击【确定】按钮，也可进入【页面设置-模型】对话框，如图 14-5 所示。

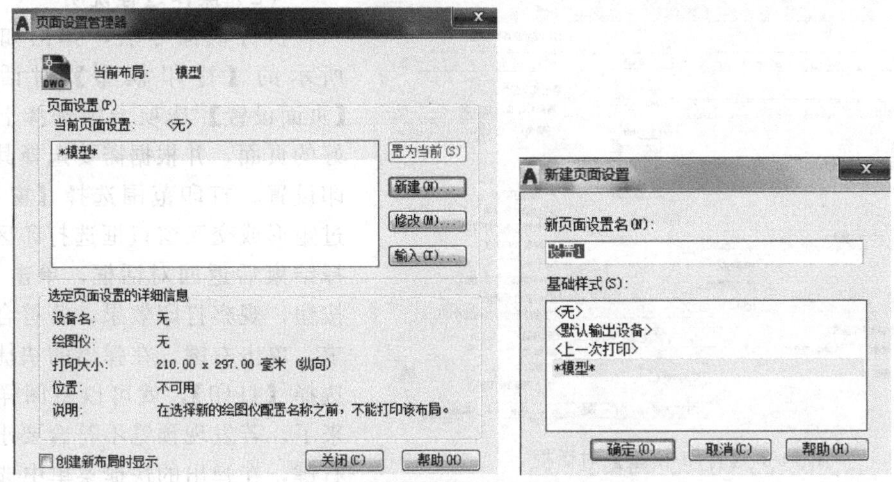

图 14-4　【页面设置管理器】对话框

◆ 单击【打印机/绘图仪】区域中的【名称】下拉列表，选择已连接的打印机型号。

◆ 单击【图纸尺寸（Z）】下拉列表，选择对应尺寸的纸张。

◆ 在【图形方向】区域中，选择【横向】或【纵向】打印。

◆ 选择【打印偏移】区域中的【居中打印】选项。

◆ 在【打印样式表】区域选择设置好的打印样式。

◆ 在【打印范围】中有【窗口】、【图形界限】、【范围】、【显示】等选项，含义如下：

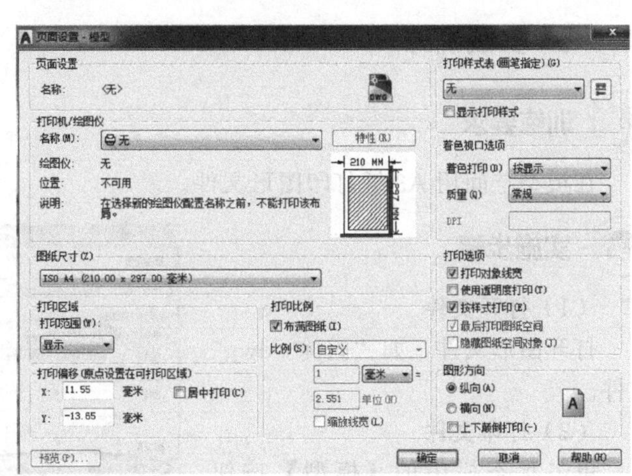

图 14-5　【页面设置-模型】对话框

- 【窗口】：最为灵活的一种方式，选择此项后，画面暂时关闭【页面设置】对话框，可以在图形中选择打印区域，选择结束后再重返【页面设置】对话框。
- 【图形界限】：打印指定图纸尺寸的页边距内的所有内容。

⅄【范围】：打印当前工作空间中绘有图形的范围。

⅄【显示】：打印选定的【模型】选项卡当前视口中的视图，或【布局】选项卡中的当前图纸空间视图。

⅄ 在【打印比例】区域中选择【布满图纸】或选择所需比例，以便缩放图形时能与选定的图纸尺寸相匹配。

14.1.4 快速出图

（1）命令执行方式

➢ 菜单栏：单击【文件】菜单中的【打印】。

➢ 命令行：输入 PLOT 并按 Enter 键。

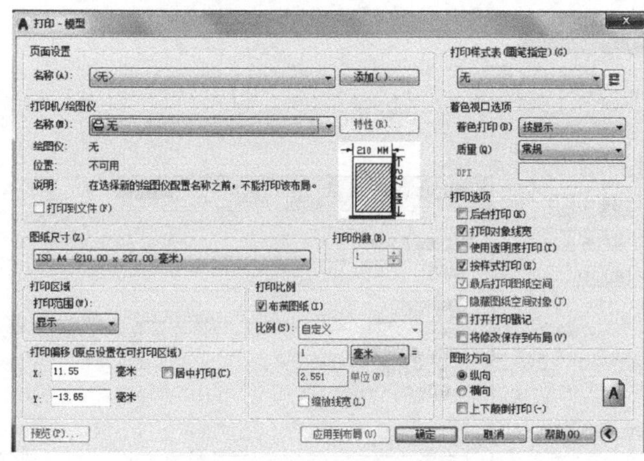

图 14-6 【打印-模型】对话框

（2）操作过程说明

执行该命令后，弹出如图 14-6 所示的【打印-模型】对话框，在【页面设置】选项卡中选择上步设置好的页面，并根据需要选择其他的打印设置，打印范围选择【窗口】，通过矩形或交叉窗口框选打印区域，选择结束后返回对话框，单击【预览】按钮，观察打印效果，若符合打印要求，单击右键，在弹出的快捷菜单中选择【打印】，就可以将图样打印出来了，若发现预览不符合要求，单击右键，在弹出的快捷菜单中选择【退出】，返回【页面设置】对话框进行修改。

14.1.5 实战训练

训练要求

在模型空间用 A3 纸打印图形文件。

（1）打开文件

打开图形文件，如“阀体 .dwg”文件。

（2）打印文件

单击状态栏中的【模型】按钮 模型，确保当前环境为模型空间环境。

单击菜单栏【文件】→【打印】命令，系统弹出【打印-模型】对话框，按图 14-7 所示的设置进行操作。

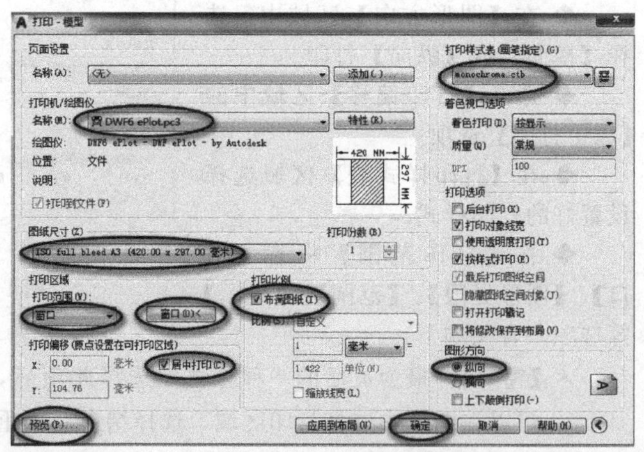

图 14-7 【打印-模型】对话框

◇ 只有安装了打印机驱动程序的打印机，才能在【打印机/绘图仪】下拉列表中找到打印机名称；未安装打印机时只可以进行虚拟的网上打印，故选择的打印机是【DWF6 ePlot. pc3】。

在【打印范围】下拉列表框中选择【窗口】选项后，系统会返回绘图区域，用鼠标左键单击图形上的两点确定图形的打印区域。单击【预览】按钮可以观察到打印效果，如图 14-8 所示。按 Esc 键返回【打印-模型】对话框。单击【确定】按钮，系统弹出如图 14-9 所示的【浏览打印文件】对话框，指定保存路径后，单击【确定】按钮退出该对话框。在指定路径下就有了 DWF 文件。

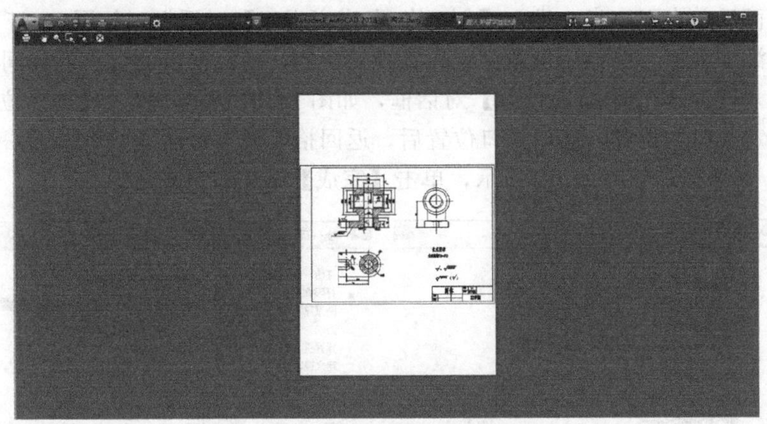

图 14-8　预览打印效果

DWF 文件（二维矢量文件）是从 DWG 文件创建的高度压缩的文件格式，易于在 Web 上查看或通过 Internet 发布的图形文件，它能保证原始图形数据的安全性和精确性。

若已安装打印机，则可以打开已经创建的 DWF 文件，进行文件打印；也可以在 AutoCAD 中重新调用【打印】命令，按图 14-8 所示的设置步骤操作，只是在选择打印机名称时，不再选择【DWF6 ePlot. pc3】，而是选择已安装的打印机型号。打印设置完成后单击【确定】按钮，即可打印出一张 A3 大小的图样。

图 14-9　指定保存路径

14.2　在图纸空间打印

为了便于绘图，在模型空间中通常采用 1∶1 的比例来绘制图形，根据不同打印需求，有时候需要将同一组图形同时打印 A2 和 A3 的图样，这就要借助于图纸空间即“布局空间”进行打印的设置与输出。

14.2.1　创建布局

（1）命令执行方式

➢ 菜单栏：单击【工具】菜单中【向导】中的【创建布局】命令。

➤命令行：输入 LAYOUTWIZARD 并按 Enter 键。

（2）操作过程说明

执行该命令后，弹出【创建布局-开始】对话框，如图 14-10 所示，输入新布局名称后，单击下一步→进入【创建布局-打印机】对话框，如图 14-11 所示，指定好打印设备后单击下一步→进入【创建布局-图纸尺寸】对话框，如图 14-12 所示，在下拉列表中选择所需的图纸尺寸，再选择好图形单位后单击下一步→进入【创建布局-方向】对话框，如图 14-13 所示，根据需要选择【纵向】或【横向】后单击下一步→进入【创建布局-标题栏】对话框，如图 14-14 所示，在此对话框中可以为布局选择合适的标题栏，也可以选择自己绘制的并以块的形式存储起来的标题栏，而后单击下一步→进入【创建布局-定义视口】对话框，如图 14-15 所示，在此对话框中向布局添加视口，选择视口类型，设置视口比例，指定视口的行、列和间距，而后再单击下一步→进入【创建布局-拾取位置】对话框，如图 14-16 所示，单击【选择位置】按钮，可以在图形中指定视口的位置，选取视口位置后，返回拾取视口对话框，单击下一步→进入【创建布局-完成】对话框，如图 14-17 所示，单击【完成】结束布局设置。

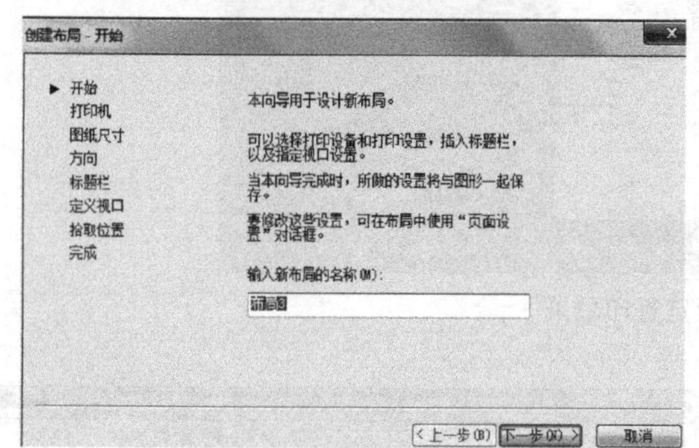

图 14-10 【创建布局-开始】对话框

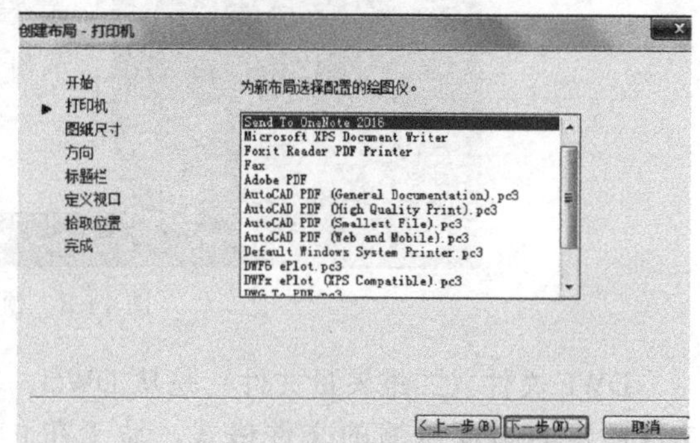

图 14-11 【创建布局-打印机】对话框

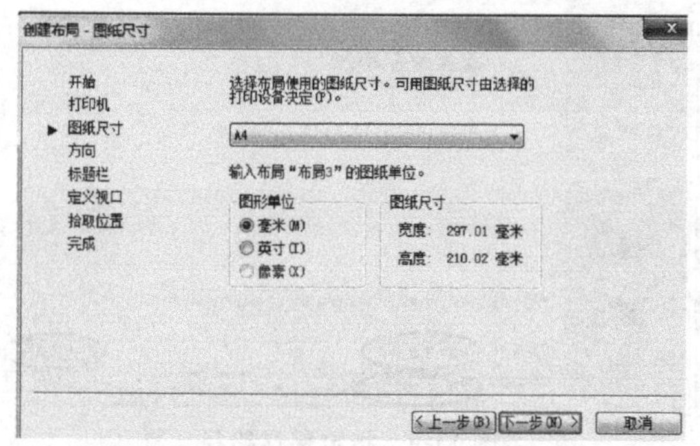

图 14-12 【创建布局-图纸尺寸】对话框

图 14-13 【创建布局-方向】对话框

图 14-14 【创建布局-标题栏】对话框

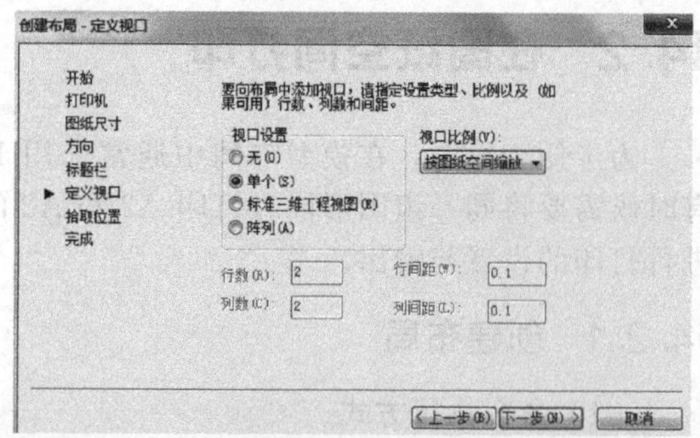

图 14-15 【创建布局-定义视口】对话框

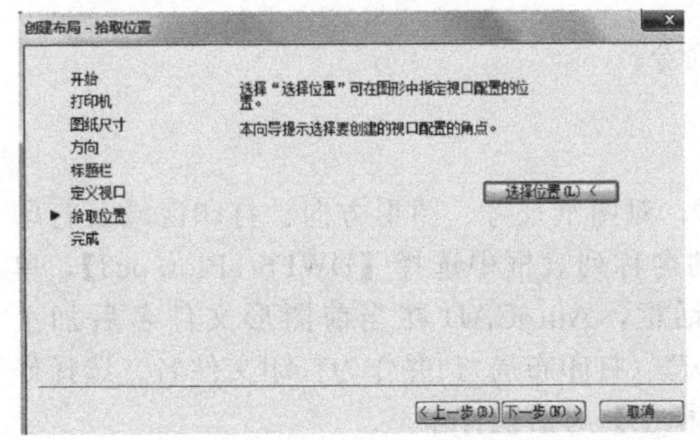

图 14-16 【创建布局-拾取位置】对话框

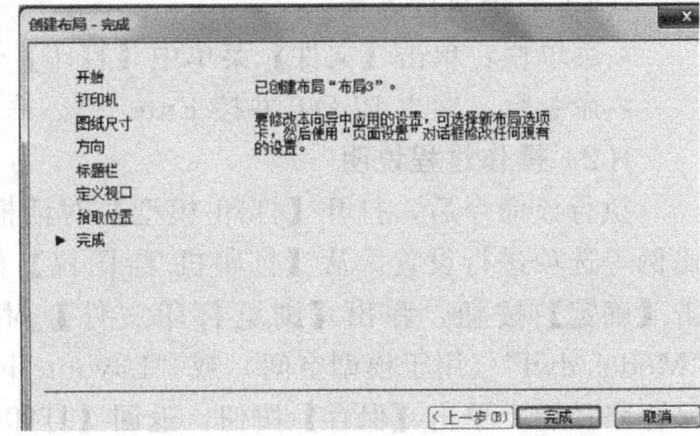

图 14-17 【创建布局-完成】对话框

布局设置完成后，可以在布局中调整视口的大小和位置，使其处于合适的区域。为了在布局输出时不打印视口边框，可以将其放在“不打印”的图层。

14.2.2 在布局中打印

（1）创建视口

视口就像观察图形的不同窗口，透过窗口可以看到图样，所有在视口内的图形都能够打印。在一个布局内可以设置多个视口，如视图中的俯视图、主视图、左视图、局部放大图等视图可以安排在同一个布局的不同视口中打印输出。

视口可以是不同的形状，如圆形、多边形。多个视口内能够设置图样的不同部分，并可设置不同的比例输出。一个布局内可以灵活搭配视口，创建丰富的图样输出，这在模型空间内是做不到的。

（2）调整视口

在视口内双击图形将其激活，就可以像在模型空间一样编辑、更改图形了。激活视口后，视口的边框线变粗，可用平移、缩放命令进行粗调。图形在图样和视口中位置应尽量居中，图形的大小不要超出视口和打印范围。在视口工具栏上选择合适的输出比例，调整好之后，在视口外双击即可取消激活，此时，只能平移和缩放查看图形，而不能对它进行编辑。

（3）打印预览

调整完视口后进行打印前的预览，在相应的布局选项卡上单击右键，在快捷菜单上选择【打印】进入【打印-布局】对话框，单击【预览】按钮，即可预览查看，若不符合要求，可重新调整布局和视口。

（4）打印

若预览效果符合要求，就可以进行图样的打印了。图纸空间可以方便地解决一张图上有多个比例的问题，设置不同的打印方式。

14.2.3 电子打印

传统的 AutoCAD 输出方法是把图形打印到图纸上，而电子打印是指将图形打印成一个文件，用相关的浏览器进行浏览。

电子打印的优点是：文件小，便于交流和网上共享；可以通过特定的浏览器查看，无需安装 AutoCAD 软件就可对图形进行缩放和平移；可以不打印有关的尺寸数据，具有较好的保密性；无需打印机和打印纸张。

（1）命令执行方式

➤ 菜单栏：单击【文件】菜单中【打印】命令。

➤ 命令行：输入 PLOT 并按 Enter 键。

（2）操作过程说明

执行该命令后，打开【打印-模型】对话框，对图纸尺寸、图形方向、打印区域及打印比例等选项进行设置。从【打印机/绘图仪】的名称列表框中选择【DWF6 ePlot. pc3】，单击【确定】按钮，弹出【浏览打印文件】对话框，AutoCAD 在当前图形文件名后加上“Model. dwf”（用于模型空间）或“Layout. dwf”（打印布局），并作为打印文件名。选择好保存路径后，单击【保存】按钮，返回【打印-模型】对话框打印。

14. 2. 4 实战训练

训练要求

利用 AutoCAD 的布局向导功能创建图形布局，并打印出图。

实施步骤

在打印前需要做好前期准备工作，把 A3 和 A2 的图框作为块文件存盘。

（1）打开文件

打开 AutoCAD 文件，如“脚架 . dwg”文件。

（2）利用布局向导新建布局“A3”

单击菜单栏【工具】|【向导(Z)】|【创建布局】，系统会弹出图 14-18 所示的【创建布局-开始】对话框，按图 14-18～图 14-24 所示的次序进行打印图样的操作。

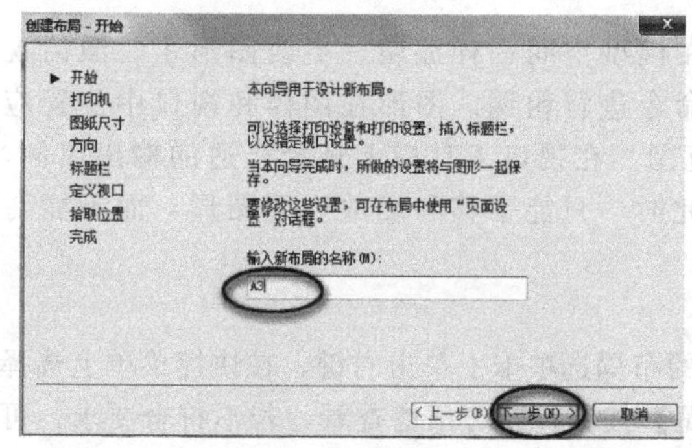

图 14-18 【创建布局-开始】对话框的设置

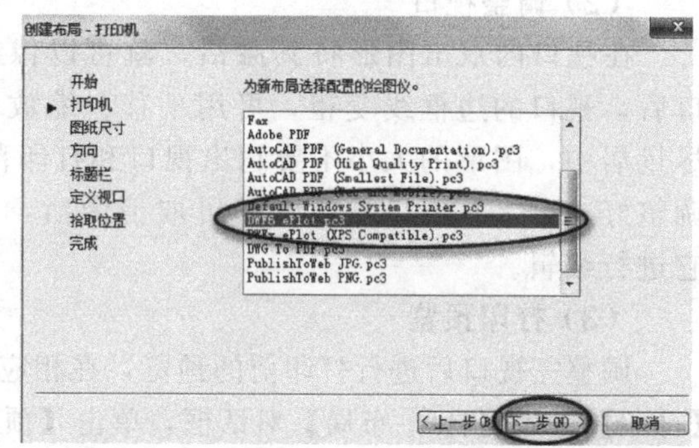

图 14-19 【创建布局-打印机】对话框的设置

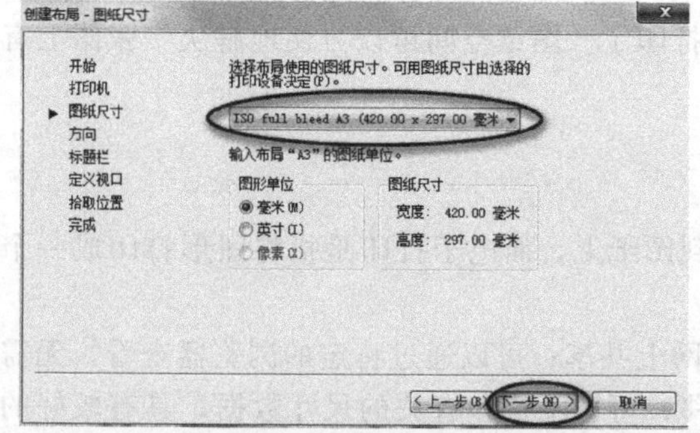

图 14-20 【创建布局-图纸尺寸】对话框的设置

图 14-21 【创建布局-方向】对话框的设置

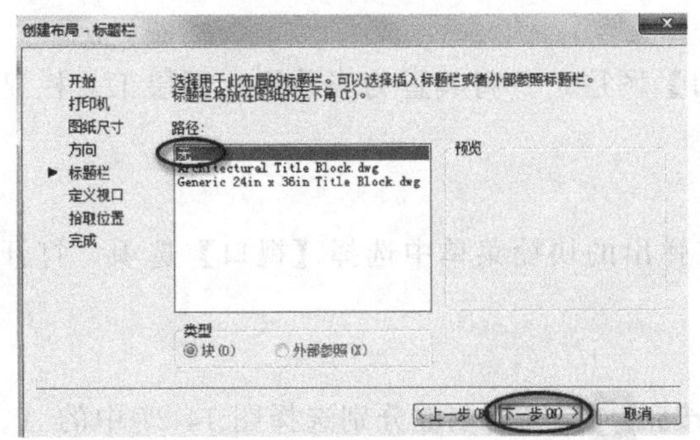

图 14-22　【创建布局-标题栏】对话框的设置

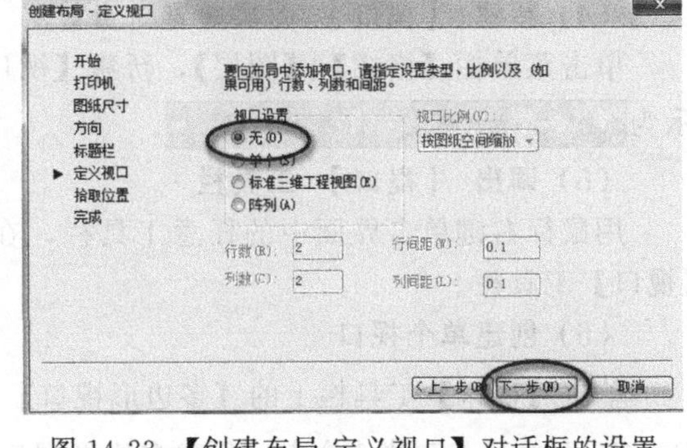

图 14-23　【创建布局-定义视口】对话框的设置

单击如图 14-24 所示的【完成】按钮后，系统自动创建好“A3”布局，并由模型空间自动进入新建的布局空间，如图 14-25 所示。

（3）插入 A3 图框

单击菜单栏【插入】|【块】，浏览到已创建好的“A3 图框块 . dwg”文件，插入点设置为“0，0”，将 A3 图框块插入到新建的 A3 布局上，如图 14-26 所示。

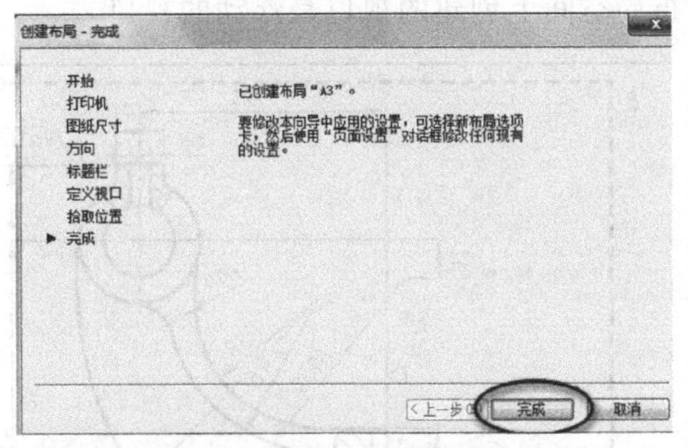

图 14-24　【创建布局-完成】对话框的设置

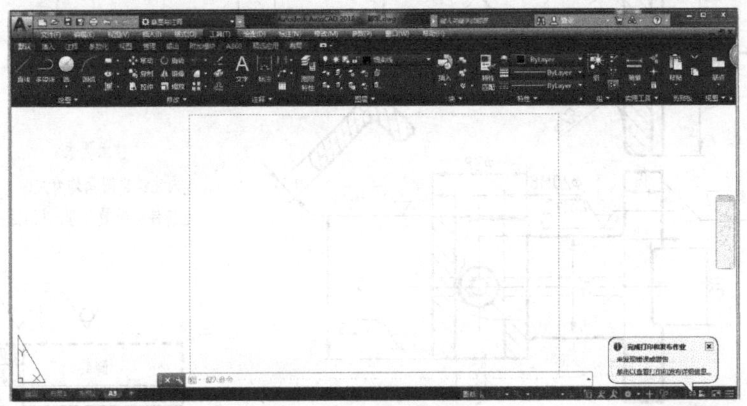

图 14-25　“A3”布局

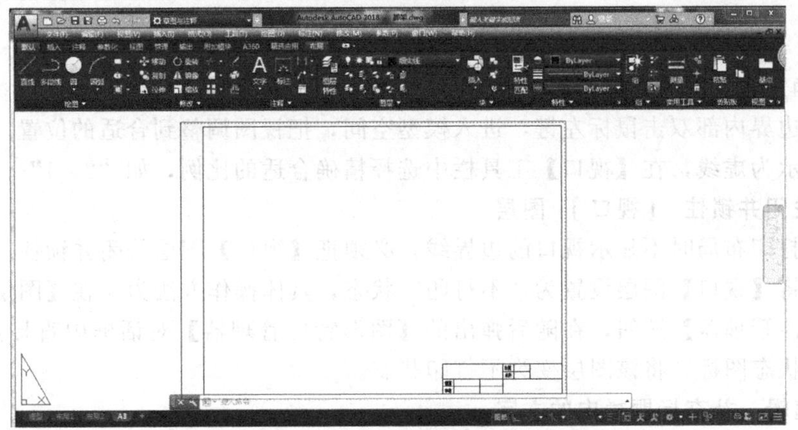

图 14-26　插入“A3 图框块 . dwg”

（4）新建 【视口】 图层并置为当前层

单击菜单栏【格式】|【图层】，新建【视口】图层，并将其置为当前层。图层工具栏显示为 视口 。

（5）调出 【视口】 工具栏

用鼠标右键单击界面中的任意工具栏，在弹出的快捷菜单中选择【视口】选项，打开【视口】工具栏。

（6）创建单个视口

单击【视口】工具栏上的【多边形视口】按钮，鼠标左键分别选择图 14-27 中的 A、B、C、D、E、F 共 6 个点，创建多边形视口区域。此视口可以在布局空间中移动或复制，即布局空间上创建的视口是浮动的视口。

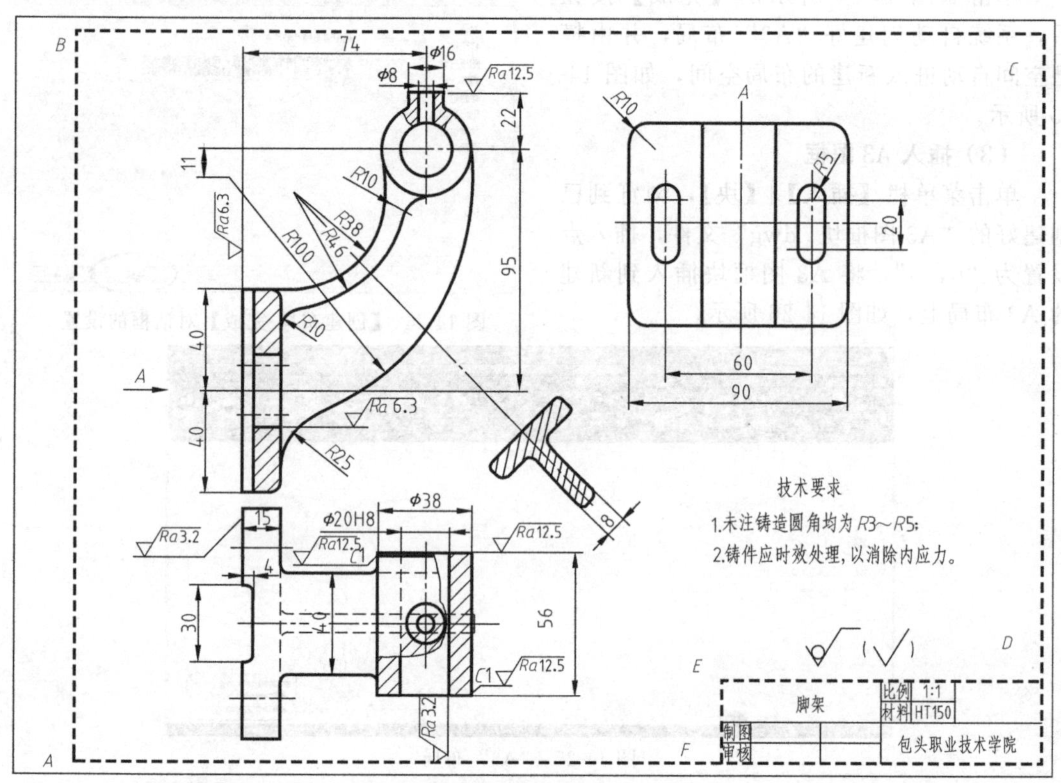

图 14-27 创建多边形视口

（7）确定视口的精确打印比例

在视口边界内部双击鼠标左键，进入模型空间，把视图调整到合适的位置。选择视口边界，边界显示为虚线，在【视口】工具栏中选择精确合适的比例，如“2∶1”。

（8）关闭并锁住 【视口】 图层

为了在打印布局时不显示视口的边界线，必须把【视口】图层关闭并锁住。

也可以将【视口】图层设置为“不打印”状态，具体操作方法为：在【图层】工具栏点击【图形特性管理器】按钮，在随后弹出的【图形特性管理器】对话框中直接点击【视口】图层的打印状态图标，将该图层变为不打印状态。

（9）编辑、补充标题栏内的文字

在标题栏文字处双击鼠标左键，即可编辑插入的 A3 图框块，将图样名称、零件材料、设计单位和图号等文字内容修改正确。对于标题栏内还需要补充的文字内容，应调用【多行文字】或【单行文字】命令填写完整。

（10）建立 A2 布局

重复以上步骤建立“A2”的布局，比例为 4∶1，步骤略。

（11）打印图形

选择其中一个布局，如“A3”布局，单击菜单栏【文件】|【打印】，系统弹出如图 14-28 所示【打印-A3】对话框（如需打印“A2”布局，只需在【页面设置】框中选择“A2”即可），单击【确定】按钮，即可打印对应的布局。

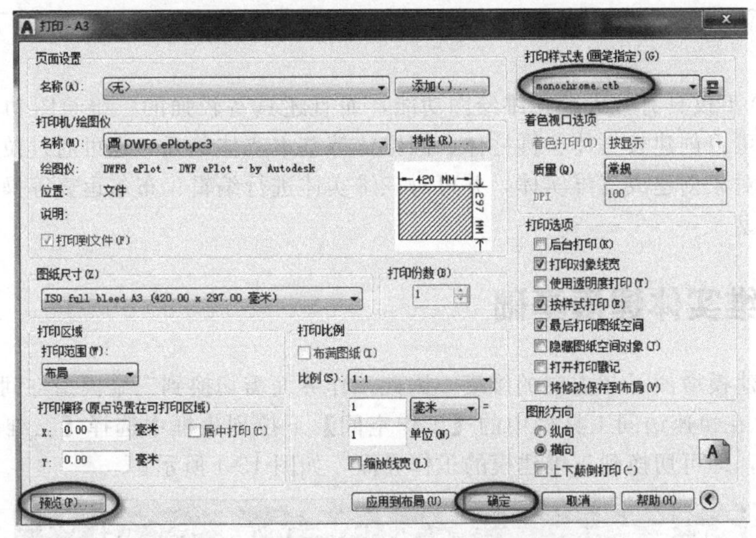

图 14-28 【打印-A3】对话框的设置

第15章 简单零件的三维实体创建

AutoCAD不仅具有强大的二维绘图功能，而且还具备较强的三维绘图功能，利用其三维造型功能，可以创建长方体、圆柱体、圆锥体等基本实体单元，也可通过拉伸、旋转的方法将二维图形对象创建成三维实体，并可对三维实体进行编辑、布尔运算等操作，从而创建复杂的实体模型。

15.1 三维实体建模基础

由于三维建模增加了Z方向的维度，因此工作界面需切换到三维模型空间。启动AutoCAD2018后，在快速访问工具栏中的【工作空间】下拉列表框中选择【三维基础】或【三维建模】空间，即可切换到三维建模的工作界面，如图15-1所示。

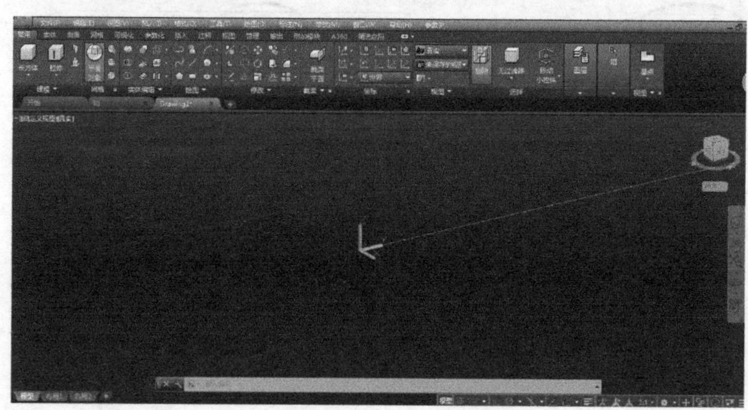

图15-1　三维模型空间

15.1.1 三维模型的分类

AutoCAD支持3种类型的三维模型：线框模型、曲面模型和实体模型。这些模型都有各自的创建和编辑方法，以及不同的显示效果。

◆ 线框模型：线框模型是三维对象的轮廓描述，主要由描述对象的三维直线和曲线组成，没有面和体的特征。线框模型虽然具有三维的显示效果，但既不能对其进行面积、体积、重心、转动质量、惯性矩等计算，也不能进行着色、渲染等操作。

◆ 曲面模型：曲面是不具有厚度和质量特性的壳形对象。曲面模型可以进行隐藏、着色和渲染等操作，曲面的创建和编辑命令集中在功能区的【曲面】选项卡中，如图15-2所示。

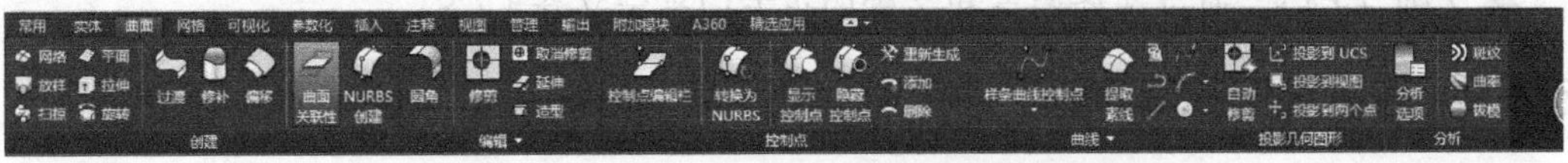

图 15-2 【曲面】选项卡

◆ 实体模型：实体模型是最常用的三维建模类型，它具有实体的全部外观特征，还具有体积、重心、转动惯量、惯性矩等特性，AutoCAD 中可以对实体进行隐藏、剖切、装配干涉检查等操作，还可以对基本实体进行并、交、差等布尔运算，以构造复杂的实体模型。

15.1.2 三维坐标系

AutoCAD 中坐标系分为世界坐标系（WCS）和用户坐标系（UCS）两种。世界坐标系是系统默认的初始坐标系，它的原点及各个坐标轴方向固定不变，对于二维图形绘制，世界坐标系能满足要求，但在三维建模过程中，用固定不变的坐标系创建不同位置的实体却很繁琐，这时适时地创建用户坐标系可以简化建模过程。

（1）命令执行方式

➢ 功能区：单击【坐标】面板上的【管理用户坐标系】按钮。

➢ 菜单栏：单击【工具】菜单中的【新建 UCS】命令，然后在子菜单中选择定义方式。

➢ 命令行：输入 UCS 并按 Enter 键。

（2）操作过程说明

执行 UCS 命令后，命令行提示如下：

UCS 指定 UCS 的原点或 [面(F) 命名(NA) 对象(OB) 上一个(P) 视图(V) 世界(W) X Y Z Z 轴(ZA)] <世界>:

各选项功能如下：

◆ 面（F）：将 UCS 与三维对象的选定面对齐，UCS 的 X 轴将与找到的第一个面上最近的边对齐。选择实体面后，将出现提示信息 UCS 输入选项 [下一个(N) X 轴反向(X) Y 轴反向(Y)] <接受>: 选择【下一个（N）】，UCS 将定位于邻接的面或选定边的后向面；选择【X 轴反向（X）】，将 UCS 绕 X 轴旋转 180°；选择【Y 轴反向（Y）】，则将 UCS 绕 Y 轴旋转 180°；按 Enter 键将接受现在的位置。

◆ 命名（NA）：该选项提供 UCS 的保存、恢复和删除功能。若选择该选项，命令行出现 UCS 输入选项 [恢复(R) 保存(S) 删除(D) ?]: 其中【恢复（R）】选项将 UCS 恢复到之前用户保存的一个坐标系，选择此项，接着输入要恢复的坐标系的名称；【保存（S）】选项将当前的 UCS 保存，选择此项，接着输入保存名称；【删除（D）】选项将用户已保存的 UCS 删除，选择此项，接着输入要删除的坐标系名称。

◆ 对象（OB）：根据选定的三维对象定义新的坐标系。新 UCS 的拉伸方向（即 Z 轴的正方向）为选定对象的方向。但此选项不能用于三维实体、三维多段线、三维网格、视口、多线、样条曲线、椭圆、射线、构造线、引线和多行文字等对象。

◆ 上一个（P）：将 UCS 恢复到上一个 UCS 的位置。

◆ 视图（V）：以当前屏幕视图所在的平面创建 UCS 的 XY 面，原点位置保持不变。

◆ 世界（W）：将 UCS 与世界坐标系重合。此选项是 UCS 命令的默认选项，按 Enter 键或空格键直接选择此选项。

◆ X/Y/Z：绕所选轴（X、Y 或 Z 轴）旋转当前的 UCS 创建新的 UCS。选择此项，下一步需要输入旋转角度。

◆ Z 轴（ZA）：通过选择原点和 Z 轴的正方向来定义新 UCS。

15.1.3 三维视图的观察

在缺省状态下，AutoCAD 是沿 Z 轴反方向察看的，因此看起来没有立体感，通过确定观察视点可改变观察三维模型的角度，下面介绍 4 种方法。

（1）通过设置视点观看三维模型

① 命令执行方式

➢ 菜单栏：单击【视图】菜单中的【三维视图】|【视点】命令。

➢ 命令行：输入 VPIONT 并按 Enter 键。

② 操作过程说明

执行这一命令后，命令行提示 指定视点或 [旋转(R)] <显示指南针和三轴架>:，含义如下：

◆ 指定视点：是指通过确定一点作为视点方向，然后将该点与坐标原点的连线方向作为观察方向，在绘图区显示该方向投影的效果。

◆ 旋转：使用两个角度指定新的方向，第一个角度是在 XY 平面中与 X 轴的夹角，第二个角度是与 XY 平面的夹角，位于 XY 平面的上方或下方。

◆ 显示指南针和三轴架：直接回车的默认选项，选择该项，屏幕上将显示指南针和三轴架，拖动光标在圆环内移动，三轴架将会随之转动。

（2）通过视图方式观察

AutoCAD 提供了 10 种预定义的标准视点：俯视、仰视、前视、左视、右视、后视、西南等轴测、东南等轴测、东北等轴测、西北等轴测，这 10 种视点形成 10 种视图观察样式，用户无需设置就可以直接快速切换到某一视图样式。操作方法如下：

➢ 菜单栏：单击【视图】菜单中的【三维视图】|【视点】命令。

➢ 功能区：【视图】选项卡中的【三维导航】按钮。

（3）通过 ViewCube 控件观察

在三维建模工作空间中，使用 ViewCube 控件可切换各种正交或轴测视图模式，包括 6 种正交视图、8 种正等轴测视图和 8 种斜等轴测视图，可以根据需要快速调整模型的视点。ViewCube 默认位于绘图区右上角，以直观的 3D 导航立方体显示，如图 15-3 所示，单击立方体上不同的位置，即可切换到对应的视图方向。

（4）通过三维动态观察器观察

AutoCAD 提供了一个交互的三维动态观察器，该命令可以在当前视口中添加一个动态观察控标，用户可以使用鼠标实时的调整控标以得到不同的观察效果。使用三维动态观察器，既可以查看整个图形，也可以查看模型中任意的对象。

① 命令执行方式

【视图】选项卡中的【导航】面板，如图 15-4 所示，可以快速执行三维动态观察。

图 15-3 导航立方体

图 15-4 【导航】面板

② 操作过程说明

动态观察包括受约束的动态观察、自由动态观察和连续动态观察 3 种。

◆ 受约束的动态观察：指沿着 XY 平面或 Z 轴约束的三维动态观察，即水平、垂直或对角拖动对象进行动态观察。在观察视图时，视图的目标位置保持不动，并且相机位置（或视点）围绕该目标移动。

◆ 自由动态观察：指不参照平面，在任意方向上进行动态观察，利用此工具可以对视图中的图形进行任意角度动态观察。

◆ 连续动态观察：利用此工具可以使观察对象绕指定的旋转轴和旋转速度连续旋转运动，从而对其进行连续动态观察。

15.1.4　视觉样式显示

在 AutoCAD 中，为了观察三维模型的最佳效果，往往需要通过【视觉样式】命令来切换视觉样式。AutoCAD 提供了 10 种默认的视觉样式选项。

（1）命令执行方式

➢ 菜单栏：单击【视图】菜单中的【视觉样式】命令，展开其子菜单，如图 15-5 所示，选择所需的视觉样式。

➢ 功能区：在【常用】选项卡中，展开【视图】面板中的【视觉样式】下拉列表，如图 15-6 所示，选择所需的视觉样式。

➢ 视觉样式控件：单击绘图区左上角的视觉样式控件，在弹出的菜单中选择所需的视觉样式，如图 15-7 所示。

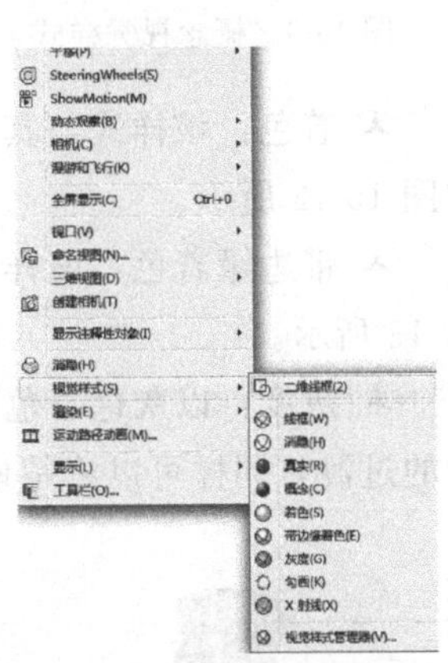

图 15-5 【视觉样式】菜单

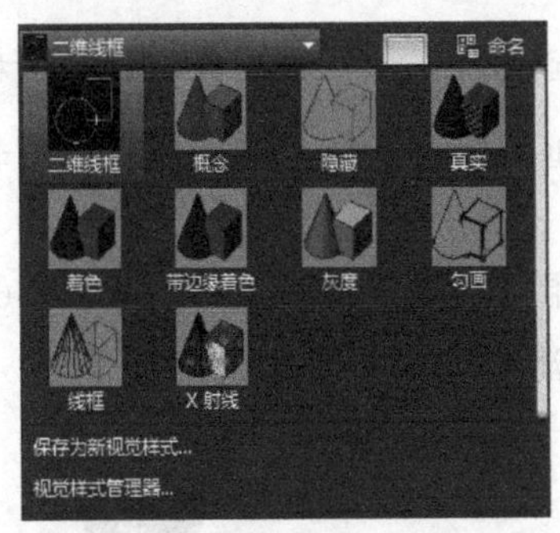

图 15-6 【视觉样式】下拉列表

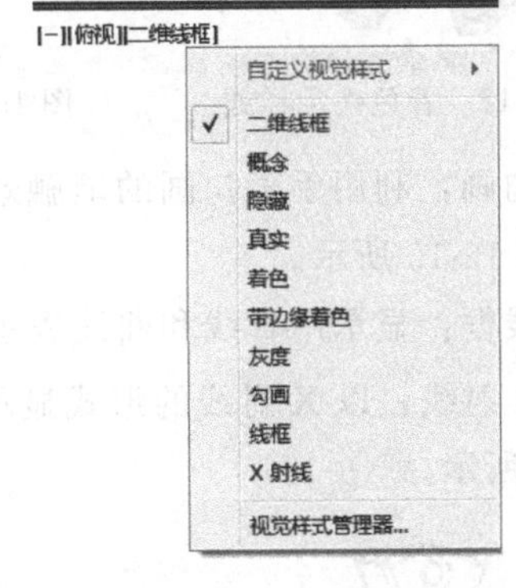

图 15-7　视觉样式控件菜单

（2）各种视觉样式说明

⅄ 二维线框：是在三维空间中的任何位置放置二维对象来创建的线框模型，图形显示用直线和曲线表示边界的对象。光栅和 OLE 对象、线型和线宽均可见，而且默认显示模型的所有轮廓线，如图 15-8 所示。

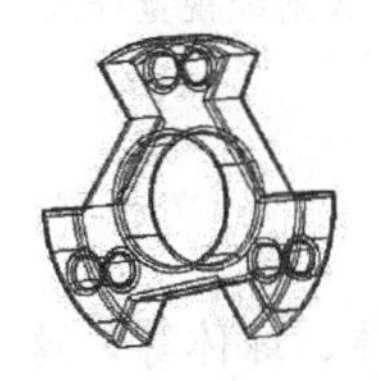

图 15-8　二维线框视觉样式

⅄ 概念：着色多边形平面间的对象，并使对象的边平滑化。着色使用古氏面样式，一种冷色和暖色之间的过渡，而不是从深色到浅色的过渡。效果缺乏真实感，但是可以清楚地查看模型的轮廓，如图 15-9 所示。

⅄ 隐藏：显示用三维线框表示的对象并隐藏模型被挡住的轮廓线，

效果如图 15-10 所示。

▲ 真实：显示着色后的多边形平面间的对象，并使对象的边平滑化，同时显示已经附着到对象上的材质效果，如图 15-11 所示。

图 15-9 概念视觉样式

图 15-10 隐藏视觉样式

图 15-11 真实视觉样式

▲ 着色：该样式与真实样式类似，不显示对象轮廓线，使用平滑着色显示对象，效果如图 15-12 所示。

▲ 带边缘着色：该样式与着色样式类似，对其表面轮廓线以暗色线条显示，效果如图 15-13 所示。

▲ 灰度：以灰色着色多边形平面间的对象，并使对象的边平滑化。着色表面不存在明显的过渡，同样可以清楚地观察模型的轮廓，效果如图 15-14 所示。

图 15-12 着色视觉样式

图 15-13 带边缘着色视觉样式

图 15-14 灰度视觉样式

▲ 勾画：利用手工勾画的笔触效果显示用三维线框表示的对象并隐藏被挡住的轮廓线，效果如图 15-15 所示。

▲ 线框：显示用直线和曲线表示边界的对象，效果与二维线框类似，如图 15-16 所示。

▲ X 射线：以 X 射线的形式显示对象效果，可以清楚地观察对象的内部结构，效果如图 15-17 所示。

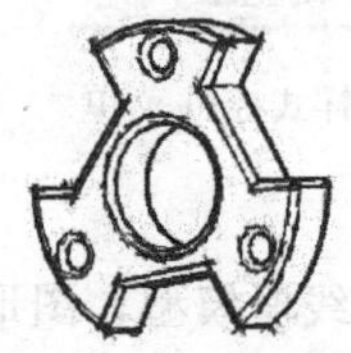
图 15-15 勾画视觉样式

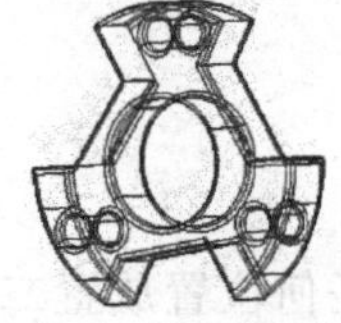
图 15-16 线框视觉样式

图 15-17 X 射线视觉样式

15.2 基本实体绘制

基本实体是构成三维实体模型最基本的元素，如多段体、长方体、楔体、球体等，这些基本体只需输入一定的参数即可生成，无须绘制二维轮廓，因此熟练掌握基本三维实体的创建，可以提高建模效率。

15.2.1　绘制长方体

绘制长方体需要输入的参数有长方体的长、宽、高，以及长方体底面围绕 Z 轴的旋转角度。

（1）命令执行方式

➢ 功能区：在【常用】选项卡中单击【建模】面板上的【长方体】按钮，或在【实体】选项卡中单击【图元】面板中的【长方体】按钮。

➢ 菜单栏：单击【绘图】|【建模】|【长方体】命令。

➢ 命令行：输入 BOX 并按 Enter 键。

（2）操作过程说明

执行命令后，命令行依次提示下列信息：BOX 指定第一个角点或 [中心(C)]：

BOX 指定其他角点或 [立方体(C) 长度(L)]：

◆ 指定角点：该方法是创建长方体的默认方法，即通过依次指定长方体底面的两个对角点或指定一个角点和长、宽、高的方式进行长方体的创建，如图 15-18 所示。

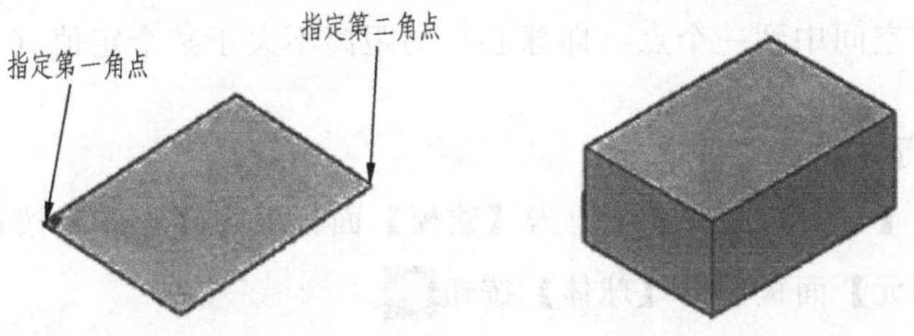

图 15-18　利用指定角点的方法绘制长方体

◆ 指定中心：通过先指定长方体的中心，再指定长方体中截面的一个角点或长度等参数，最后指定高度来创建长方体，如图 15-19 所示。

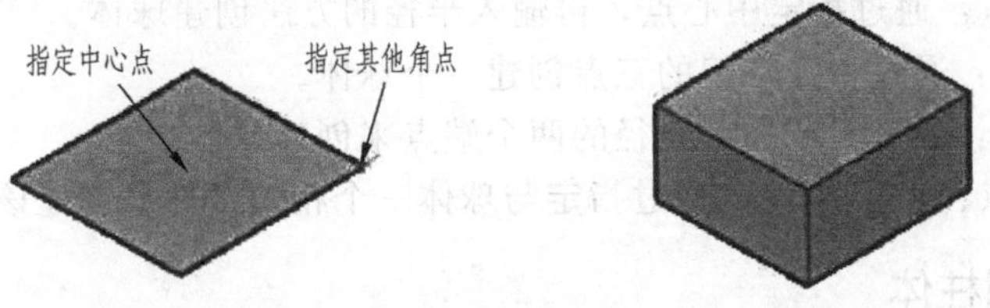

图 15-19　利用指定中心的方法绘制长方体

◆ 立方体（C）：指定一个角点或中心点确定位置，再输入边长，创建出一个长方体。

◆ 长度（L）：分别指定长方体的长、宽、高创建出一个长方体。

15.2.2　绘制楔体

楔体可以看作以矩形为底面，其一边沿法线方向拉伸所形成的具有楔状特征的实体。该实体通常用于填充物体的间隙。

（1）命令执行方式

➢ 功能区：在【常用】选项卡中单击【建模】面板上的【楔体】按钮，或在【实体】选项卡中单击【图元】面板中的【楔体】按钮。

➢ 菜单栏：单击【绘图】|【建模】|【楔体】命令。
➢ 命令行：输入 WEDGE 或 WE 并按 Enter 键。

（2）操作过程说明

执行命令后，命令行提示 WEDGE 指定第一个角点或 [中心(C)]：，与创建长方体类似，先指定底面两对角点，然后指定楔体的高度，即可绘制楔体；也可先指定楔体中心，然后指定长、宽、高尺寸参数，如图 15-20 所示。

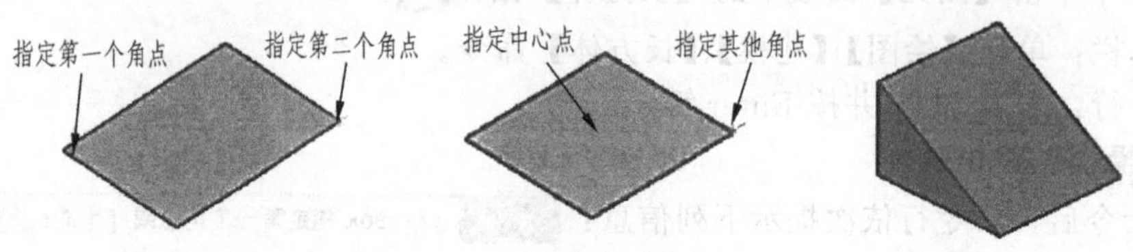

图 15-20 绘制楔体

15.2.3 绘制球体

球体是在三维空间中到一个点（即球心）的距离不大于某个定值（半径）的所有点形成的实体。

（1）命令执行方式

➢ 功能区：在【常用】选项卡中单击【建模】面板上的【球体】按钮，或在【实体】选项卡中单击【图元】面板中的【球体】按钮。
➢ 菜单栏：单击【绘图】|【建模】|【球体】命令。
➢ 命令行：输入 SPHERE 并按 Enter 键。

（2）操作过程说明

执行命令后，命令行提示如下 SPHERE 指定中心点或 [三点(3P) 两点(2P) 切点、切点、半径(T)]：

◆ 指定中心点：通过指定中心点，再输入半径的方法创建球体。
◆ 三点（3P）：通过指定空间的三点创建一个球体。
◆ 两点（2P）：通过指定一个直径的两个端点来创建球体。
◆ 切点、切点、半径（T）：通过指定与球体三个相切条件来创建该球体。

15.2.4 绘制圆柱体

圆柱是以圆或椭圆为截面形状，沿该截面法线方向拉伸所形成的实体。

（1）命令执行方式

➢ 功能区：在【常用】选项卡中单击【建模】面板上的【圆柱体】按钮，或在【实体】选项卡中单击【图元】面板中的【圆柱体】按钮。
➢ 菜单栏：单击【绘图】|【建模】|【圆柱体】命令。
➢ 命令行：输入 CYLINDER 或 CYL 并按 Enter 键。

（2）操作过程说明

执行命令后，命令行提示如下

CYLINDER 指定底面的中心点或 [三点(3P) 两点(2P) 切点、切点、半径(T) 椭圆(E)]：

根据命令行的提示，选择一种方法定义底面，然后输入圆柱体高度（也可捕捉某一点定义圆柱体高度）即可创建一个圆柱体，如图 15-21 所示。若选择【椭圆】选项，可绘制出底面为椭圆的圆柱体。

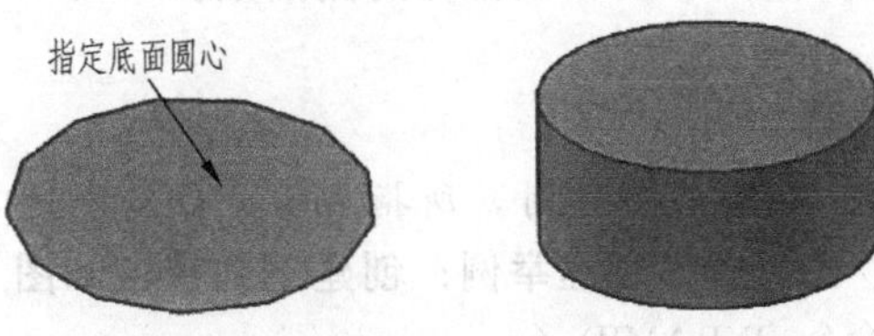

图 15-21　指定底面中心点绘制圆柱体

15.2.5　绘制圆锥体

圆锥体是指以圆或椭圆为底面形状、沿其法线方向以一定锥度拉伸形成的实体。

（1）命令执行方式

➢ 功能区：在【常用】选项卡中单击【建模】面板上的【圆锥体】按钮或在【实体】选项卡中单击【图元】面板中的【圆锥体】按钮。

➢ 菜单栏：单击【绘图】|【建模】|【圆锥体】命令。

➢ 命令行：输入 CONE 并按 Enter 键。

（2）操作过程说明

执行命令后，命令行提示如下

CONE 指定底面的中心点或 [三点(3P) 两点(2P) 切点、切点、半径(T) 椭圆(E)]:

在绘图区指定一点为底面圆心，并分别指定底面半径值或直径值，或按命令提示行的方式定义底面，然后指定圆锥高度值即可创建一个圆锥体，如图 15-22 所示。

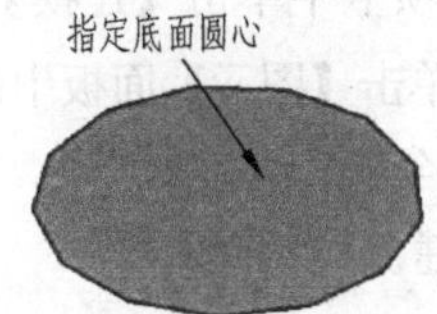

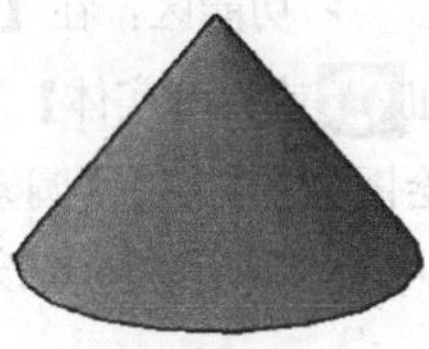

图 15-22　指定底面中心点绘制圆锥体

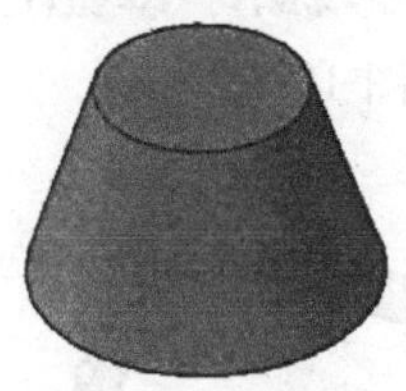

图 15-23　圆台

提示与技巧

◇ 在指定底面形状后，选择【顶面半径】选项，然后输入不为 0 的顶面半径值，最后再指定圆台高度即可创建圆台，如图 15-23 所示。

15.2.6　绘制棱锥体

棱锥体是指以多边形为底面，其余各面由一个公共顶点与各底边组成的三角形。

（1）命令执行方式

➢ 功能区：在【常用】选项卡中单击【建模】面板上的【棱锥体】按钮或在【实体】选项卡中单击【图元】面板中的【棱锥体】按钮。

➢ 菜单栏：单击【绘图】|【建模】|【棱锥体】命令。

➢ 命令行：输入 PYRAMID 或 PYR 并按 Enter 键。

（2）操作过程说明

执行【棱锥体】命令后，命令行提示如下 PYRAMID 指定底面的中心点或 [边(E) 侧面(S)]:

◆ 边（E）：激活该选项后，需要指定第一个端点和第二个端点，从而确定底面形状。

◆ 侧面（S）：棱锥体的侧面数。

◇ 创建棱锥体时，所指定的边数必须是3～32的整数。

（3）操作过程举例：创建五边棱台（图15-24）

命令：PYRAMID↙	//执行棱锥体命令
指定底面的中心点或[边(E)/侧面(S)]：S↙	//选择侧面选项
输入侧面数＜4＞：5	//设置侧面数为5
指定底面的中心点或[边(E)/侧面(S)]：0，0，0↙	//输入底面中心坐标
指定底面半径或[内接(I)]：50↙	//输入底面多边形内切圆半径
指定高度或[两点(2P)/轴端点(A)/顶面半径(T)]：T↙	//选择【顶面半径】选项
指定顶面半径＜0.0000＞：30↙	//输入顶面多边形内切圆半径
指定高度或[两点(2P)/轴端点(A)]＜35.0000＞：60↙	//输入棱台的高度

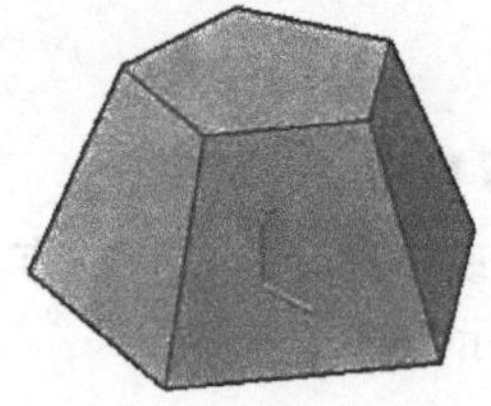
图15-24　五边棱台

15.2.7　绘制圆环体

圆环体可以看作是在三维空间内，圆轮廓线绕与其共面直线旋转所形成的实体特征，该直线即是圆环的中心线，直线和圆心的距离即是圆环的半径，圆轮廓线的直径即是圆管的直径。

（1）命令执行方式

➢ 功能区：在【常用】选项卡中单击【建模】面板上的【圆环体】按钮或在【实体】选项卡中单击【图元】面板中的【圆环体】按钮。

➢ 菜单栏：单击【绘图】|【建模】|【圆环体】命令。

➢ 命令行：输入TORUS或TOR并按Enter键。

（2）操作过程说明

执行命令后，命令行提示如下 TORUS 指定中心点或 [三点(3P) 两点(2P) 切点、切点、半径(T)]： 首先确定圆环的中心点和半径，然后确定圆管的半径即可完成创建，如图15-25所示。

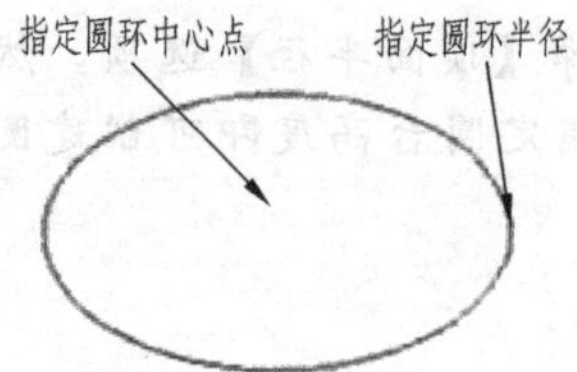

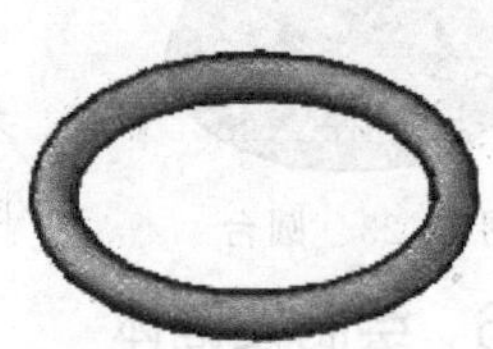

图15-25　创建圆环体

15.2.8　绘制多段体

与二维图形中的多段线相似，三维环境中也可创建多段体，它是连续多段线的实体，其绘制方法与绘制多段线类似，可以创建直线段和圆弧段，还可以设置多段体的高度和宽度。

（1）命令执行方式

➢ 功能区：在【常用】选项卡中单击【建模】面板上的【多段体】按钮，或在【实体】选项卡中单击【图元】面板中的【多段体】按钮。

➢ 菜单栏：单击【绘图】|【建模】|【多段体】命令。

➢ 命令行：输入 POLYSOLID 并按 Enter 键。

（2）操作过程举例：绘制如图 15-26 所示多段体

单击 ViewCube 控件中的【上】平面，将视图方向切换为俯视图。

命令：POLYSOLID↙　　//执行【多段体】命令

指定起点或[对象(O)/高度(H)/宽度(W)/对正(J)]：W↙　　//激活【宽度】选项

指定宽度<5.0000>：8↙　　//输入宽度值 8

指定起点或[对象(O)/高度(H)/宽度(W)/对正(J)]<对象>：H↙　　//激活【高度】选项

指定高度<80.0000>：30↙　　//输入高度值 30

指定起点或[对象(O)/高度(H)/宽度(W)/对正(J)]<对象>：　　//在绘图区任意一点单击作为起点

指定下一个点或[圆弧(A)/放弃(U)]：60↙　　//捕捉到 90°极轴方向输入长度值

指定下一个点或[圆弧(A)/放弃(U)]：A↙　　//激活【圆弧】选项

指定圆弧的端点或[闭合(C)/方向(D)/直线(L)/第二个点(S)/放弃(U)]：20↙

//捕捉到 0°极轴方向输入端点距离

指定下一个点或[圆弧(A)/闭合(C)/放弃(U)]：指定圆弧的端点或[闭合(C)/方向(D)/直线(L)/第二个点(S)/放弃(U)]：L↙　　//激活【直线】选项

指定下一个点或[圆弧(A)/闭合(C)/放弃(U)]：60↙　　//捕捉到 270°极轴方向输入长度值

指定下一个点或[圆弧(A)/闭合(C)/放弃(U)]：A↙　　//激活【圆弧】选项

指定圆弧的端点或[闭合(C)/方向(D)/直线(L)/第二个点(S)/放弃(U)]：C↙

//选择【闭合】选项

利用 ViewCube 工具栏将视图切换为东南等轴测视图，如图 15-26（b）所示。

(a) 绘制多段体

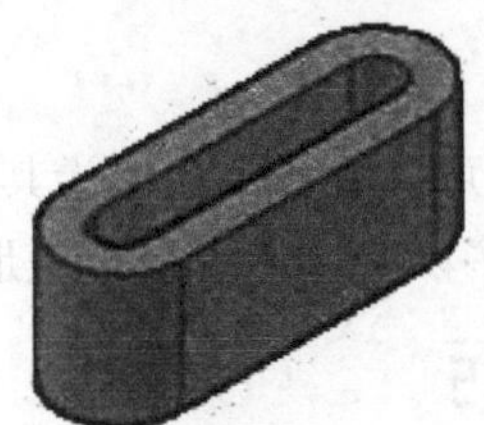

(b) 多段体东南等轴测视图

图 15-26　多段体

15.2.9　实战训练

训练要求

图 15-27　哑铃模型

运用所学三维基本实体绘制命令创建如图 15-27 所示的哑铃模型。

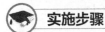

实施步骤

① 启动 AutoCAD2018，单击快速访问工具栏中的【新建】按钮，在弹出的【选择样板】对话框中选择 acadiso3D.dwt 样板，单击【打开】按钮，进入三维建模界面。

② 单击绘图区左上角的视图控件，选择【东南等轴测】，将视图调整到东南等轴测方向。

③ 在【常用】选项卡中单击【建模】面板中的【圆柱体】按钮，绘制底面半径为 30，高为 270 的圆柱体。

④ 再次单击【圆柱体】按钮，以圆柱体顶面中心为圆心，依次绘制半径为 80、60、40，

高为 30、60、90 的圆柱体。

⑤ 同样的方法，以第一圆柱体底面中心为圆心，在另一端绘制相同尺寸的圆柱体。各步骤如图 15-28 所示。

图 15-28 绘图分步图

15.3 由二维对象创建三维实体

运用 AutoCAD 进行三维建模时，形状简单的模型可由各种基本实体组合而成，但对于截面形状和空间形状复杂的模型，用基本实体则很难完成，因此，AutoCAD 提供了另一种实体创建途径，即由二维轮廓通过拉伸、旋转、放样、扫略等方式创建实体。

15.3.1 拉伸

【拉伸】命令可以将二维图形沿其所在平面的法线方向拉伸成三维实体。可作为拉伸对象的二维图形有多段线、多边形、矩形、圆、椭圆、圆环、面域、闭合的样条曲线等。

◇ 利用直线、圆弧等命令绘制的一般闭合图形不能直接进行拉伸，需要将其定义为面域，形成一个封闭的整体后方可进行拉伸。

（1）命令执行方式

➤ 功能区：在【常用】选项卡中单击【建模】面板上的【拉伸】按钮，或在【实体】选项卡中单击【实体】面板中的【拉伸】按钮。

➤ 菜单栏：单击【绘图】|【建模】|【拉伸】命令。

➤ 命令行：输入 EXTRUDE 或 EXT 并按 Enter 键。

（2）操作过程说明

执行命令后，命令行提示如下 EXTRUDE 选择要拉伸的对象或 [模式(MO)]:

此时选择一个封闭的整体对象，而后命令行提示

EXTRUDE 指定拉伸的高度或 [方向(D) 路径(P) 倾斜角(T) 表达式(E)] <-90.0000>:

◆ 指定拉伸的高度：此为默认选项，直接输入高度值即可拉伸出实体，输入正值沿 Z 轴正向拉伸，输入负值沿 Z 轴负方向拉伸。

◆ 方向（D）：通过指定一个起点到端点的方向来定义拉伸方向。

◆ 倾斜角（T）：设置倾斜角可以在拉伸实体时使实体收缩或扩张，输入正值向内收缩，输入负值向外扩张。

15.3.2 旋转

【旋转】命令是将二维对象绕指定的旋转轴旋转一定的角度而形成三维实体。常用于创建轴类、盘类等具有回转特征的零件。可作为旋转对象的二维图形有：多段线、多边形、圆、椭圆、封闭样条曲线、圆环及封闭区域等。

提示与技巧

◇ 对于不是多段线的封闭轮廓线，需要使用【合并】命令将其合并为一条多段线，或使用【面域】命令创建为面域。

◇ 三维对象、包含在块中的对象、有交叉或干涉的多段线不能被旋转，而且每次只能旋转一个对象。

（1）命令执行方式

➢ 功能区：在【常用】选项卡中单击【建模】面板上的【旋转】按钮，或在【实体】选项卡中单击【实体】面板中的【旋转】按钮。

➢ 菜单栏：单击【绘图】|【建模】|【旋转】命令。

➢ 命令行：输入 REVOLVE 或 REV 并按 Enter 键。

（2）操作过程说明

执行【旋转】命令后，命令行提示如下 REVOLVE 选择要旋转的对象或 [模式(MO)]: | 此时选择一个封闭的整体对象，而后命令行提示

REVOLVE 指定轴起点或根据以下选项之一定义轴 [对象(O) X Y Z] <对象>: |

◆ 指定轴起点：通过指定两个点确定一条进行旋转操作的轴线，而后命令行再提示 REVOLVE 指定旋转角度或 [起点角度(ST) 反转(R) 表达式(EX)] <360>: | 此时输入旋转的角度，默认为360°，输入确定后即可完成旋转实体。

◆ 对象（O）：指定一个对象作为回转轴，形成回转体。

◆ X/Y/Z：选择坐标轴作为回转轴，形成回转体。

15.3.3 扫略

【扫略】命令是将二维轮廓沿着开放或闭合的二维或三维路径扫描来创建实体或曲面。扫略的对象可以是直线、圆、圆弧、多段线、样条曲线、二维面和面域。

（1）命令执行方式

➢ 功能区：在【常用】选项卡中单击【建模】面板上的【扫略】按钮，或在【实体】选项卡中单击【实体】面板中的【扫略】按钮。

➢ 菜单栏：单击【绘图】|【建模】|【扫略】命令。

➢ 命令行：输入 SWEEP 并按 Enter 键。

（2）操作过程说明

执行【扫略】命令后，命令行提示如下 SWEEP 选择要扫掠的对象或 [模式(MO)]: | 此时选择要扫略的对象，并在模式（MO）下选择扫略成实体还是曲面，而后提示 SWEEP 选择扫掠路径或 [对齐(A) 基点(B) 比例(S) 扭曲(T)]: |

◆ 对齐（A）：指定是否对齐轮廓，使其作为扫略路径切向的法向。

◆ 基点（B）：指定要扫略对象的基点，如果指定的点不在选定对象所在的平面上，则

该点将被投影到该平面上。

◆ 比例（S）：指定比例因子进行扫略操作，从扫略路径的开始到结束，比例因子将统一应用到扫略的对象上。

◆ 扭曲（T）：设置被扫略对象的扭曲程度，扭曲角度指定沿扫略路径全部长度的旋转量。倾斜（B）是指定被扫略的曲线是否沿三维扫略路径自然倾斜，如图 15-29 所示，（a）为绘制正四边形原对象和一条路径，（b）为将原对象沿路径扫略时不扭曲的结果，（c）为扫略时扭曲 45°的结果。

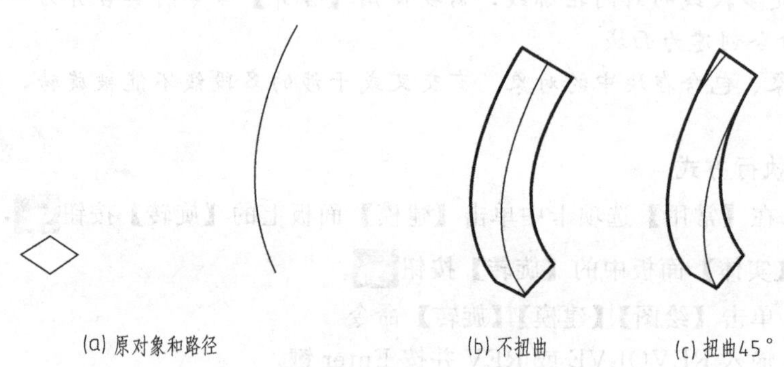

图 15-29　扫略

15.3.4　放样

【放样】是变化的横截面沿指定的路径扫描所得到的三维实体。横截面指的是具有放样实体截面特征的二维对象，使用该命令时，必须指定两个或两个以上的横截面。

（1）命令执行方式

➢ 功能区：在【常用】选项卡中单击【建模】面板上的【放样】按钮，或在【实体】选项卡中单击【实体】面板中的【放样】按钮。

➢ 菜单栏：单击【绘图】|【建模】|【放样】命令。

➢ 命令行：输入 LOFT 并按 Enter 键。

（2）操作过程说明

执行【放样】命令后，命令行提示如下

LOFT 按放样次序选择横截面或 [点(PO) 合并多条边(J) 模式(MO)]:

此时选择至少两个横截面，按 Enter 键结束选择，而后系统提示

LOFT 输入选项 [导向(G) 路径(P) 仅横截面(C) 设置(S)] <仅横截面>:

此时可通过路径曲线导引或者仅横截面放样。

◇ 在创建比较复杂的放样实体时，可以指定导向曲线来控制截面变化，以防止创建的实体或曲面中出现皱褶等缺陷。在命令行中选择【设置】选项，弹出【放样设置】对话框，如图 15-30 所示，可设置放样的控制条件。

◇ 放样时使用的曲线必须全部开放或全部闭合，不能使用既包含开放又包含闭合曲线的一组截面。

15.3.5　按住并拖动

【按住并拖动】是一种特殊的拉伸操作，与【拉伸】命令不同的是【按住并拖动】对轮廓的要求较低，多条相交叉的轮廓只要生成了封闭区域，该区域就可以被拉伸为实体。

图 15-30　【放样设置】对话框

（1）命令执行方式

➢ 功能区：在【常用】选项卡中单击【建模】面板上的【按住并拖动】按钮，或在【实体】选项卡中单击【实体】面板中的【按住并拖动】按钮。

➢ 菜单栏：单击【绘图】|【建模】|【按住并拖动】命令。

➢ 命令行：输入 PRESSPULL 并按 Enter 键。

（2）操作过程说明

执行【按住并拖动】命令后，选择二维对象边界形成的封闭区域，然后拖动指针即可生成实体预览，在文本框中输入拉伸高度或指定一点作为拉伸终点，即可创建该拉伸体。如图 15-31 所示。

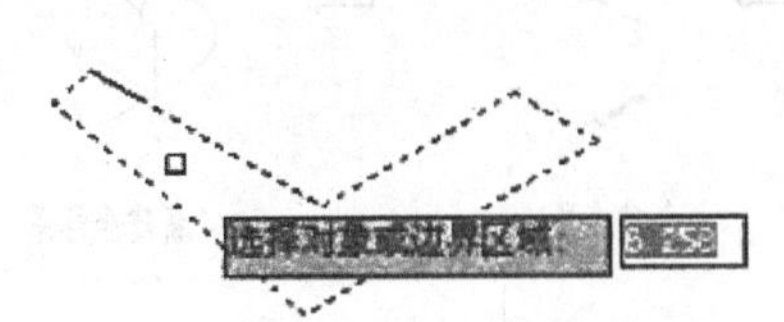

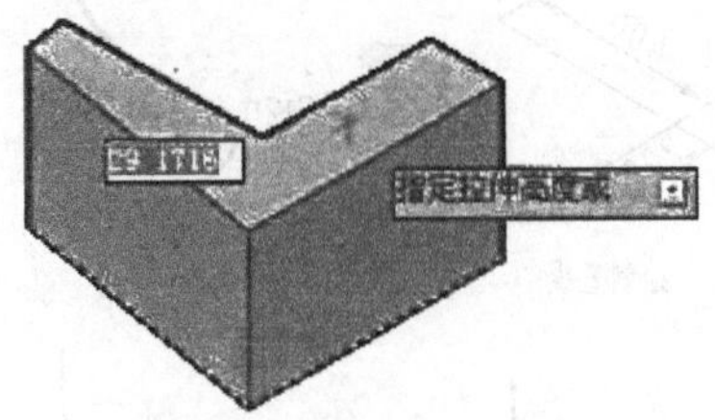

图 15-31　按住并拖动

15.3.6　实战训练

运用所学三维基本实体绘制命令创建如图 15-32 所示的管道接口。

图 15-32　管道接口

实施步骤

① 启动 AutoCAD2018，单击快速访问工具栏中的【新建】按钮，在弹出的【选择样板】对话框中选择 acadiso3D. dwt 样板，单击【打开】按钮，进入三维建模界面。

② 利用 ViewCube 控件，将视图调整到东南等轴测方向。

③ 绘制扫略特征。

a. 在【常用】选项卡中单击【绘图】面板中的【直线】按钮，以绘图区任意一点为起点，分别沿 180°、90°极轴和 Z 轴正方向绘制长度为 200、400、200 的直线。

b. 在【常用】选项卡中单击【修改】面板中的【圆角】按钮，在两个拐角创建半径为

120的圆角。

c. 单击【修改】面板中的【合并】按钮，将XY平面内的多条线段合并为一条多段线，将ZY平面内的其余线段合并为另一条多段线。

d. 单击【坐标】面板中的【Z轴矢量】按钮，以直线的端点为原点，以直线方向为Z轴方向，创建UCS。

e. 单击【绘图】面板中的【圆】命令，绘制半径分别为40和50的同心圆。

f. 单击【绘图】面板中的【面域】命令，选择绘制的两个圆，创建两个面域。

g. 单击【实体编辑】面板中的【差集】按钮，选择*R*50的面域作为被减的面域，选择*R*40的面域作为减去的面域。

h. 单击【建模】面板中的【扫略】命令，选择求差生成的环形面域作为扫略对象，在命令行中选择【路径】选项，选择第一条多段线为扫略路径进行扫略。

i. 单击【建模】面板中的【拉伸】命令，选择扫略体的端面作为拉伸对象，在命令行中选择【路径】选项，更改过滤类型为【无过滤器】，然后选择第二条多段线为拉伸路径，进行拉伸操作。

以上操作流程如图15-33所示。

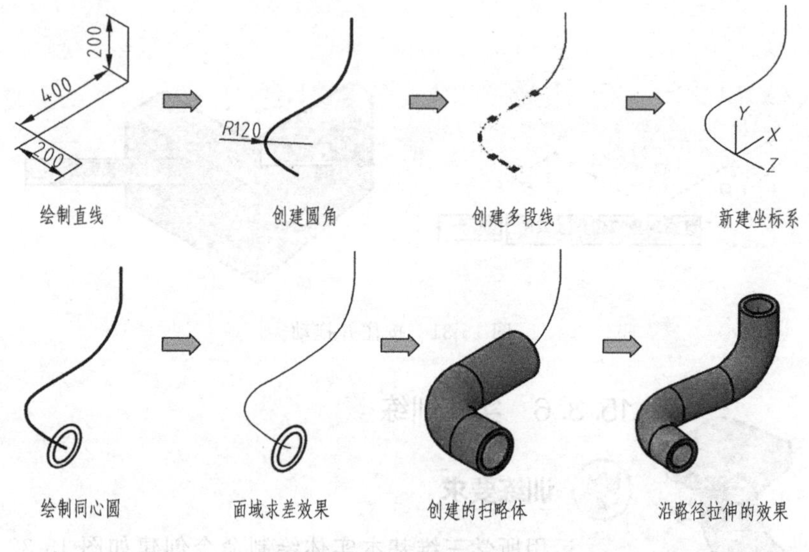

图15-33　绘制扫略特征步骤

④ 绘制法兰接口。

a. 在绘图区空白位置右击，在弹出的快捷菜单中选择【隔离】|【隐藏对象】命令，将创建的两段管道隐藏。

b. 利用ViewCube控件将视图调整到俯视图方向，执行【直线】和【圆】命令，在圆管端面绘制如图15-34所示的二维轮廓线。

c. 单击【修改】面板中的【移动】按钮，以R40圆心为基点，将图形整体移动到坐标原点。

d. 利用ViewCube控件将视图调整到东南等轴测方向，单击【建模】面板中的【按住并拖动】按钮，选择正方形和圆之间的区域为拖动对象，拖动方向沿Z轴正向，输入高度为30，创建拉伸体。

e. 在绘图区空白位置右击，在弹出的快捷菜单中选择【隔离】|【结束对象隔离】命令，将隐藏的管道恢复显示。

f. 单击【坐标】面板中的【Z 轴矢量】按钮，在管道的另一端新建 UCS，使 XY 平面与管道端面重合。

g. 使用同样的方法，在 XY 平面内绘制法兰轮廓，单击【按住并拖动】命令，将其拉伸为法兰实体。

以上操作流程如图 15-34 所示。

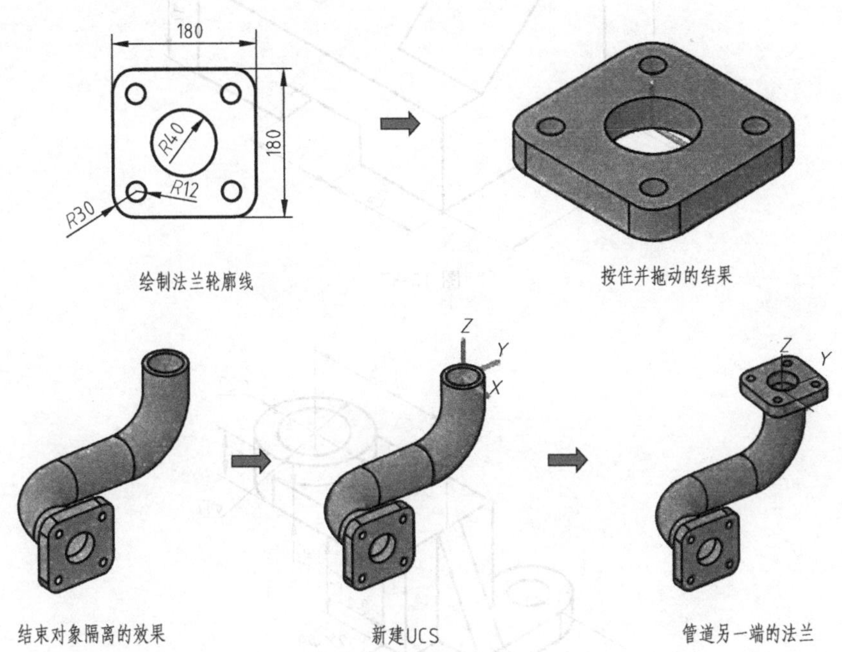

图 15-34　绘制法兰接口特征步骤

15.3.7　拓展练习

绘制如图 15-35～图 15-39 所示的三维实体。

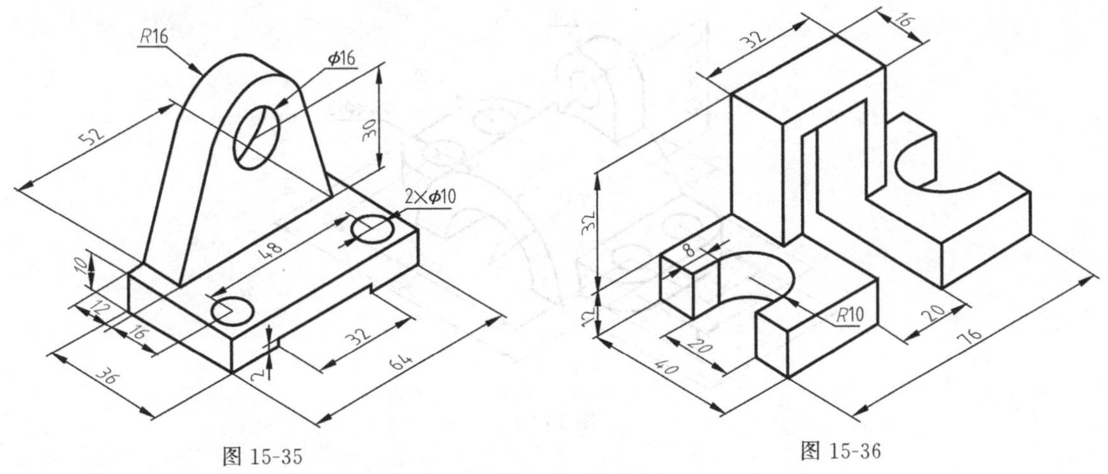

图 15-35　　图 15-36

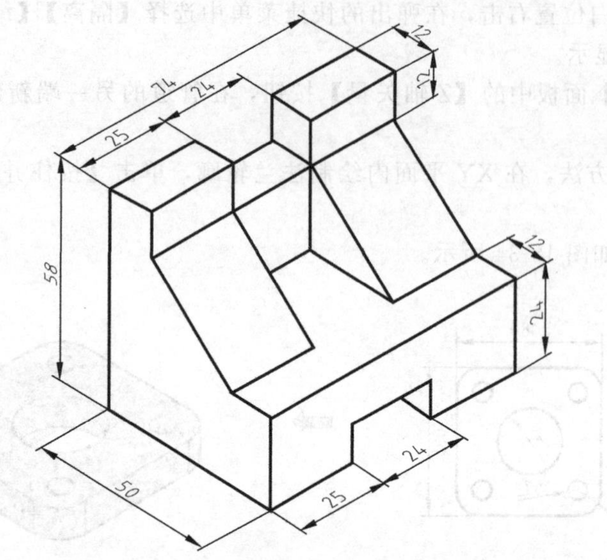

图 15-37

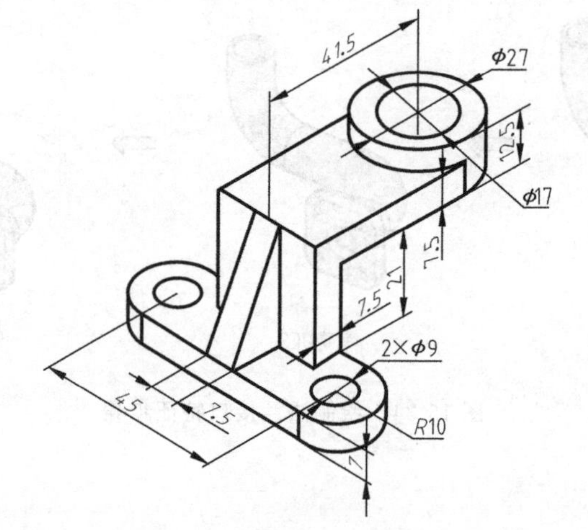

图 15-38

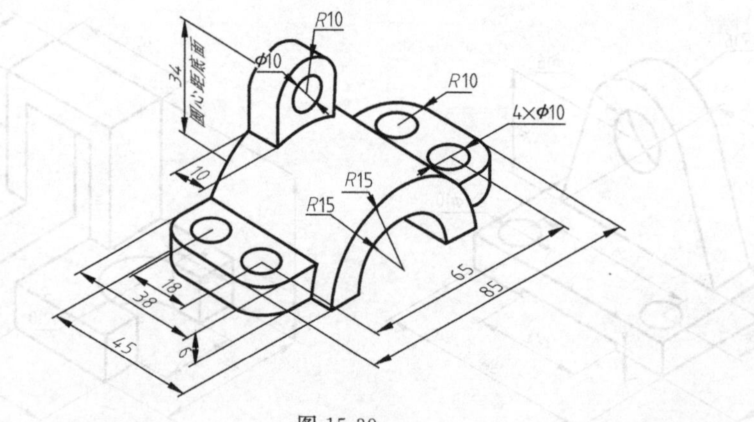

图 15-39

附录一 制图国家标准

图纸幅面尺寸（GB/T 14689—2008）
标题栏（GB/T 10606.1—2008）
明细栏（GB/T 10609.2—2008）
比例（GB/T 14690—1993）
线型（GB/T 17450）
剖面符号（GB/T 4457.5—1984）
视图（GB/T 17451—1998、GB/T 4458.1—2002）
基本要求（GB/T 4458.6—2002）
剖视图（GB/T 4458.6—2002）
剖切位置与剖视图的标注（GB/T 4458.6—2002）
断面图（GB/T 4458.6—2002）
剖切位置与断面图的标注（GB/T 4458.6—2002）
特定画法（GB/T 16675.1—1996）
对称画法（GB/T 16675.1—1996）
剖切平面前、后结构的画法（GB/T 16675.1—1996）
轮廓画法（GB/T 16675.1—1996）
剖面符号画法（GB/T 16675.1—1996）
相同、成组结构或要素画法（GB/T 16675.1—1996）
特定结构或要素画法（GB/T 16675.1—1996）
特定件画法（GB/T 16675.1—1996）
装配图中零、部件序号及其编排方法（GB/T 4458.2—2003）
尺寸注法（GB/T 4458.4—2003）
标注尺寸要素简化注法（GB/T 16675.2—1996）
规定注法（GB/T 16675.2—1996）
重复要素尺寸注法（GB/T 16675.2—1996）
特定结构或要素注法（GB/T 16675.2—1996）
特定表面注法（GB/T 16675.2—1996）
特定件尺寸注法（GB/T 16675.2—1996）
尺寸公差与配合的标注（GB/T 4458.5—2003）
圆锥的尺寸和公差注法（GB/T 15754—1995）
弹簧画法（GB/T 4459.4—2003）

中心孔表示法（GB/T 4459.5—1999）

密封圈的通用画法（GB/T 4459.6—1996）

密封圈的特征画法和规定画法（GB/T 4459.6—1996）

滚动轴承的通用画法（GB/T 4459.7—1998）

滚动轴承特征画法中要素符号的组合（GB/T 4459.7—1998）

齿轮的图样格式（GB/T 4459.2—2003）

弹簧的图样格式（GB/T 4459.4—2003）

技术要求的一般内容与给出方式（JB/T 5054.2—2000）

附录二 AutoCAD快捷键

一、常用命令

1. 绘图命令

PO，POINT（点）
L，LINE（直线）
XL，XLINE（射线）
PL，PLINE（多段线）
ML，MLINE（多线）
SPL，SPLINE（样条曲线）
POL，POLYGON（正多边形）
REC，RECTANGLE（矩形）
C，CIRCLE（圆）
A，ARC（圆弧）
DO，DONUT（圆环）
EL，ELLIPSE（椭圆）
REG，REGION（面域）
MT，MTEXT（多行文本）
T，MTEXT（多行文本）
B，BLOCK（块定义）
I，INSERT（插入块）
W，WBLOCK（定义块文件）
DIV，DIVIDE（等分）
ME，MEASURE（定距等分）
H，BHATCH（填充）

2. 修改命令

CO，COPY（复制）
MI，MIRROR（镜像）
AR，ARRAY（阵列）
O，OFFSET（偏移）
RO，ROTATE（旋转）
M，MOVE（移动）

E，DEL 键 ERASE（删除）
X，EXPLODE（分解）
TR，TRIM（修剪）
EX，EXTEND（延伸）
S，STRETCH（拉伸）
LEN，LENGTHEN（直线拉长）
SC，SCALE（比例缩放）
BR，BREAK（打断）
CHA，CHAMFER（倒角）
F，FILLET（倒圆角）
PE，PEDIT（多段线编辑）
ED，DDEDIT（修改文本）

3. 视窗缩放

P，PAN（平移）
Z，实时缩放
Z＋P，返回上一视图
Z＋E，显示全图
Z＋W，显示窗选部分

4. 尺寸标注

DLI，DIMLINEAR（直线标注）
DAL，DIMALIGNED（对齐标注）
DRA，DIMRADIUS（半径标注）
DDI，DIMDIAMETER（直径标注）
DAN，DIMANGULAR（角度标注）
DCE，DIMCENTER（中心标注）
DOR，DIMORDINATE（点标注）
LE，QLEADER（快速引出标注）
DBA，DIMBASELINE（基线标注）
DCO，DIMCONTINUE（连续标注）
D，DIMSTYLE（标注样式）
DED，DIMEDIT（编辑标注）
DOV，DIMOVERRIDE（替换标注系统变量）
DAR，（弧度标注，CAD2006）
DJO，（折弯标注，CAD2006）

5. 对象特性

ADC，ADCENTER（设计中心“Ctrl＋2”）
CH，MO PROPERTIES（修改特性“Ctrl＋1”）
MA，MATCHPROP（属性匹配）
ST，STYLE（文字样式）
COL，COLOR（设置颜色）
LA，LAYER（图层操作）
LT，LINETYPE（线形）

LTS，LTSCALE（线形比例）
LW，LWEIGHT（线宽）
UN，UNITS（图形单位）
ATT，ATTDEF（属性定义）
ATE，ATTEDIT（编辑属性）
BO，BOUNDARY（边界创建，包括创建闭合多段线和面域）
AL，ALIGN（对齐）
EXIT，QUIT（退出）
EXP，EXPORT（输出其它格式文件）
IMP，IMPORT（输入文件）
OP，PR OPTIONS（自定义 CAD 设置）
PRINT，PLOT（打印）
PU，PURGE（清除垃圾）
RE，REDRAW（重新生成）
REN，RENAME（重命名）
SN，SNAP（捕捉栅格）
DS，DSETTINGS（设置极轴追踪）
OS，OSNAP（设置捕捉模式）
PRE，PREVIEW（打印预览）
TO，TOOLBAR（工具栏）
V，VIEW（命名视图）
AA，AREA（面积）
DI，DIST（距离）
LI，LIST（显示图形数据信息）

二、常用 CTRL 快捷键组合

【CTRL】＋1 PROPERTIES（修改特性）
【CTRL】＋2 ADCENTER（设计中心）
【CTRL】＋O OPEN（打开文件）
【CTRL】＋N、M NEW（新建文件）
【CTRL】＋P PRINT（打印文件）
【CTRL】＋S SAVE（保存文件）
【CTRL】＋Z UNDO（放弃）
【CTRL】＋X CUTCLIP（剪切）
【CTRL】＋C COPYCLIP（复制）
【CTRL】＋V PASTECLIP（粘贴）
【CTRL】＋B SNAP（栅格捕捉）
【CTRL】＋F OSNAP（对象捕捉）
【CTRL】＋G GRID（栅格）
【CTRL】＋L ORTHO（正交）
【CTRL】＋W（对象追踪）
【CTRL】＋U（极轴）

三、常用功能键

【F1】HELP（帮助）
【F2】（文本窗口）
【F3】OSNAP（对象捕捉）
【F7】GRIP（栅格）
【F8】正交

参 考 文 献

[1] 彭晓兰. 机械制图与 CAD. 北京：高等教育出版社，2014.

[2] 朱向丽. AutoCAD2010 绘图技能实用教程. 北京：机械工业出版社，2016.

[3] 于梅，滕雪梅. AutoCAD2017 机械制图实训教程. 北京：机械工业出版社，2018.

[4] 王肖英，姜丽华. AutoCAD2014 教程与应用实例. 北京：化学工业出版社，2016.

[5] 本书编委会. GB/T 4457.4—2002H 机械制图——国家标准汇编（合订本）. 北京：中国标准出版社，2011.

[6] 潘志国，林悦香，杜宏伟. 机械 CAD 项目化教程. 北京：电子工业出版社，2016.

[7] 李红萍. AutoCAD2014 机械设计实例教程. 北京：清华大学出版社，2015.

[8] 周海鹰. AutoCAD 中文版计算机辅助设计绘图员培训教材. 北京：化学工业出版社，2016.